DAVID EPSTEIN

ES LEBE DER GENERALIST!

DAVID J. EPSTEIN

ES LEBE DER GENERALIST!

WARUM GERADE SIE IN EINER SPEZIALISIERTEN WELT ERFOLGREICHER SIND

REDLINE | VERLAG

Bibliografische Information der Deutschen Nationalbibliothek:
Die Deutsche Nationalbibliothek verzeichnet diese Publikation in der Deutschen Nationalbibliografie; detaillierte bibliografische Daten sind im Internet über http://d-nb.de abrufbar.

Für Fragen und Anregungen:
info@redline-verlag.de

1. Auflage 2020

Übersetzung: Almuth Braun
Redaktion: Silvia Kinkel, Königstein
Umschlaggestaltung: Marc Fischer, München
Umschlagabbildung: Shutterstock/ Olga Drabovich/ Bunch of keys isolated over white
Satz: Röser Medienhaus, Karlsruhe
Druck: GGP Media GmbH, Pößneck
Printed in Germany

ISBN Print 978-3-86881-774-4
ISBN E-Book (PDF) 978-3-96267-176-1
ISBN E-Book (EPUB, Mobi) 978-3-96267-177-8

Für Elizabeth,
dieses und alle anderen.

Inhalt

Er weigerte sich, sich auf irgendetwas zu spezialisieren, und zog es vor, seinen Blick auf das gesamte Gut anstelle irgendeines seiner Teile zu richten … Und Nikolais Verwaltung führte zu den besten Ergebnissen.

Leo Tolstoi, *Krieg und Frieden*

Kein Instrument kann alles. Es gibt keinen Zentralschlüssel, mit dem man alle Türen öffnen kann.

Arnold Toynbee, A Study of History

EINFÜHRUNG

Roger versus Tiger

Wir wollen mit einigen Geschichten aus dem Sport beginnen. Die erste kennen Sie wahrscheinlich.

Der Vater wusste, dass sein Sohn irgendwie anders war als andere Kinder. Mit kaum sechs Monaten konnte der Junge bereits auf der Handfläche seines Vaters balancieren, während dieser durchs Haus spazierte.[1] Mit sieben Monaten gab ihm sein Vater einen Putter zum Spielen, und der Junge schleifte ihn in seinem kleinen runden Laufstall überall mit sich herum. Mit zehn Monaten kletterte er von seinem Kinderhochstuhl herunter, zockelte auf den Golfschläger zu, der auf seine Größe abgesägt worden war, und ahmte den Golfschwung seines Vaters nach, den er in der Garage beobachtet hatte. Weil der Vater noch nicht mit seinem Sohn reden konnte, malte er Bilder, um ihm zu zeigen, wie er den Schläger in der Hand halten musste. »Es ist sehr schwer zu vermitteln, wie man puttet, wenn ein Kind noch nicht sprechen kann«, merkte er später an.[2]

Mit zwei Jahren, ein Alter, in dem ein Kind laut den amerikanischen Zentren für Krankheitskontrolle und Prävention wichtige Meilensteine für die körperliche Entwicklung erreicht haben sollte, wie zum Beispiel »tritt einen Ball« und »steht auf den Zehenspitzen«, war er bereits im nationalen Fernsehen zu sehen und schlug mit einem Golfschläger, der so groß war, dass er ihm bis zur Schulter reichte, einen Golfball an dem bass erstaunten Komiker Bob Hope vorbei.[3] Im selben Jahr nahm er an seinem ersten Turnier teil und gewann in der Liga der unter Zehnjährigen.

Es gab keine Zeit zu verschwenden. Mit drei lernte der Junge, wie man einen Ball aus einem Sandhindernis schlägt, und sein Vater begann sich Gedanken über seine Berufung im Leben zu machen. Er wusste, dass sein Sohn für den Golfsport auserwählt und es seine väterliche Pflicht war, ihn anzuleiten und ihm Orientierung zu bieten. Man denke einmal darüber nach: Wenn Sie sich über den zukünftigen Pfad Ihres Kindes vollkommen gewiss wären, würden Sie Ihr dreijähriges Kind vielleicht auch auf den richtigen Umgang mit der unvermeidlichen und unersättlichen Medienaufmerksamkeit vorbereiten. Er fragte seinen kleinen Sohn aus, spielte den Reporter und lehrte ihn, kurze, knappe Antworten zu geben und sich exakt auf die Beantwortung der Frage zu beschränken. In jenem Jahr spielte er einen 9-Loch-Golfplatz in Kalifornien mit 48 Schlägen, elf über Par.

Mit vier Jahren lieferte ihn sein Vater um neun Uhr morgens auf dem Golfplatz ab und holte ihn acht Stunden später wieder ab, gelegentlich mit dem Geld, das er bei Wetten gegen Leute, die an den Ausnahmefähigkeiten seines Sohns zweifelten, gewonnen hatte.

Mit acht schlug der Sohn seinen Vater zum ersten Mal. Diesem machte es nichts aus, weil er davon überzeugt war, dass sein Sohn eine einzigartige Begabung besaß und er als Vater auf einzigartige Weise in der Lage war, ihn zu unterstützen. Er war selbst ein hervorragender Sportler gewesen, und das trotz extrem widriger Umstände. Im College war er der einzige schwarze Baseballspieler der gesamten Liga gewesen. Als Soziologe, der als Mitglied der militärischen Eliteeinheit Green Berets im Vietnamkrieg gekämpft hatte, besaß er eine gute Menschenkenntnis und wusste, was Disziplin bedeutete. Später unterwies er angehende Offiziere in psychologischer Kriegsführung.[4] Er wusste, dass er für seine drei Kinder aus erster Ehe kein besonders guter Vater gewesen war, aber nun fühlte er, dass er eine zweite Chance erhalten hatte, es mit seinem vierten Kind besser zu machen. Und tatsächlich verlief alles nach Plan.

Als sein Sohn an die Stanford University ging, war er bereits berühmt und sein Vater prophezeite ihm eine große Zukunft. Sein Sohn werde mehr Einfluss gewinnen als Nelson Mandela, Gandhi und Buddha, versicherte er. »Er hat ein größeres Forum als jeder Einzelne von ihnen«, sagte er. »Er ist die Brücke zwischen Ost und West. Alles ist möglich, denn er wird vom Schicksal gelenkt. Ich weiß nicht genau, welche Form seine Zukunft annehmen wird, aber ich weiß, dass er auserwählt ist.«[5]

Die zweite Geschichte kennen Sie wahrscheinlich auch, wenngleich Sie sie vielleicht nicht auf Anhieb wiedererkennen.

Seine Mutter war selbst Tennislehrerin, aber sie trainierte ihn nie. Als er das Gehen lernte, kickte er mit seiner Mutter Bälle. Als Junge spielte er sonntags mit seinem Vater Squash. Er probierte sich im Skifahren, Wrestling, Schwimmen und Skateboarden. Außerdem spielte er Basketball, Handball, Tennis, Tischtennis, Badminton über den nachbarlichen Zaun und Fußball in der Schule. Später sagte er, die vielen verschiedenen Sportarten, die er in seiner Jugend praktiziert hatte, hätten ihm bei seiner sportlichen Entwicklung und der Auge-Hand-Koordination geholfen.

Ihm war es egal, welche Sportart er betrieb, solange daran ein Ball beteiligt war. »Ich hatte immer ein wesentlich größeres Interesse an einer Sportart, wenn sie mit einem Ball zu tun hatte«, erinnerte er sich. Als Kind war er sehr verspielt. Seine Eltern hegten für ihren Sohn keine besonderen sportlichen Ambitionen. »Wir hatten weder einen Plan A noch einen Plan B«, sagte seine Mutter später.[6] Sie und der Vater des Kindes ermutigten ihn dazu, viele verschiedene Sportarten auszuprobieren. Sport war für ihn unverzichtbar. Wenn er länger stillsitzen sollte, wurde er »unerträglich«, so seine Mutter.

Zwar arbeitete sie als Tennistrainerin, aber sie wollte nicht mit ihm arbeiten. »Er hätte mich auf die Palme gebracht«, sagte sie. »Er probierte jede noch so merkwürdige Schlagführung aus; jedenfalls retournierte er den Ball nie auf normale Weise. Für eine Mutter ist das einfach kein Spaß.«[7] Wie ein Reporter des Sportmagazins *Sports Illustrated* bemerkte, waren seine Eltern alles andere als fordernd und drängten ihn zu nichts, sondern ließen ihn gewähren. Als der Junge in die Pubertät kam, tendierte er stärker zu Tennis und »wenn sie ihn überhaupt ermahnten, dann nur, um ihn daran zu erinnern, dass er aufhören solle, Tennis so todernst zu nehmen«. Wenn er ein Match spielte, ging seine Mutter oft weg, um sich mit Freundinnen zu unterhalten, und sein Vater gab ihm nur eine Regel mit auf den Weg: »Schummle nicht.«[8] Daran hielt sich der Junge und wurde allmählich richtig gut.

Als Jugendlicher spielte er so gut, dass eine örtliche Zeitung ein Interview mit ihm führte. Seine Mutter war bestürzt, als sie in dem Artikel seine Antwort auf die Frage las, was er mit seinem hypothetischen ersten Einkommen aus dem Tennissport kaufen würde: »Mercedes.« Und sie war erleichtert, als der Reporter ihr die Aufnahme des Interviews vorspielte und sie merkten, dass er sich verhört hatte – ihr Sohn hatte auf Schweizerdeutsch geantwortet: »Mehr CDs.«

Zweifellos war der Junge ehrgeizig. Doch als seine Tennistrainer beschlossen, ihn in eine Gruppe mit älteren Spielern zu stecken, bat er sie, zu seiner alten Gruppe zurückkehren zu dürfen, denn er wollte bei seinen Freunden bleiben. Immerhin war ein Teil des Spaßes die Zeit, die sie nach den Trainerstunden zusammen verbrachten, und ihre Gespräche über Musik, Wrestling und Fußball.

Als er die anderen Sportarten – vor allem Fußball – schließlich aufgab, um sich ganz auf den Tennissport zu konzentrieren, arbeiteten die anderen Nachwuchsspieler längst mit Krafttrainern, Sportpsychologen und Ernährungswissenschaftlern. Langfristig schien das jedoch kein Handicap für seine sportliche Entwicklung zu sein. Mit Mitte dreißig, einem Alter, in dem sich selbst legendäre Tennis-Asse üblicherweise aus dem aktiven Sport zurückziehen, war er immer noch Weltranglistenbester.

Im Jahr 2006 trafen sich Tiger Woods und Roger Federer zum ersten Mal. Beide befanden sich auf dem Höhepunkt ihrer sportlichen Karriere. Tiger flog mit seinem Privatjet, um sich das Finale der U.S. Open anzusehen. Das machte Federer zwar besonders nervös, aber er gewann, und zwar zum dritten Mal in Folge. Woods traf sich mit ihm in der Umkleidekabine, um mit Champagner auf den Sieg anzustoßen. Sie hatten sofort einen Draht zueinander. »Ich habe noch nie mit jemandem gesprochen, der das Gefühl, unschlagbar zu sein, so gut nachempfinden konnte«, beschrieb Federer ihre Begegnung später. Sie wurden nicht nur schnell Freunde, sondern auch zum Mittelpunkt der öffentlichen Debatte über die Frage, wer der beste Athlet der Welt sei.

Federer entging jedoch nicht die Gegensätzlichkeit zwischen ihm und Tiger. »Seine Geschichte ist vollkommen anders als meine«, erzählte er seinem Biographen im Jahr 2006. »Schon als Kind war es sein Ziel, den Rekord an Major-Siegen zu brechen. Ich träumte nur davon, eines Tages Boris Becker zu treffen oder irgendwann bei Wimbledon mitspielen zu können.«[9]

Für ein Kind, dessen Eltern kein großes Interesse an seiner sportlichen Entwicklung hatten, und das den Sport zunächst nicht besonders ernst nahm, ist es sehr ungewöhnlich, dass es sich zu einem der weltweit erfolgreichsten Athleten entwickelte. Anders als im Fall von Tiger Woods gab es Tausende von Kindern, die wesentlich bessere Ausgangsbedingungen hatten als Roger. Die unglaubliche Erziehung und Förderung, die Tiger als Kind zuteilwurde, ist das zentrale Thema zahlreicher Bestseller über die Entwicklung und Förderung von Spitzenleistungen, zu der auch ein Erziehungsratgeber aus der Feder von Tigers Vater Earl gehört. Tiger spielte nicht einfach Golf, er pflegte die »reflektierte Praxis« – die einzige Methode, die die inzwischen allgegenwärtige Zehntausend-Stunden-Regel für Spitzenleistung gelten lässt. Diese »Regel« steht für die Vorstellung, das alles entscheidende Merkmal der Kompetenzentwicklung, unabhängig vom jeweiligen Gebiet, sei die Zahl an fokussierten Übungsstunden. Laut einer Untersuchung über dreißig Violinisten, aus der diese Regel hervorging, besteht die reflektierte Praxis darin, dass Lernende »explizite Anweisungen über die beste Methode erhalten«, individuell von einem Lehrer oder Trainer betreut werden, »umgehendes informatives Feedback und Auskunft über die Ergebnisse ihrer Leistung erhalten« und »wiederholt dieselben oder ähnliche Aufgaben ausführen«.[10] Eine Vielzahl von Büchern über das Thema, wie man Spitzenleistungen erzielt, zeigen, dass Elite-Athleten pro Woche mehr Zeit auf eine technisch ausgefeilte reflektierte Praxis verwenden als Sportler, deren Leistungsplateau bereits auf einer niedrigeren Ebene erreicht ist:

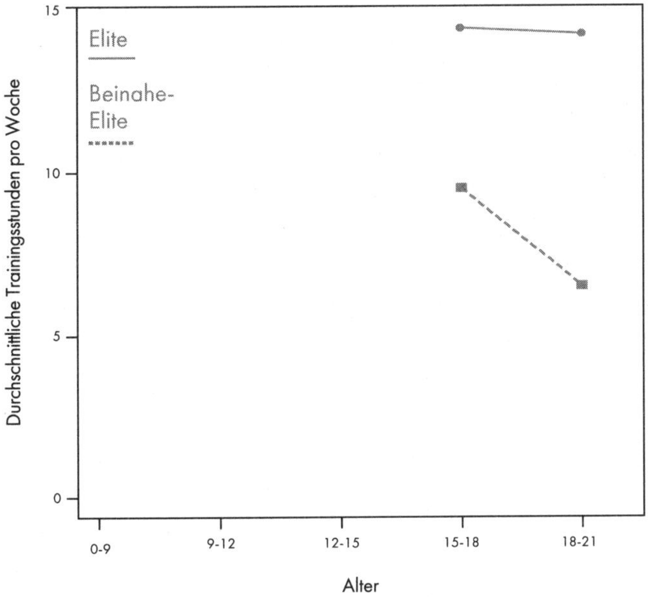

Tiger Woods ist zur Verkörperung des Dogmas geworden, erfolgsbestimmend sei die Zahl der Stunden, die auf eine reflektierte Praxis verwendet wird, und damit einhergehend der Vorstellung, Nachwuchstalente müssten möglichst früh mit der reflektierten Praxis beginnen.

Der Druck auf eine frühe, laserartige Fokussierung reicht weit über den Sport hinaus. Oft heißt es, je wettbewerbsintensiver und komplizierter die Welt werde, desto stärker müssten wir uns spezialisieren (und desto früher müssten wir mit der Spezialisierung beginnen), um uns erfolgreich im Leben behaupten zu können. Die prominentesten Protagonisten des Erfolgs werden für ihre Frühreife und Wunderkind-Merkmale gefeiert – Mozart am Klavier, Mark Zuckerberg an einer Tastatur ganz anderer Art. Egal um welches Gebiet es sich handelt, stets fand als Reaktion auf das ständig anwachsende menschliche Wissen und die immer enger vernetzte Welt eine Überbetonung der Fokussierung statt. Onkologen sind nicht mehr länger auf Tumore spezialisiert, sondern auf eine besondere Ausprägung, die ein bestimmtes Organ befällt, und dieser Trend verstärkt sich mit jedem Jahr. Der amerikanische Chirurg Atul Gawande merkte an, Ärzte würden über »Otologen für das linke Ohr« scherzen, allerdings mit dem Vorbehalt, »wir müssen aufpassen, was wir sagen. Am Ende gibt es sie vielleicht wirklich«.[11]

In dem Bestseller *Bounce*, der auf der Zehntausend-Stunden-Regel aufbaut, vertritt der britische Journalist Matthew Syed die Auffassung, die britische Regierung sei so schlecht, weil sich ihre Mitglieder anders als Tiger Woods nicht auf bestimmte Fachgebiete spezialisiert hätten. Die Rotation von Ministern zwischen verschiedenen Ressorts sei »nicht weniger absurd, als wenn Tiger Woods vom Golfsport nacheinander zu Baseball, Football und Hockey wechseln würde«.[12]

Nach Jahrzehnten im sportlichen Mittelfeld erzielte Großbritannien allerdings mithilfe von Programmen zur sportlichen Entwicklung erwachsener Athleten, die zunächst an verschiedene Sportarten herangeführt werden, und der Schaffung eines Pools an athletischen Spätzündern – sogenannte *Slow Baker*, wie einer der maßgeblichen Manager des Programms sie mir gegenüber bezeichnete – große Erfolge bei der jüngsten Sommerolympiade.[13] Offenbar ist die Idee, Athleten zu Spitzensportlern zu entwickeln, indem sie wie Roger als Generalisten beginnen und zunächst verschiedene Sportarten ausprobieren, gar nicht so falsch. Spitzensportler, die sich auf dem Höhepunkt ihrer Leistungsfähigkeit befinden, verbringen mehr Zeit mit fokussierter reflektierter Praxis als ihre Beinahe-Spitzensportler-Kollegen. Bei einer wissenschaftlichen Untersuchung des Entwicklungspfads von Athleten, von ihrer frühen Kindheit bis zum Erreichen der Leistungsspitze, hat sich jedoch folgendes Bild ergeben:

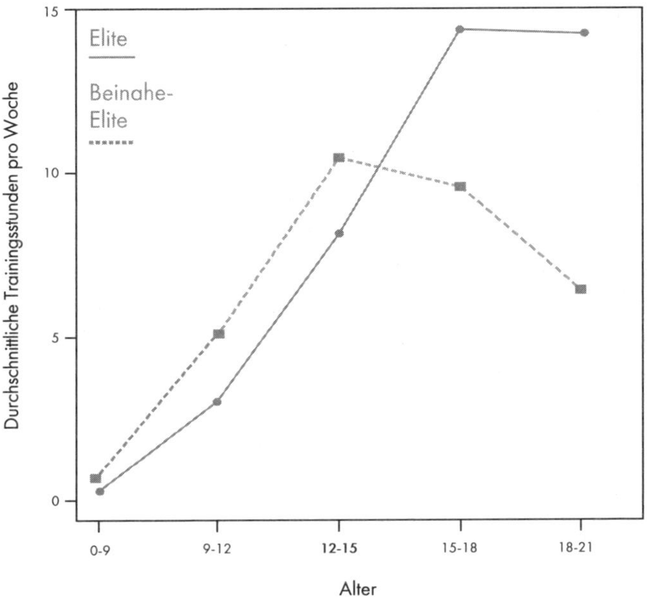

Spätere Spitzensportler haben in jungen Jahren in der Disziplin, in der sie schließlich Spitzenleistungen erbringen, eher weniger Zeit mit reflektierter Praxis verbracht; vielmehr durchliefen sie zunächst eine »Phase des Ausprobierens«. In jungen Jahren praktizieren sie verschiedene Sportarten, und das üblicherweise in einer unstrukturierten oder nur gering strukturierten Umgebung. Dabei erwerben sie vielseitige körperliche Fertigkeiten, auf die sie sich später stützen können. Außerdem lernen sie dabei ihre eigenen Fähigkeiten und Neigungen kennen. Erst in einem späteren Alter beginnen sie, sich auf eine Disziplin zu konzentrieren und die technische Praxis zu intensivieren.[14] In dem Titel einer Studie über Individualsportler wurde die »späte Spezialisierung« als »Schlüssel zum Erfolg« bezeichnet; eine andere Studie titelte

»So wird man zum Spitzensportler in Teamsportarten: spät beginnen, intensiv trainieren und zielstrebig sein.«

Als ich begann, über diese Untersuchungen zu schreiben, stieß ich sowohl auf differenzierte Kritik als auch auf pauschale Ablehnung. »Das gilt vielleicht für andere Sportarten«, sagten Fans oft, »aber nicht für *unseren* Sport.« Der vehementeste Protest kam aus der Gemeinde des beliebtesten Sports weltweit, dem Fußball. Aber dann veröffentlichte ein Team aus deutschen Wissenschaftlern Ende 2014 wie auf Zuruf eine Studie, die belegte, dass die Mitglieder der deutschen Nationalelf, die kurz zuvor die Weltmeisterschaft gewonnen hatte, üblicherweise Sportler waren, die sich erst spät spezialisiert hatten und bis zum Alter von 21 Jahren oder älter lediglich in einer Amateurliga gespielt hatten. In ihrer Kindheit und Jugend hatten sie nur Freizeitfußball gespielt und auch andere Sportarten betrieben. Eine weitere Untersuchung über den professionellen Fußballsport, die zwei Jahre später veröffentlicht wurde, verfolgte über zwei Jahre die sportliche Entwicklung von Nachwuchsspielern im Alter von elf Jahren. Diejenigen, die mehrere Sportarten betrieben und nur Freizeitfußball spielten, hatten in den zwei Jahren größere Verbesserungen erzielt als die Spieler der Vergleichsgruppe. Inzwischen werden in den unterschiedlichsten sportlichen Disziplinen, von Hockey bis Volleyball, ähnliche Ergebnisse berichtet.

Die angebliche Notwendigkeit einer frühen Hyperspezialisierung bildet den Kern einer gewaltigen, erfolgreichen und gelegentlich gut gemeinten Marketingmaschinerie – im Sport, aber auch in anderen Bereichen. In Wahrheit gibt es weitaus mehr Spitzensportler, die als Generalisten begonnen haben, als hochfokussierte Wunderkinder. Im Allgemeinen sind Erstere aber nicht so öffentlichkeitswirksam – wenn sie denn jemals bekannt werden. Einige große Namen kennen Sie wahrscheinlich, nur ihr Werdegang ist unbekannt.

Mit der Einführung zu diesem Buch habe ich gleich nach dem Super Bowl von 2018 begonnen, in dem sich ein berühmter Quarterback, der vor seiner Karriere als Footballprofi als Catcher Baseball gespielt hatte (Tom Brady), ein spannendes Duell mit dem Quarterback der Gegenmannschaft lieferte, der in seiner Jugend Football, Basketball, Baseball und Karate praktiziert und sich erst auf dem College zwischen Basketball und Football entschieden hatte (Nick Foles). Zu einem späteren Zeitpunkt desselben Monats holte die tschechische Athletin Ester Ledecká als erste Frau bei einer Winterolympiade Gold in zwei verschiedenen Disziplinen (Ski und Snowboarding). In jüngeren Jahren hatte Ledecká viele verschiedene Sportarten ausgeübt (sie spielt immer noch Beachvolleyball und frönt dem Windsurfen), sich aber vorrangig auf die Schule konzentriert und hatte es auch nicht eilig, Jugendturniere zu gewinnen. In einem Artikel, der am Tag nach ihrem sensationellen doppelten Goldmedaillengewinn erschien, schrieb die *Washington Post*: »In einem Zeitalter der sportlichen Spezialisierung ist Ledecká eine leidenschaftliche Verfechterin der Vielfalt.«[15] Kurz nach ihrer großartigen Leistung holte sich der ukrainische Boxer Wassyl Lomatschenko in drei verschiedenen Gewichtsklassen den Weltmeistertitel, und das schneller als jeder andere Boxer. Lomatschenko, der als Jugendlicher vier Jahre das Boxtraining unterbrochen hatte, um traditionelle ukrainische Tänze zu erlernen, sagte: »Als Junge habe ich ganz viel und ganz unterschiedlichen Sport gemacht – Gymnastik, Basketball, Football, Tennis – und ich glaube, letztlich haben all diese unterschiedlichen Sportarten dazu beigetragen, meine Fußarbeit zu verbessern.«[16]

Der prominente Sportwissenschaftler Ross Tucker fasst die Forschung auf diesem Gebiet in einem Satz zusammen: »Der Schlüssel liegt in der Vielfalt und im Ausprobieren.«

Im Jahr 2014 nahm ich einige der Feststellungen über eine späte Spezialisierung im Sport in das Nachwort meines ersten Buches mit dem Titel *The Sports Gene* auf. Im darauffolgenden Jahr erhielt ich eine Einladung, um vor einem ungewöhnlichen Publikum über die Ergebnisse dieser Forschung zu referieren – keine Athleten oder Trainer, sondern Militärveteranen. Bei meiner Vorbereitung stöberte ich in wissenschaftlichen Fachzeitschriften nach Beiträgen über eine frühe Spezialisierung und berufliche Umwege außerhalb der Sportwelt. Was ich dabei entdeckte, verblüffte mich. Eine Untersuchung hatte ergeben, dass Menschen, die sich zu Beginn ihrer beruflichen Laufbahn bereits spezialisiert hatten, nach dem College zunächst mehr verdienten als andere, die sich erst später spezialisierten. Dieser vermeintliche Startvorteil wurde jedoch dadurch wettgemacht, dass die Spätentwickler Arbeit fanden, die besser zu ihren Fähigkeiten und ihrer Persönlichkeit passte. Ich stieß auf Unmengen von Studien, die zeigten, dass technische Erfinder ihre kreativen Leistungen steigern konnten, indem sie, anders als andere Kollegen, die sich schon früh voll und ganz in ein Thema vertieften, zuerst auf verschiedenen Gebieten Erfahrung sammelten. Tatsächlich profitierten die besten kreativen Köpfe im Verlauf ihrer Karriere davon, dass sie aus eigener Initiative ein wenig Profundität für eine größere Wissensbreite geopfert hatten. Eine Studie über kreative Schöpfer kam zu fast identischen Ergebnissen.

Allmählich wurde mir klar, dass der Werdegang einiger Menschen, deren künstlerisches Werk ich aus der Ferne tief bewunderte – von Duke Ellington (der als Kind den Musikunterricht schwänzte, um sich auf Baseball und Zeichnen zu konzentrieren) bis zu Maryam Mirzakhani (die davon träumte, Romanautorin zu werden und stattdessen die erste Frau wurde, der die Fields Medal, die berühmteste Auszeichnung auf dem Gebiet der Mathematik, verliehen wurde) –, eher dem Karrierepfad des Generalisten Roger Federer ähnelte als der Wunderkind-Entwicklung eines Tiger Woods. Bei meinen weiteren Recherchen stieß ich auf bemerkenswerte Personen, die nicht *trotz* ihrer breiten Erfahrung und ihrer breitgefächerten Interessen erfolgreich waren, sondern *genau deswegen*: Ein weiblicher CEO, die ihre erste Führungsposition in einem Alter antrat, in dem andere sich in den Ruhestand verabschieden; ein Künstler, der fünf verschiedene Berufe ausübte, bevor er seine Berufung fand und die Welt veränderte, und ein Erfinder, der mit seiner selbstfabrizierten Antispezialisierungsphilosophie aus einem kleinen Betrieb aus dem 19. Jahrhundert einen der berühmtesten Markennamen der heutigen Zeit machte.

Da ich gerade erst angefangen hatte, mich mit der Forschung über Spezialisierung in der breiten Arbeitswelt zu beschäftigen, beschränkte ich mich in meinem Vortrag vor den Militärveteranen auf den Sport. Wenngleich ich die anderen Ergebnisse nur am Rande streifte, sprang mein Publikum sofort darauf an. Es waren alles Menschen, die sich spät spezialisiert oder die Laufbahn gewechselt hatten. Im Anschluss an den Vortrag kam einer nach dem anderen auf mich zu, um sich vorzustellen, und dabei stellte ich fest, dass viele zumindest ein wenig besorgt über ihren beruflichen Lebensweg waren und einige sich beinahe sogar schämten.

Sie waren von der Pat Tillman Foundation eingeladen worden, die im Geiste des gleichnamigen verstorbenen Footballspielers der NFL, der den Profi-Football-Sport verlassen hatte, um Army Ranger zu werden, Stipendien an Veteranen, aktive Soldaten und ihre Ehefrauen vergibt, die sich beruflich neu orientieren oder noch einmal die Schulbank drücken. In diesem Fall waren alle Stipendiaten ehemalige Fallschirmjäger und Übersetzer, die eine zweite Karriere als Lehrer, Wissenschaftler, Ingenieure und Unternehmer anstrebten. Zwar barsten sie vor Enthusiasmus, unterschwellig war aber eine gewisse Angst zu spüren, weil ihre LinkedIn-Profile keinen linearen Karriereverlauf widerspiegelten, den, wie man ihnen eingebläut hatte, Arbeitgeber sehen wollen. Sie waren nervös und angespannt, denn sie saßen im Hörsaal neben jüngeren (manchmal sogar viel jüngeren) Studenten beziehungsweise nahmen in einem Alter, in dem andere längst fest im Sattel sitzen, einen Berufswechsel vor, weil sie bis zu diesem Zeitpunkt damit beschäftigt gewesen waren, eine unvergleichliche Lebens- und Führungserfahrung zu erwerben. Irgendwie war aus einem einzigartigen Vorteil in ihrer Wahrnehmung ein Nachteil geworden.

Einige Tage nach meinem Vortrag bei der Tillman Foundation schrieb mir ein ehemaliger Angehöriger der Navy SEAL, einer Spezialeinheit der US Navy, der direkt im Anschluss an den Vortrag auf mich zugekommen war, eine E-Mail mit folgendem Inhalt: »Wir sind alle dabei, unseren Beruf zu wechseln. Mehrere von uns sind nach Ihrem Vortrag zusammengekommen und wir haben uns darüber ausgetauscht, wie erleichtert wir über Ihre Worte waren.«*

---

* Der Autor führte diverse Interviews und verwendet Inhalte aus privatem Schriftverkehr. Wie im Original werden weder die Interviews noch die Inhalte aus dem privaten Schriftverkehr im Quellenverzeichnis angeführt.

Ich war ein wenig amüsiert, dass ein ehemaliger Angehöriger der Navy SEAL mit einem Bachelor-Abschluss in Geschichte und Geophysik, der nun einen Master-Abschluss in Betriebswirtschaft und Verwaltung in Dartmouth und Harvard anstrebte, meine Bestätigung für seine Lebensentscheidungen brauchte. Wie allen anderen in dem Vortragssaal hatte man auch ihm implizit und explizit zu verstehen gegeben, dass es gefährlich sei, mitten im Rennen die Pferde zu wechseln. Mein Vortrag war auf eine solche Begeisterung gestoßen, dass die Stiftung mich einlud, auf der Jahreskonferenz von 2016 einen Keynote-Vortrag zu halten und dann vor kleinen Gruppen in verschiedenen Städten zu sprechen. Vor jedem Vortrag las ich weitere Studien, sprach mit weiteren Forschern und fand weitere Belege dafür, dass der Erwerb breitgefächerter Kompetenzen und Erfahrung, beruflich wie privat, eine gewisse Zeit in Anspruch nimmt – was oft zu Lasten eines frühen beruflichen Erfolgs geht –, aber dass sich diese Umwege durchaus lohnen.

Ich vertiefte mich in Untersuchungen, die zeigten, dass hoch qualifizierte Experten einen derartigen Tunnelblick entwickeln können, dass sie mit zunehmender Erfahrung sogar schlechter werden, allerdings bei gleichzeitig steigendem Selbstvertrauen. Das ist eine gefährliche Kombination. Und ich war tief beeindruckt, als kognitive Psychologen mich in unseren Gesprächen an eine überwältigende Fülle von oft ignorierter Literatur heranführten, die belegt, dass ein Mensch die größten nachhaltigen Lernerfolge erzielt, wenn das Lernen in langsamen Schritten erfolgt, damit sich das Wissen setzen und langfristig abgerufen werden kann – selbst wenn es bedeutet, dass die Lernenden in kurzfristigen Lernkontrollen schlecht abschneiden. Soll heißen, die effektivste Art zu lernen ist die, die auf den ersten Blick am ineffektivsten wirkt und den Eindruck vermittelt, der Lernende bleibe hinter anderen zurück.

Eine berufliche Neuorientierung in der mittleren Lebensphase kann auf den ersten Blick ähnlich verlaufen. Von Mark Zuckerberg stammt der berühmte Satz: »Junge Menschen sind einfach intelligenter.«[17] Allerdings sind die Erfolgsaussichten eines Menschen, der mit Mitte fünfzig ein Technologieunternehmen gründet, fast doppelt so hoch wie die eines 20-jährigen Unternehmensgründers. Forscher von der Northwestern University, dem Massachusetts Institute of Technology (MIT) und der US-Statistikbehörde U.S. Census Bureau untersuchten Technologie-Startups und stellten fest, dass die wachstumsstärksten Unternehmen von Leuten gegründet worden waren, die zum Zeitpunkt der Gründung 45 Jahre alt waren.

Zuckerberg war 22 Jahre alt, als er seinen berühmten Satz vom Stapel ließ. Er hatte natürlich ein Interesse daran, diese Botschaft zu vermitteln, so wie die Manager von Jugend-Sportligen ein Interesse an der Behauptung haben, die frühzeitige laserartige Konzentration auf eine bestimmte Sportart sei eine notwendige Voraussetzung für den Erfolg, auch wenn es Belege dafür gibt, dass das Gegenteil der Fall ist. Der Antrieb zur Spezialisierung reicht aber noch weiter; er steckt nicht nur einzelne Menschen an, sondern bestimmt ganze Systeme, mit der Folge, dass sich diese in siloartige Gruppen aus hochspezialisierten Scheuklappenträgern fragmentieren, die nur noch immer kleinere Ausschnitte des Gesamtbilds erkennen.

Eine Offenbarung im Anschluss an die globale Finanzkrise von 2008 war das Ausmaß der fachlichen Segregation innerhalb von Großbanken. Legionen an hoch spezialisierten Finanzexperten, die sich scheuklappenartig einzig auf die Optimierung der Risiken ihres eigenen winzigen Mosaiksteinchens aus dem Gesamtbild konzentrierten, erzeugten schließlich den Beinahe-Kollaps des gesamten Systems. Verschlimmert wurde das Ganze durch die Reaktionen auf die Krise, die ein schwindelerregendes Ausmaß an spezialisierungsinduzierter Perversität offenbarten. Ein US-Programm, das im Jahr 2009 eingeführt wurde, bot den Banken einen Anreiz, die monatlichen Hypothekenzahlungen überschuldeter Hausbesitzer zu senken, die aber noch in der Lage waren, Teilzahlungen zu leisten. Eine nette Idee, in der Praxis funktionierte sie jedoch folgendermaßen: Die Hypothekenabteilung der Bank senkte die monatlichen Hypothekenraten; der Abteilung für Zwangsversteigerungen fiel auf, dass der Hausbesitzer plötzlich nur noch Teilzahlungen leistete. Daraufhin stellte sie den Zahlungsausfall fest und beschlagnahmte die Immobilie. »Niemand hatte sich vorstellen können, dass innerhalb der Banken eine derartige Silostruktur herrschte«, sagte ein Regierungsberater später.[18] Eine Überspezialisierung kann zu einer kollektiven Tragödie führen, selbst wenn sich jedes Individuum für sich genommen durchaus verantwortlich und vernünftig verhält.

Hochspezialisierte Ärzte haben ihre eigene Version des Leitsatzes entwickelt: »Wenn das einzige Werkzeug, das man zur Verfügung hat, ein Hammer ist, sieht alles aus wie ein Nagel.« Kardiologen haben sich so sehr daran gewöhnt, bei jeder Form von Brustschmerzen Stents einzusetzen – das sind kleine Metallröhrchen, die vor allem in verkalkte Adern eingesetzt werden und diese erweitern, um den Blutfluss zu verbessern –, dass sie das schon reflexartig machen, und zwar selbst in Fällen, in denen umfangreiche Studien zu dem Ergebnis gekommen sind, dass sie entweder wirkungslos oder sogar schädlich sind. Eine Studie aus jüngster Zeit ergab, dass die Sterbequote von Herzpatienten niedriger ausfiel, wenn diese während eines Kardiologenkongresses ins Krankenhaus eingeliefert wurden, als alle Herzspezialisten außer Haus waren. Die Forscher stellten die Vermutung an, das könne daran liegen, dass in dieser Zeit seltener Standardtherapien mit zweifelhafter Wirkung angewendet würden.[19]

Ein international angesehener Wissenschaftler (den Sie am Ende des Buches kennenlernen werden), sagte mir, die zunehmende Spezialisierung habe in dem Drang zur Innovation ein »System aus parallel verlaufenden Gräben« geschaffen. Alle buddeln immer tiefer in ihrem eigenen Graben, richten sich aber selten auf, um über ihren aufgeworfenen Erdwall in den Nachbargraben zu blicken, selbst wenn die Lösung zu ihrem Problem dort zu finden ist. Besagter Wissenschaftler hat es sich zum Ziel gemacht, zu versuchen, die Ausbildung angehender Forscher zu entspezialisieren. Er hofft, dass sich diese Strategie irgendwann auf alle Gebiete ausbreitet. In seinem eigenen Leben hat er enorm von einer breiten Wissens- und Kompetenzentwicklung profitiert, obwohl auch er unter dem Druck der Spezialisierung stand. Inzwischen erweitert er seinen Wirkungsbereich und seinen Horizont erneut und entwirft ein Ausbildungsprogramm, in dem Versuch, anderen eine Chance zu geben, den Pfad der frühzeitigen einseitigen Spezialisierung zu verlassen.

»Das ist womöglich das Wichtigste, was ich im Leben tun werde«, sagte er mir.

Ich hoffe, dass dieses Buch dazu beiträgt, die Gründe zu verstehen.

Als die Stipendiaten der Tillman Foundation sagten, sie fühlten sich irgendwie haltlos und fürchteten, einen Fehler zu machen, verstand ich das besser, als ich zu erkennen gab. Nach dem College arbeitete ich auf einem Forschungsschiff im Pazifik, als ich beschloss, dass ich Autor und kein Wissenschaftler sein wollte. Ich hätte jedoch nie erwartet, dass mein Weg von der Wissenschaft zum Schreiben über den Umweg der Berichterstattung über nächtliche Gewalttaten für ein New Yorker Boulevardblatt führen würde, oder dass ich kurz darauf Senior Writer bei *Sports Illustrated* werden würde – ein Job, den ich zu meiner eigenen Überraschung kurz darauf wieder an den Nagel hängte. Ich begann mir Sorgen darüber zu machen, dass ich womöglich ein Jobhopper war, der sich nie festlegen konnte und es nirgendwo länger aushielt und diese ganze Karrieresache irgendwie vollkommen falsch anging. Die Beschäftigung mit den Vorteilen einer breiten Wissens- und Kompetenzbasis, umfangreicher Erfahrung und einer späten Spezialisierung haben jedoch die Art und Weise verändert, wie ich mich selbst und die Welt um mich herum erlebe. Die Erkundung der eigenen Fähigkeiten und Neigungen erstreckt sich über alle Lebensphasen, von der kindlichen Entwicklung in Mathematik, Musik und Sport, über frisch gebackene Uniabsolventen, die versuchen, sich einen Karrierepfad zu eröffnen, bis zu erfolgreichen Erwerbstätigen im mittleren Alter, die etwas ganz Neues anfangen wollen, und angehenden Ruheständlern, die eine neue sinnstiftende Aufgabe suchen.

Die Herausforderung, mit der wir alle konfrontiert sind, besteht darin, die Vorteile einer breiten Grundlage, vielfältiger praktischer Erfahrung, des interdisziplinären Denkens und einer späten Fokussierung in einer Welt zu wahren, die zunehmend zur Hyperspezialisierung aufruft und diese sogar einfordert. Zwar gibt es angesichts der steigenden Komplexität – hervorgerufen durch die technologisch bedingte immer engere Vernetzung von ganzen Systemen, von denen das Individuum nur noch minimale Ausschnitte sieht – zweifellos Gebiete, die Individuen mit Tiger Woods' frühkindlicher Begabung und Zielstrebigkeit erfordern, aber wir brauchen auch mehr Menschen vom Typ Roger Federer: Menschen, die sich auf ihrem Weg zunächst breite Grundlagen schaffen und unterschiedlichste Erfahrungen und Perspektiven sammeln – kurzum: Menschen mit einem breiten Horizont.

KAPITEL 1

Der Kult um den frühen Startvorteil

Ein Jahr und vier Tage, nachdem der Zweite Weltkrieg mit der bedingungslosen Kapitulation Deutschlands geendet hatte, wurde Lászlo Pólgar in einer ungarischen Kleinstadt geboren. Er hatte weder Großeltern noch Cousins oder Cousinen; alle waren dem Holocaust zum Opfer gefallen, ebenso wie die erste Frau seines Vaters und ihre fünf Kinder. Lászlo wuchs in der wilden Entschlossenheit auf, eine Familie zu gründen, und zwar eine ganz besondere.

Auf dem College bereitete er sich auf seine Vaterschaft vor, indem er die Biografien legendärer Genies von Sokrates bis Einstein studierte. Lászlo gelangte zu der Überzeugung, dass die traditionelle Bildung und Erziehung ausgedient hatte und dass er seine eigenen Kinder zu Genies machen konnte, wenn er ihnen nur die richtigen Startbedingungen bot. Damit schickte er sich an, etwas noch viel Bedeutenderes zu demonstrieren, nämlich dass jedes Kind es in jeder Disziplin zur Meisterschaft bringen kann. Jetzt brauchte er nur noch eine Frau, die ihn bei der Umsetzung dieses Plans unterstützen würde.[20]

Lászlos Mutter hatte eine Freundin, die wiederum eine Tochter namens Klara hatte. Im Jahr 1965 reiste Klara nach Budapest, wo sie Lászlo persönlich kennenlernte. Lászlo machte keine großen Umschweife; schon bei ihrem ersten Treffen ließ er sie wissen, er plane, sechs Kinder zu haben und würde aus jedem einzelnen ein Genie machen. Als Klara zu ihren Eltern zurückkehrte, fiel ihre Reaktion auf den potenziellen Bräutigam verhalten aus: Sie habe eine »sehr interessante Person« getroffen, könne sich aber nicht vorstellen, ihn zu heiraten.[21]

Sie schrieben sich jedoch weiterhin Briefe. Beide waren Lehrer und sich einig, dass das Schulsystem ein frustrierendes Einheitssystem war, das darauf abzielte, eine »graue, mittelmäßige Masse« hervorzubringen«.[22] Eineinhalb Jahre Korrespondenz später fiel Klara endlich auf, dass sie einen ganz besonderen Brieffreund hatte. Lászlo rang sich schließlich zu einem Liebesbrief durch, der mit einem Heiratsantrag endete. Sie vermählten sich, zogen nach Budapest und machten sich an die Arbeit. Zsuzsa wurde Anfang 1969 geboren, und das war der Beginn des Experiments.

Für sein erstgeborenes Genie wählte Lászlo Schach aus. Im Jahr 1972, ein Jahr, bevor Zsuzsa das Training begann, schlug der Amerikaner Bobby Fischer den Russen Boris Spassky in einer Schachpartie, die als »Match des Jahrhunderts« in die Geschichte einging. Auf beiden Seiten des Eisernen Vorhangs galt diese Partie als eine Art Stellvertreterkrieg, und Schach mutierte plötzlich zu einer Popkultur. Laut Klara hatte Schach zudem einen herausragenden Vorteil: »Schach ist sehr objektiv und leicht zu messen.«[23] Gewinnen, verlieren oder Patt, und ein Punktesystem, das die Fertigkeiten des Schachspielers im Vergleich zu allen anderen Schachspielern misst. Seine Tochter, so entschied Lászlo, würde Schachmeisterin werden.

Lászlo war geduldig und äußerst sorgfältig. Er begann Zsuzsas Training mit »Bauernkriegen«. Nur Bauern, und die erste Seite, der es gelang, zur hinteren Reihe vorzustoßen, würde gewinnen. Schon bald studierte Zsuzsa Endspiele und Eröffnungsfallen. Schach machte ihr Spaß und sie lernte schnell. Nach acht Monaten des intensiven Studiums nahm Lászlo sie in einen verrauchten Budapester Schachklub mit und forderte gestandene Männer heraus, gegen seine vierjährige Tochter zu spielen, deren kurze Beinchen vom Stuhl baumelten. Zsuzsa gewann ihre erste Partie, und der Mann, den sie besiegt hatte, stürmte wütend davon. Dann nahm sie an der ersten Budapester Mädchenmeisterschaft teil und gewann den Titel in der Kategorie der unter Elfjährigen. Mit vier Jahren hatte sie kein einziges Match verloren.

Mit sechs konnte Klara lesen und schreiben und war ihren Klassenkameraden in Mathematik um Jahre voraus. Lászlo und Klara beschlossen, sie zuhause zu unterrichten und ihr tagsüber Zeit für das Schachspiel zu lassen. Die ungarische Polizei drohte damit, Lászlo ins Gefängnis zu werfen, falls er seine Tochter nicht in eine reguläre Schule schickte, wie es die Schulpflicht vorsah. Er brauchte viele Monate, bis er das Bildungsministerium dazu überreden konnte, ihm eine Ausnahmegenehmigung zu erteilen. Zsuzsas kleine Schwester Zsófia, die inzwischen geboren war, so wie Judit, die bereits unterwegs war und die Lászlo und Klara um ein Haar Zseni – ungarisch für »Genie« – genannt hätten, wurden ebenfalls zuhause unterrichtet. Alle drei Kinder wurden Teil eines großangelegten Experiments.

An einem ganz normalen Tag waren die Kinder um 7 Uhr morgens beim Sport und spielten mit Trainern Tischtennis. Um 10 Uhr gab es zuhause Frühstück, und anschließend spielten sie den ganzen Tag lang Schach. Als Lászlo an der Grenze seiner fachlichen Kenntnisse angelangt war, engagierte er Schachtrainer für seine drei angehenden Genies. Er verbrachte viele Stunden damit, aus Schachzeitschriften 200.000 Aufzeichnungen von Spielsequenzen auszuschneiden – viele boten eine Vorschau auf potenzielle Spielgegner – und daraus eine Kartothek zu erstellen. Noch bevor Computerprogramme für Schach entwickelt wurden, besaßen die Pólgars die größte Schach-Datenbank der Welt außerhalb – vielleicht – der Geheimarchive der Sowjetunion.

Mit 17 war Zsuzsa die erste Frau, die sich für eine Teilnahme an der Schachweltmeisterschaft der Männer qualifizierte, allerdings ließ der Schach-Weltverband ihre Teilnahme nicht zu. (Eine Regel, die dank ihrer Leistung bald darauf abgeschafft wurde.) Zwei Jahre später, im Jahr 1988, als Zsófia 14 und Judit zwölf waren, gehörten die drei Schwestern zu den vier Mitgliedern der ungarischen Mannschaft für die Schach-Olympiade der Frauen. Sie gewannen und schlugen sogar die Sowjetunion, die seit Beginn dieser Veranstaltung elf von zwölf Olympiaden für sich entschieden hatte. Die Pólgar-Schwestern wurden zu »Nationalschätzen«, wie Zsuzsa es ausdrückte. Im darauffolgenden Jahr brach der gesamte Ostblock zusammen und die Mädchen konnten an Turnieren in der ganzen Welt teilnehmen. Im Januar 1991 wurde Zsuzsa im Alter von 21 Jahren die erste Frau, die mit ihrer erfolgreichen Teilnahme an Männerturnieren den Großmeistertitel errang. Im Dezember war Judit mit 15 Jahren und fünf Monaten der jüngste Schachprofi aller Zeiten, und zwar sowohl in der Kategorie der männlichen als auch der weiblichen Schachspieler, dem der Großmeistertitel verliehen wurde. Als Zsuzsa im Fernsehen gefragt wurde, ob sie lieber die Weltmeisterschaft der Männer oder der Frauen gewinnen wolle, antwortete sie geschickt, sie wolle in der »absoluten Kategorie« siegen.[24]

Keine der Schwestern erreichte Lászlos höchstes Ziel der absoluten Weltmeisterschaft, aber alle drei Frauen waren herausragend. Im Jahr 1996 nahm Zsuzsa an der Weltmeisterschaft der Frauen teil und gewann. Zsófias höchste Leistung war der Rang eines internationalen Meisters, eine Ebene unter dem Großmeistertitel. Judit war von allen drei Geschwistern die erfolgreichste Schachspielerin; im Jahr 2004 schaffte sie es auf auf Platz 8 der Weltrangliste.

Lászlos Experiment hatte funktioniert, und zwar so gut, dass er Anfang der 1990er-Jahre sagte, wenn 1000 Kinder nach seiner frühkindlichen Spezialisierungsmethode unterrichtet würden, könne die Menschheit sogar Probleme wie Krebs und AIDS in den Griff bekommen.[25] Immerhin war Schach einfach eine willkürlich ausgewählte Disziplin, an der er die Allgemeingültigkeit seiner These getestet hatte. Genau wie die Tiger-Woods-Story endete die Pólgar-Story in einer endlosen Popkultur-Schleife aus Artikeln, Büchern, Fernsehsendungen und Vorträgen als Beispiel für den alles entscheidenden Einfluss eines frühen Startvorteils. Ein Online-Kurs mit dem Titel »Bring Up Genius!« wirbt mit Lektionen aus der Pólgar-Methode, um »deinen eigenen Lebensplan für Genialität zu entwerfen[26]«. Im Bestseller *Talent is Overrated** werden Tiger Woods und die Pólgar-Schwestern als Beweise angeführt, dass ein

* Deutscher Titel: Talent wird überschätzt: Welche Erfolgsfaktoren wirklich zählen. (A.d.Ü.)

früher Startvorteil in reflektierter Praxis »auf praktisch jedem Gebiet, das dir wichtig ist« der Schlüssel zum Erfolg ist.[27]

Die eindrückliche Lektion daraus lautet, dass sich jedes Gebiet auf die gleiche Weise erobern lässt. Sie stützt sich auf eine sehr wichtige unausgesprochene Annahme: dass Schach und Golf repräsentative Beispiele für alle Aktivitäten im Leben sind.

Wie viele Disziplinen auf der Welt gleichen jedoch Schach und Golf, und wie viele Menschen wollen sie erlernen? Der Psychologe Gary Klein ist ein Pionier auf dem Gebiet der sogenannten naturalistischen Entscheidungsfindung (*Naturalistic Decision Making, NDM*); NDM-Forscher beobachten Spitzenperformer bei ihrer natürlichen Arbeitsweise, um herauszufinden, wie sie unter Zeitdruck wichtige Entscheidungen treffen. Klein hat dargelegt, dass Experten in einer ganzen Reihe von Fachgebieten insofern bemerkenswerte Ähnlichkeiten mit Schachmeistern aufweisen, als auch sie instinktiv vertraute Muster erkennen.

Als ich den vielleicht größten Schachmeister aller Zeiten, Garri Kasparow, bat, seinen Entscheidungsprozess vor einem Zug zu erklären, sagte er, »ich sehe vor meinem geistigen Auge fast augenblicklich einen Zug, eine Kombination«, und zwar auf Basis der Muster, die er bereits abgespeichert habe. Kasparow sagte, er würde darauf wetten, dass die Großmeister üblicherweise den Zug machen, der ihnen in den ersten zwei Sekunden einfällt. Klein studierte auch Einsatzleiter der Feuerwehr und kam zu der Einschätzung, sie würden 80 Prozent ihrer Entscheidungen instinktiv und innerhalb von Sekunden treffen. Nach jahrelangen Feuerwehreinsätzen erkennen sie an der Art und Weise, wie sich ein Feuer und kurz vor dem Einsturz stehende Gebäude verhalten, wiederkehrende Muster. Bei seinen Untersuchungen über Marinekommandanten in Friedenszeiten, die damit betraut waren, Katastrophen zu verhindern – zum Beispiel, dass ein Passagierflugzeug mit einem feindlichen Angreifer verwechselt und abgeschossen wurde –, stellte er fest, dass sie sehr schnell potenzielle Gefahren ausmachen konnten. 95 Prozent der Zeit erkannten die Kommandeure sehr schnell ein vertrautes Muster und entschieden sich für die vertraute Reaktion, die ihnen spontan in den Sinn kam.

Der Psychologe Daniel Kahnemann, ein Kollege Kleins, studierte die menschliche Entscheidungsfindung auf Basis des Heuristics-and-Biases-Modells* und kam zu völlig anderen Ergebnissen als Kahn. Bei der Untersuchung der Entscheidungen hochqualifizierter Experten stellte er oft fest, dass die Erfahrung keinerlei positive Wirkung hatte – im Gegenteil, oft stärkte sie zwar das Selbstvertrauen, aber nicht die Kompetenz.

Kahnemann schloss sich selbst in die Kritik ein. Im Jahr 1955 kamen ihm als jungem Leutnant in der psychologischen Einheit der israelischen Verteidigungsstreitkräfte erstmalig Zweifel an der Verbindung zwischen Erfahrung und Fachwissen. Eine seiner Aufgaben bestand darin, Offiziersanwärter mithilfe von Tests zu bewerten, die von der britischen Armee übernommen und adaptiert worden waren. In einer Übung mussten Teams aus acht Kandidaten samt eines langen Telefonmasts eine zwei Meter hohe Mauer überwinden, ohne dass der Mast den Boden berührte und ohne dass einer der Soldaten oder der Mast die Mauer berührten.** Die Unterschiede in den individuellen Leistungen waren so groß – unter den Belastungen der gestellten Aufgabe kristallisierten sich eindeutige Anführer, Aufschneider und Feiglinge heraus –, dass Kahnemann und seine Assessment-Kollegen sicher waren, dass sie die Führungsqualitäten der Bewerber analysieren und diejenigen identifizieren konnten, die sich im Offizierstraining und im Kampf erfolgreich bewähren würden. Sie lagen völlig falsch. Alle paar Monate hielten sie einen sogenannten Statistiktag ab, an dem sie Feedback über

* Das Modell beschreibt vereinfacht ausgedrückt die menschliche Tendenz, komplizierte Probleme automatisch durch Rückgriff auf kognitive »Eselsbrücken« und abgespeicherte Erfahrungen zu lösen (Heuristik) und dabei Informationen zu bevorzugen, die bestehende Überzeugungen bestätigen (Bias). (A.d.Ü.)

** Eine häufige Lösung bestand darin, dass mehrere Teammitglieder den Mast schräg hielten, während die anderen nacheinander an ihm hochkletterten und über die Mauer sprangen. Der Mast selbst wurde am Ende schräg über die Mauer gehoben, wobei die verbleibenden Teammitglieder hochsprangen, sich an ihm festhielten und sich am Mast entlang schoben, bis sie über die Mauer springen konnten.

die Genauigkeit ihrer Prognosen einholten. Jedes Mal stellten sie dabei fest, dass sie genauso gut blind hätten raten können. Jedes Mal erwarben sie dabei neue Erfahrungen und jedes Mal nahm ihr Vertrauen, Beurteilungen treffen zu können, zu. Und dann stellten sie jedes Mal aufs Neue fest, dass sich ihre Trefferquote nicht verbessert hatte. Kahnemann staunte über »das völlige Fehlen einer Verbindung zwischen den statistischen Informationen und dem schlüssigen Erkenntnisgewinn«.[28] Ungefähr zur gleichen Zeit wurde ein einflussreiches Buch über die Urteilsfähigkeit von Experten veröffentlicht, das ihn, wie Kahnemann mir sagte, enorm beeindruckt hatte.[29] Dabei handelte es sich um eine breit angelegte Überprüfung von Forschungsergebnissen, die die Psychologie erschütterten, weil sie zeigten, dass langjährige Erfahrung in den unterschiedlichsten Szenarien – von College-Administratoren, die das akademische Potenzial von Studienbewerbern bewerten, über Psychiater, die Prognosen über die Entwicklung und das Verhalten von Patienten treffen, bis zu Personalexperten, die entscheiden, wer von einer Schulungsmaßnahme profitieren wird –, schlichtweg keine kompetenzsteigernde Wirkung hat. Auf diesen Gebieten, die mit der Beurteilung des menschlichen Verhaltens zu tun haben und auf denen sich keine eindeutigen wiederkehrenden Muster feststellen lassen, führte Wiederholung nicht zu Lernprozessen. Schach, Golf und Brandbekämpfung sind die Ausnahme, nicht die Regel.

Die unterschiedlichen Ergebnisse, zu denen Klein und Kahnemann in ihren jeweiligen Untersuchungen über erfahrene Spezialisten kamen, gaben ein großes Rätsel auf: Werden Spezialisten mit zunehmender Erfahrung besser oder nicht?

Im Jahr 2009 unternahmen Kahnemann und Klein den ungewöhnlichen Schritt, einen Aufsatz in Co-Autorenschaft zu veröffentlichen, in dem sie ihre jeweilige Sichtweise darlegten und nach einem gemeinsamen Nenner suchten. Und den fanden sie. Ob Erfahrung unweigerlich die Kompetenz steigere, so waren sie sich einig, hänge allein von dem fraglichen Fachgebiet ab. Eine eng umgrenzte Erfahrung wirke sich positiv auf die Leistung von Schach- und Pokerspielern und Feuerwehrleuten aus, aber nicht auf die Prognosen über finanzielle oder politische

Trends oder das Verhalten von Mitarbeitern oder Patienten.[30] Die von Klein untersuchten Gebiete, auf denen eine instinktive Mustererkennung zu großen Erfolgen führte, gelten als sogenannte lernfreundliche Umgebungen, wie es der Psychologe Robin Hogarth bezeichnet hat.[31] In diesen Umgebungen findet man wiederkehrende Muster und erhält üblicherweise recht schnell ein sehr genaues Feedback. Im Golfsport oder beim Schach wird ein Ball beziehungsweise eine Figur nach bestimmten Regeln und innerhalb festgelegter Grenzen bewegt; die Folgen der Bewegung sind sofort ersichtlich, und es kommt zu einer häufigen Wiederholung ähnlicher Herausforderungen. Wenn Sie einen Golfball abschlagen, schlagen Sie ihn entweder zu weit oder zu kurz, und er fliegt entweder geradeaus, dreht nach rechts ab (Slice) oder nach links (Hook). Der Golfspieler beobachtet die Flugbahn des Balls und seinen Aufprall, versucht, seine Fehler zu korrigieren, unternimmt einen erneuten Versuch und wiederholt das über Jahre. Das ist die Definition von reflektierter Praxis – eine sehr frühe Spezialisierung, ein ausgefeiltes technisches Training und unermüdliche Wiederholung über 10.000 Übungsstunden. Die Umgebung ist lernfreundlich, weil ein Lernender einfach dadurch kompetenter wird, dass er dieselben Schritte ständig wiederholt und versucht, sie jedes Mal besser zu machen. Kahnemann fokussierte auf das andere Extrem an Lernumgebungen; Hogarth bezeichnete sie als »lernunfreundlich«.[32]

Auf sogenannten lernunfreundlichen Gebieten sind die Spielregeln oft unklar oder unvollständig, es kann wiederkehrende Muster geben oder auch nicht, sie können klar erkennbar sein oder nicht, und das Feedback erfolgt oft mit einer zeitlichen Verzögerung oder ist ungenau oder beides.

In den lernunfreundlichsten Umgebungen wird die Erfahrung genau die falschen Lektionen verstärken. Hogarth erwähnte einen berühmten Arzt aus New York, der für seine außerordentlichen Diagnosefähigkeiten bekannt war. Seine besondere Spezialität war Typhus, und er untersuchte seine Patienten, indem er mit seinen Händen den Raum um ihre Zunge herum abtastete. Immer wieder ergaben seine Tests eine positive Diagnose, noch bevor die untersuchten Patienten ein einziges

Symptom entwickelt hatten. Und immer wieder erwies sich seine Diagnose als zutreffend. Wie ein anderer Arzt später sagte, »war er nur mit seinen Händen ein effektiverer Krankheitsüberträger als Typhoid Mary«.[33*] Der wiederholte Erfolg lehrte ihn die denkbar schlechteste Lektion. Nur wenige Lernumgebungen sind derart lernunfreundlich, allerdings gehört nicht viel dazu, um selbst langjährig erfahrene Experten aus der Bahn zu werfen. Wenn erfahrene Feuerwehrleute mit einer völlig neuen Situation zu tun haben, zum Beispiel ein Brand in einem Wolkenkratzer, kann es sein, dass sie ihre in jahrelanger Arbeit entwickelte Intuition verlässt und sie eine schlechte Entscheidung treffen. Bei einer Veränderung des Status quo kann es auch passieren, dass ein Schachmeister plötzlich feststellt, dass die Kompetenzen, die er in vielen Jahren erworben hat, obsolet sind.

Im Jahr 1997 schlug der IBM-Supercomputer Deep Blue Garri Kasparow in einem Showdown, der überschwänglich als Endschlacht um die Überlegenheit zwischen der natürlichen und der künstlichen Intelligenz gefeiert wurde.[34] Deep Blue bewertete zweihundert Millionen Schachpositionen pro Sekunde. Das ist ein winziger Ausschnitt aus allen möglichen Schachpositionen – es gibt mehr als Atome im beobachtbaren Universum –, aber er ist groß genug, um selbst den besten Schachspieler der Welt zu besiegen. Laut Kasparow »ist jede kostenlose Schach-App auf Ihrem Smartphone heute besser als ich«.[35] Und das war keine Rhetorik.

»Alles, was wir tun können und von dem wir wissen, wie wir es tun müssen, werden Maschinen noch besser machen«, sagte er bei einem kürzlichen Vortrag. »Wenn wir dieses Wissen kodifizieren und in einen Computer einprogrammieren können, wird er es besser machen.« Seine Niederlage gegen Deep Blue brachte ihn jedoch auf eine Idee. Bei seinen Partien gegen Schachcomputer erkannte er, was Wissenschaftler

* Mary Mallone, eine irische Einwanderin, die als erste Trägerin von Typhus-Bakterien identifiziert wurde, ohne selbst Symptome zu entwickeln, und im Verlauf ihres Lebens zahlreiche Menschen infizierte. (A.d.Ü.)

auf dem Gebiet der künstlichen Intelligenz als Moravec'sches Paradox bezeichnen: Menschen und Maschinen haben oft gegenläufige Stärken und Schwächen.

Es heißt, Schach sei »zu 99 Prozent Taktik«. Taktiken sind kurze Zugkombinationen, die die Spieler verwenden, um sich einen unmittelbaren Vorteil zu verschaffen. Wenn Schachspieler all diese Muster studieren, beherrschen sie die Taktiken. Die Gesamtplanung eines Schachspiels – wie man die einzelnen Gefechte führt, um den gesamten Krieg zu gewinnen – wird als Strategie bezeichnet. Zuzsa Pólgar schrieb dazu, »Man kann sehr weit kommen, wenn man taktisch gut ist« – soll heißen, wenn man viele taktische Muster kennt – »und nur wenig Kenntnisse in strategischer Spielführung besitzt«.[36]

Dank ihrer Rechenkapazitäten sind Computer dem Menschen taktisch weit überlegen. Großmeister können zwar die nächsten Züge vorhersagen, aber Computer sind ihnen darin überlegen. Was würde passieren, überlegte sich Kasparow, wenn man die taktische Überlegenheit von Computern mit der übergeordneten strategischen menschlichen Denkfähigkeit kombinieren würde?

Im Jahr 1998 beteiligte er sich an der Organisation des ersten sogenannten modernen Schachturniers, bei dem die Schachspieler, auch Kasparow, gemeinsam mit einem Schachcomputer gegeneinander antreten mussten. So erübrigte sich das jahrelange Studium von Mustern. Der Schachcomputer übernahm die Taktik und sein menschlicher Partner konzentrierte sich auf die Strategie. Das war so, als würde Tiger Woods in einem Golf-Videospiel gegen die besten Gamer antreten.

Das jahrelange Studium und die unermüdliche Wiederholung von Spielzügen waren plötzlich obsolet; das Spiel hatte sich von der taktischen zur strategischen Spielführung verlagert. Damit veränderte sich auch augenblicklich die Rangordnung im Schach. »Unter diesen Umständen gewann die menschliche Kreativität erheblich an Bedeutung«, so Kasparow. Nun erzielte er gegen einen Spieler, den er nur einen Monat zuvor bei einem traditionellen Match mit 4 : 1 Spielen besiegt hatte, lediglich ein Remis von 3:3. »Der Computer hatte meinen Vorteil in der taktischen Kalkulation zunichte gemacht.«[37] Der Hauptnutzen der jahrelangen Erfahrung, die er durch ein hochfokussiertes, spezialisiertes Training gewonnen hatte, war dahin. Plötzlich fand er sich in einem Wettbewerb, in dem die von Menschen entwickelte Strategie im Vordergrund stand, gegen Kontrahenten wieder, die ihm das Wasser reichen konnten.

Einige Jahre später wurde das erste Freestyle-Schachturnier abgehalten, bei dem sich die Teams aus mehreren Spielern und Computern bilden konnten. Der Vorteil, den Spieler durch eine lebenslange reflektierte Praxis erworben hatten und der vom sogenannten modernen Schachturnier bereits verwässert worden war, war beim Freestyle-Schachturnier gänzlich verschwunden. Einem Duo aus Amateurspielern mit drei ganz normalen Computern gelang es nicht nur, Hydra, den besten Schachcomputer überhaupt, auszuschalten, sondern sie spielten auch Teams aus Großmeistern an die Wand, die von Computern unterstützt wurden. Kasparow schloss daraus, dass die Spieler des Siegerteams von allen Teilnehmern am besten in der Lage waren, mehrere Computer zu füttern, um bestimmte Analysen zu erhalten, und diese Informationen anschließend zu synthetisieren und daraus eine Spielstrategie zu entwickeln.[38] Teams aus Mensch und Maschine – auch unter dem Namen Zentauren bekannt – spielten auf dem höchsten Schachniveau, das die Welt je gesehen hat. Wenn Deep Blues Sieg über Kasparow die Übertragung der Schachkompetenz von Menschen auf Computer signalisiert hatte, symbolisierte der Sieg der Zentauren über Hydra etwas noch Interessanteres: Nicht mit dem jahrelangen fokussierten Studium wiederkehrender Muster, sondern mit Kreativität können Menschen zu Spitzenleistung gelangen.

Im Jahr 2014 lobte ein Austragungsort in Abu Dhabi ein Preisgeld von 20.000 Dollar für ein Freestyle-Turnier aus, das unter anderem Spiele beinhaltete, bei denen Schachcomputer ohne menschliche Beteiligung gegeneinander antraten. Das Siegerteam bestand aus vier Spielern und mehreren Computern. Der Teamkapitän und Hauptentscheider war Anson Williams, ein britischer Ingenieur ohne offizielles

Schach-Rating. Sein Teamkollege, Nelson Hernandez, sagte mir: »Die Leute verstehen nicht, dass Freestyle eine Reihe an integrierten Kompetenzen erfordert, die zum Teil nichts mit Schach zu tun haben.«[39] Beim traditionellen Schach würde Williams vermutlich den Rang eines soliden Amateurs einnehmen. Er kannte sich jedoch sehr gut mit Computern aus und war sehr versiert in der Integration von Informationsflüssen für strategische Entscheidungen. Als Teenager war er außerordentlich gut in dem Videospiel *Command & Conquer* gewesen, das auch als »Echtzeitstrategie« bekannt ist, weil sich die Spieler simultan bewegen. Beim Freestyle-Schach musste er Ratschläge seiner Teamkollegen und verschiedener Schachprogramme berücksichtigen und den Computern dann sehr schnell Befehle zur tieferen Analyse verschiedener Alternativen erteilen. Er war praktisch der Leiter eines Teams aus Mega-Großmeistern, die als seine taktischen Berater fungierten. Seine Aufgabe bestand darin, zu entscheiden, wessen Rat er eingehender prüfen und wem er letztlich folgen sollte. Er spielte jedes Spiel mit großem Bedacht und in der Erwartung einer Pattsituation, versuchte aber, Situationen zu erzeugen, die seinen Kontrahenten zu einem Fehler verleiten würden.

Am Ende fand Kasparow einen Weg, den Computer zu schlagen, indem er die taktische Spielführung dem Computer überließ – also genau den Teil der menschlichen Expertise, der sich am einfachsten ersetzen lässt und auf deren Erwerb er und die Pólgar-Wunderkinder viele Jahre verwendet hatten.

Im Jahr 2007 machte der Fernsehkanal National Geographic TV einen Test mit Zsuzsa Pólgar. Sie baten sie, sich auf dem Bürgersteig inmitten eines begrünten Häuserblocks in Manhattans Viertel Greenwich Village an einen Tisch zu setzen, auf dem ein vorbereitetes Schachbrett stand. Geschäftige Passanten in Jeans und Herbstjacken passierten den Tisch, als ein weißer Lastwagen, auf dem eine große grafische Darstellung eines Schachbretts prangte, auf dem 28 Figuren in einer bestimmten Spielsituation angeordnet waren, links in die Thompson Street abbog und an Zsuzsa Pólgar vorbeifuhr. Zsuzsa warf einen Blick auf den vorbeifahrenden Lastwagen und stellte die abgebildete Spielsituation komplett nach. Die Fernsehsendung knüpfte damit an eine Reihe berühmter Schach-Experimente an, aus denen sich interessante Erkenntnisse über den Erwerb von Fertigkeiten in lernfreundlichen Umgebungen ziehen ließen.

Das erste Schach-Experiment fand in den 1940er-Jahren statt, als der niederländische Schachmeister und Psychologe Adriaan de Groot Schachspielern verschiedener Kompetenzebenen kurz Bilder von Spielsituationen aus einer Partie zeigte. Anschließend bat er die Spieler, die jeweils eingeblendete Konstellation so genau wie möglich nachzustellen. Ein Großmeister stellte wiederholt vollständige Spielsituationen nach, obwohl er das vorgeführte Schachbrett nur drei Sekunden gesehen hatte. Ein Meisterspieler schaffte die Hälfte. Dem Gewinner eines Städteturniers und einem durchschnittlichen Spieler eines Schachklubs gelang es nicht, das Schachbrett nachzustellen.[40] Genau wie Zsuzsa Pólgar schienen Großmeister im Gegensatz zu weniger kompetenten Schachspielern ein fotografisches Gedächtnis zu haben.

Nachdem Zsuzsa ihren ersten Test erfolgreich bestanden hatte, drehte National Geographic TV den Lastwagen um, sodass die andere Seite ins Blickfeld kam, auf der ein Schachbrett mit völlig willkürlich platzierten Figuren abgebildet war. Nachdem der Lastwagen erneut an Zsuzsa vorbeigefahren war, gelang es ihr nicht, irgendetwas davon nachzustellen, obwohl sich deutlich weniger Figuren auf dem abgebildeten Brett befanden.[41]

Mit diesem Test wurde ein Experiment von 1973 wiederholt, bei dem zwei Psychologen der Carnegie Mellon University, William G. Chase und der zukünftige Nobelpreisträger Herbert A. Simon, die Übung von De Groot mit einer leichten Abwandlung wiederholten. Dieses Mal erhielten die Schachspieler ein Schachbrett mit Konstellationen der Spielfiguren, wie sie in einem echten Spiel niemals vorkommen würden. Plötzlich sank die Leistung der Schachprofis auf das Niveau weniger kompetenter Spieler. Wie sich herausstellte, besaßen die Großmeister gar kein fotografisches Gedächtnis. Durch ein wiederholtes Studium von Spielmustern hatten sie gelernt, was Chase und Simon als »Chunking« – die Gruppierung von Einzelelementen in größere sinnvolle Konstellationen – bezeichnen.[42] Anstatt sich mühevoll die Position jeder einzelnen Schachfigur einzuprägen, hatten die Gehirne der Spitzenspieler die Figuren auf Basis vertrauter Muster in kleinere Konstellationen gruppiert. Diese Muster ermöglichten ihnen, eine bestimmte Spielsituation auf Basis ihrer Erfahrung auf Anhieb zu erkennen. Das ist der Grund, warum Garri Kasparow sagte, die Großmeister wüssten üblicherweise innerhalb von Sekunden, welchen Zug sie machen müssen. Für Zsuzsa Pólgar bestand das auf dem Lastwagen abgebildete Schachbrett, das sie beim ersten Vorbeifahren des Lastwagens sah, nicht aus 28 Einzelfiguren, sondern aus fünf verschiedenen sinnvollen Konstellationen, die ihr den Spielverlauf anzeigten.

Chunking erklärt zum Teil das Phänomen, dass Meister ihres Faches scheinbar über ein fotografisches Gedächtnis verfügen – von Musikern, die lange Kompositionen auswendig spielen, bis zu Quarterbacks, die im Bruchteil einer Sekunde das Muster einer bestimmten Spieleraufstellung erkennen und sich zum Wurf entscheiden. Der Grund, warum Spitzensportler übermenschliche Reflexe zu haben scheinen, ist, dass sie Muster aus bestimmten Ball- oder Körperbewegungen wiedererkennen, die ihnen intuitiv mitteilen, was als Nächstes geschieht, noch bevor die Situation tatsächlich eintritt. Sobald sie außerhalb ihres sportlichen Kontextes getestet werden, sind jedoch keine scheinbar übermenschlichen Reaktionen mehr feststellbar.

Wir alle verlassen uns tagtäglich auf Chunking. Nehmen Sie sich zehn Sekunden und versuchen Sie, sich möglichst viele der folgenden 22 Worte einzuprägen:

Weil Gruppen zwanzig Muster
Sinnvollen kann Worte leichter einprägen man
Satz dabei zusammensetzt viel sich einen
wenn Wortgruppen sie vertraute zu bilden.

Und nun versuchen Sie es noch einmal:

Man kann sich zwanzig Worte viel leichter einprägen,
wenn sie einen sinnvollen Satz bilden,
weil man dabei vertraute Muster zu Wortgruppen zusammensetzt.

Beide Wortanordnungen enthalten dieselben 20 Informationsteilchen. Im Verlauf Ihres Lebens haben Sie jedoch Wortmuster gelernt, die Ihnen ermöglichen, augenblicklich einen Sinn in der zweiten Anordnung zu erkennen, und das erleichtert Ihrem Gehirn die Aufgabe, sich diese Worte einzuprägen. Die Bedienung in Ihrem Restaurant verfügt also nicht über ein fotografisches Gedächtnis, sondern hat genau wie Musiker und Quarterbacks gelernt, wiederkehrende Informationen zu sinnvollen Einheiten zusammenfassen.

Beim Schach ist das Studium einer möglichst großen Zahl an wiederkehrenden Mustern so wichtig, dass eine frühe Spezialisierung in technischer Praxis erfolgsentscheidend ist. Die Psychologen Fernand Gobet (Internationaler Meister) und Guillermo Campitelli (trainiert angehende Großmeister) haben festgestellt, dass die Chancen eines Turnier-Schachspielers auf den Titel Internationaler Meister (eine Ebene unter dem Großmeister) von 1 : 4 auf 1 : 55 sinkt, wenn der Schachspieler nicht bereits im Alter von zwölf Jahren mit einem fokussierten technischen Training begonnen hat.[43] Chunking kann wie Magie wirken, tatsächlich ist es das Ergebnis intensiver Wiederholung. Lászlo Pólgar hatte recht, an den Wert der reflektierten Praxis zu glauben. Dafür gibt es übrigens noch eindrücklichere Belege als seine Töchter.

Über mehr als 50 Jahre studierte der Psychiater Darold Treffert Menschen mit einem unstillbaren Drang, sich einem bestimmten Gebiet zu widmen und auf diesem Gebiet herausragende Fähigkeiten zu entwickeln, die ihren Fähigkeiten auf anderen Gebieten weit überlegen sind. Treffert bezeichnet sie als Savanten – Menschen mit Inselbegabungen

– und das Phänomen als »Savant-Syndrom«[44].* Treffert dokumentiert die beinahe unglaublichen Leistungen von Savanten wie dem Pianisten Leslie Lemke, der Tausende von Songs auswendig spielen kann. Da Lemke und andere Savanten scheinbar über eine unbegrenzte Fähigkeit verfügen, Dinge aus ihrem Gedächtnis abzurufen, schrieb Treffert ihre Leistungen zunächst einem perfekten Erinnerungsvermögen zu; sie gleichen menschlichen Aufnahmegeräten – mit einer Einschränkung: Musische Savanten können nach dem einmaligen Anhören einer Melodie tonale Musik – dazu gehört fast die gesamte Popmusik und Klassik – leichter reproduzieren als atonale Musik, in der die Notenabfolge keinen vertrauten Harmonien folgt. Hätten die Savanten tatsächlich ein fotografisches Notengedächtnis, würde es bei der Reproduktion der gehörten Musikstücke keinen Unterschied machen, ob sie tonal oder atonal sind.

In der Praxis macht es einen Riesenunterschied. In einer Studie über einen inselbegabten Pianisten war der für die Untersuchungen verantwortliche Forscher, der den Pianisten viele hundert Kompositionen fehlerfrei hatte spielen hören, sehr verblüfft, als derselbe Pianist nicht in der Lage war, ein atonales Musikstück aus dem Gedächtnis zu spielen, obwohl er es sogar einmal geübt hatte. »Was ich hörte, war so unwahrscheinlich, dass ich mich verpflichtet fühlte, das Keyboard zu untersuchen, um zu sehen, ob es womöglich in den Transpositionsmodus gesprungen war«, erinnerte sich der Forscher. »Tatsächlich hatte sich der Pianist aber verspielt und machte anschließend noch weitere Fehler.«[45] Muster und vertraute Strukturen waren für das außerordentliche Erin-

* Ungefähr die Hälfte dieser sogenannten Savanten sind Autisten, und viele andere haben eine Behinderung, aber das gilt nicht für alle. [Ergänzung: Das Savant-Syndrom manifestiert sich vor allem in der Musik, der Kunst und der Mathematik. Man unterscheidet zwischen angeborenem und erworbenem Savant-Syndrom. Dem erworbenen Savant-Syndrom geht eine Hirnverletzung voraus, z.B. durch einen Unfall oder eine Gewalttat, durch die anscheinend bestimmte vorher nicht zugängliche Hirnbereiche aktiviert werden, sodass die Betroffenen plötzlich in der Lage sind, ohne vorherige Kenntnisse, Ausbildung oder Erfahrung komplizierte mathematische Probleme zu lösen oder als Bildhauer detailgenaue Skulpturen anzufertigen. Kennzeichnend für Savanten ist eine geradezu obsessive Beschäftigung mit ihrer neuen Fähigkeit.] (A.d.Ü.)

nerungsvermögen des Pianisten von maßgeblicher Bedeutung. Ähnlich verhält es sich mit bildenden Künstlern. Wenn man ihnen kurz Bilder zeigt und sie bittet, diese auf Leinwand zu reproduzieren, gelingt ihnen das weitaus besser, wenn es sich um dingliche Darstellungen handelt, als wenn sie abstrakte Bilder nachmalen sollen.[46]

Treffert brauchte Jahrzehnte, um zu erkennen, dass er von völlig falschen Voraussetzungen ausgegangen war und Savanten mehr mit Wunderkindern wie den Pólgar-Schwestern gemeinsam haben, als er dachte. Sie sind keine reinen Wiederkäuer; wie die herausragenden Leistungen der Pólgar-Schwestern stützt sich ihre Brillanz auf repetitive Strukturen, und das ist genau der Grund, warum sich die Fähigkeiten der Pólgar-Schwestern so leicht automatisieren lassen.

Angesichts der Fortschritte, die mit dem Schachprogramm AlphaZero (gehört zu einer KI-Sparte der Muttergesellschaft von Google) erzielt wurden, würden vielleicht sogar die besten Zentauren in einem Freestyle-Turnier besiegt werden. Anders als bisherige Schachprogramme, die mithilfe gewaltiger Rechenkapazitäten in einem Bruchteil von Sekunden die Zahl der möglichen Schachzüge kalkulieren und diese auf Basis der programmierten Kriterien bewerten, ist AlphaZero ein selbstlernendes Programm. Einprogrammiert wurden lediglich die Regeln; anschließend absolvierte AlphaZero zahllose Spiele, bei denen seine Algorithmen lernten, welche Züge und Taktiken sich bewähren, und welche eher nicht. Innerhalb kurzer Zeit wird es die besten Schachprogramme schlagen. Auch das Brettspiel Go, das wesentlich mehr Möglichkeiten bietet, beherrschte AlphaZero in kurzer Zeit. Die Lektion aus dem Einsatz von Zentauren bleibt jedoch gültig: Je stärker eine Aufgabe von den breiten Möglichkeiten strategischer Entscheidungen geprägt ist, desto wichtiger der menschliche Beitrag.

Die Programmierer von AlphaZero priesen ihre beeindruckende Leistung an, indem sie erklärten, ihre Erfindung habe sich aus eigener Kraft von einem »unbeschriebenen Blatt« zur Meisterschaft entwickelt.[47] Das ist jedoch nur bedingt richtig. Das Programm operiert nach wie vor in einer begrenzten, regelbasierten Welt. Selbst bei Videospielen, die weniger an taktische Muster gebunden sind, haben Computer größere Herausforderungen bewältigt.

Die neueste Herausforderung im Bereich Videospiele für künstliche Intelligenz (KI) ist *StarCraft*, ein Echtzeit-Strategiespiel, in dem fiktive Wesen in irgendeinem entfernten Winkel der Milchstraße einen Krieg um die Vormachtstellung im Universum führen. Dieses Spiel erfordert wesentlich komplexere Entscheidungen als Schach. Es gibt Schlachten zu führen, Infrastruktur zu planen, zu spionieren, neue Räume zu erforschen und Ressourcen zu sammeln, wobei sich alle diese Elemente gegenseitig informieren. Computer hatten Schwierigkeiten, dieses Videospiel zu gewinnen, wie mir Julian Togelius, Professor von der Universität New York 2017 verriet, der Künstliche Intelligenz bei Videospielen untersucht. Selbst wenn sie menschliche Kontrahenten in einzelnen Spielen schlagen konnten, gelang es diesen, mithilfe von »langfristigen adaptiven Strategien« wieder die Oberhand zu gewinnen. »Das Denken ist sehr vielschichtig«, sagte er. »Wir Menschen zapfen alle diese Schichten einzeln an, aber wir haben eine ungefähre Vorstellung von jeder dieser Schichten und können sie kombinieren und uns so bis zu einem gewissen Grad anpassen. Das scheint der Trick zu sein.«

Im Jahr 2019 wurde ein Profi-Gamer zum ersten Mal bei einer eingeschränkten Version von *StarCraft* von künstlicher Intelligenz besiegt. (Der Gamer passte sich dann aber an die neue Herausforderung an und konnte nach einer Reihe von Niederlagen schließlich einen Sieg erzielen.) Die strategische Komplexität des Spiels bietet jedoch eine Lektion: Je komplexer das Gesamtbild, desto wertvoller der potenzielle menschliche Beitrag. Unsere größte Stärke ist die Fähigkeit zur breiten Integration, also genau das Gegenteil einer engen Spezialisierung. Laut Gary Marcus, Psychologe und Professor für Neurowissenschaften, der sein Unternehmen für maschinelles Lernen an Uber verkauft hat, »leisten Menschen in engen Welten möglicherweise schon bald keinen werthaltigen Beitrag mehr. Bei Videospielen, die kreative Lösungen erfordern, werden sie meiner Ansicht nach auf jeden Fall einen Beitrag leisten können. Aber nicht nur bei Videospielen, sondern allgemein bei allen realen Problemen, die eine kreative Lösung erfordern, sind wir Maschinen immer noch weit überlegen.«[48]

In der engen und geordneten Welt des Schachspiels mit ihrem augenblicklichen Feedback und ihrer ungeheuren Datenfülle, hat die künstliche Intelligenz enorme Fortschritte gemacht; ebenso in der regelbasierten, aber weniger geordneten Welt des Autofahrens. Nichtsdestotrotz gibt es nach wie vor zahlreiche Herausforderungen zu meistern. In einer wahrhaft mehrdeutigen Welt, die ein hohes Maß an Kreativität voraussetzt, weil es zahlreiche richtige Alternativlösungen gibt, hat die künstliche Intelligenz bisher völlig versagt. Im bekannten amerikanischen TV-Quiz *Jeopardy!* besiegte der IBM-Computer Watson seinen menschlichen Kontrahenten und wurde anschließend als Revolution in der Diagnose und Therapie von Tumorerkrankungen gefeiert. Auf diesem Gebiet entpuppte er sich allerdings als totaler Flop, mit der Folge, dass mehrere KI-Experten mir gegenüber die Befürchtung äußerten, seine Reputation könne die KI-Forschung im Gesundheitsbereich beschädigen.[49] Ein Onkologe sagte: »Der Unterschied zwischen dem Sieg bei *Jeopardy!* und der Krebstherapie ist, dass wir die Antwort auf die Quizfragen kennen. Bei Tumorerkrankungen arbeiten wir jedoch immer noch daran, die richtigen Fragen zu stellen.«[50]

Im Jahr 2009 verkündete ein Bericht im angesehenen Magazin *Nature*, der (inzwischen eingestellte) Webservice Google Flu Trends könne auf Basis von Mustern in Suchanfragen die Verbreitung der Wintergrippe schneller und mit größerer Genauigkeit vorhersagen als die Zentren für Krankheitskontrolle und Prävention.[51] Doch schon bald ließ die Zuverlässigkeit von Google Flu Trends nach, bis der Webservice im Winter 2013 für die USA eine doppelt so hohe Grippequote prognostizierte als tatsächlich der Fall war. Inzwischen veröffentlicht Google Flu Trends keine Prognosen mehr und seine Website liegt sozusagen auf Eis; dort erscheint die Nachricht, es sei »noch zu früh« für diese Art der Prognosen.[52] Aufschlussreicherweise stellte Marcus im Hinblick auf die derzeitigen Grenzen wissender Maschinen die folgende Analogie her:

»KI-Systeme sind wie Savants.« Sie brauchen stabile Strukturen und enge Welten.

Wenn wir die Regeln und Antworten kennen und diese sich im Verlauf der Zeit nicht verändern, wie es zum Beispiel bei Schach, Golf und der Interpretation klassischer Musik der Fall ist, ist ein frühzeitiger Beginn mit hyperspezialisierter Praxis sicher eine gute Idee. Die genannten Gebiete sind jedoch keine repräsentativen Modelle für die Dinge, die Menschen im Allgemeinen lernen wollen.

Wenn eine enge Spezialisierung mit einem lernunfreundlichen Gebiet zusammentrifft, kann sich die menschliche Neigung, sich auf die Wiederkennung vertrauter Muster zu verlassen, zu einem schrecklichen Bumerang entwickeln, zum Beispiel, wenn langjährig erfahrene Feuerwehrleute, die mit einer völlig neuen Brandsituation konfrontiert sind, plötzlich eine falsche Entscheidung treffen. Chris Argyris, der zur Gründung der Yale School of Management beitrug, wurde auf die Gefahr aufmerksam, die damit verbunden ist, lernunfreundliche Umgebungen so zu behandeln, als handele es sich um lernfreundliche Umgebungen. Er studierte 15 Jahre lang hoch spezialisierte dynamische Unternehmensberater von erstklassigen Business Schools und sah, dass sie ausgezeichnete Lösungen für Business-School-Probleme fanden, die genau definiert waren und sich schnell bewerten ließen. Allerdings wendeten sie das sogenannte Single-Loop-Lernen an, ein Lernprozess, der die erste vertraute Lösung (auf Basis der erworbenen Erfahrung) favorisiert, die dem Problemlöser einfällt. Immer wenn diese Lösungen nicht die angestrebten Ergebnisse erzielten, gerieten die Berater in die Defensive. Vor dem Hintergrund, dass »die Quintessenz ihrer Tätigkeit darin besteht, anderen zu sagen, wie sie es besser machen können«, war Argyris besonders über ihre »fragilen Persönlichkeiten« überrascht.[53]

Der Psychologe Barry Schwartz demonstrierte eine ähnliche erlernte Inflexibilität, als er College-Studenten ein logisches Rätsel aufgab, bei dem Lichtschalter betätigt werden mussten, um Glühbirnen nacheinander ein- und auszuschalten. Die Studenten konnten das Rätsel beliebig oft wiederholen. Es gab 70 verschiedene Wege, es zu lösen, und für jeden Einzelerfolg gab es eine geringfügige finanzielle Belohnung. Die Studenten erhielten keinerlei Regeln und mussten durch Experimentieren die Lösung finden.* Wenn ein Student eine Lösung fand, wiederholte er sie ein ums andere Mal, um weitere Belohnungen zu erhalten, selbst wenn er keine Idee hatte, warum die Lösung funktionierte. Später wurden neue Studenten hinzugenommen, die alle aufgefordert wurden, die allgemeine Regel für alle Lösungen herauszufinden. Unglaublicherweise gelang es allen neu hinzugekommenen Studenten, die Regel für alle 70 Lösungen zu bestimmen, aber nur einem der Studenten, die eine Belohnung für eine Einzellösung erhalten hatten. Der Untertitel von Schwartz' Aufsatz lautete: »Wie man Menschen nicht beibringt, Regeln zu entdecken«[54] – nämlich indem man wiederkehrende kurzfristige Erfolge innerhalb eines engen Lösungsspektrums belohnt.

All das sind schlechte Nachrichten für einige der beliebtesten Analogien für Lernerfolg, die in der Wirtschaft kursieren: die Pólgars, Tiger Woods und bis zu einem gewissen Grad alle Analogien aus dem Sport oder der Gaming-Landschaft. Verglichen mit Golf besitzt ein Sport wie Tennis eine wesentlich größere Dynamik, weil die Spieler sich jede Sekunde neu auf ihre Gegner, auf die Beschaffenheit des Tennisplatzes und gelegentlich auf ihre Doppel-Kollegen neu einstellen müssen. (Bei der Olympiade von 2008 gewann Federer im Tennis-Doppel Gold.) Tennis ist im Vergleich zur Notaufnahme eines Krankenhauses, in der Ärzte und Krankenschwestern nicht immer auf Anhieb feststellen können, was einem Patienten fehlt, trotzdem eher am lernfreundlichen Ende des Spektrums angesiedelt. Die Ärzte und Krankenschwestern einer Notaufnahme müssen Wege finden, außerhalb ihrer angestammten

* Dafür wurden 25 Glühbirnen hinter einer durchsichtigen Scheibe angebracht. Das Rätsel begann mit einer eingeschalteten Glühbirne links oben und dem Punktestand 0. Den Testpersonen wurde mitgeteilt, wenn sie Punkte sammeln würden, würden sie finanziell belohnt, aber sie würden nicht erfahren, was sie dafür tun müssten. Durch Experimentieren konnten sie herausfinden, dass sie mit der Betätigung der Lichtschalter in einer bestimmten Reihenfolge, die bis zur Einschaltung der rechten unteren Glühbirne führte, Punkte sammeln und Belohnungen kassieren konnten. Im Wesentlichen mussten sie die Glühbirnen von oben links bis unten rechts nacheinander einschalten.

Erfahrungsmuster dazuzulernen und Lektionen zu verinnerlichen, die ihrer unmittelbaren Erfahrung womöglich widersprechen.

Die Welt ist kein Golfplatz und meistens nicht einmal ein Tennisplatz. Wie Robin Hogarth es ausdrückte, ist die Welt zumeist »Tennis vom Mars«. Man sieht die Spieler mit ihren Schlägern und Bällen auf dem Spielfeld, aber niemand kennt die Regeln. Man muss sie selbst herausfinden, und sie können sich jederzeit ohne Vorwarnung ändern.

Wir haben die falschen Storys verwendet. Die Erfolgsstorys von Tiger Woods und den Pólgar-Schwestern vermitteln den täuschenden Eindruck, dass menschliche Fähigkeiten stets in einer äußerst lernfreundlichen Umgebung erworben werden. Wenn das der Fall wäre, würde eine frühzeitige laserartig fokussierte technische Spezialisierung stets zum Erfolg führen. Das trifft jedoch nicht einmal auf die meisten Sportarten zu.

Wenn die Menge und Intensität einer frühen hoch spezialisierten Praxis auf einem eng definierten Gebiet der Schlüssel zu innovativen Ergebnissen wäre, würden es Menschen mit einer Ausnahmebegabung auf jedem Gebiet, mit dem sie in Berührung kommen, zur Meisterschaft bringen, und Wunderkinder würden auch im Erwachsenenalter stets Ausnahmeerscheinungen bleiben. Die Psychologin Ellen Winner, eine der herausragendsten Autoritäten auf dem Gebiet der frühkindlichen Hochbegabung, sagte, kein Savant sei je zu einem außergewöhnlichen Innovator (»Big-C-Creator«) geworden, der sein Gebiet grundlegend verändert habe.[55]

Es gibt neben Schach durchaus noch weitere Gebiete, auf denen eine intensive hoch spezialisierte Praxis eine großmeisterähnliche Intuition erzeugen kann. Genau wie Golfspieler werden Chirurgen mit jeder Wiederholung der gleichen Operationsschritte immer besser. Buchhalter, Bridge- und Pokerspieler entwickeln durch die wiederholte Erfahrung eine genaue Intuition.[56] Kahnemann schrieb diesen Gebieten »robuste statistische Regelmäßigkeiten« zu.[57] Sobald sich die Regeln jedoch nur ein klein wenig verändern, hat es den Anschein, als sei die technische Spezialisierung zu Lasten der Flexibilität gegangen. Im Rahmen von Untersuchungen über das Kartenspiel Bridge hat sich gezeigt, dass

Bridge-Experten größere Schwierigkeiten haben, sich bei einer Veränderung der Spielordnung an die neuen Regeln anzupassen, als weniger erfahrene Spieler.[58] Als langjährige Buchhalter im Rahmen einer Studie aufgefordert wurden, ein neues steuerminderndes Gesetz anzuwenden, das ein älteres Gesetz abgelöst hatte, erzielten sie schlechtere Ergebnisse als unerfahrene Buchhalter. Erik Dane, Professor an der Rice University, der das Organisationsverhalten untersucht, bezeichnet dieses Phänomen als »kognitive Verankerung.« Seine Anregung zur Vermeidung einer kognitiven Verankerung ist das genaue Gegenteil der strengen Zehntausend-Stunden-Regel: Man solle die Herausforderungen innerhalb eines Gebietes massiv variieren und, wie ein Forschungskollege es ausdrückte, darauf achten, dass man sich »mit einem Fuß außerhalb der eigenen Welt« befinde.[59]

Die Wahrscheinlichkeit, einem künstlerischen Hobby nachzugehen, ist bei Wissenschaftlern und »Normalsterblichen« ungefähr gleich hoch, wobei die Wahrscheinlichkeit, dass sie neben ihrer Haupttätigkeit weiteren völlig fachfremden Beschäftigungen nachgehen, bei Wissenschaftlern der besten amerikanischen Forschungsinstitute noch wesentlich höher ist. Bei Nobelpreisträgern ist die Wahrscheinlichkeit sogar noch höher. Verglichen mit anderen Wissenschaftlern weisen Nobelpreisträger eine um das 22-Fache höhere Wahrscheinlichkeit auf, sich in ihrer Freizeit als Amateurschauspieler, Tänzer, Zauberkünstler oder irgendeiner anderen darbietenden Kunst zu betätigen.[60] Wissenschaftler, die nationale Auszeichnungen erhalten haben, sind im Vergleich zu anderen Wissenschaftlern wesentlich öfter nebenbei Musiker, Bildhauer, Maler, Drucktechniker, Holzschnitzer, Mechaniker, Elektronikbastler, Glasbläser, Dichter oder Roman- oder Sachbuchautoren. Auch hier liegt die Wahrscheinlichkeit bei Nobelpreisträgern noch höher, wobei die erfolgreichsten Experten breitgefächerte Interessen verfolgten. »Aus der Ferne betrachtet, hat es den Anschein, als würden sie ihre Energien zerstreuen und vergeuden«, schrieb der spanische Nobelpreisträger Santiago Ramón Y Cajal. »Tatsächlich kanalisieren und stärken sie sie.«[61] Die zentrale Schlussfolgerung aus den jahrelangen Untersuchungen über Wissenschaftler und Ingenieure, die in ihrem Beruf als hoch qualifizierte Experten anerkannt waren, lautete, dass diejenigen unter ihnen, die keinen kreativen Beitrag zu ihrem Fachgebiet leisteten, außerhalb ihres eng umgrenzten Fachgebiets keinerlei schöngeistige Interessen hatten.[62] Der Psychologe und prominente Kreativitätsforscher Dean Keith Simonton merkte dazu an, kreative Spitzenleister würden eher dazu neigen, breiten Interessen nachzugehen, »als sich wie besessen auf ein eng umgrenztes Thema zu fixieren«.[63]

Diese Erkenntnisse erinnern an eine Rede von Steve Jobs, in der er die Bedeutung eines Kalligrafie-Kurses für seine Design-Ästhetik hervorhob. »Als wir den ersten Macintosh-Computer entwarfen, fiel mir alles wieder ein«, sagte er. »Wenn ich auf dem College nicht zufällig diesen einen Kurs belegt hätte, hätte der Mac nie so viele verschiedene Schrifttypen beziehungsweise Proportionalschriften gehabt.«[64] Oder der Elektroingenieur Claude Shannon, der dank eines Philosophiekurses, den er zur Erfüllung einer Studienvoraussetzung der Universität Michigan belegt hatte, das Informationszeitalter einleitete. In diesem Kurs kam er in Kontakt mit der Arbeit von George Boole, einem britischen Logiker und Autodidakten aus dem 19. Jahrhundert, der einer wahren Aussage einen Wert 1 und einer falschen Aussage den Wert 0 zuwies und belegte, dass sich logische Probleme wie mathematische Gleichungen lösen lassen. Das hatte zunächst keinerlei praktische Bedeutung, bis 70 Jahre nach Booles Tod, als Shannon in den Bell Laboratories, der früher zu AT&T gehörenden Forschungsabteilung ein Sommerpraktikum absolvierte. Dort fand er heraus, dass er die Call-Routing-Technologie mit Booles logischem System kombinieren konnte, um jede Art Information zu encodieren und elektronisch zu übertragen. Das war die grundlegende Erkenntnis über die Funktionsweise von Computern. »Es war zufälligerweise so, dass niemand sonst mit beiden Gebieten vertraut war«, sagt Shannon.[65]

Im Jahr 1979 war Christopher Connolly Mitbegründer einer Psychologieberatung im Vereinigten Königreich, die Top-Leister (anfangs aus dem Sport, später auch aus anderen Gebieten) darin unterstützte, ihr gesamtes Potenzial auszuschöpfen. Im Verlauf der Jahre begann sich Connolly für die Frage zu interessieren, warum einige Profis außerhalb ihres eng umgrenzten Spezialgebiets wenig erfolgreich waren, während andere ihre Karriere auf bemerkenswerte Weise weiterentwickelten und, zum Beispiel, vom Instrumentalisten eines Weltklasse-Orchesters zum Profiläufer wurden. 30 Jahre später kehrte Connolly an die Universität zurück, um bei seinem Doktorvater Fernand Gobet, einem Psychologen und Schachprofi im Rang eines Internationalen Meisters, über diese Frage zu promovieren. Das zentrale Ergebnis seiner Untersuchungen lautete, dass sich diejenigen, die später erfolgreich die Karriere wechselten, in ihren frühen Jahren vielfältige »Karrierestränge« offengehalten und eine breitere Aus- und Weiterbildung verfolgt hatten, selbst während sie eine Hauptspezialisierung verfolgten. Sie »fuhren auf einer achtspurigen Autobahn«, schrieb Connolly, und nicht auf einer einspurigen Einbahnstraße.[66] Sie hatten einen breiten Horizont. Diejenigen, denen es gelang, sich an andere inhaltliche Umgebungen anzupassen, waren auf herausragende Art in der Lage, Wissen von einem Fachgebiet auf ein anderes Gebiet zu übertragen und kreativ zu nutzen und somit eine kognitive Verankerung zu vermeiden. Sie »legten den Sicherungsschalter um«, wie Hogarth es nannte. Das heißt, sie stützten sich auf fachfremde Erfahrungen und Analogien, um ganz bewusst ihrer Neigung zu erprobten Lösungen, die in neuen, unbekannten Situationen möglicherweise nicht funktionieren, entgegenzuwirken. Ihre besondere Fähigkeit lag in der Vermeidung einer Wiederholung derselben alten Muster. In einer lernunfreundlichen Welt mit schlecht definierten Herausforderungen und ohne verlässliche Regeln kann ein breiter Erfahrungs- und Wissenshorizont der Rettungsanker sein.

Die Welt und ihre Herausforderungen mit dem Golf- oder Schachsport zu vergleichen, ist bequem, erleichtert die Entwicklung von strukturierten Standardrezepten und bietet Raum für einige durchaus überzeugende Bücher. Das vorliegende Buch fängt da an, wo diese Bücher enden – bei den neuen, lernunfreundlichen Herausforderungen und einem Überblick über die Entwicklungen, die dafür gesorgt haben, dass die moderne Welt überhaupt so lernunfreundlich geworden ist.

KAPITEL 2

Wie die lernunfreundliche Welt entstand

Die Stadt Dunedin befindet sich an der Südostküste der südlichen Insel von Neuseeland, am Fuße der hügeligen Halbinsel Otago, die sich in den Südpazifik erstreckt. Otago ist für seine Gelbaugenpinguine berühmt, und Dunedin behauptet, allerdings mit einer gewissen Bescheidenheit, die steilsten Wohnstraßen der Welt zu besitzen. Außerdem befindet sich dort die Universität Otago, die älteste Universität Neuseelands, und die Stadt ist die Heimat des emeritierten US-amerikanischen Professors für politische Studien James Flynn, der mit seiner Intelligenzforschung die Art und Weise veränderte, wie Psychologen das Denken betrachten.

Er begann 1981, fasziniert von einem 30 Jahre alten Aufsatz über die Untersuchung des Intelligenzquotienten amerikanischer Soldaten im Ersten und Zweiten Weltkrieg. Dabei hatten die Soldaten aus dem Zweiten Weltkrieg erheblich besser abgeschnitten. Ein Soldat aus dem Ersten Weltkrieg, der sich irgendwo in der Mitte seiner Kameraden platziert hätte – dem 50. Perzentil –, hätte im Vergleich zu Soldaten aus dem Zweiten Weltkrieg nur zum 22. Perzentil gehört. Flynn fragte sich, ob das gleiche Phänomen wohl auf die Zivilbevölkerung zuträfe. »Ich dachte, wenn der IQ in einem bestimmten Bereich gestiegen war, wäre er vielleicht überall gestiegen«, sagte er mir.[67] Falls er richtig lag, hatten Psychologen etwas Fundamentales übersehen, das genau unter ihren Augen abgelaufen war.

Flynn wandte sich an Forscher in anderen Ländern und bat sie um Daten, und an einem trüben Novembersamstag im Jahr 1984 fand er einen Brief in seinem Postfach an der Universität. Dieser stammte von einem niederländischen Forscher und enthielt Rohdaten aus vielen Jahren an Intelligenztests, die junge Männer in den Niederlanden absolviert hatten. Die Daten waren das Ergebnis eines Tests mit der Bezeichnung *Ravens Progressive Matrizen* (kurz *Ravens-Matrizentest*), der die Fähigkeit der Testperson messen soll, komplexe Sachverhalte zu verstehen. Jede Testaufgabe besteht aus einer Anordnung von abstrakten Elementen, bei denen ein Element fehlt, um das Muster zu vervollständigen. Der Testteilnehmer soll das fehlende Element finden und einsetzen. Der Ravens-Matrizentest wurde so konzipiert, dass er auch bei Analphabeten funktioniert, weil er Gelerntes unberücksichtigt lässt. Sollten jemals Marsmenschen auf der Erde landen, sollte der Ravens-Matrizentest in der Lage sein, zu bestimmen, wie schlau sie sind.[68] Obwohl es sich um Rohdaten handelte, erkannte Flynn auf Anhieb, dass die Intelligenz der jungen Niederländer von einer Generation zur nächsten erheblich zugenommen hatte.

Im Matrizentest-Manual fand Flynn weitere Hinweise. Intelligenztests sind grundsätzlich standardisiert, sodass die durchschnittliche Punktzahl immer 100 beträgt. (Im Rahmen der abgestuften Normalverteilung, die grafisch als sogenannte Glockenkurve dargestellt wird, steht die 100 in der Mitte.) Flynn fiel auf, dass die Tests von Zeit zu Zeit neu standardisiert werden mussten, um den Durchschnitt bei 100 zu halten, weil die nachfolgenden Testteilnehmer regelmäßig mehr korrekte Antworten gaben als Testteilnehmer früherer Generationen. Nachdem er den Brief des niederländischen Forschers erhalten hatte, sammelte er zwölf Monate lang Daten aus 14 Ländern. Bei jedem Land konnte er eine beeindruckende Zunahme des Intelligenzquotienten feststellen, sowohl bei Kindern wie auch bei Erwachsenen. »Von der Wiege bis zum Grab sind wir gegenüber unseren Vorfahren im Vorteil«, sagte er.[69]

Flynn hatte die richtigen Fragen gestellt. Tatsächlich hatte das Phänomen des gestiegenen Intelligenzquotienten überall stattgefunden. Zuvor waren bereits andere Wissenschaftler über Bruchstücke derselben Daten gestolpert, aber niemand hatte sich die Mühe gemacht, zu erforschen, ob sie Teil eines weltweiten Musters waren – nicht einmal die Wissenschaftler, die das Punktesystem immer wieder anpassen mussten, um den Durchschnitt bei 100 zu halten. »Als Außenseiter«, so Flynn, »fallen mir Dinge als überraschend auf, die ein Psychometrik-Experte vermutlich einfach akzeptiert«.[70]

Der sogenannte Flynn-Effekt, demzufolge jede neue Generation des 20. Jahrhunderts einen höheren IQ besitzt als die vorhergehende Generation, wurde inzwischen in mehr als 30 Ländern dokumentiert. Der Anstieg ist auffällig hoch: Alle zehn Jahre steigt der IQ um 3 Punkte. Um das in die richtige Perspektive zu rücken: Würde man einen Erwachsenen, der heute ein durchschnittliches Testergebnis erzielt, mit Erwachsenen vor einem Jahrhundert vergleichen, würde er sich im 98. Perzentil befinden.

Als Flynn seine Erkenntnisse 1987 veröffentlichte, war das so, als hätte eine Bombe in die Forschergemeinde eingeschlagen.[71] Der amerikanische Psychologenverband widmete diesem Thema eine eigene Konferenz, und Psychologen, die ein Interesse an der unveränderlichen Natur der Ergebnisse von Intelligenztests hatten, lieferten eine ganze Palette an Erklärungen, um den Effekt argumentativ zu widerlegen – unter anderem eine bessere Ernährung und eine bessere Bildung, die angeblich zu den aufsehenerregenden Ergebnissen geführt hätten, aber keine passte wirklich auf das ungewöhnliche Muster der stetig steigenden Ergebnisse von Intelligenztests. Die Ergebnisse von Tests, in denen schulisches Wissen abgefragt oder Wissen geprüft wurde, das die Testteilnehmer durch unabhängige Lektüre oder Studium erworben hatten – Allgemeinwissen, Arithmetik, Vokabular – veränderten sich dagegen kaum. Die Ergebnisse der Tests, in denen abstraktes Wissen geprüft wurde, das nicht durch formalen Unterricht vermittelt wird, wie der

Ravens-Matrizentest oder »Ähnlichkeiten«-Tests, die eine Beschreibung der Ähnlichkeiten zwischen zwei Konzepten erfordern, stiegen jedoch sprunghaft in die Höhe.[72]

Ein junger Mensch, der heute aufgefordert wird, das verbindende Element zwischen »Morgengrauen« und »Dämmerung« zu beschreiben, wird wahrscheinlich sofort erkennen, dass sich beide auf bestimmte Tageszeiten beziehen. Allerdings würde er mit einer wesentlich höheren Wahrscheinlichkeit als seine Großmutter eine differenziertere Ähnlichkeit nennen: Beide trennen den Tag von der Nacht. Ein heutiges Kind, das bei einem Test, in dem die Erkennung von Ähnlichkeiten geprüft wird, mittelmäßig abschneidet, befände sich in der Generation seiner Großeltern im 94. Perzentil.[73] Eine Gruppe estnischer Forscher, die mithilfe von nationalen Testergebnissen das Wortverständnis von Schulkindern der Generation der 1930er-Jahre mit der Generation von 2006 verglich, stellte fest, dass sich ganz spezifisch das Wortverständnis abstrakter Begriffe verbessert hatte. Je abstrakter das Wort, desto ausgeprägter die Verbesserung. Bei direkt beobachtbaren Phänomenen oder Objekten (»Henne«, »essen«, »Krankheit«) schnitten sie bereits besser ab als ihre Großelterngeneration, bei abstrakten Konzepten wie »Gesetz«, »Bürger« oder »Gelöbnis« war die Verbesserung geradezu überwältigend.[74]

Die größten Verbesserungen waren jedoch bei Ravens progressiven Matrizen zu verzeichnen, bei denen man die geringsten Veränderungen erwartet hatte. »Dieser enorme Zugewinn zeigt, dass die heutigen Kinder weitaus besser in der spontanen Problemlösung sind, ohne zuvor eine Lösungsmethode erlernt zu haben«, so Flynns Fazit.[75] Sie sind besser in der Lage, Regeln und Muster zu extrahieren, wo es keine vorgegebenen Regeln gibt. Selbst in Ländern, die in jüngsten Tests eine *Verschlechterung* der Ergebnisse verbaler und mathematischer Intelligenztests feststellten, verbesserten sich die Ergebnisse im Ravens Matrizentest. Die Ursache schien irgendwie mit der modernen Zeit zusammenzuhängen. Aber nicht nur das, dieses mysteriöse Phänomen hatte die Gehirne der modernen Menschen speziell für abstrakte Fragestellungen fit gemacht. Welche Art der Veränderung konnte so umfassend und zugleich so besonders sein, fragte sich Flynn.[76]

Ende der 1920er-Jahre und Anfang der 1930er-Jahre wurden abgelegenen Regionen der Sowjetunion soziale und ökonomische Veränderungen aufgezwungen, die normalerweise mehrere Generationen gedauert hätten. Die Kleinbauern in den abgeschiedenen Regionen des heutigen Usbekistan hatten lange mit der Subsistenz-Bewirtschaftung kleiner Parzellen und dem Anbau von Baumwolle überlebt. Auf den hochgelegenen Gebirgsweiden im heutigen Kirgistan hielten die Hirten Nutztiere. Die Bevölkerung konnte weder lesen noch schreiben und lebte in einer hierarchischen Gesellschaft, die von strengen religiösen Regeln bestimmt war. Die sozialistische Revolution brachte praktisch über Nacht eine völlige Veränderung ihrer Lebensgrundlagen.

Die Sowjetregierung fasste alle Agrarflächen zu Kolchosen oder Sowchosen zusammen und trieb die industrielle Entwicklung der ländlichen Regionen voran. Schnell wurde die Wirtschaft vernetzt und komplex. Die Bauern mussten kollektive Arbeitsstrategien entwickeln, die Produktion vorausplanen, Arbeitsteilung vornehmen und die geleistete Arbeit bewerten. Abgelegene Dörfer begannen mit weit entfernten Städten zu kommunizieren. In Regionen mit einer Analphabetenquote von 100 Prozent wurden Netzwerke aus Schulen aufgebaut, und die Erwachsenen begannen ein System zu erlernen, bei dem Symbole mit Tönen verbunden wurden. Die Dorfbewohner hatten zwar zuvor schon Zahlen verwendet, aber nur bei alltagspraktischen Transaktionen. Nun mussten sie das Konzept einer Zahl als Abstraktion erlernen, die für sich allein existierte, ohne Bezug zu einer konkreten Zählung von Nutztieren oder der Nahrungsportionierung. Einige Frauen blieben Analphabetinnen, absolvierten jedoch Kurzausbildungen, um an Kindergärten zu unterrichten. Andere Frauen konnten sich in Instituten zu Lehrerinnen ausbilden lassen. Schüler ohne jede formale Bildung konnten an Vorschulbildung und Kursen über Agrarwissenschaften und -technologie teilnehmen. Bald darauf wurden weiterführende Schulen und technische Ausbildungsinstitute gegründet. Inmitten dieser unglaublichen Transformation erkannte ein brillanter junger russischer Psychologe namens Alexander Lurija im Jahr 1931 ein fließendes »natürliches Experiment«, das einzigartig in der Weltgeschichte war. Er fragte sich, ob die Veränderung der Arbeitswelt der Bürger auch eine Veränderung ihrer Gedankenwelt bewirken würde.[77]

Als Lurija in Usbekistan auftauchte, waren die abgelegensten Dörfer noch unberührt von der ungeheuren Geschwindigkeit, mit der die traditionelle Gesellschaft restrukturiert wurde. Diese Dörfer bildeten seine Kontrollgruppe. Er erlernte die lokale Sprache und brachte andere Psychologen mit, um mit den Dorfbewohnern in entspannten sozialen Situationen – im Teehaus oder auf einer Weide – ins Gespräch zu kommen und über Fragen oder Aufgaben zu sprechen, die ihre Denkgewohnheiten aufdecken sollten.[78]

Einige waren ganz einfach: Man breitet Woll- oder Seidenstränge in verschiedenen Farbtönen aus und bittet die Testteilnehmer, die Farben zu beschreiben. Die Kolchosbauern und die Leiter der Kolchosen, aber auch die weiblichen Studenten, taten sich leicht, Blau, Rot und Gelb und manchmal auch Variationen wie Dunkelblau oder Hellgelb zu identifizieren. Die Bauern aus sehr abgeschiedenen Dörfern, die noch in der »Prämoderne« lebten, lieferten vielfältigere und bildlichere Farbbeschreibungen: Baumwolle in Blütenstand, verrottete Zähne, viel Wasser, Himmel, Pistazie. Anschließend wurden sie gebeten, die Stränge in Gruppen zu ordnen. Den Kolchosbauern und selbst den jungen Menschen mit geringer formaler Bildung fiel das leicht; sie ordneten die Stränge nach Farbgruppen. Selbst wenn sie die Schattierung einer bestimmten Farbe nicht beschreiben konnten, hatten sie kein Problem, dunklere und hellere Stränge desselben Farbtons zusammenzufassen. Die Bauern aus den abgeschiedenen Dörfern weigerten sich jedoch, und zwar selbst diejenigen, die sich der Stickerei widmeten. »Das geht nicht«, sagten sie. Oder: »Kein Strang hat den gleichen Ton wie der andere; man kann sie nicht zusammenfassen«.[79] Erst nach intensivem Drängen und auch nur unter der Bedingung, dass sie kleine Stranggruppen bilden durften, gaben einige nach und fassten einzelne Stränge zusammen, die aber offenbar völlig willkürlich gruppiert worden waren. Einige andere schienen die Wollstränge nach ihrer Farbsättigung zu ordnen, unabhängig davon, um welche Farben es sich handelte.

Anschließend folgten geometrische Formen. Je stärker die Testteilnehmer von der Veränderung ihrer Welt betroffen waren, desto größer die Wahrscheinlichkeit, dass sie das abstrakte Konzept der »Formen« verstanden und aus den Strängen Dreiecke, Vierecke und Kreise legten. Das galt selbst für Teilnehmer ohne formale Bildung, die die Bezeichnung der jeweiligen Formen nicht kannten. Die Bauern aus den abgeschiedenen Dörfern erkannten dagegen keine Ähnlichkeit in einem Viereck mit durchgezogenen Linien und einem Viereck mit gepunkteten Linien. Für Alieva, eine 26-jährige Dorfbewohnerin aus einer abgelegenen Region war das Viereck mit den durchgezogenen Linien ganz offensichtliche eine Landkarte und das Viereck mit den gepunkteten Linien eine Armbanduhr. »Wie soll man eine Landkarte und eine Armbanduhr zusammen anordnen?«, fragte sie ungläubig.[80] Khamid, ein 24-jähriger Dorfbewohner aus einer abgeschiedenen Gegend beharrte darauf, dass ein ausgefüllter Kreis und ein nicht ausgefüllter Kreis nicht zusammengefasst werden könnten, weil der eine Kreis eine Münze und der andere einen Mond darstelle.

Dieses Muster setzte sich bei allen Fragegattungen fort. Wenn die Dorfbewohner aus abgeschiedenen Regionen gedrängt wurden, konzeptionelle Gruppen zu erstellen – was in gewisser Weise der Herleitung von Ähnlichkeiten in den Intelligenztests ähnelt –, griffen diese Dorfbewohner auf Narrative aus ihrer unmittelbaren alltagspraktischen Erfahrung zurück. Als die Psychologen versuchten, mit dem 39-jährigen Rakmat eine Übung durchzuführen, bei der er bestimmen sollte, welches Element nicht zu den übrigen passt, nannten sie ihm als Beispiel drei Erwachsene und ein Kind, wobei Letzteres offensichtlich das Element ist, das aus der Gruppe herausfällt. Rakmat sah das jedoch anders. »Der Junge muss bei den anderen bleiben!«, beharrte er. Die Erwachsenen arbeiten, »und wenn sie ständig weglaufen müssen, um irgendetwas zu holen, dann können sie nie ihre Arbeit fertig machen. Aber der Junge kann das für sie tun«.[81] Okay, wie wäre es mit einem Hammer, einer Säge, einer Axt und einem Stück Holz? Drei dieser Elemente sind

Werkzeuge. Das sei keine Gruppe, erwiderte Rakmat. Ohne das Holz sind sie nutzlos, warum sollte man sie also zusammenfassen?

Andere Dorfbewohner aus abgelegenen Regionen entfernten entweder den Hammer oder die Axt, die sie als nicht so vielseitig verwendbar für die Bearbeitung von Holz einstuften, es sei denn, sie überlegten, die Axt mit dem Hammer in das Stück Holz zu treiben – in diesem Fall wären beide ein Bestandteil der Gruppe. Nun, dann vielleicht die Kombination Vogel/Gewehr/Dolch/Kugel? Man kann unmöglich ein Element entfernen und aus dem Rest eine Gruppe bilden, protestierte ein Dorfbewohner. Die Kugel muss in das Gewehr geladen werden, um damit den Vogel zu erschießen, »und dann muss man den Vogel mit dem Dolch aufschneiden, anders geht es doch gar nicht«.[82]

Das waren übrigens nur die Einführungsfragen zur Erklärung der Gruppierungsaufgabe, nicht die eigentlichen Fragen. Weder Druck noch Drängen noch Erklärungen oder Beispiele konnten die Dorfbewohner aus abgeschiedenen Regionen dazu bewegen, ihre Denkprozesse auf irgendein anderes Konzept zu stützen als ihre konkreten täglichen Lebenserfahrungen.

Die Bauern und Schüler, die bereits an der modernen Welt teilnahmen, waren dagegen zu Denkprozessen in der Lage, die als »Eduktion« bezeichnet werden, und aus Fakten oder Informationen Leitprinzipien abzuleiten, selbst wenn sie keine Anleitung erhielten und die Informationen noch nie zuvor gesehen hatten.[83] Und das ist genau das, was Ravens progressive Matrizen testen. Stellen Sie sich vor, man würde den Dorfbewohnern aus abgeschiedenen Regionen, die in prämodernen Umständen leben, die abstrakten Figuren aus dem Ravens-Matrizentest vorlegen.

Einige der Veränderungen, die die Modernität und die kollektive Kultur mit sich gebracht haben, wirken geradezu magisch. Lurija stellte fest, dass die meisten Dorfbewohner aus abgeschiedenen Regionen nicht denselben optischen Täuschungen unterlagen wie die Bewohner der industrialisierten Welt, zum Beispiel der Ebbinghaus-Täuschung. Welcher der beiden nachfolgend abgebildeten schwarzen Kreise ist größer?

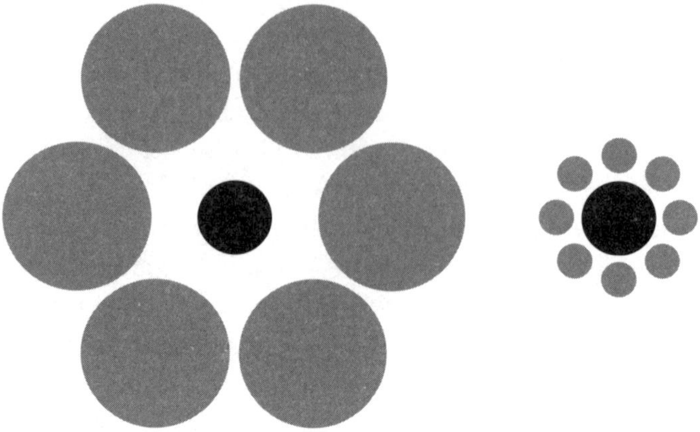

Wenn Sie sagen, der rechte, dann leben Sie wahrscheinlich in der industrialisierten Welt. Die Dorfbewohner aus abgelegenen Regionen gaben dagegen korrekterweise an, beide Kreise seien gleich groß, während die Kolchosbauern und die Frauen aus den Ausbildungsinstituten für Lehrkräfte angaben, der rechte Kreis sei größer. Diese Ergebnisse wurden auch in anderen traditionellen Gesellschaften erzielt. Die Wissenschaftler vermuten, es könne daran liegen, dass Menschen, die in prämodernen Strukturen leben, weniger stark auf den holistischen Kontext achten – also die Beziehung der verschiedenen Kreise zueinander – und ihre Wahrnehmung daher von der Gegenwart anderer Kreise nicht beeinflusst wird. Um eine bekannte Metapher zu nennen: Prämoderne Menschen sehen den Wald vor lauter Bäumen nicht; moderne Menschen sehen den Wald, aber nicht die Bäume.[84]

Seit Lurijas Reise in den zentralasiatischen Teil der Sowjetunion haben Wissenschaftler seine Arbeit in anderen Kulturen wiederholt. Das Volk der Kpelle in Liberia lebte als Reisbauern von der Subsistenzwirtschaft, bis sich das Straßennetz in den 1970er-Jahren auch bis in ihre Gebiete fortsetzte und ihre Dörfer mit den Städten verband. Bei Ähnlichkeitstests konnten Jugendliche, die mit modernen Institutionen in Berührung kamen, Elemente in abstrakte Kategorien unterteilen (»alle diese Dinge können uns warmhalten«), wohingegen Jugendliche aus traditionellen Strukturen Kategorien erstellten, die vergleichsweise willkürlich waren und bei einer Wiederholung oft anders ausfielen. Weil die erstgenannte Testgruppe sinnvolle thematische Kategorien erstellt hatte, konnte sie sich später auch viel besser erinnern, wenn sie die Aufgabe wiederholen sollte. Je stärker die Testpersonen in der Modernität verhaftet waren, desto ausgeprägter war ihre abstrakte Denkfähigkeit und desto seltener mussten sie einen Bezug zu konkreten Alltagssituationen herstellen.[85]

Laut Flynn betrachten wir die Welt heute durch die »wissenschaftliche Brille«.

Damit meint er, dass wir die Realität mithilfe einer Klassifizierung von Schemata interpretieren und dabei Schichten aus abstrakten Konzepten verwenden, um den Zusammenhang zwischen einzelnen Informationsversatzstücken zu erkennen, anstatt uns auf unsere unmittelbare praktische Erfahrung zu stützen. Wir sind in einer Welt der Klassifizierung von Schemata aufgewachsen, die den Dorfbewohnern aus prämodernen Strukturen völlig fremd sind. Wir klassifizieren einige Tiere als Säugetiere, und innerhalb dieser Kategorie stellen wir auf Basis der Ähnlichkeit ihrer Physiologie und DNA weitere genauere Verknüpfungen her.

Worte, die für Konzepte stehen, die früher nur Gelehrte kannten, wurden innerhalb weniger Generationen von der breiten Bevölkerung verstanden. Das englische Wort »percent« kam im Jahr 1900 praktisch nie in Büchern vor. Im Jahr 2000 tauchte es ungefähr alle 5000 Wörter auf.[86] (Dieses Kapitel enthält ungefähr 6625 Wörter). Computerprogrammierer häufen viele Abstraktionsschichten aufeinander. (Sie schneiden im Ravens-Matrizentest gut ab.[87]) Der Ladebalken auf dem Computerbildschirm, der den Status eines Downloads anzeigt, enthält unzählige Abstraktionen, von grundlegenden – die Programmiersprache, die den Ladebalken erzeugt hat, ist eine Repräsentation des binären Codes, also der rohen Anzahl an Einsen und Nullen, die der Computer zur Berechnung verwendet – bis zu psychologischen Abstraktionen: Der Balken ist eine visuelle Darstellung der Zeit, die dem Nutzer anzeigt, wie lange es dauert, bis die internen Rechenvorgänge abgeschlossen sind.[88]

Rechtsanwälte überlegen sich vielleicht, auf welche Weise das Urteil in einem Gerichtsprozess, den ein Mandant in Oklahoma geführt hat, für einen anderen Prozess, den ein Unternehmen in Kalifornien angestrengt hat, relevant sein kann. Bei ihrer Vorbereitung probieren sie womöglich verschiedene hypothetische Argumente aus und versetzen sich dabei in die Situation des Anwalts der Gegenseite, um zu überlegen, welche Gegenargumente er anführen wird. Konzeptionelle Schemata sind flexibel, können Informationen und Ideen für die unterschiedlichsten Zwecke anordnen und einen Wissenstransfer zwischen verschiedenen Gebieten leisten. Die moderne Arbeit verlangt einen solchen Wissenstransfer, das heißt, die Fähigkeit, Wissen, das auf einem Gebiet erworben wurde, auf andere Gebiete und Problemstellungen zu übertragen. Unsere grundlegendsten Denkprozesse haben sich verändert in Anpassung an die zunehmende Komplexität und die Notwendigkeit, daraus neue Muster abzuleiten, anstatt sich auf vertraute Muster zu verlassen. Unsere konzeptionellen Klassifikationsschemata bieten ein Gerüst für die Vernetzung von Wissen und sorgen dafür, dass wir es abrufen und an unterschiedliche Fragestellungen anpassen können.

Wissenschaftliche Untersuchungen zu mehreren Tausend Erwachsenen in sechs aufstrebenden Ländern haben ergeben, dass der Kontakt mit modernen Arbeitsformen, eigenverantwortlicher Problemlösung und nichtrepetitiven Herausforderungen mit »kognitiver Flexibilität« korrelierten.[89] Wie Flynn betont, soll das nicht heißen, dass das menschliche Gehirn heute ein größeres inhärentes Potenzial besitzt als in früheren Generationen, sondern dass die utilitaristische Brille gegen eine Sichtweise ausgetauscht wurde, die die Welt nach Konzepten klassifiziert.[*90] Selbst noch in jüngster Vergangenheit hat sich der Flynn-Effekt in einigen sehr traditionellen oder religiös orthodoxen Gemeinschaften,

* Unter Psychologen herrscht immer noch eine hitzige Debatte über den Beitrag zum Flynn-Effekt und seine Auswirkungen. Harvard-Psychologe Steven Pinker zufolge sind die verbesserten Ergebnisse von Intelligenztests mehr als nur eine Verschiebung in den Denkprozessen: »Keinem Historiker, der die Entwicklung der Menschheitsgeschichte im Verlauf der Jahrhunderte verfolgt, kann entgehen, dass wir heute in einer Periode der außerordentlichen intellektuellen Leistung leben.«

die sich zwar modernisiert haben, aber Frauen immer noch vom Kontakt mit der modernen Welt ausschließen, bei Frauen in dieser Bevölkerungsgruppe langsamer entwickelt als bei Männern.[91] Der Kontakt zur modernen Welt hat bewirkt, dass wir uns besser an die steigende Komplexität des Lebens angepasst haben, und das hat sich in Form einer größeren geistigen Flexibilität manifestiert, mit profunden Auswirkungen auf die Breite unseres Horizonts.

Die Gehirne der prämodernen Menschen waren in jeder Hinsicht durch ihre konkrete Lebenswelt beschränkt. Mit ein wenig Nachdruck gelang es einigen, die folgende logische Sequenz zu lösen: »Baumwolle wächst dort, wo es heiß und trocken ist. England ist kalt und feucht. Kann Baumwolle dort wachsen oder nicht?« Sie besaßen unmittelbare Erfahrung mit dem Anbau von Baumwolle, daher konnten einige von ihnen (zögerlich und auf Drängen) über ein Land urteilen, das sie noch nie besucht hatten. Die gleiche logische Sequenz mit einem anderen Thema machte sie jedoch vollkommen ratlos. »Im fernen Norden, wo es schneit, sind alle Bären weiß. Novaya Zemlya liegt im fernen Norden, und es gibt dort immer Schnee. Welche Farben haben die Bären?« Dieses Mal half kein noch so starkes Drängen; keiner der Dorfbewohner aus abgeschiedenen Regionen konnte diese Frage beantworten. Wenn sie antworteten, dann nur mit Grundsätzlichkeiten. »Ihre Frage kann nur jemand beantworten, der dort gewesen ist«, sagte ein Mann, obwohl er nie in England gewesen war und kurz zuvor die Frage über die Baumwolle beantwortet hatte. Doch schon der flüchtigste Kontakt mit der modernen Arbeitswelt führt zu anderen Antworten. Der 45-jährige Abdull, der kaum lesen und schreiben konnte, aber Vorsitzender einer Kolchose war, antwortete zwar nicht sehr überzeugt, aber er wendete dabei formale Logik an: »Ihren Worten zufolge müssten alle weiß sein«, sagte er.

Die gesellschaftlichen Veränderungen bewirkten eine grundlegende Transformation der Innenwelt der Dorfbewohner. Als die Moskauer Wissenschaftler sie fragten, was sie gerne über sie oder den Ort, aus dem sie kamen, wissen wollten, fiel den isolierten Bauern und Hirten im Allgemeinen keine einzige Frage ein. »Ich habe noch nie gesehen, was Menschen in anderen Städten tun«, sagte einer. »Was soll ich da fragen?« Wohingegen diejenigen, die in Kolchosen arbeiteten, durchaus Neugier zeigten. »Sie haben weiße Bären erwähnt«, überlegte der 31-jährige Kolchosbauer Akhmetzhan. »Ich verstehe nicht, wo sie herkommen.« Er hielt einen Moment inne und dachte nach. »Und dann haben Sie Amerika erwähnt. Wird das von uns regiert oder von einer anderen Macht?« Der 19-jährige Siddakh, der in einer Kolchose arbeitete und zwei Jahre zur Schule gegangen war, barst vor einfallsreichen Fragen, die seine Weiterbildung unter Beweis stellten und von persönlichen über lokale bis zu globalen Themen reichten: »Nun, was könnte ich tun, damit unsere *Kolchosniks* [Kolchosbauern] bessere Menschen werden? Wie können wir größere Pflanzen bekommen oder Pflanzen, die so groß werden wie große Bäume? Und dann möchte ich wissen, wie die Welt existiert, wo die Dinge herkommen, wie die Reichen reich geworden sind, und warum die Armen arm sind.«

Während sich die Gedanken der prämodernen Dorfbewohner allein um ihre unmittelbare praktische Alltagserfahrung drehten, wanderten die Gedanken moderner Menschen relativ frei umher. Das soll nicht heißen, dass ein Lebensstil durchgängig besser ist als ein anderer. Wie der arabische Geschichtsschreiber Ibn Khaldun, der als Begründer der Soziologie gilt, vor Jahrhunderten bereits betonte, hängt ein Stadtbewohner, der durch die Wüste reist, für sein Überleben vollkommen von einem Nomaden ab. So lange sie in der Wüste bleiben, ist der Nomade ein Genie.[92]

Auf jeden Fall erfordert das moderne Leben einen breiten Horizont und die geistige Verknüpfung von Gebieten und Ideen, zwischen denen auf den ersten Blick kein Zusammenhang besteht. Lurija widmete sich dieser Art des Denkens in abstrakten Kategorien, das Flynn später als »wissenschaftliche Brille« bezeichnete.[93] »Dieses Denken ist üblicherweise ziemlich flexibel«, schrieb Lurija. »Die Gedanken wandern von einem Attribut zum anderen und bilden Kategorien. Sie klassifizieren Objekte nach ihrer Substanz (Tiere, Blumen, Werkzeug), nach Materialien (Holz, Metall, Glas), Größe (groß, klein) und Farbe (hell, dunkel) oder irgendeiner anderen Eigenschaft. Die Fähigkeit, sich frei zu bewegen und von einer Kategorie zur anderen zu wandern, ist eines der Hauptmerkmale der abstrakten Denkfähigkeit.«[94]

Flynns große Enttäuschung ist, dass die Gesellschaft und insbesondere das höhere Bildungswesen auf die von dem modernen Leben erzeugte Bewusstseinserweiterung reagiert hat, indem es eine frühe Spezialisierung fördert, anstatt die Vermittlung eines breiten konzeptionellen, transferierbaren Wissens in den Mittelpunkt zu stellen.

Flynn führte eine Studie durch, in der er die Durchschnittsnoten von Studenten höherer Jahrgänge an Amerikas staatlichen Spitzenuniversitäten, und zwar von Neurowissenschaften bis zu Anglistik, mit ihrem Ergebnis in einem Test über kritische Denkfähigkeit verglich. Der Test maß die Fähigkeit der Studenten, grundlegende abstrakte Konzepte aus den Wirtschafts- und Sozialwissenschaften, der Physik und Logik auf häufige Szenarien aus der realen Welt zu übertragen. Flynn stellte konsterniert fest, dass die Korrelation zwischen den Ergebnissen von Tests über die Fähigkeit zu breitem konzeptionellem Denken und dem im US-Bildungswesen verwendeten Notendurchschnitt praktisch bei Null lag. In Flynns Worten »gehört das konzeptionelle Denkvermögen nicht zu den Eigenschaften, die [an den Universitäten] bewertet werden.«*[95]

Mit jeder der 20 Testfragen wurde eine Form des konzeptionellen Denkvermögens gemessen, das in der modernen Welt breite Anwendung findet. Bei Testfragen, für deren Lösung eine Form des konzeptionellen Denkvermögens erforderlich war, das auch ohne formales Training geleistet werden kann – zum Beispiel Kreislogik –, schnitten die Studenten gut ab. Bei abstrakten Rahmenkonzepten erzielten sie dagegen extrem schlechte Ergebnisse. Studenten der Hauptfächer Biologie und Englisch schnitten bei allen Testfragen schlecht ab, die in keinem direkten Zusammenhang mit ihrem Studienfach standen. Kein

* Flynn erzählte mir auch, dass er den Test mit Schülern einer britischen weiterführenden Schule durchgeführt hatte, von denen viele anschließend die London School of Economics besuchen, sowie mit Studenten aus dem ersten und letzten Studienjahr dieser Hochschule. Sein Fazit: »Bei Verlassen der Universität war ihre kritische Denkfähigkeit nicht besser als zu Studienbeginn.«

Student, egal welcher Studienrichtung, verstand die Methoden der Sozialwissenschaften – nicht einmal die Studenten dieses Fachs. Die Studenten wissenschaftlicher Studiengänge erlernten die Fakten ihres spezifischen Gebiets, ohne die Grundlagen der wissenschaftlichen Argumentationsführung zu verstehen, die echte Schlussfolgerungen ermöglichen. Die Studenten der Neurowissenschaften schnitten bei keiner Testfrage besonders gut ab. Betriebswirtschaftsstudenten erzielten allgemein sehr schlechte Ergebnisse, auch auf dem Gebiet der Wirtschaftswissenschaften. Am besten von allen schnitten die angehenden Ökonomen ab. Die Wirtschaftswissenschaften sind von Natur aus ein sehr weites Feld, und Professoren dieser Fachrichtung sind nachweislich in der Lage gewesen, die Argumentationsprinzipien, die sie auf ihrem Gebiet gelernt haben, auch auf andere Gebiete zu übertragen.[*96] Chemiker dagegen sind außergewöhnlich intelligent, hatten in mehreren Studien aber Schwierigkeiten, wissenschaftliche Argumente auf sachfremde Problemstellungen anzuwenden.[97]

Die von Flynn getesteten Studenten verwechselten oft subtile Werturteile mit wissenschaftlichen Schlussfolgerungen. In einer Frage, die ein kniffeliges Szenario enthielt und von den Studenten verlangte, genau zwischen Korrelation und Kausalität zu unterscheiden, erzielten sie schlechtere Ergebnisse, als sich mit Zufallsbedingtheit erklären ließ. Fast keiner der Studenten irgendeines Studienfaches konnte konsistent darlegen, wie sich die Methoden der Faktenermittlung, die sie in ihrer eigenen Disziplin erlernt hatten, auf andere Gebiete übertragen ließen. In dieser Hinsicht hatten sie etwas mit den Dorfbewohnern aus den abgeschiedenen Regionen Zentralasiens gemeinsam: Selbst die Studenten wissenschaftlicher Studiengänge waren üblicherweise nicht in der Lage, Forschungsmethoden aus ihrem eigenen Gebiet auf andere Gebiete zu übertragen. Flynn kam zu folgendem Fazit: »Es gibt keinen Hinweis da-

* Der Psychologe Robin Hogarth merkte dazu an: »Was mir an ihrem Diskurs auffällt … ist, wie sich die Terminologie und die Argumentationsprozesse der Wirtschaftswissenschaften in fast alle Themengebiete fortpflanzen. Ob es sich um Sport, ökonomische Phänomene, Politik oder akademische Curricula handelt.«

rauf, dass irgendeine Fakultät versuchen würde, irgendetwas anderes zu entwickeln als eine ganz eng umgrenzte Fachkompetenz.«

Flynn ist inzwischen über 80. Er hat die windgegerbten Wangen eines Mannes, der sein Leben lang Laufsport betrieben hat, trägt einen weißen Vollbart und eine ungebändigte weiße Lockenmähne, die sich wie Cumulus-Wolken um seinen Kopf bauscht. Von seinem Haus auf einem Hügel von Dunedin hat man einen Blick über eine sanft geschwungene grüne Agrarlandschaft.

Wenn er über sein eigenes Studium an der University of Chicago spricht, wo er Kapitän einer Cross-Country-Mannschaft war, wird er laut. »Selbst die besten Universitäten entwickeln keine kritische Intelligenz«, moniert er. »Sie geben den Studenten nicht die Instrumente an die Hand, um auch die moderne Welt außerhalb ihres eng umgrenzten Spezialgebiets analysieren zu können. Ihre Ausbildung ist zu schmalspurig.« Damit meint er nicht, dass jeder Student der Computerwissenschaften Vorlesungen in Kunstgeschichte belegen sollte, sondern dass *jeder* die intellektuelle Fähigkeit zu interdisziplinärem Denken entwickeln sollte.

Chicago ist seit langem stolz auf ein Kerncurriculum, das laut Universität insbesondere darauf ausgerichtet ist, kritisches Denkvermögen zu fördern. Das zweijährige Kerncurriculum soll »als Einführung in die Recherchewerkzeuge dienen, die in jeder Disziplin eingesetzt werden – in den Wissenschaften, der Mathematik, den Geisteswissenschaften und den Sozialwissenschaften. Das Ziel ist nicht nur der reine Wissenstransfer, sondern die Fähigkeit, grundlegende Fragen zu stellen und sich mit den einflussreichen Konzepten und Ideen vertraut zu machen, die unsere Gesellschaft prägen«.[98] Doch selbst an der University of Chicago habe sein Studium nicht das Potenzial für ein interdisziplinäres konzeptionelles Denkvermögen maximiert, so Flynn.

Die Professoren seien zu sehr darauf bedacht, ihre bevorzugten Fakten zu vermitteln, die sie im Rahmen ihrer jahrelangen hoch spezialisierten Forschungstätigkeit gewonnen hätten, kritisiert Flynn. Flynn lehrt seit 50 Jahren, von Cornell bis Canterbury, und nimmt sich selbst nicht von der Kritik aus. Bei einem Einführungskurs über moralische und politische Philosophie hätte auch er der Versuchung nicht widerstehen können, über sein bevorzugtes Spezialwissen über Platon, Aristoteles, Hobbes, Marx und Nietzsche zu referieren.

Flynn stellte in seinen Vorlesungen zwar breite Konzepte vor, aber er ist sicher, dass er sie oft unter einem Berg an anderen Informationen begrub, die sich allein auf das Thema seines Kurses bezogen – eine schlechte Angewohnheit, an deren Überwindung er nach eigenen Angaben arbeitete. Die Studie, die er an der staatlichen Universität durchführte, überzeugte ihn davon, dass die Fakultäten darauf abzielen, ihre Studenten möglichst schnell auf einem eng umgrenzten Spezialgebiet auszubilden, dabei aber versäumen, die Denkwerkzeuge zu schärfen, die sich interdisziplinär einsetzen lassen. Das muss sich ändern, so Flynn, wenn die Studenten ihr abstraktes Denkvermögen gewinnbringend einsetzen wollen. Erst müssten sie lernen, *wie* sie denken müssen, bevor sie lernen könnten, *worüber* sie nachdenken sollen. Die Studenten werden im Studium darauf vorbereitet, sich wissenschaftlich zu betätigen, lernen aber nicht die Grundlagen der wissenschaftlichen Argumentation.

Vereinzelt haben Professoren begonnen, sich dieser Herausforderung zu stellen. Ein Vorlesungskurs an der Universität von Washington mit dem Titel »Calling Bullshit« (in der formalen Sprache des Vorlesungsverzeichnisses INFO 198/BIOL 106B) widmete sich grundlegenden Prinzipien, die für das Verständnis der interdisziplinären Welt und eine kritische Bewertung der täglichen Informationsflut unabdingbar sind. Als dieser Kurs 2017 erstmalig angeboten wurde, war er innerhalb weniger Minuten ausgebucht.[99]

Jeannette Wing, Professorin für Computerwissenschaften an der Columbia University und ehemals Vice President von Microsoft Research, hat das breite Computational Thinking* als sogenannte geistige

---

* Beschreibt die individuelle Fähigkeit einer Person, eine Problemstellung zu identifizieren und abstrakt zu modellieren, sie dabei in Teilprobleme oder -schritte zu zerlegen, Lösungsstrategien zu entwerfen und auszuarbeiten und diese formalisiert so darzustellen, dass sie von einem Menschen oder auch einem Computer verstanden und ausgeführt werden können. (Quelle: Universität Paderborn in https://www.nzz.ch/feuilleton/soll-der-mensch-wie-ein-computer-denken-ld.1292090 (A.d.Ü.)

Allzweckwaffe vorangetrieben. Sie sprach sich dafür aus, Computational Thinking als grundlegende Kompetenz allen Studenten zu vermitteln, selbst denjenigen, die nichts mit Computerwissenschaften oder Programmierung zu tun haben werden. »Computational Thinking setzt auf Abstraktion und wird verwendet, um große komplexe Probleme aufzubrechen und richtig zu repräsentieren«, schrieb sie.[100]

Zumeist erhalten Studenten jedoch, was Bryan Caplan als schmalspurige Fachausbildung für konkrete Stellenprofile bezeichnet, die die meisten jedoch nie ausüben werden.[101] Drei Viertel der amerikanischen College-Absolventen schlagen nach dem Studium, in dem sie nichts anderes gelernt haben, als die speziellen Werkzeuge einer bestimmten Disziplin zu erlernen und auf diesem Fachgebiet anzuwenden, eine Laufbahn ein, die nichts mit ihrem Studienfach zu tun hat – ein Trend, der selbst in der Mathematik und den naturwissenschaftlichen Fächern zu beobachten ist.[102]

Ein einziges gutes Werkzeug für einen bestimmten Bereich reicht für eine komplexe, vernetzte und hochdynamische Welt selten aus. Bei der Beschreibung seiner Analyse der Welt im Zeitalter des technologischen und gesellschaftlichen Wandels kam der Historiker und Philosoph Arnold Toynbee zu dem Schluss: »Kein Werkzeug ist allmächtig.«[103]

Ich war von Flynns Leidenschaft tief beeindruckt. Bevor ich mich dem Journalismus zuwandte, studierte ich an einer Graduiertenschule, lebte in der Arktis in einem Zelt und untersuchte, wie sich Veränderungen im Leben der Pflanzen auf den subterranen Permafrost auswirken können. In den Vorlesungen wurde mein Gehirn mit Details über die arktische Pflanzenphysiologie vollgestopft. Erst Jahre später als investigativer Journalist, der über schlechte wissenschaftliche Forschung schrieb, erkannte ich, dass ich in einem Abschnitt meiner Diplomarbeit, mit der ich meinen Master-Abschluss an der Columbia University erworben hatte, einen statistischen Kunstfehler begangen hatte. Wie viele Graduiertenstudenten hatte ich eine große Datenbank und klickte auf dem Computer auf eine Taste, um eine übliche statistische Analyse durchzuführen, ohne gelernt zu haben, eingehend (oder überhaupt) über die grundlegende Funktionsweise von statistischen Analysen nachzudenken. Das Statistikprogramm spuckte eine Zahl aus, die zusammengefasst als »statistisch relevant« galt. Unglücklicherweise handelte es sich dabei mit an Sicherheit grenzender Wahrscheinlichkeit um ein falsches positives Ergebnis, weil ich die Beschränkungen des statistischen Tests in dem Kontext, in dem ich ihn anwendete, nicht kannte. Die Wissenschaftler, die meine Arbeit prüften, offensichtlich auch nicht. Der Statistiker Doug Altman sagte: »Alle sind derart mit Forschen beschäftigt, dass sie sich nicht die Zeit nehmen, innezuhalten und darüber nachzudenken, *wie* sie forschen.«[104] Ich hatte mich übereilt in eine extrem spezialisierte wissenschaftliche Forschung gestürzt, ohne gelernt zu haben, wie man wissenschaftlich argumentiert. (Und dann wurde ich dafür mit einem Master-Abschluss belohnt, der für eine sehr lernunfreundliche Umgebung gemacht war.) So rückständig es klingen mag, aber ich dachte erst dann grundlegend über die Funktionsweise der Wissenschaften nach, nachdem ich die Universität bereits seit vielen Jahren hinter mir gelassen hatte.

Glücklicherweise hatte ich in meinem Grundstudium einen Chemieprofessor, der Flynns Idealtypus eines Professors entsprach. Bei jeder Prüfung tauchten inmitten der chemiebezogenen Fragen andere Fragen wie diese auf: »Wie viele Klavierstimmer gibt es in New York City?« Die Studenten sollten eine argumentativ begründete Einschätzung treffen und versuchen, die richtige Größenordnung zu bestimmen. Später erklärte der Professor, bei diesen Fragen handele es sich um sogenannte Fermi-Fragen. Der Kernphysiker Enrico Fermi, der mit einem Nuklearreaktor unter dem Footballfeld der University of Chicago erstmalig eine kritische Kernspaltungskettenreaktion ausgelöst hatte, hatte es sich zur Gewohnheit gemacht, schnelle quantitative Schätzungen zu (aus Datenmangel) nicht konkret beantwortbaren Fragen zu treffen, um seine grundlegende Herangehensweise an Probleme zu verbessern.* Die Lektion aus der Frage lautete, dass es weniger auf ein detailliertes Vorwissen

* Fermi war bei dem ersten Atombombentest dabei und ließ, wie er in Unterlagen notierte, die damals noch geheim waren, Papierfetzen »vor, während und nach der Verbreitung der Druckwelle fallen«, um anhand der Entfernung, die die Papierfetzen bei ihrem Flug zurücklegten, die Explosionskraft messen zu können.

ankam als auf ein ganz bestimmtes Denkvermögen. Bei meiner ersten Prüfung beantwortete ich die Fragen aus dem Bauch heraus (»keine Ahnung, vielleicht 10.000?«). Viel zu hoch gegriffen. Am Ende des Kurses hatte ich mein analytisches Instrumentarium um ein neues Werkzeug ergänzt: die Fähigkeit, das wenige Wissen, das ich besaß, so zu verwenden, dass ich trotzdem eine schnelle, informierte quantitative Schätzung über unbekannte Dinge treffen konnte. Ich wusste, wie viele Einwohner New York hatte. Die meisten Singles, die in Ein-Zimmer-Apartments lebten, besaßen wahrscheinlich kein Klavier, und die meisten Eltern meiner Freunde hatten ein bis drei Kinder; wie viele Haushalte gab es also in New York? Wie groß könnte der Anteil der Bevölkerung New Yorks sein, der ein Klavier besitzt? Wie oft werden Klaviere gestimmt? Wie lange dauert es, ein Klavier zu stimmen? Wie oft werden Klaviere gestimmt? Wie viele Haushalte kann ein Klavierstimmer pro Tag besuchen? Wie viele Tage pro Jahr arbeitet ein Klavierstimmer? Keine der individuellen Einschätzungen muss genau zutreffen, um zu einer vernünftigen Gesamteinschätzung zu kommen. Die usbekischen Dorfbewohner aus abgelegenen Regionen hätten bei Fermi-Fragen versagt, mir ging es vor diesem Kurs jedoch genauso. Es war jedoch leicht zu lernen. Nachdem ich im 20. Jahrhundert aufgewachsen bin, war ich mit abstraktem Denken vertraut. Ich musste nur lernen, es richtig anzuwenden. Ich kann mich an kein Detail der Stöchiometrie erinnern, aber ich übe regelmäßig Fermi-Denkaufgaben, indem ich ein Problem so weit herunterbreche, bis ich mein begrenztes Wissen als Ausgangsbasis für die Recherche über ein unbekanntes Problem nutzen kann – eine Art Ähnlichkeitstest.

Glücklicherweise haben mehrere Studien ergeben, dass ein wenig Training in konzeptionellem Denken wie der Beantwortung von Fermi-Fragen sehr viel bewirken kann und sich interdisziplinär einsetzen lässt.[105] Es ist daher wenig überraschend, dass Fermi-Fragen zu den Themen gehörten, die in dem zuvor genannten Kurs »Calling Bullshit« behandelt wurden. Ein Fallbeispiel handelte von einem irreführenden Bericht eines Kabelkanals, anhand dessen demonstriert wurde, »wie man mit Fermi-Schätzungen jeden Unsinn aufdecken kann«.[106] Dieses Werkzeug versetzt jeden Menschen in die Lage, irreführende Zahlen aus Nachrichtenbeiträgen oder Werbeanzeigen sehr schnell als solche zu entlarven. Ein sehr praktisches Werkzeug! Ich wäre auf jedem Gebiet, einschließlich der arktischen Pflanzenphysiologie ein sehr viel besserer Forscher gewesen, wenn ich eine breite konzeptionelle Argumentation gelernt hätte, anstatt kleinteiliges Wissen über die arktische Pflanzenphysiologie.

Wie Schachmeister und Feuerwehrleute verließen sich die prämodernen Dorfbewohner darauf, dass die wesentlichen Dinge unverändert bleiben, sodass sie bei jedem Problem auf ihren Erfahrungskatalog zurückgreifen können. Sie waren sehr gut auf Ereignisse vorbereitet, die sie bereits erlebt hatten, aber sehr schlecht auf neue, unbekannte Dinge. Ihr gesamtes Denken war somit äußerst schmalspurig, mit der Folge, dass es in der modernen Welt mit ihren ganz neuen Herausforderungen zunehmend obsolet wurde. Sie waren perfekt in der Lage, bei der Lösung bekannter Probleme auf ihre Erfahrung zurückzugreifen, waren aber verloren, wenn sie eine Lösung für ein Problem finden sollten, das sich außerhalb ihres Erfahrungsschatzes befand. Das ist aber genau das, was eine hoch dynamische, lernunfreundliche Welt verlangt – konzeptionelles Denkvermögen, das schnell neue Ideen verknüpft und kontextunabhängig arbeitet. Die prämodernen Dorfbewohner waren mit jedem Problem, das nicht im Kontext ihrer praktischen Erfahrung stand oder zu dem sie keinen direkten Bezug herstellen konnten, völlig überfordert. Das ist allerdings keine Option für uns. Je beschränkter und repetitiver eine Aufgabe ist, desto größer die Wahrscheinlichkeit, dass sie automatisiert werden wird. Dagegen werden diejenigen, die in der Lage sind, konzeptionelles Wissen über ein Problemgebiet auf ein anderes zu übertragen, überproportional gut verdienen.

Die Fähigkeit zu einer breiten Anwendung von konzeptionellem Wissen erwirbt man durch ein entsprechend breit angelegtes Training. Eine besonders begabte Gruppe von Künstlerinnen aus einer ganz anderen Zeit und an einem ganz anderen Ort machte aus dieser Art des breiten Trainings eine Kunstform. Ihre Geschichte ist zwar schon älter, aber dennoch eine wesentlich bessere Parabel auf das moderne Zeitalter als Schach-Großmeister.

KAPITEL 3

Wenn weniger desselben mehr ist[107]

Wohin auch immer ein Reisender im Venedig des 17. Jahrhunderts sein Ohr richtete, konnte er Musik hören, die aus ihren traditionellen Grenzen ausbrach. Die Bezeichnung dieses Musikzeitalters, »Barock«, stammt aus der Juwelierkunst: Perlen, die außergewöhnlich groß sind und eine asymmetrische Form aufweisen, werden als Barockperlen bezeichnet.[108]

Die Instrumentalmusik, also Musik ohne Lyrik, hatte eine grundlegende Wandlung vollzogen. Einige Instrumente waren brandneu, so wie das Klavier, andere hatten eine deutliche Qualitätssteigerung erfahren, wie zum Beispiel die Geigen von Antonio Stradivari, die Jahrhunderte später einen Wert von mehreren Millionen Dollar haben sollten. Es entstand die Dur-Moll-Tonalität, und die Virtuosen – die berühmten Musikinterpreten – wurden von allen Seiten hofiert. Die Komponisten schöpften das gesamte Potenzial ihrer Virtuosität aus, indem sie anspruchsvolle Soli schrieben, die die besten Interpreten an die Grenzen ihrer spielerischen Fähigkeiten brachten. Damit war das Konzert geboren, bei dem ein virtuoser Solist von einem Orchester begleitet wird, und der venezianische Komponist Antonio Vivaldi (wegen seines flammendroten Haars auch bekannt als *Il Prete Rosso* – der Rote Priester) wurde zum unumstrittenen Meister dieser Kunst. Die *Vier Jahreszeiten* sind einem Pop-Hit so nahe, wie es eine 300 Jahre alte klassische Komposition nur sein kann. (Ein Mashup mit einem Song aus dem Disney-Film *Frozen* wurde auf YouTube 9 Millionen Mal abgespielt.)

Vivaldis Kreativität wurde von einer Gruppe ganz besonderer Künstlerinnen angeregt, die in der Lage waren, neue Kompositionen in kürzester Zeit auf den unterschiedlichsten Instrumenten zu spielen. Ihre Darbietungen zogen Kaiser, Könige, Fürsten, Kardinäle und Gräfinnen aus ganz Europa an, die sich an der innovativsten Musik der damaligen Zeit ergötzten. Diese Künstlerinnen waren die *figlie del coro*, sogenannte Chor-Töchter – Waisenmädchen, die in Kunst, Violine und Gesang unterrichtet wurden. Freizeitaktivitäten wie Reiten und Feldsport gab es in der schwimmenden Stadt kaum, daher hatte die Musik als Zeitvertreib ein besonderes Gewicht.[109] Der Klang der Violinen, Flöten, Hörner und Stimmen strömte nachts von jeder Gondola und jeder Barkasse und erfüllte die laue Abendluft. In einer Zeit und an einem Ort, der vor Musik nur so vibrierte, waren die *figlie* für ein Jahrhundert das bestimmende Element.[110]

»Nur in Venedig kann man diese musikalischen Wunder erleben«, schrieb ein berühmter Besucher der Stadt.[111] Die jungen Waisenmädchen waren eine Art Nullpunkt einer musikalischen Revolution und zugleich eine echte Kuriosität, denn anderenorts waren ihre Instrumente den Männern vorbehalten.[112] »Sie singen wie Engel, spielen Geige, Flöte, Orgel, Oboe, Cello und Fagott«, schrieb ein erstaunter französischer Politiker. »Kein Instrument ist so groß, dass es sie einschüchtern könnte.«[113] Andere äußerten sich weniger diplomatisch. Die adelige britische Schriftstellerin, Kunstmäzenin und Salonnière Hester Thrale beklagte sich: »Der Anblick der Mädchen, die an einem Kontrabass hantierten und in Fagotte bliesen, wollte mir gar nicht gefallen.«[114] Das Cembalo und die Glasharfe seien doch eher »geeignete weibliche Instrumente.«[115]

Die *figlie* flößten sogar dem schwedischen König Ehrfurcht ein. Der Schriftsteller und Abenteurer Casanova staunte über die bis auf den letzten Platz gefüllten Konzertsäle. Ein verdrießlicher französischer

Konzertkritiker nahm eine bestimmte Violinistin aufs Korn: »Sie ist die erste ihres Geschlechts, die den Erfolg unserer großartigen Künstler herausfordert.«[116] Selbst Zuhörer, die nicht zu den offensichtlichen Förderern der Künste gehörten, waren bewegt. Francesco Coli beschrieb »engelsgleiche Sirenen«, die »selbst den etherischsten aller Vögel« übertrafen und »den Zuhörern die Tore zum Paradies eröffneten«.[117] Ein besonders überraschendes Lob, wenn man bedenkt, dass Coli der offizielle Zensor der Inquisition von Venedig war.

Die besten Chor-Töchter wurden in ganz Europa berühmt, wie Anna Maria della Pietà. Ein deutscher Baron erklärte sie rundheraus zur »hervorragendsten Violinistin Europas«. Der Präsident des Parlaments von Burgund war der Ansicht, selbst in Paris sei sie »unübertroffen«.[118] Eine Kostenaufstellung von Vivaldi aus dem Jahr 1712 zeigt, dass er 20 Dukaten für eine Violine für die 16-jährige Solistin Anna Maria bezahlt hatte – eine Summe, für die Vivaldi vier Monate arbeiten musste und die dem Preis eines Verlobungsrings entsprach. Unter den vielen Hundert Konzerten, die Vivaldi für die *figlie del coro* komponierte, befinden sich 28 Violinkonzerte »per Anna Maria«, die in Anna Marias Notizbuch überliefert wurden. Dieses Buch, das Einbandleder in venezianischem Scharlachrot gefärbt, trägt Anna Marias Namenszug in Blattgold.[119] Die Konzerte, die ihr sozusagen auf den Leib geschrieben wurden, um ihre Virtuosität hervorzuheben, enthalten sehr temporeiche Passagen, bei denen verschiedene Noten auf mehreren Saiten gleichzeitig gespielt werden müssen. Im Jahr 1716 wurden Anna Maria und die *figlie* vom Senat angewiesen, ihre musikalische Arbeit zu intensivieren, um die Gunst Gottes auf das venezianische Heer zu lenken, das auf der Insel Korfu gegen die Ottomanen kämpfte.[120] (In dieser Belagerungsschlacht erwiesen sich die venezianischen Violinen und ein zeitlich günstiger Sturm als mächtiger als die türkischen Kanonen.) Als Jean-Jacques Rousseau Venedig in den 1740er-Jahren einen Besuch abstattete, war Anna Maria bereits eine Frau in den mittleren Jahren. Der rebellische Philosoph, dessen Ideen den Nährboden der Französischen Revolution bildeten, war nebenbei auch Komponist. »Aus Paris hatte ich ein nationales Vorurteil gegen italienische Musik mitgebracht«, schrieb Rousseau. Dennoch erklärte er, zur Musik der *figlie del coro* gebe es »nichts Vergleichbares, weder in Italien noch im Rest der Welt«. Es gab jedoch etwas, das Rousseau nach eigenen Worten »in den Wahnsinn trieb«. Er konnte die Frauen nicht *sehen*. Sie spielten auf hohen Kirchenbalkonen hinter einem Schleier aus dünnem Crêpe, der vor schmiedeeisernen Gittern herabhing. Man konnte sie zwar hören, aber zu sehen waren nur ihre Silhouetten, die im Rhythmus der Musik hin und her schwangen wie Schattenbilder in einem Vaudeville-Theater. Der Schleier »verbarg die Engel der Schönheit vor mir«, schrieb Rousseau. »Ich konnte über nichts anderes sprechen.«

Er sprach so viel darüber, dass er zufälligerweise auch mit einem der wichtigsten Patrone der *figlie* sprach. »Wenn es Sie so sehr danach verlangt, diese kleinen Mädchen zu sehen, wird es ein Leichtes sein, Ihre Wünsche zu erfüllen.«

Rousseau *verlangte* es so sehr danach. Er bedrängte den Mann unaufhörlich, bis dieser ihn mitnahm, damit er die Musikerinnen kennenlernen konnte. Und dort wurde Rousseau, dessen furchtlose Schriften verbannt und verbrannt wurden, noch bevor sie den Boden der Demokratie befruchten konnten, hochgradig nervös. »Als wir den Salon betraten, in dem diese ersehnten Schönheiten saßen, spürte ich ein amouröses Zittern, das ich noch nie zuvor verspürt hatte«, schrieb er.[121]

Der Patron stellte ihn den Frauen vor, den wunderbaren Sirenen, deren Ruhm sich wie ein Lauffeuer durch Europa verbreitet hatte – und Rousseau war perplex.

Da war Sophia – »entsetzlich«, schrieb Rousseau. Cattina – »sie hatte nur ein Auge«. Bettina – »blatternarbig und vollkommen entstellt«. »Kaum eine von ihnen«, so Rousseau, »war ohne einen auffallenden Makel«. Kurz zuvor hatte jemand ein Gedicht über eine der besten Sängerinnen verfasst: »Es fehlen die Finger ihrer linken Hand / es fehlt auch ihr linker Fuß.« Eine ausgezeichnete Instrumentalistin war die »arme hinkende Frau«.[122] Andere Gäste machten noch weniger taktvolle Bemerkungen.

Wie Rousseau war die englische Besucherin Lady Anna Miller von der Musik bezaubert und bat darum, die Frauen spielen zu sehen, ohne dass ein Schleier sie verbarg. »Meine Bitte wurde erfüllt«, schrieb Miller, »aber als ich eintrat, wurde ich von einem so heftigen Lachanfall gepackt, dass ich überrascht bin, dass sie mich nicht gleich wieder hinausgetrieben haben … Mein Blick traf auf ein Dutzend oder 14 alte hässliche Mütterchen … sowie mehrere jungen Mädchen«. Miller änderte ihre Meinung und wollte sie nicht mehr spielen sehen, »so sehr hatte mich der Anblick der Interpretinnen abgestoßen«.[123]

Die Mädchen und Frauen, die die schöngeistigen Musikliebhaber bezauberten, hatten kein angenehmes Leben hinter sich. Viele ihrer Mütter arbeiteten in Venedigs horizontalem Gewerbe und hatten sich schon vor der Schwangerschaft mit Syphilis angesteckt. Sie gaben die Neugeborenen im Waisenhaus Ospedale della Pietà ab. Zwar bedeutet dieser Name wörtlich übersetzt »Hospital des Mitleids«, aber eigentlich war es ein »Haus der Gnade«, denn die Mädchen, die dort aufwuchsen, wurden in Musik unterrichtet. Es war das größte von vier Waisenhäusern, wohltätige venezianische Institutionen, die mit dem Ziel gegründet worden waren, die schlimmste Not zu lindern. In diesem Fall waren es vaterlose Kinder (zumeist Mädchen), deren Leben andernfalls gleich nach der Geburt in den Kanälen geendet hätte.

Die meisten von ihnen sollten ihre Mutter nie kennenlernen. Sie wurden in der *scaffetta* abgelegt, einer Babyklappe, die sich an der Außenmauer des Waisenhauses befand. Wie bei den Koffer-Messboxen am Flughafen, in denen das Handgepäck vermessen wird, wurden jene Säuglinge vom Waisenhaus aufgezogen, die noch in diese Babyklappe hineinpassten.

Die großartige Anna Maria war ein repräsentatives Beispiel. Jemand, wahrscheinlich ihre Mutter, die ebenso wahrscheinlich eine Hure war, brachte Baby Anna Maria zur Türschwelle des Waisenhauses an der Wasserfront des Markusbeckens an einer geschäftigen Promenade. Eine Glocke, die an der *scaffetta* befestigt war, benachrichtigte das Personal, sobald ein Kind in der Klappe lag. Zur späteren Wiedererkennung wurde den Säuglingen häufig ein Stück Stoff, eine Münze, ein Ring oder irgendein anderer Gegenstand mitgegeben, falls irgendjemand später einmal zurückkommen und das Baby abholen wollte. Eine

Mutter hatte die Hälfte einer hervorragend illustrierten Wetterkarte in der Klappe gelassen, in der Hoffnung, sie könne eines Tages mit der anderen Hälfte zurückkehren. Wie viele andere Gegenstände und die meisten Babys blieb auch die halbe Wetterkarte für immer im Waisenhaus.[124] Da die Blutsverwandten der meisten Findelkinder unbekannt waren, so auch bei Anna Maria, erhielten sie als Nachnamen den Namen des Waisenhauses: Anna Maria della Pietà. Eine Liste aus dem 18. Jahrhundert führt Anna Marias Namensschwestern auf: Adelaide della Pietà, Agata della Pietà, Ambrosina della Pietà und so weiter, bis zu Violeta, Virginia und Vittoria della Pietà.[125]

Die *ospedali* waren öffentlich-private Einrichtungen, über die jeweils ein Vorstand aus ehrenamtlichen Mitgliedern der venezianischen Oberschicht die Aufsicht führte. Offiziell handelte es sich um säkulare Institutionen, aber sie gehörten Kirchen an, daher wurde das Leben im Waisenhaus von klösterlichen Regeln bestimmt. Die Waisenkinder wurden nach Alter und Geschlecht getrennt, vor dem Frühstück wurde die tägliche Messe abgehalten und es wurde eine regelmäßige Beichte erwartet. Alle, auch die Kinder, arbeiteten tagtäglich, um den Betrieb des Waisenhauses aufrechtzuerhalten. Einmal im Jahr durften die Mädchen einen Tag aufs Land fahren, in Begleitung einer Aufseherin selbstverständlich. Das Leben im Waisenhaus war streng, aber es hatte auch Vorteile.

Die Kinder lernten lesen, schreiben und rechnen und erwarben daneben auch spezifische Kenntnisse. Einige wurden zu Apothekerinnen des Waisenhauses, andere wuschen Seide oder nähten Schiffssegel, die sich verkaufen ließen. Die *ospedali* waren voll funktionsfähige, selbstversorgende Gemeinschaften. Jeder wurde für seine Arbeit bezahlt und das Waisenhaus hatte eine eigene Bank, die Spareinlagen verzinste. Die Mündel sollten lernen, ihr eigenes Geld zu verwalten. Die Jungen erlernten ein Handwerk oder gingen zur Marine und verließen das Waisenhaus im Teenageralter. Für die Mädchen war eine Heirat praktisch der einzige Weg, um das Waisenhaus verlassen zu können. Dafür wurde eine Mitgift bereitgehalten; viele Mündel heirateten jedoch nie und blieben im Waisenhaus.

Irgendwann begann das Waisenhaus Musikinstrumente anzuschaffen, und der Unterricht Dutzender kleiner Waisenmädchen wurde um Musikunterricht ergänzt, damit sie in den benachbarten Kirchen die religiösen Zeremonien begleiten konnten. Nachdem eine Pestepidemie im Jahr 1630 ein Drittel der Stadtbevölkerung dahingerafft hatte, befand sich Venedig plötzlich in einer besonderen »Büßerlaune«, wie ein Historiker es ausdrückte.[126] Und so gewannen Musiker plötzlich an Ansehen.

Die Direktoren der Waisenhäuser merkten, dass nun wesentlich mehr Menschen in die Kirche gingen und die Spenden proportional zur Qualität der gespielten Musik stiegen. Im 18. Jahrhundert betrieben die Waisenhäuser ein offenes Fundraising, indem sie die Qualität der Musik bewarben. Die Konzerte begannen jeden Samstag und Sonntag vor dem Sonnenuntergang. Die Kirche war so voll, dass das heilige Sakrament verschoben werden musste. Der Konzertbesuch war weiterhin kostenlos, aber falls jemand sitzen wollte, vermietete ihm das Waisenhauspersonal gerne einen Stuhl. Sobald das Kirchenschiff voll war, drängten sich die die Zuhörer draußen vor den Fenstern oder verweilten mit ihren Gondeln an der Anlegestelle vor der Kirche. Die Findelkinder wurden zu einem Wirtschaftsmotor, der nicht nur das Wohlfahrtssystem von Venedig aufrechterhielt, sondern auch Touristen von außerhalb anlockte. Unterhaltung und Buße mischten sich auf amüsante Weise. Die Zuhörer durften nicht in der Kirche applaudieren; nachdem die letzte Note verklungen war, husteten und räusperten sie sich, scharrten mit den Füßen oder schnäuzten sich laut und vernehmlich und drückten so ihre Bewunderung aus.

Die *ospedali* gaben bei Komponisten Werke in Auftrag. In einem Zeitraum von sechs Jahren schrieb Vivaldi 140 Konzerte exklusiv für die Musikerinnen des Pietà. Daraus entstand ein Lehrsystem, bei dem die älteren *figlie* die jüngeren unterrichteten und diese wiederum die Anfängerinnen. Die Musikerinnen hatten vielfältige Aufgaben – Anna Maria war Lehrerin und Kopistin – und brachten eine Virtuosin nach der anderen hervor. Nach Anna Maria wurde ihre Solo-Nachfolgerin Chiara della Pietà als größte Violinistin von ganz Europa gepriesen.

Das alles wirft die Frage auf: Welche magischen Ausbildungsmechanismen wurden angewendet, um die unerwünschten Produkte des venezianischen Sexgewerbes, die ohne die wohltätigen Einrichtungen in den Kanälen der Stadt geendet wären, in die ersten internationalen Musikstars zu verwandeln?

Das Musikprogramm der *ospedali* war nicht besonders streng. Laut einer Weisungsliste fand der formale Unterricht dienstags, donnerstags und samstags statt, die *figlie* konnten außerhalb des Unterrichts aber weiter üben. Allerdings nahmen die Arbeit und andere Pflichten den größten Teil ihrer Zeit in Anspruch, daher durften sie nur eine Stunde am Tag dem Musikstudium widmen.

Das überraschendste Detail war jedoch, wie viele Instrumente die *figlie* erlernten. Kurz nachdem der englische Komponist und Historiker des 18. Jahrhunderts, Charles Burney, in Oxford seine Promotion in Musik erlangt hatte, machte er sich daran, ein Standardwerk über die Geschichte der modernen Musik zu schreiben, womit mehrere Besuche im Waisenhaus verbunden waren. Burney, der als Reiseschriftsteller und führender Musikgelehrter seiner Zeit zu Ruhm gelangte, war erstaunt über das, was er in Venedig sah. Bei einem Besuch wurde ihm ein zweistündiges Privatkonzert zuteil, ohne dass ihn ein Vorhang von den Musikerinnen getrennt hätte. »Es war wirklich interessant, jeden Teil dieses hervorragenden Konzerts zu *sehen* und zu *hören*, das von Musikerinnen bestritten wurde, die Violine, Oboe, Tenor, Bass, Cembalo, Waldhorn und sogar Kontrabass spielten«, schrieb Burney. Noch interessanter sei gewesen, »dass diese jungen Menschen häufig die Instrumente wechselten«.[127]

Die *figlie* nahmen Gesangsunterricht und lernten jedes Instrument, das das Waisenhaus zu bieten hatte. Nicht unwesentlich trug dazu bei, dass sie für den Erwerb neuer Kompetenzen bezahlt wurden. Eine Musikerin namens Maddalena heiratete, verließ das Waisenhaus und ging als Violinistin, Cembalistin, Cellistin und Sopranistin auf Tournee, die sie von London nach St. Petersburg führte. Sie schrieb über den »Erwerb von Fähigkeiten, die man von meinem Geschlecht nicht erwartet«

und wurde so berühmt, dass einer der damaligen Boulevardschreiber über ihr Privatleben berichtete.[128]

Für diejenigen, die ihr Leben im Waisenhaus verbrachten, hatte die Beherrschung mehrerer Instrumente eine lebenspraktische Bedeutung. Pelegrina della Pietà, die in Lumpen gewickelt in die *scaffetta* gelegt worden war, begann mit dem Bass, wechselte dann zur Violine und danach zur Oboe, während sie hauptberuflich als Krankenschwester arbeitete. Vivaldi schrieb Partituren für Oboe speziell für Pelegrina. In ihren Sechzigern fielen ihr jedoch die Zähne aus und setzten ihrem Oboespiel ein abruptes Ende. Daraufhin wechselte sie wieder zur Violine, die sie noch bis in die Siebziger spielte.[129]

Die Musikerinnen der Pietà liebten es, ihre Vielseitigkeit zu demonstrieren. Laut einem französischen Schreiber beherrschten sie »alle Musikstile, sakrale und weltliche« und gaben Konzerte, »die die variantenreichsten stimmlichen und instrumentalen Kombinationen boten«.[130] Die Zuhörer kommentierten üblicherweise das breite Spektrum an Instrumenten, die die *figlie* beherrschten, oder zeigten sich überrascht, dass eine Vokalvirtuosin in einer Pause auf die Bühne trat, um ein Solo auf einem Instrument zu spielen.

Neben den Instrumenten, die die Musikerinnen bei den Konzerten spielten, erlernten sie auch Instrumente, die wahrscheinlich hauptsächlich zum Unterrichten oder für Experimente verwendet wurden: ein Cembo ähnliches Spinett, eine Kammerorgel, eine Tromba marina, ein Zink – ein hölzernes flötenartiges Instrument, das mit Leder überzogen war – und eine Viola da Gamba – auch Gambe oder Schoßgeige genannt –, die wie ein Cello zwischen die Oberschenkel geklemmt und bei der mit einem Bogen über die Saiten gestrichen wurde, aber eine etwas andere Form hatte als ein Cello und wie eine Gitarre mit Bünden versehen war. Die *figlie* waren nicht nur ausgezeichnete Musikerinnen, sondern lebten zudem in einer außergewöhnlichen Periode, in der neue Instrumente erfunden und andere neu entdeckt wurden. Dem Musikologen Marc Pincherle zufolge stand Vivaldi mit den vielseitig versierten *figlie* und ihrer Instrumenten-Menagerie »ein Musiklabor mit unbegrenzten Ressourcen zur Verfügung«.[131]

Einige der Instrumente, die die *figlie* erlernten, sind so merkwürdig, dass niemand genau weiß, worum es sich handelte. Eine junge Musikerin hatte offenbar eine wunderschöne Sopranstimme und spielte außerdem perfekt Violine und »Violoncello all'inglese« – auch Englisches Violett genannt. Musikwissenschaftler haben darüber gestritten, was das eigentlich ist, aber wie mit allen anderen Instrumenten, die die Pietà in die Hände bekam – wie das Chalumeau* und das Psalterium** –, lernten die *figlie* es bis zur vollkommenen Beherrschung.

Damit regten sie die Komponisten zu ungeahnten Meisterleistungen an und trugen zur Weiterentwicklung der Musik von den Komponisten des Barock zu den klassischen Meistern bei: Bach (der Vivaldis Konzerte transkribierte), Haydn (der ganz speziell für eine der *figlie*, die Sängerin, Harfinistin und Organistin Bianchetta, komponierte) und vielleicht Mozart, der als kleiner Junge mit seinem Vater eines der *ospedali* besucht hatte und als junger Mann noch einmal zurückkehrte. Die Beherrschung derart vielfältiger Instrumente ermöglichte umfassende musikalische Experimente und legte die Grundlage für das moderne Orchester. Laut dem Musikologen Denis Arnold hatten die *figlie* einen so großen Einfluss auf die Modernisierung der Kirchenmusik, dass eine von Mozarts berühmten sakralen Kompositionen ohne die Mädchen aus dem Waisenhaus von Venedig »möglicherweise nie komponiert worden wäre«.[132]

Ihre Geschichten gerieten jedoch in Vergessenheit beziehungsweise wurden buchstäblich weggeworfen. Als Napoleons Truppen 1797 in Venedig einmarschierten, warfen sie alle Partituren und Aufzeichnungen aus den Fenstern der *ospedali*.[133] Auf einem berühmten Gemälde aus dem 18. Jahrhundert, das eine Konzertszene der *figlie* abbildet und in der National Art Gallery von Washington D.C. ausgestellt wurde, sind die mysteriösen schwarz gekleideten Figuren, die auf einem Balkon über dem Publikum spielen, nicht identifizierbare Schatten.[134]

---

* Ein mit der Klarinette verwandtes Holzblasinstrument (A.d.Ü.)

** Urform von Zither und Hackbrett (A.d.Ü.)

Vielleicht verblassten die Erinnerungen an die *figlie*, weil sie Frauen waren – bei öffentlichen religiösen Zeremonien zu musizieren, kam einer Missachtung der päpstlichen Autorität gleich. Vielleicht lag es aber auch daran, dass die meisten keine Familie hatten und auch selbst keine hinterließen. Sie hatten keine eigenen Familiennamen, allerdings wurden die ausgesetzten Mädchen mit ihren jeweiligen Instrumenten derartig verknüpft, das diese zu ihren Beinamen wurden. Das Kind, das durch eine Klappe in der Mauer ins Waisenhaus gelangt war, begann seinen Lebensweg als Anna Maria della Pietà und verließ die Welt mit einer Abfolge von Beinamen der Instrumente, die jeweils einen Lebensabschnitt geprägt hatten – Anna Maria del violino, Anna Maria del theorbo, Anna Maria del cembalo, Anna Maria del violoncello, Anna Maria del luta, Anna Maria della viola d´amore und Anna Maria del mandolin.[135]

Auf die heutige Zeit übertragen sähe das so aus: Sie klicken eine Tourismus-Website an und sehen die Kulturempfehlungen, die ein weltberühmtes Orchester aus Waisenkindern anpreist, die als Säuglinge auf der Türschwelle des Veranstaltungsortes abgelegt worden waren. Sie werden in den Genuss virtuoser Solodarbietungen auf Instrumenten kommen, die Sie kennen und lieben, aber auch auf Instrumenten, von denen Sie noch nie gehört haben. Bitte folgen Sie uns auf Twitter @FamousFindlings. Vergessen Sie die Mitgift von 200 Dukaten; die modernen *figlie* hätten Musikagenten und würden über Filmrechte verhandeln.

So wie bei Tiger Woods, der bereits im Alter von zwei Jahren im Fernsehen auftrat, würde ein solches Phänomen bei Eltern und Medien einen Massenrausch und die Suche nach dem rätselhaften Erfolgsgeheimnis auslösen. In der Tat strömten im 18. Jahrhundert zahlreiche Eltern herbei: Adelige wetteiferten (und bezahlten), damit ihre Töchter die Möglichkeit erhielten, mit diesen »begabten Bedürftigen« zu spielen, wie es ein Historiker ausdrückte.[136]

Die Strategien ihrer musikalischen Entwicklung waren jedoch schwer verkäuflich. Heute erscheint der vielseitige multiinstrumentale Ansatz gegen alles zu verstoßen, was wir über den Erwerb musikalischer Fähigkeiten wissen. Auf jeden Fall verstößt er gegen das Konzept der reflektierten Praxis, das allein auf hochfokussiertes Üben und Wiederholung bis zur angestrebten Konzertfähigkeit auf einem einzigen Instrument setzt. Das Erlernen mehrerer Instrumente erscheint vor diesem Hintergrund als eine Zeitverschwendung.

Im Genre der modernen Selbsthilfe-Narrative gilt die musikalische Ausbildung zum Solokünstler neben dem Golfsport als Paradebeispiel für den Einfluss einer laserartig fokussierten frühen Spezialisierung. Ob es die Geschichte von Tiger Woods oder der Juraprofessorin von der Universität Yale ist, die als *Tiger Mom* berühmt wurde, das Erfolgsrezept lautet immer gleich: eine frühe Festlegung und hochkonzentriertes, intensives Üben, ohne nach rechts oder links zu blicken.

Der wahre Name der *Tiger Mom* ist Amy Chua; sie selbst prägte diesen Begriff in ihrem 2011 veröffentlichten Buch *Battle Hymn of the Tiger Mother.** Wie Tiger Woods wurde sie Teil der Popkultur. In diesem Buch lüftet Chua die Geheimnisse, »wie chinesische Eltern derart stereotyp erfolgreiche Kinder« heranziehen. Schon auf der ersten Seite des ersten Kapitels ist eine Litanei an Dingen aufgeführt, die ihren Töchtern Sophia und Lulu verboten sind, einschließlich »irgendein anderes Instrument zu spielen als Klavier oder Geige«. (Sophie bekommt Klavierunterricht, Lulu muss Geigenunterricht nehmen.) Chua beaufsichtigte persönlich drei, vier und gelegentlich sogar bis zu fünf Übungsstunden pro Tag.

In Online-Foren plagen sich Eltern mit der Frage, welches Musikinstrument sie für ihre Kinder aussuchen sollen, weil ihr Kind zu jung sei, um selbst eine Entscheidung zu treffen, aber uneinholbar zurückbleibe, falls man noch länger warte. »Ich versuche, ihn ganz langsam davon zu überzeugen, wie schön es ist, Musik zu spielen«, postete ein Elternteil über seinen zweieinhalbjährigen Sohn. »Ich bin mir nur nicht sicher, welches das beste Instrument ist.«[137] In einem anderen Post wurde dazu geraten, Geige auszuschließen, falls das Kind mit sieben Jahren noch nicht mit dem Unterricht begonnen habe, weil es dann nicht mehr weit

* Deutscher Titel: Die Mutter des Erfolgs. Wie ich meinen Kindern das Siegen beibrachte. (A.d.Ü.)

kommen und hinter anderen Kindern weit zurückbleiben würde. Als Reaktion auf diese quälenden Zweifel schrieb der Direktor einer privaten Musikschule eine Kolumne mit dem Titel »Die richtige Auswahl«, in der er Tipps für die Auswahl eines Instruments für Kinder gab, die sich altersbedingt noch gar nicht festlegen können.

Selbstverständlich führen viele Wege nach Rom. Einige herausragende Musiker haben sich schon in sehr jungen Jahren fokussiert. Der überragende Cellist Yo-Yo Ma ist ein bekanntes Beispiel. Weniger bekannt ist jedoch, dass Ma zunächst mit der Geige begann, dann zum Klavier und schließlich zum Cello wechselte, weil die ersten beiden Instrumente ihm nicht wirklich zusagten.[138] Er durchlief die Phase des Ausprobierens nur wesentlich schneller als der typische Musikstudent.

Erfolgshungrige Eltern versuchen allerdings, diese Phase komplett zu überspringen. Das erinnert mich an eine Unterhaltung, die ich mit Ian Yates, einem britischen Sportwissenschaftler und Trainer führte, der in der Entwicklung zukünftiger Profisportler in einer Reihe von sportlichen Disziplinen arbeitete. Yates sagte mir, es kämen immer mehr Eltern zu ihm, die wollten, »dass ihre Kinder trainieren wie die heutigen Olympia-Athleten, anstatt sie die Dinge tun zu lassen, die die heutigen Medaillenträger im Alter von 12 oder 13 Jahren gemacht haben«. Diese hatten in ihrer Jugend oft ganz unterschiedliche Sportarten betrieben, mit denen sie ihre grundlegenden athletischen Fähigkeiten entwickeln konnten und die ihnen außerdem erlaubten, ihre Talente und Interessen auszuloten, bevor sie sich auf eine Sportart festlegten und mit dem fokussierten Training begannen. Die Probierphase ist für die Entwicklung herausragender Talente keine Nebensächlichkeit – etwas, auf das man im Interesse eines frühen Startvorteils besser verzichtet –, sondern ein integraler Bestandteil dieser Entwicklung.

John Sloboda ist zweifellos einer der einflussreichsten Forscher auf dem Gebiet der Musikpsychologie. Sein 1985 erschienenes Buch *The Musical Mind* reicht von den Ursprüngen der Musik bis zum Erwerb der Interpretationsfähigkeiten und bestimmte die Forschungsagenda, die in der Musikpsychologie auch heute noch maßgeblich ist. In den 1990er-Jahren untersuchten Sloboda und seine Kollegen Strategien zu musikalischer Entwicklung. Ein wenig überraschendes Ergebnis lautete, dass Üben für die musikalische Entwicklung unerlässlich ist, die Details lagen jedoch weniger auf der Hand.

In einer Studie über Musikschüler zwischen acht und 18 Jahren, von Anfängern bis zu Schülern hoch angesehener Musikschulen, die sehr wählerisch in der Aufnahme neuer Studenten sind, konnten in der ersten Lernphase keine Unterschiede in der Länge und dem Umfang der Übungsstunden zwischen den einzelnen Gruppen festgestellt werden. Die Schüler, die besonders erfolgreich waren, intensivierten ihre Übungspraxis erst, als sie sich auf ein Instrument festgelegt hatten, egal ob sie sich für das Instrument entschieden hatten, weil es ihnen besser gefiel oder weil es ihnen leichter fiel. Auf jeden Fall schien das Instrument den Antrieb zu liefern, und nicht umgekehrt.[139]

In einer anderen Studie über 1200 junge Musiker gaben die Studienabbrecher an, sie hätten das Instrument, das sie spielten, »eigentlich gar nicht spielen wollen«.[140] Amy Chua beschrieb ihre Tochter Lulu als »geborene Musikerin«. Chuas Freundin und Sängerin hielt Lulu für »außergewöhnlich« und mit einer Begabung ausgestattet, »die man nicht lehren kann«. Lulu machte schnelle Fortschritte bei ihrem Geigenspiel, warf ihrer Mutter aber schon bald vor: »Du hast das Instrument ausgesucht, nicht ich.« Mit 13 Jahren hörte sie auf. Im Schlusssatz ihres Buches stellt Chua die selbstkritische Frage, ob ihre Tochter wohl weiter musiziert hätte, wenn sie ihr erlaubt hätte, sich das Instrument selbst auszusuchen.

Bei einer Studie über die Schüler eines britischen Internats, die als einziges Aufnahmekriterium ein musikalisches Vorspiel absolvieren mussten, stellten Sloboda und ein Kollege überrascht fest, dass ausgerechnet die Schüler, die nach dem Urteil der Schule außergewöhnlich gut waren, im Gegensatz zu den leistungsschwächeren Schülern aus weniger musisch orientierten Familien stammten, nicht bereits im frühkindlichen Alter mit dem Musizieren begonnen, im Vorschulalter weniger Musikunterricht erhalten und insgesamt weniger geübt hatten, und zwar erheblich weniger. »Daraus wird sehr deutlich, dass die reine Unterrichtsmenge und die Zahl an Übungsstunden kein guter Indikator für eine außergewöhnliche musikalische Leistung sind«, schrieben die Psychologen. Interessant war auch, dass die Schüler, die bereits in sehr jungen Jahren eine erhebliche Menge an strukturiertem Musikunterricht erhalten hatten, nicht über durchschnittliche Leistungen hinauskamen – nicht einer schaffte es in die Kategorie »außergewöhnlich.« »Diese Ergebnisse legen nahe, dass zu viel Unterricht in jungen Jahren möglicherweise gar nichts bringt«, schrieben die Forscher.

»Allerdings«, fügten sie hinzu, »scheint die Verteilung der Anstrengungen, die auf die verschiedenen Instrumente verwendet werden, einen großen Einfluss zu haben. Die Kinder, die von der Schule als außergewöhnlich eingestuft wurden, haben ihre Lern- und Übungsanstrengungen gleichmäßig auf drei Instrumente verteilt.« Die eher durchschnittlichen Schüler neigten dazu, sich intensiver mit dem ersten Instrument zu beschäftigen, das sie erlernt hatten, so als befürchteten sie, sie könnten andernfalls einen wahrgenommenen frühen Startvorteil vergeben. Die musikalische Entwicklung der außergewöhnlichen Schüler glich eher dem Werdegang der *figlie del coro*. »Die bescheidenen Investitionen in ein drittes Instrument zahlten sich für die außergewöhnlichen Schüler sehr aus«, so das Fazit der Forscher.[141]

Die Psychologen betonten zwar, es gebe vielfältige Wege zu Spitzenleistung, machten jedoch deutlich, dass der häufigste Weg über eine Probierphase führte, die sich durch eine leichte Strukturierung, ein moderates Maß an Unterricht und das Austesten mehrerer Instrumente und Aktivitäten auszeichnet. Erst später findet die Festlegung auf ein bestimmtes Instrument statt, und dann folgt eine enge Fokussierung, ein strukturierter Unterricht und ein sprunghafter Anstieg der Übungszeit. Klingt das vertraut? Eine Follow-up-Studie, die zwei Jahrzehnte später durchgeführt wurde, verglich junge Musiker, die an einem sehr anspruchsvollen Konservatorium studierten, mit ähnlich eifrigen, aber weniger leistungsstarken Musikstudenten. Fast alle Studenten der Musikakademie beherrschten mindestens drei und im Gegensatz zu den weniger guten Musikstudenten insgesamt wesentlich mehr Instrumente – einige brachten es sogar auf vier oder fünf.[142] Klassische Musik ist der narrative Dreh- und Angelpunkt des Kults des vermeintlichen Startvorteils, da sie einiges mit dem Golfsport gemeinsam hat. Es gibt Notenbücher, Fehler machen sich sofort bemerkbar und liefern ein unmittelbares Feedback, und bis eine Komposition verinnerlicht und ihre Interpretation fehlerfrei ist, bedarf es einer intensiven Wiederholung derselben Übungen. Das legt natürlich nahe, dass eine möglichst frühe Auswahl des Instruments und eine frühe fokussierte Ausbildung das Patentrezept für Erfolg ist. Und dennoch stellt selbst die klassische Musik die Allgemeingültigkeit des Mottos »Früh übt sich, wer ein Meister werden will« in Frage.

Das 2006 veröffentlichte Werk *The Cambridge Handbook of Expertise and Expert Performance* ist eine Art Bibel für Autoren von Populärliteratur, Referenten und Forscher auf dem Gebiet der Zehntausend-Stunden-Regel. Dabei handelt es sich um eine Zusammenstellung essayistischer Kapitel, die jeweils von unterschiedlichen Forschern verfasst wurden und sich mit Tanz, Mathematik, Sport, Chirurgie, Literatur und Schach beschäftigen. Der Abschnitt über Musik konzentriert sich auffällig deutlich auf klassische Musik. Mit 900 überdimensionierten Seiten ist das Werk ein Handbuch für große Hände. Im Kapitel über die Entwicklung zu musikalischer Expertise befindet sich nur eine einzige substanzielle Erwähnung der Anfänge von herausragenden Künstlern in anderen Musikgenres als der klassischen Musik. Dort heißt es lapidar, im Gegensatz zu klassischen Interpreten würden Jazz-, Folk- und moderne Popmusiker und -sänger keiner klaren, fokussierten Ausbildung folgen und auch »viel später« beginnen.

Jack Cecchini kann zwei unerwarteten Ereignissen dafür danken, dass aus ihm einer der seltenen Musiker wurde, die sowohl in klassischer Musik als auch im Jazz Weltklasseformat erreichten.

Zum einen sah er 1950 im Alter von 13 Jahren in Chicago eine Gitarre, die auf dem Sofa seines Vermieters lag. Im Vorbeigehen ließ er seine Finger über die Saiten gleiten. Der Vermieter nahm die Gitarre, spielte zwei Akkorde und forderte Cecchini auf, ihn zu begleiten. Das konnte er natürlich nicht. »Er machte eine Kopfbewegung, wenn der Punkt gekommen war, an dem ich den Akkord wechseln musste, und wenn es mir nicht gelang, begann er zu fluchen«, lachte Cecchini in Erinnerung an seine Anfänge. Dennoch war Cecchinis Interesse geweckt, und er begann, die Songs nachzuspielen, die er im Radio hörte. Mit 16 spielte er Jazz im Hintergrund von Klubs in Chicago, für deren Besuch er eigentlich zu jung war. »Das war wie eine Fabrik«, erzählte er. »Wenn man auf die Toilette musste, musste man einen der anderen Musiker bitten, zu übernehmen. Aber man konnte jeden Abend experimentieren.« Er nahm den einzigen kostenlosen Musikunterricht, den er finden konnte – Klarinettenunterricht – und versuchte, das Gelernte auf die Gitarre zu übertragen. »Auf der Gitarre gibt es acht Millionen Stellen, um dieselben Noten zu spielen«, sagte er. »Ich versuchte einfach, Lösungen für Probleme zu finden, und so lernt man allmählich, das Griffbrett zu beherrschen.« Schon bald spielte er mit Frank Sinatra im Nachtklub Villa Venice, mit Miriam Makeba im Apollo und tourte mit Harry Belafonte von der Carnegie Hall bis zu ausverkauften Baseballstadien. Und dort wartete das zweite unerwartete Ereignis.

Während eines Konzerts – Cecchini war damals 23 Jahre alt – trat einer von Belafontes Stepptänzern auf das Kabel, das Cecchinis E-Gitarre mit dem Verstärker verband, mit der Folge, dass die E-Gitarre nur noch einen Flüstersound von sich gab. »Harry flippte aus«, erinnerte sich Cecchini. »Er sagte, ›schmeiß das Ding weg und besorg dir eine akustische Gitarre!‹« Das war zwar einfach, aber Cecchini war an das Zupfen der E-Gitarre gewöhnt, und für die akustische Gitarre musste er die Fingertechnik lernen, und zwar während der Tour.

Er verliebte sich in die akustische Gitarre, und mit 31 beherrschte er sie so gut, dass er zum Solisten für ein Konzert mit Orchesterbegleitung von Vivaldi auserkoren wurde, das von einem großen Publikum in Chicagos Grant Park stattfand. Am folgenden Tag begann die Rezension in der *Chicago Tribune* mit den folgenden Worten: »Trotz der stetig ansteigenden Zahl an Enthusiasten, die unermüdlich die Wiederauferstehung der Akustikgitarre als klassisches Instrument fördern, gibt es nur wenige, die das Talent und die Geduld besitzen, um eines der schönsten, aber nach wie vor schwierigen Instrumente zu beherrschen.« Cecchini, so der Artikel, »hat bewiesen, dass er zu diesen Auserwählten gehört.«[143]

Trotz seines späten und holprigen Starts wurde Cecchini ein renommierter Lehrer für Jazz- und klassische Gitarre. Seine Schüler reisten von überall her an, um von seinem Wissen zu profitieren. Anfang der 1980er-Jahre bildeten sich abends lange Schlangen auf den Treppen seiner Musikschule in Chicago. Seine eigene formale Ausbildung hatte sich allein auf den Klarinettenunterricht beschränkt. »Ich würde sagen, dass ich zu 98 Prozent Autodidakt bin«, sagte er. Er wechselte zwischen verschiedenen Instrumenten hin und her und fand seinen eigenen Weg, indem er viel ausprobierte. Es mag ungewöhnlich klingen, aber als Cecchini die lange Liste an Legenden herunterbetete, mit denen er gespielt hatte, beziehungsweise die er bewunderte, war nicht ein einziger Musiker darunter, der sich schon ganz früh spezialisiert hatte.

Duke Ellington war einer der wenigen, der bereits mit sieben Jahren formalen Musikunterricht genommen hatte. Seine Musiklehrerin war Marietta Clinkscales. Noch bevor er gelernt hatte, Noten zu lesen, verlor er schon wieder das Interesse, wandte sich ganz von der Musik ab und konzentrierte sich auf Baseball. In der Schule galten seine Interessen dem Malen und Zeichnen. (Später lehnte er ein Stipendium an einer Kunsthochschule ab.) Mit 14 hörte Ellington Ragtime, setzte sich zum ersten Mal nach sieben Jahren wieder ans Klavier und versuchte das Gehörte nachzuspielen. »Ich hatte keine Verbindung zur Musik, bis ich begann, mich auf meine Weise damit zu beschäftigen und einfach Dinge auszuprobieren«, erinnerte er sich. »Was den Musikunterricht betrifft, da gab es einfach zu viele Regeln und Vorgaben … Wenn ich mich aber hinsetzen und es selbst herausfinden konnte, war es in Ordnung.«[144] Selbst als er der vermutlich beste Komponist Amerikas wurde, verließ er sich auf Notenkopisten, damit sie seine musikalische Kurzschrift in traditionelle Noten übertrugen.[145]

Johnny Smith war Cecchinis absoluter Favorit. Smith wuchs in einem Schrotflintenhaus* in Alabama auf. Die Nachbarn kamen zusam-

* Schrotflintenhäuser (»Shotgun House«) sind langgestreckte rechteckige Einfamilienhäuser, deren Schmalseite zur Straße zeigt. Diese traditionelle Häuserform ist besonders im Süden der USA verbreitet. (A.d.Ü.)

men, um zu musizieren, und der kleine Johnny spielte mit allem herum, was sie über Nacht in einer Ecke stehen ließen. »John spielte alles«, erinnerte sich sein Bruder Ben. So konnte er an allen möglichen lokalen Wettbewerben für die unterschiedlichsten Instrumente teilnehmen. Die Preise waren üblicherweise irgendwelche Lebensmittel. Einmal erfidelte er sich ein Fünf-Pfund-Paket Zucker. Allerdings mochte er die Geige nicht besonders. Smith sagte, er wäre bereit gewesen, 50 Meilen für eine Stunde Gitarrenunterricht zu laufen, aber es habe keinen Lehrer weit und breit gegeben. Also musste er experimentieren.

Als die USA in den Zweiten Weltkrieg eintraten, meldete sich Smith freiwillig zur Armee, in der Hoffnung, zum Piloten ausgebildet zu werden, aber ein Problem mit seinem linken Auge machte ihn fluguntauglich. Er wurde zum Marschorchester geschickt, das überhaupt keine Verwendung für einen Gitarristen hatte. Zwar konnte er noch keine Noten lesen, aber er bekam die Aufgabe, sich verschiedene Instrumente beizubringen, damit er bei Rekrutierungsveranstaltungen spielen konnte. Seine breite und vielseitige Erfahrung prädestinierte ihn nach dem Krieg für eine Stelle als Musikarrangeur beim NBC. Er hatte gelernt, wie er sich selbst Dinge beibringen konnte, und seine Beherrschung verschiedener Instrumente sowie seine stilistische Vielfalt wurden so bekannt, dass es ihn einmal in eine verzwickte Lage brachte.

Als er eines Freitagabends das Gebäude des NBC verließ, hielt ihn jemand vor dem Aufzug auf und bat ihn, einen neuen Gitarrenpart zu lernen. Der klassische Gitarrist, den man dafür engagiert habe, bekomme es nicht hin. Es ging um die Feier zum 75. Geburtstag des Komponisten Arnold Schönberg, und es handele sich um eine von Schönbergs atonalen Kompositionen, die seit 25 Jahren nicht aufgeführt worden waren. Smith hatte vier Tage. Er zog sein Freitagabend-Programm durch, kam um 5 Uhr morgens nach Hause und ging um 7 Uhr zu einer eiligen Probe. Am darauffolgenden Mittwoch war seine Darbietung so meisterhaft, dass das Publikum für alle sieben Sätze eine Zugabe verlangte. Im Jahr 1998 wurde Smith neben Sir Edmund Hillary, der zusammen mit Tenzing Norgay als Erster den Mount Everest bestiegen hatte, mit der Smithsonian Bicentennial Medal für herausragende kulturelle Beiträge ausgezeichnet.[146]

Auch der Pianist Dave Brubeck erhielt diese Medaille. Sein Song »Take Five« wurde von den Hörern des NPR zur besten Jazzmelodie aller Zeiten gekürt. Brubecks Mutter versuchte, ihm Klavier beizubringen, aber er weigerte sich, den Anweisungen zu folgen. Seine Weigerung hing damit zusammen, dass er die Noten nicht lesen konnte, denn er schielte von Geburt an. Seine Mutter gab auf, aber als er hörte, was sie anderen Schülern beibrachte, versuchte er, die Melodien nachzuspielen. Als er das Vordiplom in Tiermedizin am College of the Pacific schmiss und über den Campusrasen zur Musikfakultät ging, konnte er immer noch keine Noten lesen, aber er war ein meisterhafter Improvisateur. Er gab das Klavier zugunsten von Instrumenten auf, mit denen er seinen Weg durch die Übungen leichter improvisieren konnte. Im Abschlussjahr kam es dann schließlich heraus. »Ich hatte einen ganz tollen Klavierlehrer«, erinnerte er sich, »der herausfand, dass ich keine fünf Minuten am Stück Noten lesen konnte.« Der Dekan teilte Brubeck mit, unter diesen Umständen könne er seinen Abschluss nicht machen und außerdem sei er eine Schande für das Konservatorium.[147] 20 Jahre später hatte das College offenbar das Gefühl, es habe sich lange genug vor der Peinlichkeit gedrückt und verlieh ihm die Ehrendoktorwürde.

Der vielleicht größte Improvisateur von allen konnte überhaupt nicht lesen – weder Text noch Noten. Django Reinhardt wurde 1910 in einer Roma-Karawane in Belgien geboren. Seine frühesten Kindheitstalente waren Hühnerdiebstahl und Forellenkitzeln – man tastete am Ufer nach einem Fisch und rieb ihre Unterseite, bis sie sich entspannten und man sie aufs Trockene werfen konnte. Django wuchs in Frankreich, außerhalb von Paris, in einem Gebiet auf, das »la Zone« genannt wurde und in dem die Reiniger der Jauchegruben jede Nacht ihren Unrat abluden. Seine Mutter Négros war viel zu sehr damit beschäftigt, aus Patronenhülsen von den Schlachtfeldern des Ersten Weltkriegs Armbänder herzustellen und auf diese Weise etwas zum Lebensunterhalt der Familie beizutragen, um die musikalische Erziehung ihres Sohnes zu überwachen. Django ging zur Schule, wenn er Lust hatte, aber meistens hatte er keine. Er lungerte in Kinos und Billard-Salons herum und war ständig von Musik umgeben. Wo immer die Roma zusammenkamen, gab es Banjos, Harfen, Klaviere und vor allem Geigen. Ihre leichte Transportierbarkeit machte sie zum klassischen Instrument der Roma. Django begann daher mit dem Geigenspiel, aber es gefiel ihm nicht. Er lernte auf eine Weise, die einem Frage-und-Antwort-Spiel glich. Ein Erwachsener spielte eine Sequenz, und er versuchte sie nachzuspielen. Mit zwölf Jahren gab ihm ein Bekannter ein Instrument, das halb Banjo, halb Gitarre war. Das war sein Ding, und von nun an wurde die Musik für ihn zur Besessenheit. Wenn seine Finger müde waren, probierte er verschiedene Gegenstände als Plektrum aus: Löffel, Fingerhüte, Münzen, ein Stück Walfischknochen. Dann tat er sich mit einem buckeligen Banjospieler namens Lagardère zusammen. Gemeinsam wanderten sie durch die Straßen von Paris, machten Straßenmusik und improvisierten Duette.

In seinen Jugendjahren befand sich Django einst in einem Pariser Restaurant, in dem sich die Akkordeonspieler der Stadt trafen. Er und seine Banjo-Gitarre wurden eingeladen, auf die Bühne zu kommen und für die anderen Musiker zu spielen. Django intonierte eine Polka, die wegen ihres Schwierigkeitsgrads dafür bekannt war, dass sie das Können von Akkordeonspielern auf die Probe stellte. Als er mit der traditionellen Version fertig war, hörte er nicht auf, sondern begann eine Reihe von ausgefallenen Improvisationen zu spielen und die Polka zu kreativen Schöpfungen zu verfremden, die die langjährig erfahrenen Akkordeonspieler noch nie gehört hatten. Django spielte »wie der Teufel«, wie es im Jargon hieß. Mit der Verfremdung eines heiligen Tanzlieds provozierte er eine Auseinandersetzung, aber seine Interpretation war so originell, dass er damit durchkam. Seine Kreativität kannte keine Grenzen. »Ich frage mich, ob er in jüngeren Jahren überhaupt wusste, dass gedruckte Noten existierten«, sagte einer seiner Musikerkollegen.[148] Schon bald sollte Django seine Vielseitigkeit brauchen.

Er war 18, als eine Kerze in seinem Wohnwagen einen Stapel Zelluloidblumen in Brand setzte, die seine Frau Bella für ein Begräbnis angefertigt hatte. In Sekundenstelle hatte sich der Wagen in ein flammendes Inferno verwandelt. Django erlitt Verbrennungen an mehr als der Hälfte seines Körpers und verbrachte eineinhalb Jahre im Bett. Für den Rest seines Lebens waren der kleine Finger und der Ringfinger seiner linken Hand – der Greifhand – durch die Verbrennungen so entstellt und verkrümmt, dass er damit keine Saiten mehr greifen konnte. Django war es jedoch gewohnt, zu improvisieren. Wie Pelegrina von den *figlie del coro*, die plötzlich ihre Zähne verlor und kein Blasinstrument mehr spielen konnte, schaltete er einfach um. Er brachte sich bei, mit dem Daumen, Zeige- und Mittelfinger die Saiten zu greifen. Seine linke Hand musste den Hals seiner Gitarre flink hinauf- und hinuntergleiten, wobei sich Zeige- und Mittelfinger in Windeseile über die Saiten bewegten. Er entwickelte eine ganz neue Grifftechnik und konnte seiner Kreativität weiter freien Lauf lassen.[149]

Zusammen mit einem französischen Violinisten fusionierte Django die Musette – ein französischer Volkstanz im Walzertakt – mit Jazz und erfand eine neue Form der Improvisationsmusik, die nicht leicht zu charakterisieren war und als »Zigeunerjazz« bekannt wurde. Einige seiner Spontankompositionen wurden Standards, die anderen Musikern als Vorlage für eigene Improvisationen dienten. Er revolutionierte das inzwischen vertraute virtuose Gitarrensolo, das die Musik der folgenden Generation prägte – von Jimi Hendrix, der ein Album mit Djangos Aufnahmen besaß und eine seiner Gruppen Band of Gypsys nannte, bis zu Prince (Autodidakt, der auf seinem Debütalbum mehr als ein halbes Dutzend Instrumente unterschiedlicher Genres spielte). Lange bevor Hendrix die amerikanische Nationalhymne »The Star-Spangled-Banner« in seine eigene erstaunliche Klangkreation verwandelte, hatte Django das bereits mit der französischen Nationalhymne »La Marseillaise« gemacht.[150]

Wenngleich er nie lernte, Noten zu lesen (oder zu schreiben – ein Musikerkollege musste ihm beibringen, Autogramme für seine Fans zu geben), komponierte Django eine Symphonie, indem er auf seiner Gitarre den Part jedes einzelnen Instruments des Ensembles spielte, während ein anderer Musiker eifrig die Musik transkribierte.

Mit nur 43 Jahren verstarb er an einer Gehirnblutung; die Musik, die er vor fast einem Jahrhundert machte, manifestiert sich aber weiterhin in der Popkultur, unter anderem in Hollywood-Kassenschlagern wie *Matrix* und *Aviator* und in der Videospielserie *BioShock*. Der Autor des Werkes *The Making of Jazz* bezeichnete den Mann, der weder Noten lesen noch sie mit der traditionellen Grifftechnik spielen konnte, als »den zweifellos wichtigsten Gitarristen in der Geschichte des Jazz«.[151]

Cecchini hat buschige Augenbrauen und einen Bart, der sich wie ein windzerzaustes Gebüsch schnell teilt und wieder schließt, wenn er erregt spricht – wie jetzt, wo er von Django schwärmt. Er ist ein großer Fan dieses Ausnahmegitarristen. Cecchini hatte sogar einmal einen schwarzen Pudel namens Django. Er klickt ein sepiafarbenes You-Tube-Video an und flüstert verschwörerisch: »Sehen Sie sich das an.«

Da ist Django mit Fliege, Menjou-Bärtchen und zurückgekämmtem Haar, das vor Pomade glänzt. Die zwei verbrannten Finger der linken Hand krümmen sich krallenartig. Plötzlich schießt die Hand in einer trommelfeuerartigen Notenabfolge den Gitarrenhals hinauf und wieder hinunter. »Das ist fantastisch!«, ruft Cecchini. »Die Synchronisation zwischen der linken und der rechten Hand ist phänomenal.«[152]

Die Schule der strengen reflektierten Praxis beschreibt das Üben und Wiederholen als bewusste Konzentration auf die Fehlerkorrektur. Die umfassendsten Untersuchungen über die Entwicklung der Improvisationsformen, die Paul Berliner, Professor an der Duke University durchgeführt hat, beschrieben die Kinderjahre von Musikprofis dagegen als »osmotisch« und »ohne formalen Unterricht«. »Die meisten erkundeten die ganze Bandbreite an Optionen als Vorspiel zur Auswahl eines Instrumentes, auf das sie sich spezialisieren wollten«, schrieb er. »Es war nicht unüblich, dass junge Nachwuchsmusiker eine ganze Reihe an Instrumenten erlernten.« Berliner ergänzte, angehende Improvisationskünstler »deren Bildungshintergrund eine grundlegende Abhängigkeit von [formalen] Lehrkräften gefördert hat«, müssten »neue Lernmethoden übernehmen«. Eine Reihe von Musikern berichteten Berliner von ähnlichen Szenarien, wie sie Brubeck erlebt hatte – soll heißen, dass sie zu dem Zeitpunkt, als ein Lehrer herausfand, dass sie keine Noten lesen konnten, bereits so gut Melodien nachspielen und improvisieren konnten, dass »sie einfach so taten, als würden sie den Noten folgen.« Berliner verwies auf den Ratschlag, den ein Profimusiker einem jungen Improvisationsschüler erteilte: »Denk nicht über das Spielen nach, sondern spiel einfach.«[153]

Während ich mit Cecchini zusammensaß, führte er mir eine beeindruckende Improvisation vor. Ich bat ihn, sie zu wiederholen, damit ich sie aufnehmen konnte. »Ich könnte das nicht noch einmal wiederholen, selbst wenn Sie mir eine Pistole an den Kopf halten würden«, sagte er. Charles Limb, Musiker, Gehörexperte und Gehörchirurg an der Universität von Kalifornien in San Francisco, entwarf ein eisenfreies Keyboard, damit Jazzmusiker auch innerhalb eines MRT-Scanners spielen konnten. Limb sah, dass Bereiche des Gehirns, die mit Aufmerksamkeit, Hemmungen und Selbstzensur assoziiert werden, inaktiv wurden, wenn die Musiker improvisierten. »Es ist fast so, als würde das Gehirn seine Fähigkeit zur Selbstzensur ausschalten«, sagte er gegenüber dem Magazin *National Geographic*.[154] Während sie improvisieren, tun die Musiker praktisch das Gegenteil einer bewussten Fehlerkorrektur. Improvisationskünstler lernen wie Kleinkinder: Zunächst beobachten sie, imitieren und improvisieren, und erst später lernen sie die formalen Regeln. »Als Sie klein waren, gab Ihnen Ihre Mutter kein Buch und sagte, ›Das ist ein Substantiv, das ist ein Pronomen und dies ist das Partizip‹«, erklärte mir Cecchini. »Zuerst hat man den Klang aufgenommen, und später hat man irgendwann die Grammatik gelernt.« Einst fuhr Django Reinhardt mit Les Paul, dem Erfinder der Solidbody-E-Gitarre, im Taxi. Paul war als Musiker Autodidakt und der Einzige, der sowohl in der Hall of Fame des Rock and Roll als auch in der Hall of Fame der National Inventors vertreten ist. Reinhardt tippte Paul auf die Schulter und fragte, ob er Noten lesen könne. »Ich sagte, nein, kann ich nicht«, erinnerte sich Paul, »und er lachte, bis ihm die Tränen kamen, und sagte, ›ich auch nicht. Ich weiß nicht einmal, was ein C ist; ich spiele es einfach‹.«[155]

Cecchini sagte mir, er sei regelmäßig tief beeindruckt, wenn er einen außergewöhnlichen Jazzmusiker auf der Bühne bitte, eine bestimmte

Note zu spielen und feststelle, dass der ihn nicht verstehe. »Das ist ein alter Witz unter Jazzmusikern«, sagte Cecchini. »Sie fragen, ›kannst du Noten lesen?‹ Und der Typ sagt, ›Nicht genug, um mein Spiel zu behindern‹.« In diesem Witz steckt ein Körnchen Wahrheit. Cecchini hat Profimusiker des Chicago Symphony Orchester unterrichtet, das 2015 von Kritikern als bestes Orchester des Landes und fünftbestes Orchester der Welt bewertet wurde. »Es ist für einen Jazzmusiker leichter, klassische Musik zu spielen, als für einen klassischen Musiker zu lernen, Jazz zu spielen«, sagte er. »Der Jazzmusiker ist ein kreativer Künstler, der klassische Musiker ist ein interpretierender Künstler.«

Nachdem Django Reinhardt in der musikalischen Nachtklubszene ein Feuer entfacht hatte, begannen klassisch ausgebildete Musiker, ins Jazzfach zu wechseln. Laut Michael Dregni, der viele Bücher über diese Periode schrieb, war Improvisation »ein Konzept, das der Ausbildung im Konservatorium zuwiderlief … Nach Jahren einer strengen Ausbildung in einer klassischen Musikakademie gelingt einigen Musikern dieser Wechsel einfach nicht mehr.«[156] Leon Fleisher, der als einer der herausragendsten klassischen Pianisten des 20. Jahrhunderts gilt, sagte dem Co-Autor seiner 2010 veröffentlichten Biografie, es sei sein »größter Wunsch«, improvisieren zu können. Doch trotz lebenslanger meisterhafter Interpretation von Noten auf Papier, sagte er: »Ich kann überhaupt nicht improvisieren.«[157]

Cecchinis Analogie des Sprachenlernens ist nicht neu. Selbst die Suzuki-Methode der Musikerziehung, die in der öffentlichen Wahrnehmung gleichbedeutend ist mit einem sehr frühen Drill, wurde von Shinichi Suzuki nach der sogenannten Muttersprachen-Methode entwickelt. Suzuki wuchs im Umfeld der Geigenmanufaktur seines Vaters auf, betrachtete das Instrument aber lediglich als Spielzeug. Wenn er mit seinen Geschwistern zankte, schlugen sie sich gegenseitig mit Geigen. Erst mit 17 Jahren unternahm er einen Versuch, das Instrument zu erlernen, bewegt von einer Aufnahme von Schuberts *Ave Maria*. Er brachte eine Geige aus der Manufaktur mit nach Hause und versuchte, die klassische Aufnahme nach Gehör zu spielen. »Meine autodidaktische Technik war eher ein Gekratze«, sagte er über seine ersten Versuche, »aber irgendwie gelang es mir am Ende, dieses Stück zu spielen«. Erst später nahm er Unterricht, wurde Künstler und dann Musikerzieher. Laut der Suzuki Association of the Americas »machen Kinder keine Übungen, um das Sprechen zu lernen … Kinder lernen lesen, nachdem sich ihre Fähigkeit zu sprechen, gesetzt hat.«[158]

Insgesamt steht dieses Bild im Einklang mit einem klassischen Forschungsergebnis, das nicht allein für die Musik gilt: Die Breite der Wissensaneignung ist ein Prädiktor für die Breite des Wissenstransfers. Soll heißen, je reicher und vielfältiger der Kontext, in dem etwas gelernt wird, desto öfter erzeugt der Lernende abstrakte Modelle und desto weniger verlässt er sich auf ein bestimmtes Beispiel. Lernende können ihr Wissen somit besser auf unbekannte Situationen anwenden, und das ist die Quintessenz von Kreativität. Verglichen mit dem Buch der Tigermutter würde ein Elternratgeber über kreative Leistung mit einer wesentlich kürzeren Liste an Regeln eröffnen. Im Rahmen seiner Elternberatung bemerkte der Psychologe Adam Grant, Kreativität sei schwer zu erzeugen und schwer zu fördern, man könne sie aber sehr leicht abwürgen. Er verwies auf eine Studie, die ergab, dass durchschnittlich kreative Kinder in Familien lebten, in denen es im Schnitt sechs Hausregeln gab. In Familien mit sehr kreativen Kindern gab es dagegen nur eine. Die Eltern der kreativen Kinder ließen ihre Kinder zunächst gewähren und hielten sich mit Vorabbewertungen zurück. Sie griffen erst ein, nachdem ihre Kinder etwas getan hatten, das ihnen missfiel, aber sie verboten es nicht von vornherein.[159]

»Es ist merkwürdig«, sagte mir Cecchini gegen Ende eines unserer mehrstündigen Gespräche, »dass einige der herausragendsten Musiker Autodidakten waren oder nie lernten, Noten zu lesen. Ich sage damit nicht, dass es einen Weg gibt, der besser ist als alle anderen, aber heute habe ich viele Schüler, die von Musikschulen kommen, an denen Jazz unterrichtet wird, und man hört sofort, dass sie ein Produkt ihrer jeweiligen Schule sind. Sie scheinen ihre eigene Stimme nicht zu finden. Ich glaube, wenn man Autodidakt ist, experimentiert man mehr und versucht, den gleichen Sound an verschiedenen Plätzen zu finden; man lernt, Probleme zu lösen.«

Cecchini hielt einen kurzen Moment inne, lehnte sich in seinem Sessel zurück und starrte an die Decke. Einige Sekunden verstrichen. »Ich könnte jemandem in zwei Minuten etwas zeigen, wofür er jahrelang auf dem Griffbrett experimentieren müsste, wie ich es tat. Man weiß nicht, was richtig und was falsch ist. Das hast du einfach nicht im Kopf. Du versuchst, eine Lösung für Probleme zu finden, und irgendwann fügt sich plötzlich alles zusammen. Das geht sehr langsam, aber diese Art des Lernens hat etwas für sich.«[160]

KAPITEL 4

Kurzfristiges versus nachhaltiges Lernen

»Okay? Ihr geht zu einem Spiel der Eagles«, teilt die charismatische Mathematiklehrerin ihrer achten Klasse mit. Sie achtet darauf, alle Fragestellungen in einem Kontext zu präsentieren, der ihre Schüler motiviert. »Dort verkaufen sie Hotdogs«, fährt sie fort. »Die sind in Philadelphia übrigens echt gut.« Die Schüler kichern. Einer wirft ein: »Die Cheesesteaks auch.«[161]

Die Lehrerin lenkt sie zurück zum heutigen Unterrichtsthema – einfachen algebraischen Ausdrücken, auch Terme genannt: »In dem Stadium, in dem die Eagles spielen, kosten die Hotdogs 3 Dollar. Ich möchte, dass ihr mir einen variablen Ausdruck für [die Kosten von] *N* Hotdogs nennt.« Die Schüler müssen lernen, was es bedeutet, wenn ein Buchstabe als Platzhalter für eine unbestimmte Zahl steht. Das ist eine Abstraktion, die sie verstehen müssen, um Fortschritte in Mathematik zu machen, aber sie ist nicht ganz leicht zu erklären. Marcus meldet sich: »*N* über 3 Dollar.«

»Nicht *über*«, antwortet die Lehrerin, »denn das bedeutet geteilt.« Sie gibt die richtige Antwort: »3 *N*. 3 *N* bedeutet, egal wie viele Hotdogs ich kaufe, muss ich für jeden [einzelnen] 3 Dollar zahlen, stimmt´s?« Ein anderer Schüler ist verwirrt: »Wo nehmen Sie das *N* her?« »Das ist die N Zahl an Hotdogs«, erklärt die Lehrerin. »Ich verwende das *N* als meine Variable.« Eine Schülerin namens Jen fragt, ob das heißt, dass man multiplizieren müsse. »Das ist richtig. Wenn ich also zwei Hotdogs kaufe, gebe ich wie viel Geld aus?«

»6 Dollar«, lautet Jens korrekte Antwort.

»3 Mal 2. Gut Jen.« Eine weitere Hand schießt nach oben. »Ja?«

»Kann es jeder beliebige Buchstabe sein?«, möchte Michelle wissen. Ja, das kann jeder sein.

»Ist das nicht verwirrend?«, fragt Brandon.

Jeder Buchstabe kann als Variable verwendet werden, erklärt die Lehrerin. Weiter zum zweiten Teil des heutigen Unterrichts: Ausdrücke zu bewerten.

»Was ich gerade mit den 3 Dollar für einen Hotdog gemacht habe, war, einen Term ›zu bewerten‹«, sagt die Lehrerin. Sie deutet auf die Tafel, auf der »7H« steht, und fragt, wie viel man verdient, wenn man 7 Dollar pro Stunde verdient und diese Woche 2 Stunden arbeitet. 14, antwortet Ryan richtig. Und wenn man 10 Stunden arbeitet? 70, sagt Josh. Die Lehrerin sieht, dass sie anfangen zu verstehen. Schon bald wird jedoch deutlich, dass sie den Term nie verstanden, sondern nur die beiden Zahlen multipliziert haben, die die Lehrerin jeweils genannt hat.

»Wir habe also gerade die Zahl der Stunden genommen und dann was getan? Michelle?« Mit 7 multipliziert, antwortet Michelle. Richtig, aber was wir eigentlich getan haben, erklärt die Lehrerin, ist, dass wir das *H* durch eine konkrete Zahl ersetzt haben. »Das ist mit Bewerten gemeint«, fügt sie hinzu, »eine Variable durch eine Zahl zu ersetzen.«

Jetzt ist ein anderes Mädchen verwirrt. »Bei der Hotdog-Frage wäre *N* also gleich 2?«, fragt sie. »*N* ist ein Platzhalter für eine Zahl«, antwortet die Lehrerin. »Wenn wir *N* durch 2 ersetzen, haben wir das Beispiel bewertet.« Warum, möchte die Schülerin wissen, kann man nicht einfach schreiben, wie viele Dollars ein Hotdog mal 2 kostet? Wenn *N* gleich 2 ist, welchen Sinn hat es dann, *N* anstatt einer 2 zu schreiben?

Die Schüler stellen weitere Fragen, die allmählich deutlich werden lassen, dass sie unabhängig von den genannten Beispielen nicht den Sinn einer abstrakten Variable verstehen und nur einen Bezug zu einer einzigen konkreten Zahl aus dem jeweils genannten Beispiel herstellen können. Als die Lehrerin versucht, zu einem realistischen Kontext zurückzukehren – »Der Sozialkundeunterricht ist 3-mal so lang wie der Mathematikunterricht« – sind sie komplett verwirrt. »Ich dachte, die Hausaufgabenbetreuung wäre am längsten?«, wirft einer ein. Als die Schüler gebeten werden, Sätze in variable Ausdrücke zu verwandeln, fangen sie an zu raten.

»Und wenn ich sage, ›6 weniger als eine Zahl‹? Michelle?«, fragt die Lehrerin.

»6 minus N«, antwortet Michelle. Falsch.

Aubrey rät die einzig mögliche andere Antwort: »N minus 6.« Sehr gut.

Die Kinder wiederholen diese Form der Multiple-Choice-Fragen. In Echtzeit beobachtet könnte man meinen, sie hätten es verstanden.

»Und wenn ich sage 15 minus *B*?«, fragt die Lehrerin und bittet sie, diese Aussage in Worte zurückzuverwandeln. Multiple-Choice-Zeit. »15 weniger als *b*?«, bietet Patrick an. Die Lehrerin antwortet nicht sofort, also versucht er etwas anderes. »*B* weniger als 15.« Diesmal ist die Antwort richtig, und die Bestätigung kommt sofort. Das Muster wiederholt sich. *Kim ist 6 Zentimeter kleiner als ihre Mutter.* »*N* minus negativ 6«, meint Steve. Nein. »*N* minus 6.« Gut. *Mike ist 3 Jahre älter als Jill.* Ryan? »3 *X*«, sagt er. Nein, denn das würde bedeuten, dass man multipliziert. »3 plus *X*.« Sehr gut.

Marcus hat nun einen bombensicheren Weg zur richtigen Antwort gefunden. Er meldet sich für die nächste Frage. 3 geteilt durch *W*. »Marcus?« »*W* über 3 oder 3 über *W*«, antwortet er und nennt für alle Fälle beide Varianten. Gut, 3 über *W* stimmt. Trotz der cleveren prägnanten Beispiele, die die Lehrerin gibt, ist klar, dass die Schüler nicht verstehen, welchen Nutzen diese Zahlen und Buchstaben außerhalb der Schulhefte haben sollen. Auf die Frage, wo in der Welt variable Ausdrücke womöglich Anwendung finden, antwortet Patrick: Wenn man versucht, ein mathematisches Problem zu lösen. Die Schüler haben dennoch herausgefunden, wie sie die richtigen Antworten für ihre Schulhefte erhalten; indem sie ihre Lehrerin geschickt ausfragen.

Sie hält das Multiple-Choice-Spiel fälschlicherweise für produktive Exploration. Manchmal tun sich die Schüler zusammen und werfen trommelfeuerartig Antworten hin: »*K* über 8«, sagt einer, »*K* in 8«, ein anderer, und »*K* von 8« ein dritter. Die Lehrerin ist freundlich und ermutigt ihre Schüler, selbst wenn keine der Antworten richtig ist. »Es ist okay«, sagt sie. »Ihr denkt nach.« Das Problem ist jedoch die Art und Weise, wie sie denken.[162]

Das war eine Unterrichtsstunde von Hunderten in den USA, Asien und Europa, die gefilmt und analysiert wurden, um effektiven Mathematikunterricht zu verstehen. Es erübrigt sich die Erwähnung, dass der Unterricht sehr unterschiedlich verlief. In den Niederlanden kamen die Schüler regelmäßig verspätet zum Unterricht und verbrachten viel Zeit mit individueller Arbeit. In Hongkong ähnelte der Unterricht dem Unterricht in den USA: Frontalunterricht anstelle von individueller Arbeit machte den Großteil des Unterrichts aus. Einige Länder verpackten die Fragestellungen in einen Kontext mit Realbezug, andere verließen sich stärker auf symbolische Mathematik. In einigen Klassen saßen die Schüler auf ihrem Stuhl, in anderen mussten sich alle vor der Tafel versammeln. Einige Lehrer waren energiegeladen, andere eintönig. Die Liste der Unterschiede war lang, aber keines dieser Merkmale stand in einem Zusammenhang mit den unterschiedlichen länderspezifischen Leistungen. Es gab aber auch Ähnlichkeiten. In jedem Klassenraum eines jeden Landes verließen sich die Lehrkräfte auf zwei Haupttypen von Fragen.

Die häufigeren Fragen gehörten zu den Verfahrensfragen, die im Wesentlichen darauf abzielten, etwas zu üben, das man gerade gelernt hatte. Zum Beispiel: Nehmen Sie die Formel für die Summe der innenliegenden Schenkel eines Vielecks (180 x (Zahl der Seiten des Vielecks – 2)) und wenden Sie sie auf die Vielecke auf dem Arbeitsblatt an. Der andere häufig verwendete Fragetyp bestand aus Fragen zur Herstellung von Verknüpfungen, bei denen die Schüler nicht einfach ein Verfahren anwenden, sondern Verknüpfungen mit breiteren Konzepten herstellen mussten, zum Beispiel, wenn ein Lehrer fragte, *warum* die Formel anwendbar ist, oder die Schüler aufforderte herauszufinden, ob sie sich auf absolut jedes Vieleck, vom Dreieck bis zum Achteck, anwenden lässt. Beide Fragetypen sind nützlich, und beide wurden von allen Lehrern in jedem Land und jeder der untersuchten Unterrichtsstunden gestellt. Ein wichtiger Unterschied bestand jedoch darin, was die Lehrer machten, *nachdem* sie eine Frage zur Herstellung einer Verknüpfung gestellt hatten.[163]

Anstatt die Schüler eine Weile mit ihrer Verwirrung kämpfen zu lassen, reagierten sie oft auf ihre Bitte, ihnen einen Hinweis zu geben, sodass aus der Frage zur Herstellung einer Verknüpfung eine Frage der Verfahrensanwendung wurde. Das ist genau das, was die charismatische Lehrerin in der amerikanischen Unterrichtsstunde getan hatte.

Lindsey Richland, Professorin an der Universität Chicago, die sich mit Lernmethoden und Lernprozessen beschäftigt, sah sich mit mir das Video an und erklärte mir, als die Schüler mit der Lehrerin Multiple-Choice spielten, hätten sie »eigentlich nach Regeln gesucht«. Sie versuchten, ein konzeptionelles Problem, das sie nicht verstanden, in eine Frage des richtigen Verfahrens zu verwandeln, das sie nur ausführen mussten. »Wir Menschen versuchen bei der Lösung einer Aufgabe stets, einen Weg zu suchen, der möglichst wenig Aufwand bedeutet«, erklärte mir Richland. Um einen Hinweis zu bitten, der zur Lösung führt, ist clever und verkürzt die Suche nach der Antwort. Das Problem ist, dass sich diese Abkürzung beim Erlernen von breit anwendbaren Konzepten zum Bumerang entwickeln kann.

In den USA bezogen sich ein Fünftel der gestellten Fragen eigentlich auf die Herstellung von Verknüpfungen. In dem Moment, in dem die Schüler ihre Lehrer um einen Hinweis gebeten und die Lösung gefunden hatten, hatten sich alle Fragen jedoch in Verfahrensfragen verwandelt. Nicht eine Frage zur Herstellung von Verknüpfungen hatte die Lehrer-Schüler-Interaktion überlebt.

In allen Ländern tappten die Lehrer gelegentlich in die gleiche Falle. In den Ländern, in denen die Schüler wesentlich besser abschnitten als der Durchschnitt, blieb der Charakter der Fragen jedoch oftmals erhalten, während die Schüler sich bemühten, selbst die Lösung zu finden. In Japan bezogen sich etwas mehr als die Hälfte aller Fragestellungen auf die Herstellung einer Verknüpfung, und die Hälfte davon erhielt bis zur Lösung ihren Charakter. Ein einziges facettenreiches Problem nahm unter Umständen eine ganze Unterrichtsstunde ein. Wenn ein Schüler einen Lösungsvorschlag nannte, begann der Lehrer kein Multiple-Choice-Spiel, sondern ließ ihn zur Tafel kommen und befestigte einen Magneten mit dem Namen des Schülers neben seinem Lösungsvorschlag. Am Ende der Stunde diente das auf der wandgroßen Tafel dargestellte Ausgangsproblem als Logbuch für die kollektive intellektuelle Wegstrecke, die die Klasse zurückgelegt hatte, mit allen Sackgassen und Irrwegen. Ursprünglich hatte Richland versucht, die auf Video aufgezeichneten Unterrichtsstunden thematisch zu sortieren, »aber das ging mit Japan nicht«, sagte sie, »weil sie sich diesen Problemen unter Verwendung vielfältiger Inhalte annäherten«. (Im Japanischen gibt es sogar ein spezielles Wort für die Lehrmethode der visuellen Darstellung des kollektiven gedanklichen Lösungsprozesses: *bansho*.[164])

Genau wie im Golfsport ist die Übung der Verfahren auch in der Mathematik wichtig. Wenn sich der gesamte Mathematikunterricht jedoch auf Verfahrensfragen beschränkt, ist das ein Problem. »Die Schüler betrachten Mathematik nicht als abstraktes System«, schrieben Richland und ihre Kollegen.[165] Sie betrachten sie einfach als eine Reihe von Verfahren, die man auswendig lernt, um sie auf mathematische Aufgaben anzuwenden – wie Patrick, der auf die Frage, welche Verbindung es zwischen variablen Ausdrücken und der realen Welt gibt, antwortete, damit ließen sich Fragen im Mathematikunterricht beantworten.

In ihren Untersuchungen hoben Richland und ihre Mitarbeiter das erstaunlich hohe Maß an Abhängigkeit der College-Studenten – 41 Prozent aller amerikanischen Studenten im Grundstudium – von auswendig gelernten Algorithmen hervor. Auf die Frage, ob *a/5* größer ist als *a/8*, oder umgekehrt, gaben 53 Prozent der Studenten die richtige Antwort – das ist kaum besser als Raten. Auf die Bitte, ihre Antwort zu erklären, verwiesen die Studenten häufig auf einen Algorithmus. Sie erinnerten sich, dass sie sich auf die untere Zahl konzentrieren sollten, viele von ihnen erinnerten sich aber auch, dass ein größerer Nenner bedeutete, dass *a/8* größer ist als *a/5*. Andere erinnerten sich, dass sie versuchen sollten, einen gemeinsamen Nenner zu finden, wussten aber nicht mehr, warum. Es gab Studenten, die reflexartig kreuzweise multiplizierten, weil sie wussten, dass man das bei Brüchen machen soll, auch wenn das überhaupt keine Relevanz für die vorliegende Fragestellung hatte. Nur 15 Prozent der Studenten gaben eine konzeptionelle Antwort und erklärten, wenn man etwas in fünf Teile teile, sei jeder Teil größer, als wenn man etwas in acht Teile teile. Diese Studenten gaben ausnahmslos die richtige Antwort.

Einige der College-Studenten schienen den natürlichen Zahlensinn verlernt zu haben, den die meisten Kinder noch besitzen, zum Beispiel, dass man bei der Addition zweier Zahlen eine dritte erhält, die die Summe der ersten beiden ist. Ein Student, der gebeten wurde zu überprüfen, dass 462 + 253 = 715 ist, zog 253 von 715 ab und erhielt 462. Als er um ein anderes Verfahren gebeten wurde, kam es ihm nicht in den Sinn, 462 von 715 abzuziehen, um zu demselben Ergebnis zu kommen, weil er die Regel gelernt hatte, dass man zur Überprüfung der Summe immer die Zahl rechts vom Pluszeichen abziehen muss.

Wenn jüngere Schüler zuhause Probleme lösen sollen, die sie dazu zwingen, Verknüpfungen herzustellen, sagen die Eltern, »ich zeig´s dir; es gibt einen schnelleren und einfacheren Weg«, so Richland. Wenn der Lehrer die Fragestellung nicht bereits in eine Verfahrensfrage verwandelt hat, machen es die wohlmeinenden Eltern. Sie fühlen sich unbehaglich, wenn ihre Kinder nicht zurechtkommen, und möchten, dass sie schnell und ohne Umstände eine Lösung finden. Für ein nachhaltiges (langfristig abrufbares) und flexibles (breit anwendbares) Wissen ist *schnell und einfach* aber genau das Problem.

»Einige Leute vertreten die Auffassung, der Grund, warum amerikanische Schüler bei internationalen Leistungstests nicht gut abschneiden, sei zum Teil darauf zurückzuführen, dass es ihnen im Unterricht zu leicht gemacht wird«, sagte mir Nate Kornell, kognitiver Psychologe am Williams College. »Es wäre besser, wenn man es ihnen leicht machen würde, indem man es ihnen zunächst etwas schwerer macht, weil sich das Wissen dann besser festigt.«

Kornell erklärte das Konzept der »wünschenswerten Schwierigkeiten« – ein Begriff, den der Psychologe Robert Bjork im Jahr 1994 prägte.[166] Er beschreibt Hindernisse, die das Lernen zu einer Herausforderung und kurzfristig zu einer frustrierenden Erfahrung machen, aber langfristig zu besseren Ergebnissen führen. Wenn zu viele Hinweise gegeben werden, wie es im Mathematikunterricht der achten Klasse geschah, geschieht das Gegenteil; es verbessert die kurzfristigen Ergebnisse, unterminiert aber den langfristigen Lernfortschritt. Es gibt mehrere wünschenswerte Schwierigkeiten, die zu den am meisten unterstützten Methoden für verbesserte Lernprozesse gehören. Die hilfsbereite Lehrerin der achten Klasse unterlief sie jedoch alle im wohlmeinenden Interesse eines sofort sichtbaren Erfolgs.

Eine dieser wünschenswerten Schwierigkeiten ist der »Generierungseffekt.« Sich anzustrengen, eine eigene Antwort zu finden, auch wenn sie womöglich falsch ist, verbessert die nachfolgenden Lernprozesse. Sokrates hatte sich offenbar etwas dabei gedacht, als er seine Schüler zwang, eigene Antworten zu finden, anstatt sie ihnen zu liefern. Dieser Prozess verlangt von dem Lernenden, ganz bewusst einen kurzfristigen Erfolg für langfristigen Nutzen zu opfern.

Kornell und die Psychologin Janet Metcalfe testeten Sechstklässler in der South Bronx im Vokabellernen und variierten dabei die Lernmethoden, um den Generierungseffekt zu studieren. Dafür nannten sie den Schülern die Beschreibung und den gesuchten Begriff: *Über etwas diskutieren, um zu einer Einigung zu kommen: verhandeln.* Dann gaben sie den Schülern nur die Beschreibung und ließen ihnen Zeit, über den richtigen Begriff nachzudenken, auch wenn ihnen nichts dazu einfiel, bevor sie selbst die richtige Antwort enthüllten. Bei einem späteren Test schnitten die Schüler bei Vokabeltests deutlich besser ab als zuvor.[167] Das Experiment wurde mit Studenten der Columbia Universität wiederholt, wobei allerdings elaboriertere Begriffe verwendet wurden (charakterisiert sich durch hochmütige Verachtung: arrogant). Die Ergebnisse waren die gleichen. Der Zwang, selbst Antworten zu finden, verbessert die nachfolgenden Lernprozesse, auch wenn die Antwort falsch ist. Sogar eine völlig falsche Antwort kann den Lernprozess beflügeln. Metcalfe und Kollegen haben wiederholt einen »hyperkorrektiven Effekt« nachgewiesen. Je überzeugter ein Lernender von seiner falschen Antwort ist, desto stärker prägt er sich die nachfolgend genannte richtige Antwort ein. Große Irrtümer zu tolerieren, kann die besten Lernchancen erzeugen.*[168]

Kornell hat einen Beitrag zur Demonstration geleistet, dass sich der langfristige Nutzen bewusst geförderter Fehlergebnisse auch bei hoch entwickelten Primaten beobachten lässt – ganz konkret bei zwei Rhesus-Affen, Oberon und Macduff, die darauf trainiert wurden, sich durch Versuch und Irrtum Listen einzuprägen. In einem faszinierenden Experiment arbeitete Kornell mit einem Kognitionsforscher für Tiere. Im Rahmen des Experiments wurden Oberon und Macduff Listen mit zufälligen Bildern gezeigt, die sie sich in einer bestimmten Reihenfolge einprägen sollten. (Beispiel: eine Tulpe, ein Schwarm Fische, ein Kardinal, Halle Barry und ein Rabe.) Alle Bilder wurden gleichzeitig auf eine Leinwand projiziert. Die Affen mussten durch Versuch und Irrtum die erwünschte Reihenfolge lernen und sie dann wiederholt üben. Diese Übungen wurden jedoch immer wieder unterschiedlich gestaltet.

Bei einigen Übungssitzungen erhielten Oberon (er war insgesamt intelligenter) und Macduff bei jedem Versuch automatisch Hinweise, indem ihnen das nächste Bild auf der Liste gezeigt wurde. Bei anderen Listen konnten sie einen Hinweisknopf auf der Leinwand drücken, wenn sie nicht weiterkamen und das nächste Objekt sehen wollten. Bei wieder anderen Listen konnten sie nach der Hälfte ihrer Übungsversuche um einen Hinweis bitten. Und bei der letzten Liste erhielten sie überhaupt keine Hinweise.

---

* Das ist ein weiteres Beispiel dafür, dass die Übertragung von Lernprozessen aus dem Sport auf andere Gebiete irreführend sein kann. Falsche motorische Bewegungen können oft nur mit viel Mühe »verlernt« werden. Spitzentrainer verwenden viel Energie darauf, Athleten eine eingefahrene falsche Motorik abzugewöhnen, die ihnen in jungen Jahren antrainiert wurde. In der Welt außerhalb des Sports können wiederholte falsche Antworten jedoch das Lernen befördern, solange am Ende die richtige Antwort gegeben wird.

In den Übungssitzungen, bei denen sie auf Anforderung einen Hinweis erhielten, verhielten sich die Affen genau wie Menschen. Sie verlangten fast immer Hinweise, wenn sie wussten, dass diese verfügbar waren, und hatten am Ende viele korrekte Listen zusammengestellt. Insgesamt hatten sie rund 250 Versuche, um sich jede Liste einzuprägen.

Nach drei Übungstagen veränderten die Wissenschaftler die Trainingsbedingungen. Am vierten Tag mussten die Affen alle Listen aus allen Übungsbedingungen ohne jeden Hinweis wiederholen. Das Ergebnis war katastrophal. Oberon erzielte nur drei richtige Listen; Macduff machte nicht einmal jede fünfte Liste richtig. Es gab jedoch eine Ausnahme: die Listen, bei denen sie nie einen Hinweis erhalten hatten.

Bei diesen Listen hatten die Affen am ersten Tag ganz schlecht abgeschnitten. Sie hatten einfach irgendwelche Knöpfe gedrückt. Mit jedem Übungstag wurden sie jedoch besser. Am abschließenden Testtag stellte Oberon fast drei Viertel der Listen richtig zusammen, und Macduff ungefähr die Hälfte.

Die Gesamtergebnisse des Experiments waren wie folgt: Je mehr Hinweise die Affen während der Übungen abrufen konnten, desto besser waren ihre kurzfristigen Ergebnisse, aber desto schlechter waren ihre Ergebnisse am abschließenden Testtag. Keine der Listen, für die Macduff drei Tage lang automatische Hinweise abrufen konnte, stellte er am Testtag richtig zusammen. Es war, als hätten die beiden Affen plötzlich alle Listen verlernt, die sie eingeübt hatten. Die Schlussfolgerung war einfach: »Übungen, bei denen die Übenden Hilfestellungen zur Bestimmung der richtigen Lösung erhalten, führen zu keinem nachhaltigen Lernerfolg.«[169]

Ein Lernprozess ohne Hilfestellung ist langsam und von zahlreichen Irrtümern gekennzeichnet. Das ist im Wesentlichen, was wir normalerweise unter Testen verstehen, außer, dass diese Methode dem nachhaltigen Lernen dient und keiner Ergebnisbewertung, die den »Test« so oft zu einem gefürchteten Wort macht. Die Mathematiklehrerin der achten Klasse testete ihr Schüler, aber sie machte es ihnen zu leicht, die richtigen Antworten zu finden.

Im Lernkontext ist der Test, einschließlich des Selbsttests, eine sehr wünschenswerte Schwierigkeit. Das gilt selbst für Tests, die vor der Beschäftigung mit einer neuen Materie stattfinden, wenn falsche Antworten beinahe garantiert sind. In einem von Kornells Experimenten sollten die Teilnehmer Wortpaare lernen und sie später auf Abruf wiedergeben. Zum Testzeitpunkt konnten sie sich am besten an die Wortpaare erinnern, die sie durch Übungsquizze gelernt hatten, selbst wenn sie bei dem Quiz selbst eine falsche Antwort gegeben hatten. Die geistige Anstrengung, Information abzurufen, bereitet das Gehirn auf nachfolgende Lernprozesse vor, selbst wenn der Informationsabruf selbst nicht erfolgreich war. Diese Anstrengung ist überaus nützlich. »Wie im echten Leben ist auch hier der Weg das Ziel«, schrieben Kornell und sein Team.[170]

Falls der Mathematikunterricht der achten Klasse einem typischen Lehrplan folgt, der für jede Woche die Behandlung eines neuen Themas vorsieht, widerspricht er allen wissenschaftlichen Empfehlungen für nachhaltigen Lernerfolg. Wie es auch bei vielen beruflichen Fortbildungsmaßnahmen der Fall ist, konzentriert sich der Unterricht über einen kurzen Zeitraum intensiv auf die Vermittlung eines bestimmten Konzepts oder einer Fähigkeit. Dann folgt das nächste Konzept beziehungsweise die nächste Fähigkeit, ohne dass je zu dem zuvor erlernten Stoff zurückgekehrt wird. Diese Struktur wirkt intuitiv sinnvoll, damit wird allerdings die Chance auf eine andere wichtige wünschenswerte Schwierigkeit vergeben: das sogenannte Spacing (verteilte Übung).

Bei dieser Methode finden die einzelnen Übungsphasen in Intervallen statt. Zwischen den intensiven Übungsintervallen gibt es Auszeiten, in denen sich das neu erlernte Wissen setzen soll. »Natürlich gibt es eine Grenze für die Dauer dieser Auszeiten«, sagte Kornell, »aber sie ist länger, als man meinen könnte. Das gilt für alle Lerngebiete, vom Erlernen einer Fremdsprache bis zur Pilotenausbildung – je besser sich das Wissen festigt, desto nachhaltiger der Lernprozess.« Im Rahmen einer Untersuchung wurden die Teilnehmer, die Spanisch-Vokabeln lernten, in zwei Gruppen unterteilt. Eine Gruppe wurde gleich nach dem Vokabellernen getestet, und die zweite erst nach einem Monat. Acht Jahre später, in denen kein weiteres Studium stattfand, konnte die zweite Gruppe 250 Prozent mehr Vokabeln abrufen. Die Auszeit hatte ein produktiveres Lernen ermöglicht, indem sie die Verfestigung des neu erworbenen Wissens förderte.[171]

Es dauert allerdings keine acht Jahre, bis sich der Spacing-Effekt manifestiert. Im Rahmen einer anderen Studie lasen Forscher der Iowa State Universität den Teilnehmern Listen mit Wörtern vor und baten sie dann, alle Listen von A bis Z zu wiederholen, und zwar entweder gleich im Anschluss oder nachdem sie es 15 Sekunden geübt hatten oder nachdem sie 15 Sekunden lang einfache mathematische Fragestellungen lösten, sich also auf etwas anderes konzentrierten. Die Teilnehmer, die die Wortlisten gleich nach dem Verlesen wiedergeben sollten, schnitten am besten ab. Die zweitbeste Gruppe war die, die 15 Sekunden Zeit hatten, die Listen im Kopf zu wiederholen. Die Gruppe, die von den mathematischen Aufgaben abgelenkt war, schnitt am schlechtesten ab. Später wurde ein nicht angekündigter Überraschungstest durchgeführt. Die Teilnehmer sollten jedes Wort aus den Listen aufschreiben, an das sie sich erinnern konnten. Und plötzlich war die schlechteste Gruppe die beste. Kurzfristiges Üben führte also nur zu kurzfristigen Vorteilen. Die Anstrengung, sich die Informationen einzuprägen und sie zu einem späteren Zeitpunkt abzurufen, hatte der Gruppe, die zwischendurch von mathematischen Aufgaben abgelenkt war, geholfen, die Informationen vom Kurzzeit- ins Langzeitgedächtnis zu transferieren. Die Gruppe, die die sofortige Gelegenheit zum Üben hatte, konnte sich an fast nichts erinnern. Wie sich herausstellte, kam es weniger auf stumpfe Wiederholung als auf die Anstrengung an, sich das Gelernte einzuprägen, gefolgt von einer Pause zur Verfestigung des Gelernten.[172]

Es ist nicht negativ, beim Lernen gleich die richtigen Antworten zu finden. Die Fortschritte sollten nur nicht zu schnell geschehen, es sei denn, der Lernende wolle enden wie Oberon (oder, schlimmer, wie Macduff) und mit der Illusion eines Wissens das nach kurzer Zeit schon wieder verblasst ist. Genau wie zu viele Hilfestellungen führt ein zu schneller Lernerfolg »zu dem irreführenden Gefühl, man beherrsche die Materie, und dem schnellen Verblassen des vermeintlichen Lernerfolgs«; wie eine Gruppe Psychologen es ausdrückte.[173] Langfristig sind Lernprozesse am effektivsten, wenn sie kurzfristig richtig ineffizient sind. Wenn Sie bei einem Selbsttest, den Sie unmittelbar nach dem erstmaligen Wissenserwerb durchführen, auffällig gut abschneiden, sollten Sie nach dem ersten Lernversuch eine Pause einlegen, bevor Sie dasselbe Lernmaterial noch einmal üben, und dann den Test machen. Ein erstes frustrierendes Testergebnis ist kein Zeichen, dass man nichts gelernt hat; viel eher deuten sehr schnelle kurzfristige Lernerfolge darauf hin, dass das Wissen möglicherweise nicht langfristig abgespeichert wurde.

Auf Plattformen wie Medium und LinkedIn wimmelt es nur so von Posts über tolle neue nichtunterstützte Lernmethoden, die zu umwerfend schnellen Erfolgen führen – von speziellen Nahrungsmittelergänzungen und »Gehirntrainings-Apps« bis zu Audiosignalen, die die Gehirnwellen verändern sollen. Im Jahr 2007 veröffentlichte das US-Bildungsministerium einen Bericht, den sechs Wissenschaftler zusammen mit einer renommierten Lehrkraft verfasst hatten, nachdem sie gebeten worden waren, Lernstrategien zu identifizieren, die wirklich wissenschaftlich untermauert waren. Spacing, Testen und Fragen zur Herstellung von Verknüpfungen standen an oberster Stelle.[174] Alle drei führen zu negativen kurzfristigen Ergebnissen.

Genau wie bei den Fragen zur Herstellung von Verknüpfungen, mit denen sich Richland beschäftigte, fällt es den meisten Menschen schwer, zu akzeptieren, dass der beste Weg zu nachhaltigem Lernerfolg langsam verläuft, und dass schlechte kurzfristige Ergebnisse von maßgeblicher Bedeutung für gute zukünftige Leistungen sind. Das wirkt so kontraintuitiv, dass Lernende regelmäßig in die Falle der schnellen Lernerfolge tappen, sowohl was ihre eigenen Fortschritte betrifft als auch ihre Bewertung der Kompetenz von Lehrkräften. Um das zu verdeutlichen bedurfte es einer außerordentlichen, einzigartigen Studie, die nur eine Umgebung wie die U.S. Air Force Academy bieten konnte.[175]

Im Gegenzug für ein Vollstipendium verpflichten sich die Kadetten der Air Force Academy, nach dem Studium mindestens acht Jahre als Militäroffiziere zu dienen. Im Rahmen dieses Studiums absolvieren sie ein hoch strukturiertes rigoroses akademisches Programm, das stark von

Mathematik und Naturwissenschaften geprägt ist. Unter anderem beinhaltet es mindestens drei Mathematikkurse.

Jedes Jahr weist ein Algorithmus neue Kadetten nach dem Zufallsprinzip bestimmten Calculus-I-Kursen zu; ein jeder mit ungefähr 20 Studenten. Um den Lehrerfolg der Professoren zu messen, stellten zwei Ökonomen Daten über mehr als 10.000 Kadetten zusammen, die nach dem Zufallsprinzip bestimmten Calculus-Kursen zugeordnet worden waren. Im Verlauf eines Jahrzehnts wurden diese Kurse von fast 100 Professoren unterrichtet. Jeder Kurs verwendete den gleichen Lehrstoff, das gleiche Examen und das gleiche Bewertungsformular für die Professoren.

Im Anschluss an den Kurs Calculus I wurden die Studenten erneut nach dem Zufallsprinzip verschiedenen Calculus-II-Kursen zugeordnet, die den gleichen Lehrstoff vermittelten und diesen in den gleichen Examina abprüften. Diese Prozedur wiederholte sich für fortgeschrittene Kurse in Mathematik, Naturwissenschaften und Ingenieurswesen. Die Ökonomen überprüften, dass die standardisierten Testergebnisse und Highschool-Diplome gleichmäßig über alle Kurse verteilt waren, sodass die Professoren in jedem Kurs vor ähnlichen Herausforderungen standen, was das Vorwissen ihrer Studenten betraf. Auch die Bewertungsverfahren waren standardisiert, sodass jeder Student auf die gleiche Weise bewertet wurde. »Potenziell wohlmeinende Professoren hatten keine Ermessensspielräume, um den Notenschnitt anzuheben«, schrieben die Ökonomen. Das war wichtig, weil sie die Lernerfolge sehen wollten, die die einzelnen Professoren erzielten.

Selbstverständlich gab es eine Gruppe Professoren, die den Kurs Calculus I unterrichteten, deren Unterricht bei den Studenten zu sehr guten Examensnoten geführt hatte und die eine herausragende Bewertung von ihren Studenten erhielten. Einer anderen Gruppe Professoren war es nicht gelungen, die Leistung ihrer Studenten so zu steigern, dass sich das in ihren Examensnoten niedergeschlagen hätte, und sie erhielten eine entsprechend kritische Beurteilung. Als die Ökonomen jedoch eine andere, langfristige Messgröße für den Mehrwert eines Professors anwendeten, nämlich die Betrachtung der studentischen Leistungen in nachfolgenden Mathematik- und Maschinenbau-Kursen, die auf dem Kurs Calculus I aufbauten, stellte sich heraus, dass die Lehrer des Kurses Calculus I, die den Studenten durch vielfältige Hilfestellungen zu guten Noten verholfen hatten, diesen keinen guten Dienst erwiesen hatten. »Die Professoren, die sehr gute kurzfristige Leistungserfolge bei ihren Studenten erzielen, sind abträglich für die spätere Leistung der Studenten in fortgeschrittenen Kursen«, schreiben die Ökonomen. Was aussah wie ein Startvorteil, löste sich in Luft auf.[176]

Die Ökonomen vermuteten, dass die Professoren, die ihre Studenten sehr forderten und kurzfristig an ihre Grenzen brachten, eher eine langfristige Abspeicherung des Wissens bewirkten, indem sie durch die Aufforderung zur Herstellung von Verknüpfungen das sogenannte tiefe Lernen förderten. Sie »schöpfen den Lehrplan besser aus und sorgen dafür, dass ihre Studenten ein profunderes Verständnis der Materie entwickeln«. Ihre Kurse wurden als schwieriger und frustrierender empfunden, wie sich an den schlechteren Examensnoten und den kritischen Bewertungen seitens der Studenten zeigt. Umgekehrt zeigten sich die Studenten, denen das Lernen leicht gemacht wurde, mit ihren Noten und ihren Professoren wesentlich zufriedener. Der Professor, der von 100 untersuchten Professoren im Bereich Tiefes Lernen einen abgeschlagenen letzten Platz belegte – soll heißen, seine Studenten erzielten in nachfolgenden Kursen schlechte Noten – stand an sechster Stelle in der Studentenbewertung und an siebter Stelle, was die Leistung seiner Studenten in seinem eigenen Kurs betraf. Die Studenten bewerteten die Professoren allein auf Basis ihrer unmittelbaren Examensnoten – ein schlechter Maßstab für die Grundlagen, die die Professoren ihnen für ihre spätere Entwicklung vermitteln sollten –, daher bewerteten sie die Professoren am besten, die es ihnen kurzfristig am Leichtesten gemacht hatten, aber den geringsten langfristigen Nutzen boten. Die Ökonomen schlossen daraus, dass die Studenten die Professoren, die ihnen den größten langfristigen Nutzen boten, tatsächlich selektiv bestraften. Interessanterweise schnitten die Studenten, die von weniger qualifizierten und weniger erfahrenen Professoren unterrichtet wurden, in seinem Kurs sehr gut ab, taten sich aber in den nachfolgenden Kursen schwer. Die Studenten, die im Kurs Calculus I von sehr qualifizierten und erfahrenen Professoren unterrichtet worden waren und eher schlechte Noten erhielten, erzielten in den nachfolgenden Kursen dafür aber bessere Ergebnisse.

Eine ähnliche Studie wurde an der italienischen Universität Bocconi durchgeführt. Dabei wurden mehr als 1200 Studenten des ersten Studienjahrs untersucht, die nach dem Zufallsprinzip zunächst in Einführungskurse der Fächer Management, Wirtschaftswissenschaften oder Recht und anschließend über vier Jahre in weiterführende Kurse gelost wurden, die einer vorgeschriebenen Reihenfolge folgten. Dabei ergab sich das gleiche Muster. Professoren, die den Studenten in ihren eigenen Kursen zu Bestnoten verholfen hatten, wurden sehr gut bewertet, untergruben aber den langfristigen Erfolg ihrer Studenten.[177]

20 Jahre, nachdem Robert Bjork den Begriff »wünschenswerte Schwierigkeiten« geprägt hatte, schlossen er und ein Co-Autor ein Buchkapitel über die Anwendung der Wissenschaft des Lernens mit den folgenden Worten: »Die grundlegende Botschaft lautet, dass Lehrer und Studenten vermeiden müssen, die aktuelle Leistung als ein Zeichen für Lernfortschritte zu interpretieren. Gute Testergebnisse während des Lernprozesses können ein Indikator für die Beherrschung der Materie sein, aber Lernende und Lehrer müssen sich darüber bewusst sein, dass diese Ergebnisse oft eher ein Hinweis auf einen schnellen, aber flüchtigen Fortschritt sind.«[178]

Und hier die gute Nachricht: In den vergangenen 40 Jahren haben Amerikaner in nationalen Umfragen zwar immer öfter angegeben, die heutigen Schüler erhielten eine schlechtere Bildung, als sie selbst erhalten hätten, aber das ist nachweislich falsch.[179] Die Ergebnisse des National Assessment of Educational Progress, eine Art nationales Zeugnis, haben sich seit den 1970er-Jahren stetig verbessert. Es steht außer Frage, dass die heutigen Schüler die grundlegenden Fertigkeiten besser beherrschen als Schüler in der Vergangenheit. Die Schulen sind nicht schlechter geworden; die Bildungsziele sind heute höhergesteckt.

Der Bildungsökonom Greg Duncan, einer der einflussreichsten Bildungsprofessoren der Welt, hat diesen Trend dokumentiert. Die Fokussierung auf Verfahrensfragen bewährte sich vor 40 Jahren gut, denn damals gab es jede Menge gut bezahlter Arbeitsplätze für prozedurale Tätigkeiten wie Tippen, Ablage und Montagearbeiten in einer Fertigungsstraße. Laut Duncan »wird bei gut bezahlten Tätigkeiten in zunehmendem Maße vorausgesetzt, dass die Mitarbeiter in der Lage sind, im Team unerwartete Probleme zu lösen … Diese Verschiebung in den Anforderungen an Arbeitskräfte haben wiederum neue Anforderungen an die Schulbildung gestellt«.[180]

Hier eine Mathematikaufgabe aus einem Test aus den frühen 1980er-Jahren, bei der grundlegende Fertigkeiten abgefragt wurden. Der Test richtete sich an Sechstklässler öffentlicher Schulen in Massachusetts:

Carol kann mit ihrem Fahrrad 10 Meilen pro Stunde fahren. Wie lange braucht sie, um mit ihrem Fahrrad zum Lebensmittelmarkt zu fahren?

Um diese Frage beantworten zu können, musst du wissen:

A) Wie weit das Geschäft entfernt ist.
B) Was für ein Fahrrad Carol hat.
C) Um wie viel Uhr Carol das Haus verlässt.
D) Wie viel Carol ausgeben muss.

Und hier eine Frage, die Sechstklässler in Massachusetts im Jahr 2011 beantworten mussten:

Paige, Rosie und Cheryl gaben jeweils exakt 9 Dollar in demselben Snack-Kiosk aus.

- Paige kaufte 3 Tüten Erdnüsse.
- Rosie kaufte 2 Tüten Erdnüsse und 2 Brezeln.
- Cheryl kaufte 1 Tüte Erdnüsse, 1 Brezel und 1 Milchshake

A) Wie viel kostet 1 Tüte Erdnüsse? Erkläre, wie du zu deiner Antwort gelangt bist.

B) Wie viel kostet 1 Brezel? Erkläre, wie du zu deiner Antwort gelangt bist.
C) Wie viele Brezeln können Sie für den Preis eines Milchshakes kaufen? Erkläre, wie du zu deiner Antwort gelangt bist.

Bei jeder Fragestellung, die dem Test aus den 1980er-Jahren gleicht, muss man nur die einfache Formel »Strecke = Geschwindigkeit x Zeit« (s = v x t) auswendig lernen und anwenden. Die Fragen aus dem Test von 2011 erfordern die Verknüpfung mehrerer Konzepte und ihre Anwendung auf eine neue Situation. Die Unterrichtsstrategien von vor 30 Jahren haben ausgedient. Wissen muss in zunehmendem Maße nicht nur nachhaltig, sondern auch vielseitig anwendbar sein – es muss haften bleiben und sich auf unterschiedlichste Problemstellungen übertragen lassen.

Gegen Ende der Mathematikstunde der achten Klasse, die ich zusammen mit Lindsey Richland beobachtet hatte, machten sich die Schüler an ein Arbeitsblatt, das Psychologen als »geblocktes Lernen« bezeichnen. Damit sind Übungseinheiten gemeint, bei denen immer wieder die gleiche Art der Fragestellung und das gleiche Verfahren wiederholt wird. Das führt zu sofortigen hervorragenden Ergebnissen, damit das Wissen aber flexibel ist, sollte es unter vielfältigen Bedingungen erworben werden, und dafür eignet sich ein Ansatz, der als »verschachteltes Lernen« bezeichnet wird.

Das verschachtelte Lernen verbessert nachweislich das induktive Denken. Wenn Schüler mit unterschiedlichen Beispielen konfrontiert werden, die miteinander vermischt sind, lernen sie, abstrakte Verallgemeinerungen herzustellen, die ihnen erlauben, das Gelernte auf bisher unbekannte Fragestellungen anzuwenden. Nehmen wir an, Sie würden einen Museumsbesuch planen und wollten bei Gemälden, die Sie noch nie zuvor gesehen haben, den Künstler bestimmen, der sie gemalt hat (Cézanne, Picasso oder Renoir). Anstatt vor dem Museumsbesuch erst einen Stapel Karteikarten mit Gemälden von Cézanne zu studieren und anschließend je einen Stapel Karteikarten mit Gemälden von Picasso und Renoir, vermischen sie die Karteikarten aller drei Maler. Anfangs wird es Ihnen wahrscheinlich schwerfallen (und Sie werden sich unsicherer fühlen), bei jeder Karte den richtigen Maler zu bestimmen, aber wenn Sie schließlich ins Museum gehen, werden Sie die Malstile der individuellen Künstler besser unterscheiden können, und das selbst bei Gemälden, die nicht auf den Karteikarten abgebildet waren.

In einer Studie, in der die Teilnehmer anhand von mathematischen Fragestellungen auf Hochschulniveau getestet wurden, schnitten die Studenten, die geblocktes Lernen praktizierten, also immer wieder dieselbe Art von Fragestellungen wiederholten und verschiedene Problemtypen in konsekutiven Blöcken gelernt hatten, deutlich schlechter ab als Studenten, die insgesamt zwar die gleichen Problemstellungen geübt, die einzelnen Problemtypen aber miteinander vermischt hatten. Die erste Gruppe lernte die Verfahren zur Lösung jedes einzelnen Problemtyps durch strenge Wiederholung eines jeden Problemtyps. Die zweite Gruppe lernte, Problemtypen zu unterscheiden.[181]

Der gleiche Effekt hat sich bei Lernenden auf den unterschiedlichsten Themengebieten manifestiert, von der Bestimmung von Schmetterlingsarten bis zur Diagnose psychischer Erkrankungen.[182] In der Luft- und Seeverteidigung schnitten die Teilnehmer, die hoch verschachteltes Lernen praktiziert hatten und bei einer Simulationsübung auf drei potenzielle Gefahrenszenarien reagieren sollten, die im Verlauf der Ausbildung mehrmals aufgetaucht waren, schlechter ab als die Teilnehmer, die sich auf geblocktes Lernen konzentriert hatten. Beim Abschlusstest wurden sie dagegen mit ganz neuen Szenarien konfrontiert, und dabei stellte sich heraus, dass die Teilnehmer, die verschachteltes Lernen praktiziert hatten, den anderen Teilnehmern weit überlegen waren.[183]

Verschachteltes Lernen hat den Nachteil, dass der Lernerfolg nicht sofort sichtbar wird und daher zu einer Fehleinschätzung der eigenen Fortschritte verleitet. In einer von Kornells und Bjorks Studien waren sich 80 Prozent der Teilnehmer sicher, dass sie mit geblocktem Lernen mehr gelernt hatten als mit verschachteltem Lernen. Die Ergebnisse von 80 Prozent der Teilnehmer bewiesen jedoch das Gegenteil. Der gefühlte Lernerfolg beruht auf den sichtbaren Fortschritten, die Erfolge des tiefen Lernens sind jedoch nicht unmittelbar ersichtlich. »Wenn Ihre Intuition Ihnen zu geblocktem Lernen rät«, so Kornell, »dann sollten Sie wahrscheinlich verschachteltes Lernen praktizieren.«[184]

Verschachteltes Lernen ist eine wünschenswerte Schwierigkeit, mit der sich sowohl körperliche als auch geistige Fähigkeiten trainieren lassen. Ein einfaches Beispiel für eine motorische Fähigkeit ist ein Experiment, bei dem Klavierschüler gebeten wurden zu lernen, in einer Fünftelsekunde einen bestimmten Fingersprung über 15 Tasten zu machen. Dabei durften sie diese Bewegung 190 Mal üben. Einige Schüler übten immer wieder denselben Tastensprung über alle 15 Tasten. Andere wechselten bei ihren Übungen zwischen Tastensprüngen über acht, zwölf oder 15 und sogar 22 Tasten. Als die Klavierschüler zum abschließenden Test gerufen wurden, konnten diejenigen, die verschiedene Tastensprünge geübt hatten, den Sprung über 15 Tasten schneller und genauer ausführen als die Schüler, die immer wieder den 15-Tasten-Sprung geübt hatten.[185] Robert Bjork kommentierte einst Shaquille O'Neals notorische Schwäche an der Freiwurflinie, indem er sagte, anstatt die Freiwürfe immer wieder von der Freiwurflinie aus zu üben, solle er einen Schritt vor beziehungsweise hinter die Linie treten und von dort aus üben, damit er die nötige motorische Modulation lernen würde.[186]

Ob es sich um eine geistige oder körperliche Übung handelt, verschachteltes Lernen verbessert die Fähigkeit, die richtige Lösungsstrategie für ein Problem zu bestimmen, und das ist das Kennzeichen einer fachkundigen Problemlösung.[187] Ob Chemiker, Physiker oder Politologen, die erfolgreichsten Problemlöser versuchen zuerst den Problemtyp zu bestimmen, mit dem sie konfrontiert sind, und wählen dann die geeignete Lösungsstrategie aus, anstatt sofort irgendwelche auswendig gelernten Verfahren anwenden zu wollen. In dieser Hinsicht unterscheiden sie sich stark von Experten, die ihr Fachwissen in lernfreundlichen Umgebungen erworben haben, wie zum Beispiel Schachmeister, die sich stark auf ihre Intuition verlassen. Experten auf Gebieten, die eine lernfreundliche Umgebung bieten, wählen erst eine Strategie und treffen anschließend eine Bewertung; Experten in weniger repetitiven Lernumgebungen bewerten erst und wählen dann die Strategie.

Wünschenswerte Schwierigkeiten wie Testen und Spacing führen dazu, dass sich das erworbene Wissen festigt und nachhaltig einprägt und somit langfristig abrufbar bleibt. Wünschenswerte Schwierigkeiten wie die Herstellung von Verknüpfungen und verschachteltes Lernen machen das erworbene Wissen flexibel und geeignet für die Lösung von neuartigen Problemstellungen, die nicht vorher trainiert wurden. All das verlangsamt den Lernprozess und führt kurzfristig zu geringen Erfolgen. Das kann einen falschen Eindruck von den tatsächlichen Lernfortschritten vermitteln, weil wir genau wie die Kadetten der Air Force unsere Fortschritte instinktiv an unserer aktuellen Leistung messen. Und genau wie die Kadetten liegen wir damit oft ganz falsch.

Im Jahr 2017 überprüfte der Bildungsökonom Greg Duncan zusammen mit dem Psychologen Drew Bailey und Kollegen 67 Vorschulerziehungsprogramme, die die Bildungschancen von Kindern steigern sollten. Programme für kompensatorische Erziehung wie Head Start, das sich vor allem an Kinder aus sozialschwachen Familien aus bildungsfernen Milieus richtet, vermittelten tatsächlich einen Startvorteil, aus akademischer Perspektive war der Vorteil damit allerdings erschöpft. Die Forscher stellten einen durchdringenden »Verblassungseffekt« fest, das heißt, der anfängliche akademische Vorteil schrumpfte schnell und war oft schon bald gar nicht mehr feststellbar.[188] Auf einer Grafik erinnerte die Kurve stark an die Art Startvorteil, den Spitzensportler, die schon früh mit reflektierter Praxis begonnen hatten, zunächst gegenüber Konkurrenten genossen, die sich erst später spezialisiert hatten.

Ein Grund dafür ist, so die Forscher, dass frühkindliche Bildungsprogramme »geschlossene« Fertigkeiten vermitteln, die sich durch Wiederholung sehr schnell erlernen lassen. An irgendeinem Punkt haben aber alle das gleiche Niveau erreicht. Der Verblassungseffekt bedeutete nicht, dass die Kinder ihre Fertigkeiten eingebüßt hatten, sondern dass alle anderen zu ihnen aufgeschlossen hatten. Die motorische Entsprechung wäre, einem Kleinkind schon sehr früh das Laufen beizubringen. Zwar mag es vorübergehend beeindruckend sein, wenn ein Kind schon sehr früh laufen kann, aber alle Kinder lernen irgendwann laufen, und es gibt keine Belege dafür, dass irgendwelche dauerhaften Vorteile damit verbunden wären, früher laufen zu können als andere Kinder.[189]

Das Forschungsteam empfahl, im Rahmen der Vorschulbildungsprogramme »offene« Fertigkeiten zu vermitteln, die das Gerüst für zukünftig erworbenes Wissen bilden würden. Nur so würden sie nachhaltige akademische Nutzen bieten. Einem Kind schon sehr früh das Lesen beizubringen, ist kein nachhaltiger Vorteil. Ihnen beizubringen, wie sie kontextbezogene Hinweise finden und miteinander verknüpfen können, um das Textverständnis zu fördern, kann einen nachhaltigen Nutzen bieten. Wie bei allen wünschenswerten Schwierigkeiten ist das Problem, dass ein Startvorteil sofortige Wirkung zeigt, die Nutzen des tiefen Lernens aber erst mit der Zeit ersichtlich werden. »Die komplexesten Fähigkeiten entwickeln sich besonders langsam«, schrieben die Forscher.

Duncan wurde in die TV-Sendung *Today* eingeladen, um über die Forschungsergebnisse seines Teams zu sprechen. Die Gegenmeinung wurde von Eltern und einer Lehrkraft aus der Vorschulerziehung vertreten, die davon überzeugt waren, dass sie den Fortschritt eines Kindes *sehen* konnten. Das steht außer Frage. Die Frage ist, wie gut sie die Effekte für das zukünftige Lernen beurteilen können, und alles deutet darauf hin, dass sie es nicht gut können.*

Der unmittelbar feststellbare Erfolg bestärkt uns instinktiv darin, immer wieder dasselbe zu wiederholen, aber wie im Falle des Arztes, der angeblich so gut Typhus diagnostizieren konnte, vermittelt das Feedback die falschen Lektionen. Tiefes Lernen bedeutet langsames Lernen.

---

* Zwei der berühmtesten intensiven Vorschulbildungsprogramme machten bei mehreren kognitiven Messgrößen für Verbesserung den Verblassungseffekt deutlich, demonstrierten aber auch einige wichtige langfristige soziale Nutzen, zum Beispiel den Rückgang der Straffälligkeitsquote. Selbst wenn die beabsichtigten akademischen Effekte verblassen oder sogar ganz verschwinden, scheint es, als würden ausgedehnte Programme der positiven Interaktion zwischen Erwachsenen und Kindern einen dauerhaften Eindruck hinterlassen. Nach meiner Auffassung sollten Jugendsportprogramme besonders darauf achten: Die Interaktionen zwischen Trainern und Sporttreibenden könnten längerfristigen Nutzen bieten als den flüchtigen Nutzen eines Startvorteils bei einer geschlossenen Fertigkeit.

Der Kult des frühen Startvorteils erweist den Lernenden keinen guten Dienst.

Wissen von dauerhaftem Nutzen muss breit anwendbar und flexibel sein. Die Marineoffiziere in der Luftverteidigungssimulation und die Mathematikschüler, die verschachteltes Lernen praktizierten, lernten, tief liegende strukturelle Gemeinsamkeiten bei bestimmten Problemtypen wiederzuerkennen. Da sie sich nicht darauf verlassen konnten, dass sich die gleichen Problemtypen wiederholen würden, mussten sie bei Gefahrensimulationen beziehungsweise mathematischen Fragestellungen, mit denen sie noch nie zuvor konfrontiert waren, die zugrundeliegenden konzeptionellen Verknüpfungen finden. Anschließend bestimmten sie für jedes neue Problem die richtige Strategie. Wenn eine Wissensstruktur so flexibel ist, dass sich das Wissen auch auf inhaltlich und strukturell völlig neuartige Zielaufgaben übertragen lässt, bezeichnet man das als »Far Transfer«.

Es gibt eine ganz bestimmte Denkhaltung, die den Far Transfer fördert und die Alexander Lurijas usbekische Dorfbewohner nicht beherrschen. Wegen der großen Transferdistanz zwischen dem vorhandenen Wissen und der zu bewältigenden Herausforderung kann sie weit hergeholt wirken. Dabei handelt es sich um ein breit angelegtes Denken in Analogien, das niemand von uns ausreichend praktiziert.

KAPITEL 5

Gedankliches Neuland

Es war der Beginn des 17. Jahrhundert. Damals glaubte man, die Erde sei der unbewegliche Mittelpunkt des Universums und die Himmelskörper würden sich um sie drehen und von geheimnisvollen Kräften, gleichsam planetarischen Seelen, angetrieben. Der polnische Astronom Nikolaus Kopernikus hatte die Theorie vertreten, die Planeten kreisten um die Sonne, aber diese Vorstellung war damals derart unorthodox, dass dem italienischen Philosophen Giordano Bruno die Verbreitung dieser Lehre verboten und er selbst als Ketzer auf dem Scheiterhaufen verbrannt wurde, weil er darauf beharrte, dass es noch weitere Sonnen gebe, um die weitere Planeten kreisten.[190]

Der Geist der Planeten mag ihnen Antrieb verliehen haben, aber sie brauchten auch ein Vehikel zu ihrer Bewegung, und man nahm an, sie seien an durchsichtigen Hohlkugeln – sogenannten Sphären – befestigt und würden von ihnen getragen. Diese Sphären, die laut der herrschenden Vorstellung konzentrisch um die Erde angeordnet waren, konnten von der Erde aus nicht gesehen werden und hielten die Himmelskörper in einer gleichbleibenden, geordneten Bewegung. Platon und Aristoteles hatten die Grundlage für dieses allgemein akzeptierte Modell gelegt, das die Astronomie für zwei Jahrtausende bestimmte. Diese Vorstellung über eine uhrwerkartige Funktionsweise des Universums war das Erbe, das der deutsche Astronom Johannes Kepler zum Ausgangspunkt seiner Überlegungen machte, und an das er anfangs auch selbst glaubte.[191]

Als die Sternenformation Kassiopeia plötzlich um einen neuen Stern ergänzt wurde (tatsächlich war es eine Supernova, eine hell leuchtende Explosion am Ende der Lebenszeit eines Sterns, mit der dieser vernichtet wird), wurde Kepler klar, dass die Vorstellung über einen unveränderlichen Kosmos nicht stimmen konnte. Einige Jahre später schoss ein Komet über den europäischen Himmel. Müsste er die Hohlkugeln auf seinem Weg nicht zerstört haben?, fragte sich Kepler. Ihm kamen erste Zweifel an der 2000 Jahre alten Kosmologie.

Mit 25 Jahren hatte Kepler 1596 das kopernikanische Modell der Planeten, die um die Sonne kreisten, übernommen. Und nun stellte er eine schwer wiegende Frage: Warum bewegen sich Planeten, die sich in einer größeren Entfernung zur Sonne befinden, langsamer? Vielleicht waren die bewegten Seelen der entfernteren Planeten schwächer. Aber warum wäre das so? Reiner Zufall? Vielleicht, dachte er, gab es nicht viele planetarische Seelen, sondern nur eine, die in der Sonne angesiedelt war und die aus irgendeinem Grund eine größere Wirkung auf die näher gelegenen Planeten hatte. Kepler bewegte sich mit seinen Gedanken so weit außerhalb der etablierten Vorstellungswelt, dass er keine Beweise hatte, auf die er sich stützen konnte. Er musste also mit Analogien arbeiten.

Gerüche und Wärme werden vorhersagbarerweise schwächer, je weiter sie sich von der Quelle entfernen. Das konnte auch auf eine mysteriöse Macht, die die Planeten bewegte, zutreffen. Gerüche und Wärme waren aber auf ihrem Weg überall spürbar, wohingegen die Bewegungskraft der Seele, die in der Sonne angesiedelt war, »in die ganze Welt verstreut wird und dennoch nirgendwo existiert, außer dort, wo es etwas zu bewegen gibt«, schrieb Kepler. Gab es irgendeinen Beweis, dass so etwas existieren könnte?

Licht »nistet in der Sonne«, schrieb Kepler weiterhin, und dennoch schien es zwischen seiner Quelle und dem Objekt, das es beleuchtet, nicht zu existieren. Wenn das Licht es kann, sollte eine andere physikalische Entität das auch können. Und so begann er die Worte »Seele« und »Geist« durch »Macht« und »Kraft« zu ersetzen. Keplers »Bewegungskraft« war der Vorläufer der Schwerkraft und stellte einen erstaunlichen geistigen Quantensprung dar, weil er ihn vollzog, bevor die Wissenschaft das Konzept der physikalischen Kräfte entdeckte, die im Universum zur Wirkung kommen.

Angesichts der Art und Weise, wie die Bewegungskraft von der Sonne auszugehen und sich im Weltraum zu verteilen schien, fragte sich Kepler, ob das Licht selbst oder eine lichtähnliche Kraft die planetarischen Bewegungen ermöglichte. Und wenn es so wäre, könnte die Bewegungskraft so wie das Licht unterbrochen werden? Die planetarische Bewegung wurde nicht von einer Finsternis unterbrochen, sagte sich Kepler, also konnte die Bewegungskraft nicht genauso beschaffen sein wie das Licht oder von diesem abhängen. Er musste eine andere Analogie finden.

Kepler las eine kurz zuvor veröffentlichte Beschreibung des Magnetismus und dachte, vielleicht wären die Planeten wie Magneten und besäßen Pole an beiden Extremen. Er erkannte, dass sich die Planeten langsamer bewegten, je weiter ihre Umlaufbahn von der Sonne entfernt war.[192] Also zogen sich die Sonne und die Planeten womöglich gegenseitig an und stießen sich ab, je nachdem, welche Pole zueinander zeigten. Das könnte erklären, warum sich die Planeten in Richtung Sonne bewegten und sich dann wieder von ihr entfernten. Aber warum bewegten sie sich überhaupt in ihrer Umlaufbahn fort? Die Kraft der Sonne schien sie ebenfalls anzutreiben. Auf zur nächsten Analogie.

Die Sonne dreht sich um ihre eigene Achse und erzeugt einen Wirbel der Bewegungskraft, der die Planeten um sie herum mitreißt wie ein Boot, das von der Wasserströmung angetrieben wird. Kepler gefiel diese Vorstellung, aber sie warf ein neues Problem auf. Er wusste, dass die Umlaufbahnen nicht kreisrund, sondern elliptisch waren. Welch merkwürdige Art Wirbel und Bewegungskraft erzeugte die Sonne also? Ohne Steuermänner war die Analogie der Wasserströmung unvollständig.

In einem Fluss mit einer starken Strömung können Steuermänner ihre Boote senkrecht zur Strömung steuern, also konnten die Planeten ihren Kurs vielleicht in der Sonnenströmung steuern, vermutete Kepler. Eine kreisförmige Strömung würde erklären, warum sich alle Planeten in dieselbe Richtung bewegen, und dann steuerte sich jeder Planet durch die Strömung, um nicht ins Zentrum des Strudels zu geraten. Das würde erklären, warum ihre Umlaufbahn nicht kreisrund war. Aber wer war dieser mysteriöse Steuermann? Das brachte Kepler wieder zurück zu den planetarischen Seelen, und das machte ihn zutiefst unzufrieden. »Kepler«, schrieb er an sich selbst, »möchtest du jeden Planeten also mit zwei Augen ausstatten?«

Jedes Mal, wenn er feststeckte, suchte sich Kepler unzählige neue Analogien. Nicht nur Licht, Wärme, Gerüche, Strömungen und Steuermänner, sondern auch optische Linsen, Waagen, einen Besen, Magneten, einen magnetischen Besen, Redner, die eine Menge anstarren und viele andere. Er analysierte jede Analogie schonungslos, und jedes Mal tauchten neue unbeantwortete Fragen auf.

Schließlich beschloss er, dass die Himmelskörper sich gegenseitig zogen, wobei größere Himmelskörper eine größere Zugkraft besaßen. Das führte ihn (korrekterweise) zu der Behauptung, der Mond beeinflusse die Gezeiten. Galileo, die leibhaftige Verkörperung kühner Wahrheiten, verspottete ihn für die lächerliche Idee, »der Mond herrsche über die Gewässer.«[193]

Auf seiner intellektuellen Wanderung machte Kepler eine beeindruckende Reise, von beseelten Planeten, die von miteinander verbundenen durchsichtigen Hohlkugeln getragen wurden und in perfekten Kreisbewegungen um die starre Erde als Mittelpunkt des Kosmos reisten, bis zu seiner Erleuchtung über die Gesetze der planetarischen Bewegung, die zeigten, dass sich die Planeten in elliptischen Kreisen bewegen, die sich auf Basis ihrer Beziehung zur Sonne vorhersagen ließen.

Vor allem aber erfand Kepler die Astrophysik. Er erbte kein Konzept über universelle physikalische Kräfte. Es gab kein Konzept der Schwerkraft, und er hatte keine Vorstellung von der Dynamik, die die Planeten in Bewegung halten. Alles was er hatte, waren Analogien. Und so wurde er zum ersten Entdecker der kausalen physikalischen Gesetze für Himmelsphänomene, und das wusste er. »Ihr Physiker«, schrieb er, als er seine Gesetze der planetarischen Bewegung veröffentlichte, »merkt auf, denn nun werden wir in euer Territorium einwandern«. Der Titel seines Meisterwerks: *Neue Astronomie* [Original: *Astronomia Nova*].[194]

In einem Zeitalter, in dem natürliche Phänomene immer noch mithilfe der Alchemie erklärt wurden, füllte Kepler das Universum mit allgegenwärtigen unsichtbaren Kräften und trug dazu bei, die wissenschaftliche Revolution einzuleiten. Seine anspruchsvolle Dokumentation aller mäandernden Pfade, die seine Gedanken nahmen, ist eine der großartigsten Aufzeichnungen über die kreative Transformation eines Gehirns. Dass Kepler völlig neue Denkwege einschlug – was man heute als »Out-of-the-box«-Denken bezeichnet – ist eine Binsenwahrheit. Faszinierend ist vor allem, dass er jedes Mal, wenn er feststeckte, gedanklich die Grenzen seines Fachgebiets überwand und nach Analogien in ganz anderen Bereichen suchte, die ihm ermöglichten, die etablierten Meinungen und Theorien mit unverstelltem Blick von außen zu betrachten. »Ich liebe vor allem Analogien«, schrieb er, »meine treuesten Meister, die mit allen Geheimnissen der Natur vertraut sind, … Man sollte sie wirklich nutzen.«[195]

Wenn Sie Dedre Gentner, Psychologin an der Northwestern University, ins Schwärmen bringen wollen, sprechen Sie sie auf Kepler an. Sie gestikuliert und dabei hüpft ihre schildpattgefasste Brille auf und ab. Wahrscheinlich ist Gentner die weltweit größte Autorität auf dem Gebiet des analogischen Denkens. Tiefes analogisches Denken ist die Praxis, konzeptionelle Ähnlichkeiten in vielfältigen Domänen oder Szenarien zu erkennen, die oberflächlich betrachtet wenig gemeinsam haben. Es ist ein sehr wirksames Instrument zur Lösung verzwickter, komplexer Probleme, und da Kepler süchtig nach Analogien war, ist Gentner natürlicherweise von ihm begeistert.

»Nach meiner Meinung ist unsere Fähigkeit, in größeren Zusammenhängen zu denken, einer der Gründe, warum wir den Planeten beherrschen. Andere Spezies besitzen diese Fähigkeit nicht«, sagte Gentner. Analogisches Denken nimmt das Neue und macht es vertraut oder nimmt das Vertraute, stellt es in einen neuen Zusammenhang und ermöglicht den Menschen auf diese Weise, auch solche Probleme gedanklich zu durchdringen, die sie noch nie in einem bekannten Kontext erlebt haben. Außerdem ermöglicht es uns, Dinge zu verstehen, die wir überhaupt nicht sehen können. Studenten können anhand der Analogie von aneinanderstoßenden Billardkugeln etwas über die Bewegung der Moleküle lernen. Prinzipien der Elektrizität lassen sich mit der Analogie von Wasser erklären, das durch Wasserrohre strömt. Konzepte aus der Biologie dienen als Analogien für die Entwicklung hochmoderner künstlicher Intelligenz: Neurale Netzwerke, die lernen, anhand von Beispielen Bilder zu identifizieren (zum Beispiel bei der Suche nach Katzenbildern), wurden den Neuronen des Gehirns nachempfunden, und das Konzept der »genetischen Algorithmen« basiert auf der Evolution durch natürliche Selektion – Lösungen werden ausprobiert, bewertet und selektiert; die erfolgreichen Lösungen bilden die Basis der nächsten Selektionsrunde, und das wiederholt sich ad infinitum. Das ist die weiteste Ausdehnung des abstrakten Denkens, das den prämodernen usbekischen Dorfbewohnern völlig fremd war, deren Problemlösung allein auf der gelebten Erfahrung beruhte.

Kepler war mit einem Problem konfrontiert, das nicht nur für ihn, sondern für die gesamte Menschheit neu war. Daher gab es keine Erfahrungsbank, auf die er sich stützen konnte. Um zu erforschen, ob er möglicherweise der Erste war, der das Konzept der »Fernwirkung« im Kosmos (eine mysteriöse Kraft, die unsichtbar den Weltraum durchkreuzte und erst wieder an ihrem Ziel feststellbar war) entwickelte, nahm er Zugriff auf Analogien (Gerüche, Wärme, Licht), um herauszufinden, ob eine solche Fernwirkung konzeptionell überhaupt möglich war. Anschließend griff er zu einer Reihe weiter entfernter Analogien (Steuermänner, Boote und Magneten), um das Problem gedanklich weiter zu durchdringen.[196]

Die meisten Probleme sind allerdings nicht völlig neuartig, daher können wir uns auf oberflächliche Analogien, wie Gentner sie nennt, aus unserer eigenen Erfahrung stützen. »Wenn man an Dinge erinnert wird, die sich oberflächlich betrachtet ähnlich sind, gibt es zumeist auch inhaltliche Bezüge«, erklärt sie. Erinnern Sie sich, wie Sie in Ihrer alten Wohnung den verstopften Abfluss Ihrer Badewanne repariert haben?

Das wird Ihnen wahrscheinlich einfallen, wenn in Ihrer neuen Wohnung das Spülbecken in der Küche verstopft ist.

Die Vorstellung, oberflächliche Analogien, die einem bei einem ähnlich gelagerten Problem plötzlich einfallen, könnten auch zur Lösung neuartiger Probleme führen, ist allerdings eine »Freundliche-Welt«-Hypothese, sagte Gentner. Wie freundliche Lernumgebungen basiert eine freundliche Welt auf wiederkehrenden Mustern. »Das funktioniert wunderbar, solange man sein ganzes Leben im selben Dorf oder in derselben Steppe verbringt« Die heutige Welt ist leider nicht so freundlich; sie setzt eine Denkhaltung voraus, die sich nicht auf bereits gemachte Erfahrungen stützen kann. Wie Mathematikschüler müssen wir in der Lage sein, eine Lösungsstrategie für Probleme zu bestimmen, die wir noch nie erlebt haben. »In der Welt, in der wir heute leben«, so Gentner, »müssen wir auf Analogien zurückgreifen, die nur auf abstrakte oder relationale Weise ähnlich sind. Und je kreativer Sie sein wollen, desto wichtiger ist das.«

Bei seinen Studien über Problemlösung in den 1930er-Jahren formulierte Karl Duncker eine der berühmtesten hypothetischen Fragestellungen der gesamten kognitiven Psychologie. Sie lautet folgendermaßen:

> Nehmen wir an, Sie seien Arzt und hätten einen Patienten mit Magenkrebs. Der Patient kann nicht operiert werden, aber wenn der Tumor nicht zerstört wird, wird der Patient sterben. Es gibt eine Bestrahlung, mit der der Tumor zerstört werden kann. Wenn die Strahlen den Tumor mit einer ausreichend hohen Intensität direkt erreichen, wird er zerstört. Unglücklicherweise wird bei dieser Intensität das gesunde Gewebe, das die Strahlen durchdringen müssen, um bis zu dem Tumor vorzudringen, dabei auch zerstört. Bei einer niedrigeren Strahlungsintensität sind die Strahlen für das gesunde Gewebe harmlos, aber dann sind sie auch zu schwach, um den Tumor zu zerstören. Welches Verfahren könnte man anwenden, um den Tumor mit der Bestrahlung zu zerstören und gleichzeitig eine Zerstörung des gesunden Gewebes zu vermeiden?[197]

Es ist an Ihnen, den Tumor zu entfernen und den Patienten zu retten, aber die Bestrahlung ist entweder zu stark oder zu schwach. Wie lässt sich das lösen? Während Sie darüber nachdenken, erzähle ich Ihnen eine kurze Geschichte.

Einst gab es einen General, der eine Festung inmitten eines Landes einem brutalen Diktator entreißen musste. Falls der General seine gesamten Truppen gleichzeitig zur Festung führen könnte, würden sie die Festung problemlos erobern können. Von der Festung gingen kranzförmig zahlreiche Straßen aus, über die die Truppen anrücken konnten. Allerdings waren sie vermint, sodass sich immer nur kleine Truppeneinheiten sicher auf einer Straße fortbewegen konnten. Der General entwarf einen Plan. Er unterteilte die Armee in kleine Truppeneinheiten, und jede Truppe näherte sich der Festung von einer anderen Straße aus. Die Einheiten synchronisierten ihre Uhren und achteten darauf, dass sie alle gleichzeitig anrückten und vor der Festung eintrafen. Der Plan funktionierte. Der General nahm die Festung ein und stürzte den Diktator.

Haben Sie den Patienten noch nicht gerettet? Dann will ich Ihnen noch eine weitere Geschichte erzählen, während Sie weiter nachdenken: Vor Jahren wurde der Einsatzleiter der Feuerwehr eines kleinen Ortes zu einem brennenden Holzschuppen gerufen. Er befürchtete, das Feuer werde sich auf ein nahegelegenes Haus ausbreiten, falls es nicht schnell gelöscht würde. Es gab keinen Hydranten in der Nähe, aber der Schuppen befand sich in der Nähe eines Sees, also gab es genug Wasser. Dutzende von Nachbarn hatten bereits eine Kette gebildet und reichten Eimer mit Wasser weiter, um den Schuppen zu löschen, aber sie bekamen das Feuer nicht unter Kontrolle. Die Nachbarn waren überrascht, als der Feuerwehrmann rief, sie sollten aufhören und alle zum See gehen und ihre Eimer füllen. Als sie zurückkehrten, forderte er sie auf, einen Halbkreis um den Schuppen zu bilden und sagte ihnen, er werde bis drei zählen, und auf »drei« sollten alle Wasser auf den Schuppen schütten. Unter dem Wasserregen wurde das Feuer augenblicklich kleiner und konnte bald darauf vollständig gelöscht werden. Als

Dank für seine clevere Idee erhielt der Einsatzleiter der Feuerwehr eine Gehaltserhöhung.[198]

Haben Sie den Patienten inzwischen retten können? Sie müssen sich nicht schlecht fühlen, fast niemand hat das Rätsel gelöst. Zumindest nicht auf Anhieb, aber am Ende haben fast alle die Lösung gefunden. Auf Anhieb gelang es nur 10 Prozent der Testteilnehmer, »Dunckers Bestrahlungsproblem« zu lösen. Nachdem sie die Problemstellung und anschließend die Geschichte von der Eroberung der Festung gehört hatten, fanden 30 Prozent die Lösung. Fünfzig Prozent konnten das Problem lösen, nachdem sie beide Geschichten gehört hatten. Und 80 Prozent konnten den Patienten retten, nachdem sie beide Beispielgeschichten gehört hatten und aufgefordert worden waren, zur Lösung des Bestrahlungsproblems eine Analogie herzustellen.

Die Lösung lautet wie folgt: Sie (der Arzt) könnten viele schwache Strahlen aus unterschiedlichen Richtungen auf den Tumor lenken. Dann bleibt das gesunde Gewebe intakt, gleichzeitig dringen die Strahlen von allen Seiten auf den Tumor ein und entfalten gemeinsam eine ausreichende Intensität, um den Tumor zu zerstören – so wie der General die Truppen aufteilte und sie über verschiedene Straßen zur Festung schickte, und wie der Feuerwehrmann, der die Nachbarn im Halbkreis um den Schuppen versammelte, damit sie alle gleichzeitig einen Eimer Wasser ins Feuer schütteten.

Diese Ergebnisse stammen aus einer Reihe von Studien über analogisches Denken aus den 1980er-Jahren. Machen Sie sich keine Gedanken, falls Sie nicht auf die Lösung gekommen sind. Bei einem echten Experiment hätten Sie mehr Zeit gehabt, und ob Sie das Problem lösen konnten oder nicht, spielt keine Rolle. Schon der Hinweis aus einer einzigen Analogie aus einem völlig anderen Gebiet genügte, um den Anteil der Studienteilnehmer, die eine Lösung für das Bestrahlungsproblem fanden, zu verdreifachen. Zwei Analogien aus vollkommen anderen Gebieten führten zu einer noch deutlicheren Steigerung. Allein die Wirkung der Geschichte über die belagerte Festung war so groß, als hätte man den Problemlösern direkt das Leitprinzip verraten: »Wenn Sie eine große Kraft für einen bestimmten Zweck brauchen, diese Kraft aber nicht direkt auf Ihr Ziel richten können, könnten auch viele kleinere Kräfte, die aus verschiedenen Richtungen gleichzeitig auf das Ziel gelenkt werden, die Lösung sein.«

Die Wissenschaftler, die die Studie durchgeführt hatten, gingen davon aus, dass die Analogien genug Stoff für die Lösung geben würden, waren aber überrascht, dass die meisten Testteilnehmer keinerlei Hinweise daraus ziehen konnten, bis sie direkt darauf gestoßen wurden. »Man hätte meinen können, dass die Testteilnehmer angesichts der Tatsache, dass es sich um ein psychologisches Experiment handelte, überlegen würden, in welcher Beziehung der erste Teil [der Studie] zum zweiten Teil stand, schrieben sie.

Es scheint, als sei die menschliche Intuition nicht besonders gut darauf programmiert, bei sogenannten schlecht definierten Problemen das beste Instrument einzusetzen. Unsere erfahrungsbasierten Instinkte sind besser für lernfreundliche Umgebungen geeignet, in der sich die Probleme und Lösungen wiederholen.

Ein Experiment mit Studenten des Studienfachs Internationale Beziehungen der Stanford University, das während des Kalten Kriegs durchgeführt wurde, lieferte ein Warnbeispiel über eine Argumentation, die sich auf eine freundliche Lernumgebung stützt, soll heißen, die sich allein auf die erste vertraute Analogie verlässt, die einem einfällt. Den Studenten wurde gesagt, ein fiktives kleines demokratisches Land sei von einem totalitären Nachbarn bedroht, und sie sollten entscheiden, wie die USA reagieren sollten. Einige Studenten erhielten Beschreibungen, die an Situationen aus dem Zweiten Weltkrieg erinnerten (Flüchtlinge in Güterwaggons; ein Präsident »aus New York, demselben Bundesstaat wie Roosevelt«; ein Meeting in der »Winston Churchill Hall«). Anderen Studenten wurden Details genannt, die an die fiktive Bedrohungslage im Vietnamkrieg erinnerte – »aus Texas, dem gleichen Bundesstaat wie Lyndon B. Johnson« und Bootsflüchtlinge. Die Studenten, die die Problemstellung eher aus der Perspektive des Zweiten Weltkriegs betrachteten, demonstrierten eine größere Bereitschaft, einen Krieg zu beginnen. Dagegen entschieden sich die Studenten, die die Problemstellung aus der Perspektive des Vietnamkriegs sahen, für eine nichtmilitärische diplomatische Lösung. Dieses Phänomen war durchgängig zu beobachten.[199] Football-Trainer von College-Teams beurteilten das Potenzial desselben Spielers zum Beispiel ganz unterschiedlich, je nachdem, mit welchem ehemaligen Spieler der zu beurteilende Spieler in einer einführenden Beschreibung in Zusammenhang gebracht worden war, auch wenn alle anderen Informationen unverändert blieben.

Die erfolgreichste Strategie zur Lösung des schwierigen Bestrahlungsproblems wies tiefliegende strukturelle Ähnlichkeiten zu ganz anderen Situationen auf, die nichts mit Medizin zu tun hatten. Die meisten Problemlöser greifen aber nicht wie Kepler auf Analogien aus völlig sachfremden Bereichen zurück. Sie werden den Kontext des vorliegenden Problems nicht verlassen, sich stattdessen auf seine internen Details konzentrieren und sich möglicherweise auf medizinisches Wissen aus anderen Beispielen stützen, da es sich vordergründig um ein medizinisches Problem handelt. Das heißt, sie werden keine Analogien aus anderen Gebieten zu Hilfe nehmen. Das sollten sie aber, und sie sollten sogar darauf achten, dass einige dieser Analogien auf den ersten Blick nichts mit der vorliegenden Problemstellung zu tun haben. In einer lernunfreundlichen Welt verkleinert eine scheuklappenartige Beschränkung auf Erfahrungen aus einem einzigen Gebiet nicht nur den möglichen Lösungsspielraum, sie kann sogar zu katastrophalen Fehlentscheidungen führen.

Das Problem mit der Verwendung einer einzigen Analogie, insbesondere wenn sie sich auf eine sehr ähnliche Situation bezieht, ist, dass sie nicht dazu geeignet ist, den natürlichen Impuls zur »Innensicht« zu bekämpfen – ein Begriff, der von den Psychologen Daniel Kahnemann und Amos Tversky geprägt wurde. Wir wenden die Innensicht an, wenn wir auf Basis der Details eines einzigen Problems, das vor uns liegt, eine Meinung bilden.

Kahnemann machte eine persönliche Erfahrung mit den Gefahren der Innensicht, als er ein Team versammelte und darum bat, es möge einen Highschool-Lehrplan für die Wissenschaft der Entscheidungsfindung entwickeln. Nach einem ganzen Jahr wöchentlicher Besprechungen befragte er alle Mitglieder des Teams zu ihrer Einschätzung über die mögliche Dauer des Projekts. Die niedrigste Schätzung betrug eineinhalb Jahre und die höchste zweieinhalb Jahre. Dann fragte Kahnemann ein Teammitglied namens Seymour, einen herausragenden Experten auf dem Gebiet der Entwicklung von Lehrplänen, der den gleichen Prozess schon bei anderen Teams erlebt hatte, nach seiner Meinung.

Seymour dachte eine Weile nach. Nur wenige Momente zuvor hatte er die Projektdauer auf zweieinhalb Jahre geschätzt. Nach Kahnemanns Frage zu anderen Projektteams, sagte er, es wäre ihm nie eingefallen, die vorliegende Aufgabenstellung mit anderen Projekten zu vergleichen, aber rund 40 Prozent der Teams, die er erlebt habe, hätten das Projekt nie zu Ende geführt, und nicht ein einziges, an das er sich erinnern könne, habe weniger als sieben Jahre gebraucht.

Kahnemanns Gruppe war nicht bereit, sechs weitere Jahre auf ein Lehrplan-Projekt zu verwenden, das am Ende möglicherweise scheitern würde. Sie diskutierten einige Minuten über diese neue Information und beschlossen dann, weiterzumachen und auf die Weisheit der Gruppe zu vertrauen, dass das vorliegende Projekt nicht länger als zweieinhalb Jahre dauern würde. Acht Jahre später beendeten sie es. An diesem Punkt war Kahnemann schon nicht mehr Teil des Teams und lebte nicht einmal mehr im Land. Und die Behörde, die um den Lehrplan gebeten hatte, hatte das Interesse daran verloren.[200]

Unsere natürliche Neigung zur Innensicht lässt sich nur durch Analogien korrigieren, die einer Außensicht folgen. Die Außensicht sucht nach tief liegenden strukturellen Ähnlichkeiten zwischen der vorliegenden Problemstellung und völlig anderen, oft sachfremden Problemstellungen. Sie läuft der natürlichen Intuition zuwider, weil sie vom Entscheider verlangt, dass er die vordergründigen Merkmale des vorliegenden Problems ignoriert, und stattdessen auf völlig anderen Gebieten nach Beispielen sucht, die tief liegende strukturelle Ähnlichkeiten aufweisen. Das setzt einen deutlichen Blick über den Tellerrand voraus.

Im Rahmen eines einzigartigen Experiments, das im Jahr 2012 durchgeführt wurde, stellten Dan Lovallo, Professor für Business Strategy an der Universität von Sydney, der zusammen mit Kahnemann Forschungsprojekte über das Thema Innenansicht durchgeführt hat, gemeinsam mit zwei Ökonomen folgende Theorie auf: Wenn man im Stile Keplers sehr viele verschiedene Analogien zu einem Problem herstelle, müsse daraus automatisch eine Außensicht entstehen, was sich positiv auf die Entscheidungen auswirken würde. Zur Überprüfung ihrer Theorie gewannen sie Investoren großer Private-Equity-Firmen, die stets vielfältige potenzielle Projekte auf unterschiedlichsten Gebieten prüfen. Die Forscher glaubten, die Arbeit der Investoren würde naturgemäß eine Außensicht fördern.

Die Private-Equity-Investoren sollten die Erfolgsaussichten eines aktuellen Projekts bewerten, dabei die Schritte, die zu dem angestrebten Ergebnis führen sollten, detailliert darlegen und die Investmentrendite des Projekts bestimmen. Außerdem wurden sie gebeten, eine Reihe weiterer fremder Investmentprojekte zu notieren, die breite konzeptionelle Ähnlichkeiten zu ihrem eigenen aktuellen Projekt aufwiesen – zum Beispiel, andere Beispiele für Unternehmensverkäufe, oder andere Startups mit technologisch riskanten Projekten. Auch für jedes dieser Beispiele sollten sie jeweils die erwartete Investmentrendite bestimmen.

Am Ende schätzten die Investoren die Investmentrendite ihrer eigenen Projekte um rund 50 Prozent höher ein als die Rendite der fremden Projekte, die sie als konzeptionell ähnlich identifiziert hatten. Als sie am Ende die Chance erhielten, ihre Einschätzungen noch einmal zu überdenken und gegebenenfalls zu korrigieren, senkten sie ihre erste Einschätzung. »Sie waren ein wenig schockiert«, sagte mir Lovallo, »wobei die älteren Investoren am meisten betroffen waren.« Auf Anhieb hatten die Investoren ihre eigenen Projekte, deren Details sie genau kannten, völlig anders eingeschätzt als ähnliche Projekte, mit denen sie nicht vertraut waren.[201]

Das ist ein weit verbreitetes Phänomen. Wenn Sie gebeten werden, eine Prognose darüber abzugeben, welches Pferd ein Pferderennen oder welcher Politiker eine Wahl gewinnen wird, steigt die Wahrscheinlichkeit, dass Sie sich davon beeinflussen lassen und zu der Einschätzung gelangen, dass das untersuchte Szenario eintreffen wird, je mehr interne Details Sie über ein bestimmtes Szenario erfahren – die körperlichen Eigenschaften des besagten Pferds, der Hintergrund und die Strategie des Politikers.[202]

Psychologen haben wiederholt demonstriert, dass das Urteil eines Individuums umso extremer wird, je mehr interne Details es berücksichtigen soll. Die Venture-Capital-Investoren kannten mehr Details über ihr eigenes Projekt und waren sich daher sicher, dass es ein großer Erfolg werden würde, bis sie gezwungen waren, andere Projekte mit breiten konzeptionellen Ähnlichkeiten zu betrachten.[203] In einem anderen Beispiel bewerteten Studenten eine Universität viel besser, nachdem sie erfahren hatten, dass einige spezifische naturwissenschaftliche Fakultäten zu den Top Ten des Landes gehörten, als wenn sie nur die allgemeine Information besaßen, dass alle naturwissenschaftlichen Fakultäten zu den zehn besten des Landes gehörten. In einer berühmten Studie schätzten die Teilnehmer die Wahrscheinlichkeit, dass eine Person an einer »Herz-Kreislauf-Erkrankung, an Krebs oder an natürlichen Ursachen« sterben würde höher ein als die Wahrscheinlichkeit, dass jemand an »natürlichen Ursachen« sterben würde. Sich eng auf eine Fülle von problemspezifischen Detailinformationen zu konzentrieren, fühlt sich intuitiv richtiger an, auch wenn es oft genau das Falsche ist.[204]

Bent Flyvbjerg, Vorsitzender des Major Programme Management der Business School der Universität Oxford, hat demonstriert, dass ungefähr 90 Prozent der großen Infrastrukturprojekte weltweit ihr Budget überziehen (durchschnittlich um 28 Prozent), was zum Teil daran liegt, dass die Projektmanager auf die Details ihres jeweiligen Projekts fokussieren und übertrieben optimistisch sind.[205] In gewisser Hinsicht gleichen sie Kahnemanns Team, das eine Einschätzung über die Dauer ihres Projekts treffen sollte und zu dem Schluss kam, aufgrund seiner ausgewiesenen Experten würde es nicht die gleichen Verzögerungen erleiden wie vergleichbare Projekte anderer Teams. Flyvbjerg untersuchte ein Projekt zum Aufbau eines Straßenbahnsystems in Schottland, bei dem ein externes Beratungsteam einen ähnlichen Analogieprozess durchlief wie die Investoren im zuvor genannten Beispiel. Dabei zeigte sich, dass sie die spezifischen Details des Straßenbahnprojekts ignorierten und sich stattdessen auf andere Projekte mit strukturellen Ähnlichkeiten konzentrierten. Das Beratungsteam sah, dass die Projektgruppe eine rigorose Analyse unter Berücksichtigung aller arbeitstechnischen Details durchgeführt hatte. Auf Basis von Analogien zu ähnlichen Projekten kam das Beraterteam jedoch zu der Einschätzung, dass die Kostenprojektion von 320 Millionen Pfund Sterling (mehr als 400 Millionen Dollar) wahrscheinlich viel zu niedrig war. Als das Straßenbahnnetz drei Jahre später in Betrieb genommen wurde, steuerten die Kosten auf 1 Milliarde Pfund Sterling zu.[206] Danach wurde auch bei anderen britischen Infrastrukturprojekten ein außenzentrierter Ansatz verwendet, der Projektmanager dazu zwingt, Analogien zu zahlreichen anderen Projekten aus der Vergangenheit herzustellen.

Im Anschluss an das Experiment mit den Private-Equity-Investoren wandten sich die Forscher der Filmindustrie zu, einer notorisch unsicheren Branche, die von hohen Risiken, aber auch riesigen Gewinnchancen gekennzeichnet ist, und in der es sehr große Datenmengen über den tatsächlichen Erfolg gibt.[207] Die Forscher fragten sich, ob sich akkurate Prognosen über den Erfolg eines Films treffen ließen, wenn man die Kinobesucher zu analogischem Denken anhalten würde. Zunächst gaben sie Hunderten von Kinofans vor dem jeweiligen Kinostart grundlegende Informationen über den Film, also die Namen der Schauspieler, die Werbeplakate und eine kurze Zusammenfassung der Filmhandlung. Zu den ausgewählten Filmen gehörten *Die Hochzeits-Crasher, Fantastic Four, Deuce Bigalow: European Gigolo* und andere. Die Kinobesucher erhielten außerdem eine Liste über 40 ältere Filme und sollten für jeden Film Punkte vergeben, wie gut er sich als Analogie für den bevorstehenden Kinostart eignete. Die Forscher verwendeten diese Punkte (und einige grundlegende Filminformationen, zum Beispiel, ob es sich um eine Fortsetzung eines früheren Films handelte), um die Umsätze des bevorstehenden Films zu schätzen. Sie verglichen ihre Prognosen mit einem mathematische Modell, das mit Informationen über rund 700 vergangene Kinofilme und Kinovorschauen gefüttert worden war, einschließlich Daten wie Filmgenre, Budget, Besetzung, Erscheinungsjahr und ob es sich um einen Kinostart während der Urlaubssaison handelte. Selbst ohne diese detaillierten Informationen waren die

Umsatzschätzungen, die auf der Grundlage der analogischen Bewertungen der Kinogänger basierten, wesentlich zutreffender; bei 15 von 19 bevorstehenden Kinostarts schnitten sie besser ab. Die Abweichungen zwischen den Umsatzprognosen und den tatsächlichen Umsätzen betrugen 4 Prozent bei *Krieg der Welten*, *Verliebt in eine Hexe* und *Red Eye* und 1,7 Prozent bei *Deuce Bigalow: European Gigolo*.

Netflix kam bei seiner Initiative zur Verbesserung seines Empfehlungsalgorithmus zu einem ähnlichen Schluss.[208] Die Merkmale eines Films zu entziffern, um herauszufinden, was einem gefällt, ist wesentlich komplexer und weniger genau, als eine Analogie zu zahlreichen anderen Kinobesuchern mit einer ähnlichen Kinohistorie herzustellen. Anstatt zu prognostizieren, was Ihnen *möglicherweise* gefallen könnte, untersuchen Sie, *wem* Sie in Ihren Vorlieben ähneln – damit ist die gesamte Komplexität erfasst.

Interessanterweise versagte die Prognosekraft vollkommen, wenn die Forscher nur den einen Film als Referenz verwendeten, von dem die Kinofans glaubten, dass er die größte Ähnlichkeit mit dem neuen Film aufwies, dessen Erfolgschancen sie einschätzen sollten. Die Analogie, die am aussagekräftigsten erschien, führte für sich allein genommen nicht zu einem guten Ergebnis. Die Verwendung vielfältiger Analogien – das ist der Grundpfeiler der Außensicht – erwies sich als wesentlich aussagekräftiger.

Denken Sie zurück an Kapitel 1 und die Art intuitiver Experten, die Gary Klein in lernfreundlichen Umgebungen studiert hatte, wie zum Beispiel Schachmeister und Feuerwehrleute. Anstatt damit zu beginnen, mögliche Lösungswege zu identifizieren, treffen sie auf Basis der Wiedererkennung von Mustern, die sich aus den vordergründigen Merkmalen ergeben, sofort eine Entscheidung. Wenn sie die Zeit haben, bewerten sie diese Entscheidung möglicherweise, oft bleiben sie aber einfach dabei. Sie gehen davon aus, dass das aktuelle Problem mehr oder weniger so ähnlich ist wie alle bisherigen Probleme, und diese lassen sich mithilfe einer langjährigen fokussierten Erfahrung lösen. Die Entwicklung neuer Ideen oder die Lösung von neuartigen Problemen mit einem hohen Grad an Ungewissheit ist allerdings etwas ganz anderes. In einer lernunfreundlichen Welt ist es wesentlich erfolgversprechender, zunächst eine ganze Bandbreite an Optionen zu bewerten, *bevor* man sich von seiner Intuition leiten lässt.

In einem anderen Experiment baten Lovallo und sein Mitstreiter Ferdinand Dubin 150 Betriebswirtschaftsstudenten, Strategien zu entwerfen, um dem fiktiven Unternehmen Mickey Company zu helfen, das Probleme mit seinem Computermaus-Geschäft in China und Australien hat. Nachdem sich die Studenten über die Probleme des Unternehmens informiert hatten, sollten sie alle Strategien notieren, die ihnen einfielen, um Mickeys Marktposition zu verbessern.

Einigen Studenten gaben Lovallo und Dubin zusammen mit den Instruktionen eine oder mehr Analogien. (Zum Beispiel: »Die Profile von Nike Inc. und McDonald's könnten zur Ergänzung Ihrer Empfehlungen nützlich sein, sollten diese aber nicht einschränken.«) Andere Studenten erhielten gar keine Analogien. Die Studenten, die Analogien erhalten hatten, notierten mehr Strategien als die Studenten, die keine Analogien erhalten hatten, und Studenten, die mehrere Analogien erhalten hatten, notierten mehr Strategien als diejenigen, die nur eine Analogie erhalten hatten. Je weiter die Analogien von der Problemstellung entfernt waren, desto besser erwies sich das für die Strategieentwicklung. Studenten, die auf Nike und McDonald's hingewiesen worden waren, entwickelten mehr strategische Optionen als ihre Kommilitonen, denen die Forscher als Referenzbeispiele Apple und Dell genannt hatten. Doch allein der Hinweis auf Vergleichsbeispiele führte bereits dazu, dass die Studenten kreativere Ideen generierten. Unglücklicherweise sagten sie jedoch auch, dass es ihrer Meinung nach besser sei, sich auf ein einziges Beispiel aus dem gleichen Geschäftsfeld zu konzentrieren, wenn sie vergleichbare Unternehmen berücksichtigen sollten. Wie die Investoren aus der Risikokapitalbranche lautete ihre Intuition, sich auf wenige Analogien zu beschränken und sich auf die zu stützen, die oberflächlich betrachtet die größten Ähnlichkeiten aufwiesen. »Das ist üblicherweise genau der falsche Ansatz, egal für welches Beispiel Sie eine Analogie suchen«, erklärte Lovallo.[209]

Die gute Nachricht lautet, dass es einfach ist, Analogien von der intuitiven Innensicht auf die Außensicht zu verlagern. Im Jahr 2001 entwickelte die Boston Consulting Group, eine der erfolgreichsten Beratungen der Welt, eine Intranetsite, auf der sie ihren Beratern eine breite Datenbank mit unterschiedlichstem Material zur Verfügung stellte, um das analogische Denken zu fördern. Die interaktiven Beispiele waren nach Disziplin (Anthropologie, Psychologie, Geschichte und andere), Konzept (Change, Logistik, Produktivität und so weiter) und strategischen Themen (Wettbewerb, Kooperation, Bündnisse und Allianzen und so weiter) sortiert. Ein Berater, der Strategien für eine Post-Merger-Integration entwickeln soll, stöbert vielleicht in dem historischen Beispiel, wie Wilhelm der Eroberer im 11. Jahrhundert England mit dem normannischen Königreich »fusioniert« hat. Ein Beispiel, das Sherlock Holmes Beobachtungsstrategien beschrieb, könnte Ideen dafür liefern, wie man aus Details lernt, die erfahrene Profis für selbstverständlich nehmen. Und ein Berater, der mit einem wachstumsstarken Start-up arbeitet, könnte Ideen aus den Schriften eines preußischen Militärstrategen gewinnen, der das zerbrechliche Gleichgewicht zwischen dem Erhalt der Eigendynamik nach einem Sieg und einer Übertreibung studiert hat, die sich am Ende in eine Niederlage verkehrt. Wenn all das zu weit hergeholt klingt, um eine Analogie zu drängenden aktuellen Geschäftsproblemen zu bilden, ist das genau der Punkt.[210]

Dedre Gentner wollte herausfinden, ob jeder wie Kepler in der Lage ist, zum Verständnis von Problemstellungen Analogien zu Phänomenen aus völlig anderen Gebieten herzustellen. Zu diesem Zweck beteiligte sie sich an der Entwicklung der »mehrdeutigen Sortieraufgabe« (*Ambiguous Sorting Task, AST*). Diese besteht aus 25 Karten, die jeweils ein Phänomen aus der realen Welt beschreiben, zum Beispiel die Funktionsweise eines Internetrouters oder die Bildung von Finanzblasen. Jede Karte fällt in zwei Hauptkategorien: eine, die ihr Gebiet beschreibt (Wirtschaft, Biologie etc.) und eine für ihre tief liegenden Strukturen. Die Teilnehmer der Studie wurden gebeten, die Karten in ähnliche Kategorien zu sortieren.

Bei einem Beispiel für tief liegende Strukturen könnte man Finanzblasen und schmelzende Polareiskappen als positive Feedbackschleifen in einer Gruppe zusammenfassen. (Bei Finanzblasen kaufen die Verbraucher Aktien oder Immobilien in der Erwartung stetig steigender Preise. Diese Käufe treiben die Preise tatsächlich immer weiter in die Höhe, woraufhin noch mehr Käufer angelockt werden, die auf einen weiteren Preisanstieg hoffen. Wenn Eiskappen schmelzen, reflektieren sie weniger Sonnenlicht zurück ins Weltall, sodass sich der Planet erwärmt, woraufhin noch mehr Eis schmilzt.) Oder man könnte das Schwitzen und die Maßnahmen der Federal Reserve als negative Feedbackschleifen zusammengruppieren. (Wenn man schwitzt, wird der Körper gekühlt, sodass man nicht mehr länger schwitzt. Die Fed senkt die Zinsen, um die Wirtschaft anzukurbeln; und wenn die Wirtschaft überhitzt, hebt sie die Zinsen an, um das Wirtschaftswachstum zu bremsen.) Die Art und Weise, wie sich die Benzinpreise auf eine Erhöhung der Lebensmittelpreise auswirken, und die Schritte, die nötig sind, damit eine Botschaft die Neuronen im Gehirn passieren kann, sind beides Beispiele für Kausalketten, bei denen ein Ereignis in linearer Reihenfolge zum nächsten führt.

Alternativ könnte man die Wechselkurse der Federal Reserve, Finanzblasen und die Veränderungen in den Benzinpreisen zusammengruppieren, weil sie alle in das gleiche Gebiet gehören: Wirtschaft. Und man könnte Schwitzen und Neurotransmission unter dem Oberbegriff Biologie zusammenbringen.

Gentner und Kollegen gaben Studenten aus ganz unterschiedlichen Studiengängen der Northwestern University die mehrdeutige Sortierungsaufgabe und stellten fest, dass alle Studenten herausgefunden hatten, wie sich die Phänomene nach Sachgebieten zuordnen lassen. Allerdings gelang es nur wenigen, die Karten nach kausalen Strukturen zu sortieren. Es gab jedoch eine Gruppe, die besonders gut darin war, Gruppen auf Basis von strukturellen Ähnlichkeiten zu erstellen, nämlich Studenten, die Vorlesungen in ganz unterschiedlichen Studiengebieten besucht hatten, zum Beispiel die Teilnehmer des Integrierten Naturwissenschaftlichen Programms (»Integrated Science Program«).

Die Website dieses Programms der Universität zeigt die Beschreibung eines ehemaligen Absolventen: »Stellt euch das Integrierte Naturwissenschaftliche Programm als einen Studiengang vor, der sich aus den Nebenfächern Biologie, Chemie, Physik und Mathematik zusammensetzt. Der Hauptzweck dieses Programms ist, die Studenten mit allen Feldern der Mathematik und der Naturwissenschaften in Kontakt zu bringen, damit sie die Gemeinsamkeiten zwischen den unterschiedlichen naturwissenschaftlichen Gebieten erkennen … Dieses integrierte Hauptfach ermöglicht den Studierenden, die Verknüpfungspunkte zwischen den verschiedenen Disziplinen zu sehen.«[211]

Ein Professor, den ich zu diesem Programm befragte, sagte mir, die konkreten Fakultäten seien davon im Allgemeinen nicht sehr begeistert. Sie sähen es lieber, wenn die Studenten die Fachvorlesungen einer einzigen Fakultät besuchten, weil sie befürchteten, die akademische Leistung der Studenten könne darunter leiden. Sie würden es vorziehen, dass sich die Studenten möglichst früh auf ein Fachgebiet konzentrieren, als sich mit Konzepten aus »vielfältigen Grundlagengebieten« – wie Gentner es nennt – zu beschäftigen, die analogisches Denken und das Herstellen von konzeptionellen Verknüpfungen fördern und Studenten dabei helfen, Problemstellungen nach ihrem Typ zu kategorisieren. Das ist allerdings genau die Fähigkeit, die die besten Problemlöser besonders gut beherrschen.

In einer der meistzitierten Studien über effektive Problemlösung kam ein interdisziplinäres Team aus Wissenschaftlern zu einem ziemlich einfachen Schluss: Erfolgreiche Problemlöser sind besser in der Lage, die tief liegenden Strukturen einer Problemstellung zu bestimmen, bevor sie sich auf die Suche nach einer geeigneten Lösungsstrategie machen. Die weniger erfolgreichen Problemlöser ähneln eher der Mehrzahl der Studenten, die die mehrdeutige Sortierungsaufgabe gemacht hatten: Sie klassifizierten die Problemstellungen nur auf Basis vordergründiger, deutlich ersichtlicher Merkmale wie dem fachlichen Kontext. Die besten Problemlöser beginnen dagegen »mit der Bestimmung des Problemtyps«, schrieben sie.[212]

Wie sagte der Bildungspionier John Dewey einst in seinem Buch *Logic, The Theory of Inquiry?* »Ein Problem, das richtig identifiziert wurde, ist schon halb gelöst.«

Bevor Kepler seine mühselige Suche nach Analogien für eine Neuinterpretation des Universums antrat, war er von der Arbeit, die vor ihm lag, zunächst sehr verwirrt. Anders als Galileo und Isaac Newton dokumentierte er diese Verwirrung. »Was mir wichtig ist«, schrieb er, »ist nicht allein, dem Leser mitzuteilen, was ich zu sagen habe, sondern ihn vor allem an meinen Gründen, Tricks und glücklichen Treffern teilhaben zu lassen, die mich zu meinen Entdeckungen geführt haben«.[213]

Kepler war ein junger Mann, als er anfing, in Tycho Brahes hochmodernem Observatorium zu arbeiten, dessen Unterhalt 1 Prozent des dänischen Staatshaushalts kostete. Kepler musste eine Aufgabe übernehmen, die niemand machen wollte: Mars und sein verwirrender Orbit. Der Orbit musste kreisförmig sein, so ließ man ihn wissen, und er solle herausfinden, warum Brahes Beobachtungen nicht dazu passten. Ab und zu scheint der Mars eine Rückwärtsbewegung zu machen beziehungsweise eine kleine Schleife, die sogenannte Planetenschleife, zu ziehen und sich dann in seine ursprüngliche Richtung weiterzubewegen – ein Phänomen, das als »retrograde Bewegung« bekannt ist. Die Astronomen machten elaborierte wissenschaftliche Verrenkungen, um zu erklären, warum der Mars diese Schleifen vollziehen konnte, während er sich auf den miteinander verknüpften Hohlkugeln fortbewegte.

Wie üblich konnte Kepler diese verschlungene Argumentation nicht akzeptieren. Er bat Kollegen um Hilfe, stieß aber auf taube Ohren. Seinen Vorgängern war es stets gelungen, die ungewöhnlichen Bewegungen des Mars irgendwie zu erklären, ohne das gesamte Konzept in Frage zu stellen. Aus Keplers kurzer Aufgabe (seinen Schätzungen zufolge würde er für die Lösung acht Tage brauchen) wurden fünf Jahre an komplizierten Berechnungen, in dem Versuch zu beschreiben, wann der Mars an welchem Punkt des Himmels auftauchen würde. Kaum dass ihm das mit großer Genauigkeit gelungen war, verwarf er seine Lösung.[214]

Sie kam der Wahrheit nahe, war aber nicht perfekt. Die Imperfektion war minimal. Nur zwei von Brahes Beobachtungen unterschieden sich von Keplers Berechnungen, zu welchem Zeitpunkt sich der Mars an welcher Position befinden sollte, und die Abweichung betrug auch nur acht Winkelminuten – ein Himmelssplitter, der ein Achtel der Breite des kleinen Fingers betrug, wenn man ihn auf eine Armlänge überträgt. Kepler hätte sich einfach damit zufriedengeben können, dass sein Modell stimmte und es sich bei dem von Brahe beobachteten Phänomen um Ungenauigkeiten in der Beobachtung handelte, oder er hätte die fünf Jahre Arbeit verwerfen können. Er entschied sich für Letzteres. »Wenn ich geglaubt hätte, dass man diese acht Winkelminuten ignorieren kann«, schrieb er, »hätte ich meine Hypothese entsprechend angepasst.« Die Aufgabe, die niemand machen wollte, wurde zum Schlüsselloch, durch das Kepler einen völlig neuen Blick auf das Universum warf. Nun befand er sich auf unbekanntem Terrain. Daraufhin begann er ernsthaft nach Analogien zu suchen und erfand die Astronomie neu. Licht, Wärme, Gerüche, Boote, Besen, Magnete – sein mühseliger gedanklicher Pfad begann bei diesen lästigen Beobachtungen, die nie ganz passten, und endete mit der vollkommenen Widerlegung des aristotelischen Konzepts eines uhrwerkähnlichen Universums.[215]

Kepler tat etwas, das für heutige Forschungslabors von Weltrang charakteristisch ist. Der Psychologe Kevin Dunbar begann in den 1990er-Jahren die Produktivität von Forschungslaboren zu dokumentieren und stieß dabei auf eine moderne Version der Kepler'schen Denkhaltung. Wenn die Forscher auf unerwartete Phänomene stießen, hielten sie nicht starr an der herrschenden Theorie fest und schrieben eine abweichende Beobachtung einem Messfehler zu; vielmehr wurde das Unerwartete zu einer Chance, Neues zu wagen und etabliertes Wissen in Frage zu stellen, und dabei dienten Analogien als Wegweiser auf einem unbekannten Entdeckungspfad.[216]

Zunächst dokumentierte Dunbar lediglich den Prozess der Entdeckung in Echtzeit. Dabei konzentrierte er sich auf Labore in der Molekularbiologie, weil sie damals völlig neue Wege eröffneten, insbesondere in der Genetik und der Behandlung von Viren wie HIV. Er verbrachte ein Jahr in vier amerikanischen Laboren, in denen er den Hintergrundbeobachter spielte. Mehrere Monate hielt er sich dort tagtäglich auf, und später dehnte er seine Arbeit auf weitere Labore in den USA, aber auch in Kanada und Italien aus. Seine Anwesenheit war den Wissenschaftlern so vertraut, dass sie ihn sogar anriefen, wenn sie eine spontane Besprechung abhielten und sichergehen wollten, dass er Bescheid wusste. Oberflächlich betrachtet waren die Labore ganz unterschiedlich. In einem arbeiteten viele Dutzend Wissenschaftler, andere waren dagegen ganz klein. In einigen arbeiteten nur Männer, in einem dagegen nur Frauen. Alle besaßen ein internationales Renommée.

Die interessantesten Beobachtungen machte Dunbar bei den wöchentlichen Besprechungen. Einmal pro Woche kam das gesamte Team zusammen – der Laborleiter, Studenten eines Graduiertenstudiums, Postdoc-Fellows, Techniker –, um über ein ungelöstes Problem zu diskutieren. Diese Besprechungen hatten nichts mit konzentrierter Stille und über Reagenzgläser gebeugten Köpfen zu tun, wie man sich wissenschaftliche Arbeit gemeinhin vorstellt, sondern waren ein reger und spontaner Gedankenaustausch. Ideen wurden in den Raum geworfen und weitergespielt, neue Experimente vorgeschlagen und Hindernisse diskutiert. »Das gehört zu den kreativsten Momenten in der Wissenschaft«, sagte Dunbar. Also zeichnete er sie auf.

Die ersten 15 Minuten dienten eher administrativen Aspekten – wer mit Materialbestellungen an der Reihe war, oder wer nicht aufgeräumt hatte. Aber dann ging es los. Jemand stellte eine unerwartete oder verwirrende Beobachtung vor. Vorsichtigerweise suchten die Wissenschaftler zunächst nach einem Verfahrensfehler – vielleicht hatte sich der Betreffende bei der Berechnung geirrt oder ein Instrument war nicht richtig kalibriert worden. Bestand das Problem weiterhin, ging das Labor davon aus, dass es sich um ein reales Problem handelte. Dann begann es Ideen über weitere Vorgehensweisen zu hageln, und es wurden mögliche Erklärungen genannt. Für jede aufgezeichnete Besprechungsstunde brauchte Dunbar acht Stunden für das Transkribieren und Auszeichnen des Problemlösungsverhaltens. Anschließend markierte Dunbar den Lösungsprozess, damit er den Prozess der wissenschaftlichen

Kreativität analysieren konnte. Und dabei stieß er auf ein Feuerwerk an Analogien.

Dunbar erlebte aus erster Hand, wie wichtige Durchbrüche erzielt wurden, und sah, dass die Labore, die viele Analogien aus den unterschiedlichsten Gebieten heranzogen, am besten unerwartete Beobachtungen in neues Wissen verwandeln konnten. Die Labore, deren Wissenschaftler über einen besonders breiten Hintergrund verfügten, lieferten nicht nur einen ganzen Strauß an unterschiedlichen Analogien, sie waren diejenigen, die bei der Erklärung unerwarteter Phänomene konsistenter Durchbrüche erzielten als andere Labore. Man könnte sie gewissermaßen als »Kepler'sche Teams« bezeichnen. Ihre Mitglieder verfügten über breit gefächerte Erfahrung, Kompetenzen und Interessen. Wenn sie vor der Wahl standen, verwirrende Informationen zu ignorieren oder ihre Ursachen zu erforschen, entschieden sie sich für die zweite Alternative und griffen bei ihrer Suche nach geeigneten Analogien zum besseren Verständnis des ungewöhnlichen Phänomens auf ihr breites Wissen zurück. Entsprechend viele Analogien fielen ihn ein.

Bei Problemstellungen mit relativ geringer Komplexität begannen die Labore mit Analogien zu anderen, sehr ähnlichen Experimenten. Je ungewöhnlicher die Problemstellung, desto weiter entfernten sich die Teammitglieder bei ihrer Suche nach Analogien und desto weniger achteten sie auf vordergründige Ähnlichkeiten. Stattdessen konzentrierten sie sich auf tief liegende strukturelle Gemeinsamkeiten. Bei einigen Laborbesprechungen wurden durchschnittlich alle vier Minuten neue Analogien ins Gespräch gebracht, von denen einige aus völlig fachfremden Bereichen stammten.

Einmal erlebte Dunbar übrigens, dass zwei Labore ungefähr zur selben Zeit auf das gleiche experimentelle Problem stießen. Die Proteine, die sie untersuchen wollten, blieben an einem Filter hängen, was die Analyse erschwerte. Eines der beiden Labore bestand aus reinen *E.coli*-Experten*, in dem anderen Labor arbeiteten Chemiker, Physiker, Biolo-

* Escherichia Coli oder Kolibakterium ist ein Bakterium, das im menschlichen und tierischen Darm vorkommt. (A.d.Ü.)

gen, Genetiker und Medizinstudenten. »Ein Labor stellte eine Analogie her und bezog sich dabei auf das Wissen eines Mediziners. Die Wissenschaftler fanden die Lösung direkt in diesem Meeting«, sagte Dunbar. »Die Wissenschaftler des anderen Labors stellten bei jedem Problem einen Bezug zu *E.coli* her. Das funktionierte hier jedoch nicht, daher fingen sie an, mehrere Wochen lang zu experimentieren. Das war eine unangenehme Situation für mich, weil ich die Lösung bereits im Meeting des anderen Labors gesehen hatte.« (Eine der Bedingungen der Studie lautete, dass er keine Informationen mit den Laboren teilen durfte.) Die Vielfalt der Analogien, die zur Lösung eines ungewöhnlichen Problems herangezogen wurden, trug zur Bestimmung bei, welches Labor neue Erkenntnisse gewonnen hatte. In dem Labor, das im Rahmen von Dunbars Projekt keine neuen Erkenntnisse gewann, waren fast alle Wissenschaftler hoch spezialisierte Fachexperten auf ein und demselben Gebiet, die praktische nie zu Analogien griffen. »Wenn in einem Labor alle Wissenschaftler über das gleiche Wissen auf dem gleichen Gebiet verfügen, werden sie als Gruppe so homogen denken und handeln, dass sie bei der Lösung eines unerwarteten Problems nicht mehr Informationen zur Herstellung von Analogien liefern können als ein einzelner Wissenschaftler«, schloss Dunbar.

»Das ist wie bei Geldanlagen«, sagte er mir. »Man muss einen strategischen Mix verfolgen.«[217]

Leider ist mit interdisziplinären Studiengängen wie dem Integrierten Naturwissenschaftlichen Programm, das einen breiten Strategiemix vermittelt, möglicherweise das Problem verbunden, dass die Studenten zugunsten einer breiten Ausrichtung auf einen frühen Startvorteil in einer bestimmten Disziplin verzichten müssen. Das lässt sich schwer verkaufen, selbst wenn es für die Studenten langfristig von Vorteil ist.

Ob es sich um das Wissen über die Herstellung von Verknüpfungen handelt, das Lindsey Richland studierte, die breiten Konzepte, die Flynn getestet hat, oder die tiefenstrukturelle analogische Argumentation, die Gentner bewertete, oft fehlt bei den maßgeblichen Stellen das tiefsitzende Interesse, sich für einen breiten Wissenshorizont und einen entschleunigten Wissenserwerb einzusetzen. Alle Kräfte setzen vereint Anreize für das Streben nach einem frühen Startvorteil und eine frühe, eng fokussierte Spezialisierung, selbst wenn das langfristig keine gute Strategie ist. Das ist deswegen problematisch, weil eine ganz andere Art von Wissen, und das ist womöglich das wichtigste Wissen überhaupt, notwendigerweise langsam erworben wird – das Wissen, das Ihnen hilft, die richtigen Fragen zu stellen.

KAPITEL 6

Das Problem mit dem Stehvermögen

Die Mutter des Jungen hatte viel Sinn für Kunst und Musik. Ihr Sohn jedoch entpuppte sich bei dem Versuch, die Katze der Familie freihändig zu zeichnen, als überaus linkisch und das Ergebnis war so schlecht, dass er das Bild zerriss und sich weigerte, einen neuen Versuch zu unternehmen. Stattdessen verbrachte er seine Kindheit in den Niederlanden damit, mit Murmeln zu spielen oder mit seinem kleinen Bruder zu rodeln. Meist aber betrachtete er einfach Dinge. Ein bekannter Elternratgeber riet davon ab, Kinder unbeaufsichtigt herumstreifen zu lassen, da dies die Fantasie des Kindes »vergiften« könne. Der Junge unternahm jedoch ganz allein stundenlange Streifzüge. Er wanderte nachts und bei Sturm. Dabei legte er lange Strecken zurück, nur um ein Vogelnest zu beobachten oder Wasserkäfer auf ihren Wegen über die Wasseroberfläche eines Baches zu verfolgen. Insbesondere war er ein eifriger Sammler von Käfern, die er sorgfältig mit ihren lateinischen Bezeichnungen versah.[218]

Mit 13 wurde er auf eine brandneue Schule geschickt, die sich in einem riesigen ehemaligen Königspalast befand. Sie war so weit von seinem Zuhause entfernte, dass er bei einer örtlichen Familie wohnen musste. Während des Unterrichts war er gedanklich oft abwesend, aber er war ein guter Schüler und verbrachte seine freie Zeit damit, Gedichte auswendig zu lernen.

Der Kunstlehrer der Schule war eine Berühmtheit, ein Bildungspionier, der sich dafür einsetzte, dass Design und Gestaltung ein zentraler Bestandteil des nationalen Lehrplans wurden. Er focht so erfolgreich für sein Anliegen, dass die Regierung freies Zeichnen in allen öffentlichen Schulen zu einem Pflichtfach machte. Der Lehrer erteilte keinen Frontalunterricht, sondern ließ die Schüler in der Mitte sitzen und bewegte sich wie eine flinke Nähnadel durch die Reihen und schenkte jedem Schüler persönliche Aufmerksamkeit. Die meisten Schüler liebten und bewunderten ihn. Auf den Jungen machte er jedoch keinerlei Eindruck. Als Erwachsener beklagte er sich, dass niemand ihm je die Perspektive beim Zeichnen erklärt habe, wenngleich sie ein so wichtiger Bestandteil der Überzeugungen des Lehrers darstellte, dass die Beherrschung der Perspektive sogar in das neue Gesetz über die erweiterte Kunsterziehung aufgenommen wurde.

Der Junge lebte nicht gern bei Fremden und so verließ er die Schule noch vor seinem 15. Geburtstag. In den folgenden 16 Monaten machte er fast nichts anderes, als lange Wanderungen durch die Natur zu unternehmen. Das konnte natürlich nicht ewig so weitergehen, aber er hatte keine Idee, was er sonst tun könnte. Glücklicherweise war sein Onkel ein erfolgreicher Kunsthändler, der soeben den Ritterschlag erhalten hatte. Er bot seinem Neffen eine Arbeit in der großen Stadt an. Kunst zu schaffen hatte den Jungen nicht inspiriert, aber Kunst zu verkaufen gefiel ihm. Er richtete seine intensive Beobachtungsgabe, die er bisher auf die Natur verwendet hatte, auf Lithografien und Fotografien und kategorisierte, was er sah, so wie er es zuvor mit seinen Käfern gemacht hatte. Mit 20 arbeitete er mit wichtigen Kunden und unternahm Verkaufsreisen ins Ausland. Der junge Mann erzählte seinen Eltern voller Selbstvertrauen, er würde sich nie wieder Arbeit suchen müssen. Er irrte sich.

Er war ein Junge vom Land in einer großen Stadt. Ihm fehlte der gesellschaftliche Schliff, um Meinungsverschiedenheiten mit seinem Chef diplomatisch zu lösen, und er hasste es zu feilschen. Für ihn fühlte es sich so an, als würde er dabei den Kunden übervorteilen. Schon bald wurde er in ein Londoner Büro versetzt, wo er keinen direkten Kundenkontakt hatte. Mit 22 wurde er erneut versetzt, diesmal nach Paris. Als er in Frankreich ankam, landete er inmitten einer künstlerischen Revolution. Auf seinem Weg zur Arbeit kam der junge Mann an Ateliers von Künstlern vorbei, die dabei waren, sich einen Namen zu machen. Wie bei dem Kunstlehrer an der Schule »blieb nichts bei ihm hängen«, wie zwei seiner zukünftigen Biografen schrieben.[219] Er war zu beschäftigt mit einer neuen Leidenschaft: Religion. Jahre später, als er und sein kleiner Bruder über diese revolutionären Künstler diskutierten, sagte er, er habe »sie absolut *nicht* wahrgenommen«.[220]

Als er seine Stelle als Kunsthändler schließlich verlor, arbeitete er als Hilfslehrer an einem Internat in einem englischen Küstenort. Dort arbeitete er 14 Stunden pro Tag, unterrichtete alle möglichen Fächer von Französisch bis Mathematik, beaufsichtigte die Schlafsäle, brachte die Kinder in die Kirche und fungierte als eine Art Hausmeister und Handwerker. Für den Eigentümer der Schule war diese ein reines Geschäft und der junge Mann eine billige Arbeitskraft. Anschließend fand er eine neue Stelle als Privatlehrer, dieses Mal an einem gehobeneren Internat, aber schon nach wenigen Monaten beschloss er, als Missionar nach Südamerika zu gehen. Seine Eltern konnten ihm diese Idee allerdings wieder ausreden; sie drängten ihn, »damit aufzuhören, immer [seinen] Impulsen nachzugeben« und zu einem stabilen Lebensweg zurückzukehren. Seine Mutter wünschte, er würde etwas in der Natur machen, das ihn »glücklicher und ruhiger« werden lasse. Er beschloss, in die Fußstapfen seines Vaters zu treten und sich zum Pastor ausbilden lassen.

In der Zwischenzeit organisierte ihm sein Vater eine Stelle in einer Buchhandlung. Der junge Mann liebte Bücher und arbeitete von acht Uhr morgens bis Mitternacht. Als die Buchhandlung eines Tages überschwemmt wurde, verblüffte er seine Kollegen mit seinem schieren körperlichen Stehvermögen, als er stundenlang große Bücherstapel in Sicherheit brachte. Sein neues Ziel lautete, an einer Universität angenommen zu werden, um Theologie zu studieren und Pastor werden zu können. Wieder einmal richtete er seine ganze unermüdliche Leidenschaft auf sein neues Vorhaben. Er arbeitete mit einem Tutor und kopierte die Texte ganzer Bücher von Hand. »Ich muss so lange arbeiten, wie ich die Augen offenhalten kann«, sagte er seinem Bruder. Und er erinnerte sich an den Satz, »Übung macht den Meister«. Allerdings fiel es ihm schwer, Latein und Griechisch zu lernen. Er zog zu einem Onkel, einem gestrengen Kriegshelden, der ihn drängte, »sich noch mehr anzustrengen«.[221] Der junge Mann beschloss, noch im Morgengrauen mit dem Studium anzufangen, bevor seine Kommilitonen aufgestanden waren, und bis in die tiefe Nacht zu lernen. Sein Onkel fand ihn oft tief in der Nacht beim Lesen.[222]

Trotzdem hatte er in seinem Studium große Schwierigkeiten. Mit fast 25 Jahren hörte er eine Predigt darüber, dass die Wirtschaftsrevolution bestimmte Bürger, wie zum Beispiel seinen Onkel, den Kunsthändler, unvorstellbar reich gemacht, aber andere Bürger in bitterste Armut gestürzt hatte. Daraufhin beschloss er, das Universitätsstudium an den Nagel zu hängen, um dazu beizutragen, dieses neue Evangelium schneller zu verbreiten. Er entschied sich für eine kürzere Ausbildung, es gelang ihm aber nicht, die kurzen, prägnante Predigten zu formulieren, die die Schule vorschrieb. Auch in dieser Ausbildung versagte er. Niemand konnte ihn jedoch vom Predigen abhalten, und so machte er sich auf in die Kohleregion, in der geistliche Inspiration am meisten gebraucht wurde.

Als der junge Mann ankam und den rußgeschwärzten Himmel sah, verglich er ihn mit den Schattierungen der Gemälde von Rembrandt. An diesem Ort predigte er Bergwerksarbeitern, die in so elenden Verhältnissen lebten, dass sie die Welt oberhalb des Grubenschachts als »oben in der Hölle« bezeichneten.[223] Mit seinem üblichen Feuereifer widmete er sich dem geistlichen Beistand, verschenkte seine Kleidung und sein Geld und kümmerte sich Tag und Nacht um die Kranken und Verletzten, von denen es Heerscharen gab.

Kurz nach seiner Ankunft wurden 121 Minenarbeiter bei einer Reihe von Explosionen getötet. Gas trat aus dem Boden und ließ eine Feuersäule entstehen, die wie ein gigantischer Bunsenbrenner wirkte, der sich unter der Erdoberfläche befand. Die betroffene örtliche Bevölkerung war voll des Lobes über das Stehvermögen des jungen Mannes, der versuchte, die Familien zu trösten. Sie fanden ihn aber auch irgendwie merkwürdig; die Kinder, die er unterrichtete, hörten nicht auf ihn. Schon bald war auch seine Laufbahn als Pastor beendet. Inzwischen war er 27 und niedergeschlagen. Ein Jahrzehnt nach seinem furiosen Start als Kunsthändler war er mittellos, richtungslos und hatte nichts erreicht.

In einem Schreiben an seinen Bruder, der inzwischen selbst ein respektabler Kunsthändler war, schüttete er sein Herz aus. Er verglich sich mit einem eingesperrten Vogel im Frühling, der das drängende Gefühl hat, es sei Zeit, etwas Wichtiges zu tun, sich aber nicht mehr erinnern könne, was es war, und so »schlägt er seinen Kopf an das Gitter seines Käfigs. Der Käfig gibt aber nicht nach, und der Vogel wird verrückt vor Qual«. Auch ein Mensch, mahnte er, »weiß nicht immer, was seine Aufgabe ist, aber er fühlt instinktiv, dass er trotzdem für irgendetwas gut ist« … Ich weiß, dass ich ein ganz anderer Mensch sein könnte! … Da ist etwas in mir, aber was ist es!«[224] Er war Student, Kunsthändler, Lehrer, Buchhändler, angehender Pastor und Wanderprediger gewesen. Nach jedem vielversprechenden Start war jedes seiner Vorhaben spektakulär gescheitert.

Seine Brüder schlugen ihm vor, er solle es mit der Tischlerei versuchen oder versuchen, als Barbier zu arbeiten. Seine Schwester meinte, er würde einen sehr guten Bäcker abgeben. Er war ein unersättlicher Leser, vielleicht sollte er Bibliothekar werden. Aber in der Tiefe seiner Verzweiflung richtete er seinen Feuereifer auf die letzte Sache, die ihm einfiel und die er sofort in Angriff nehmen konnte. Sein nächster Brief an seinen Bruder war sehr kurz: »Ich schreibe dir, während ich zeichne, und ich bin in Eile, wieder zum Zeichenblock zurückzukehren.«[225] Zuvor hatte er das Zeichnen als Ablenkung von seinem Ziel betrachtet, Menschen die Wahrheit nahezubringen. Nun begann er, die Wahrheit zu suchen, indem er das Leben um ihn herum in Zeichnungen dokumentierte. Er hatte das freie Zeichnen bereits als Kind aufgegeben, als er merkte, dass er ein linkischer Zeichner war. Daher begann er noch einmal ganz von vorn und las die Anleitung *Das ABC des Zeichnens.*[226]

In den folgenden Jahren unternahm er einige äußerst kurzlebige Versuche, eine formale Ausbildung zu machen. Sein Cousin zweiten Grades war Kunstmaler und versuchte, ihm die Aquarellmalerei beizubringen. Der Cousin wurde später auf der Wikipedia-Seite unseres jungen Mannes als einziger Eintrag neben der »Ausbildung« genannt. In Wahrheit hatte der junge Mann große Schwierigkeiten mit der zarten Pinselführung, die für die Aquarellmalerei nötig ist, und die Mentor-Schüler-Beziehung endete bereits nach einem Monat. Sein ehemaliger Chef, der Kunsthändler, der inzwischen ein geschätzter Meinungsbildner in der Kunstwelt war, bezeichnete seine Zeichnungen als nicht ausstellbar. »Wenn ich mir einer Sache wirklich sicher bin«, sagte er ihm, »dann, dass du kein Künstler bist.« Und fügte lapidar hinzu: »Du hast zu spät angefangen.«[227]

Mit fast 33 Jahren schrieb er sich neben Studenten, die zehn Jahre jünger waren, an einer Kunstakademie ein, blieb dort aber nur wenige Wochen. Dort nahm er an einem Klassenwettbewerb teil, bei dem die Juroren ihm mit harschen Worten beschieden, er möge in eine Anfängerklasse mit zehnjährigen Kindern zurückkehren.

Wie er es schon zwischen seinen verschiedenen beruflichen Laufbahnen gemacht hatte, hüpfte er von einer künstlerischen Leidenschaft zur nächsten. An einem Tag meinte er, echte Künstler würden nur realistische Figuren malen, und wenn es ihm nicht gelang, behauptete er am folgenden Tag, echte Künstler würden nur Landschaften malen. An einem Tag konzentrierte er sich auf den Realismus, an einem anderen Tag auf den reinen Expressionismus. In einer Woche war Kunst ein Medium zum Ausdruck der Gottesverehrung, in der nächsten Woche behinderten solche Überlegungen das reine Kunstschaffen. In einem Jahr beschloss er, wahre Kunst bestehe nur aus Schwarz- und Grauschattierungen; später waren nur leuchtende Farben der Ausdruck echter Kunst. Jedes Mal geriet er in schwärmerische Begeisterung, und jedes Mal verpuffte die Leidenschaft so schnell wie sie entstanden war.

Eines Tages schleppte er eine Leinwand und Ölfarben – mit beidem hatte er praktisch keine Erfahrung – während eines Sturms hinaus zu einer Düne. Er klatschte und strich die Farbe in Stakkato-Strichen auf die Leinwand, während die Windböen sein Werk mit Sandkörnchen sprenkelten. Wenn es sein musste, drückte er die Farbe direkt auf die Leinwand. Die viskose Ölfarbe und die Geschwindigkeit, mit der sie im Sturm aufgetragen werden musste, befreiten seine Fantasie und seine Hand von den lähmenden Defiziten, die ihn geplagt hatten, als er nach dem perfekten Realismus strebte. Mehr als ein Jahrhundert später schrieben seine maßgeblichen Biografen über diesen Tag: »[Er] machte eine erstaunliche Entdeckung: Er konnte malen.«[228] Und das fühlte er. »Ich genieße es über alle Maßen«, schrieb er seinem Bruder. »Das Malen hat sich als weniger schwierig erwiesen als ich erwartet habe.«[229]

Er hüpfte auch weiterhin von einem künstlerischen Experiment zum nächsten, schwor mal auf diese, mal auf jene Sache, um sie kurz darauf wieder zu verwerfen, verurteilte den Versuch, das Sonnenlicht mit Farbe einfangen zu wollen, nur um dann das Gegenteil zu behaupten, seine Leinwand draußen im hellen Sonnenschein aufzustellen und diesen auf die Leinwand zu bannen. Er war wie besessen von immer tieferen und dunkleren Schwarztönen in Schwarz-Weiß-Arbeiten und wandte sich dann wieder und für immer zugunsten leuchtender Farben davon ab, wobei seine Kehrtwende so absolut war, dass er nicht einmal beim Malen eines Nachthimmels Schwarz verwendete. Er begann, Klavierunterricht zu nehmen, weil er glaubte, die Töne könnten ihm vielleicht etwas über Farbtöne verraten.

Er setzte seine Wanderschaft – im geografischen und im künstlerischen Sinne – noch einige Jahre seines kurzen Lebens fort. Schließlich verabschiedete er sich von dem Ziel, ein Meisterzeichner zu werden und wandte sich Stück für Stück von allen Stilen ab, die er zuvor als wichtig bezeichnet, aber nie gemeistert hatte, und erfand eine neue Kunstrichtung: ungestüm, mit einem dicken Farbauftrag, eine Farbexplosion und ohne jede Formalität, außer dem Wunsch, etwas Unendliches einzufangen.* Er wollte eine Kunst schaffen, die jeder verstehen konnte, und keine anspruchsvollen Werke für privilegierte Kunstkenner mit formaler Bildung. Jahrelang hatte er immer wieder versucht, die Proportionen einer Figur akkurat wiederzugeben und war jedes Mal gescheitert. Nun verabschiedete er sich so drastisch von allen formalen Techniken, dass die Figuren, die zwischen seinen Bäumen wandelten, gesichtslos blieben und ihre Hände wie Fausthandschuhe wirkten.

Nachdem er einst lebendige Modelle angefordert hatte, um Porträts und andere Abbildungen anzufertigen, ließ er nun sein geistiges Auge bestimmen. Eines Abends blickte er aus seinem Schlafzimmerfenster auf die geschwungene Hügellandschaft in der Ferne und beobachtete über Stunden den Himmel, wie er es als Kind mit Vögeln und Käfern getan hatte.

Wenn er den Pinsel aufnahm, verwandelte seine Fantasie einen nahegelegenen Ort in ein winziges Dorf und dessen hoch aufragende Kirche in eine bescheidene kleine Kapelle. Die dunkelgrünen Zypressen, die massiv im Vordergrund standen, zogen sich die Leinwand hoch wie Seegras im wirbelnden Rhythmus des Nachthimmels.

All das geschah nur wenige Jahre, nachdem die Juroren der Kunstakademie ihm empfohlen hatten, in eine Anfängerklasse für Zehnjährige zurückzukehren. In jener sternklaren Nacht läutete dieses eine Gemälde, das er inmitten einer Kette an Erfolgen und Niederlagen malte, zusammen mit zahllosen anderen Gemälden in seinem besonderen Stil eine neue Kunstepoche ein und inspirierte zu neuen Konzepten für Schönheit und Ausdruck. Arbeiten, die er in den letzten beiden Jahren seines Lebens in wenigen Stunden als Experimente hingeworfen hatte, wurden schon bald zu Kunstwerken, die zu den teuersten der Welt gehörten – kulturell und finanziell.

Es ist ein Mythos, dass Vincent van Gogh in Anonymität verstarb. Eine ekstatische Rezension pries ihn wenige Monate vor seinem Tod als revolutionär und machte ihn in Paris zum Stadtgespräch. Claude Mo-

* Diesen Satz fasste er in einem Brief an seinen Bruder in französische Worte: *»ce qui ne passe pas dans ce qui passe«* – das, was in dem Verblassenden überdauert.

net, der Doyen des Impressionismus, die Bewegung, die Van Gogh ignoriert, beklagt und dann zur Innovation angeregt hatte, erklärte seine Werke bei einer Jahresausstellung zu den besten Werken, die die Ausstellung zu bieten hatte.[230]

Vier seiner Gemälde haben bei Auktionen mehr als 100 Millionen Dollar (inflationsbereinigt) erzielt, und das waren nicht einmal seine berühmtesten. Seine Motive zieren nun alles, von Socken über Mobiltelefonhüllen bis zu einer gleichnamigen Wodkamarke. Sein Einfluss reichte aber weit über den Kommerz hinaus.

»Was Künstler tun, hat sich wegen Vincent van Gogh verändert«, sagte mir der Künstler und Autor Steven Naifeh. (Zusammen mit Gregory White Smith hat Naifeh laut einem Kurator des Van-Gogh-Museums die »maßgebliche Biografie« verfasst.) Van Goghs Gemälde dienten als Brücke zur modernen Kunst und inspirierten zu einer Bewunderung, die in ihrem Umfang und ihrer Intensität kein Künstler, vielleicht sogar kein Mensch sonst erreicht hat. Teenager, die noch nie ein Museum von innen gesehen haben, tapezieren ihr Zimmer mit seinen Motiven; japanische Touristen verstreuen die Asche ihrer Vorfahren an seinem Grab. Im Jahr 2016 stellte das Art Institute of Chicago alle drei kulthaften *Schlafzimmer** aus – Bilder, die laut Van Gogh dazu dienen sollten, »das Gehirn, oder besser, die Fantasie auszuruhen«. Die rekordverdächtigen Besucherzahlen zwangen das Art Institute, Strategien zur Steuerung der Besucherströme zu improvisieren und eine Express-Schlange im Stil des beschleunigten Sicherheits-Screenings an amerikanischen Flughäfen einzuführen.

Wäre Van Gogh mit 34 und nicht mit 37 Jahren gestorben (zu seiner Zeit betrug die durchschnittliche Lebenserwartung in den Niederlanden 40 Jahre)[231], wäre er wahrscheinlich nicht mehr als eine Fußnote in der Geschichte gewesen. Das Gleiche gilt für Paul Gauguin, einem Maler, der kurz mit Van Gogh zusammenwohnte und einen Stil prägte, der als Synthetismus bezeichnet wird. Der Synthetismus zeichnet sich

* Van Goghs drei Gemälde »Das Schlafzimmer«, das sein Schlafzimmer in Arles beschreibt (A.d.Ü.)

durch eine vereinfachte Linienführung aus, die die in leuchtenden Farben dargestellten Bildelemente voneinander abgrenzt – im Gegensatz zu den feinen Farbabstufungen der klassischen Malerei. Auch Gauguin wurde einer der wenigen Künstler, deren Gemälde die Preisgrenze von 100 Millionen Dollar sprengten. Er verbrachte die ersten sechs Jahre seines Berufslebens bei der Handelsmarine, bevor er seine Berufung als großbürgerlicher Börsenmakler fand. Erst nach dem Marktzusammenbruch von 1882 widmete sich Gauguin mit 35 Jahren ausschließlich der Kunst.[232] Sein plötzlicher kometenhafter Aufstieg erinnert an J. K. Rowling, die nach ihren eigenen Worten in den Zwanzigern privat und beruflich »episch gescheitert war«.[233] Eine kurze Ehe »implodierte«, und danach lebte sie als alleinerziehende Mutter und arbeitslose ehemalige Lehrerin von der Sozialhilfe. Wie Van Gogh in der Kohleregion und Gauguin nach dem Börsencrash »befreiten« sie ihre Misserfolge, um sich Dingen zu widmen, die besser zu ihren Talenten und Interessen passten.

Alle diese Persönlichkeiten scheinen trotz ihres späten Starts überaus erfolgreich gewesen zu sein. Es wäre ein Leichtes, Geschichten von außergewöhnlichen Spätentwicklern herauszusuchen, die allen Widrigkeiten zum Trotz erfolgreich wurden. Ihr später Start war aber weder die Ursache ihres Erfolgs, noch wurden sie davon beeinträchtigt, sondern es war ein integraler Bestandteil ihres letztlichen Triumphes.

»Match-Qualität« ist ein Begriff, den Ökonomen verwenden, um den Grad der Übereinstimmung zwischen den Fähigkeiten und Neigungen eines Menschen und seiner Tätigkeit auszudrücken. Was Ofer Malamud, Ökonom an der Northwestern Universität dazu inspiriert hat, sich diesem Thema zu widmen, war seine persönliche Erfahrung. Er wurde in Israel geboren, wo sein Vater für eine Spedition arbeitete. Mit neun zogen er und seine Familie nach Hongkong, wo er eine englische Schule besuchte. Das englische Schulsystem verlangt, dass sich die Schüler in den letzten beiden Jahren bereits auf eine bestimmte akademische Ausrichtung festlegen. »Wenn man sich in England bei einer Hochschule bewarb, musste man sich für eine Fachrichtung entscheiden«, erklärte mir Malamud. Sein Vater war Ingenieur, also lag es nahe, dass er sich auch für einen technischen Studiengang bewarb. Im letzten Augenblick entschied er sich jedoch dagegen. »Ich beschloss, mich an einer amerikanischen Universität zu bewerben, da ich noch nicht wusste, was ich genau studieren wollte«, sagte er.

Er begann mit Computerwissenschaften, merkte aber schnell, dass das nicht seine Sache war. Also schnupperte er in mehrere Studienfächer hinein, bevor er sich für Wirtschaftswissenschaften und Philosophie entschied. Diese Erfahrung weckte bei ihm den anhaltenden Wunsch, herauszufinden, wie sich der Zeitpunkt der Spezialisierung auf die Berufswahl auswirkt. Ende der 1960er-Jahre vertrat der Ökonom und spätere Nobelpreisträger Theodore Schultz die Auffassung, sein Fachgebiet habe überzeugend dargelegt, dass eine höhere Bildung der Arbeitsproduktivität zugutekommt, aber die Ökonomen hätten es vernachlässigt, darzulegen, wie die Bildung jungen Menschen die Möglichkeit eröffnen kann, die Spezialisierung hinauszuschieben und zuerst unterschiedliche Dinge auszuprobieren und festzustellen, wie die eigene Persönlichkeit und das eigene Fähigkeitsprofil beschaffen sind, und welches berufliche Gebiet dazu passt.[234]

Für sein Studium des richtigen Zeitpunkts für eine Spezialisierung fand Malamud im britischen Schulsystem ein natürliches Fallbeispiel. In der Zeit, in der er seine Studie durchführte, mussten englische und walisische Studenten sich bereits vor der Universität spezialisieren, um sich für einen spezifischen Fachstudiengang bewerben zu können. In Schottland dagegen mussten die Schüler in den ersten zwei Jahren des Grundstudiums eine breite Fächerauswahl belegen und konnten anschließend weiterhin verschiedene Fachrichtungen ausprobieren.[235]

In beiden Ländern vermittelte jeder Kurs den Studenten Fähigkeiten, die sich auf ein spezifisches Gebiet anwenden ließen, sowie Informationen über ihre Match-Qualität in dem betreffenden Fach. Wenn sich Studenten früh spezialisierten, sammelten sie mehr Wissen, das sie auf eine hochbezahlte Tätigkeit vorbereitete. Wenn sie zunächst verschiedene Fächer ausprobierten und sich erst später spezialisierten, hatten sie zunächst weniger Kenntnisse, die sie auf dem Arbeitsmarkt für ein ganz bestimmtes Gebiet qualifizierten, aber ein besseres Gefühl für die Art Arbeit, die zu ihren Fähigkeiten und Neigungen passte. Malamuds Frage lautete: Wer machte am Ende die besseren Kompromisse, die Studenten, die sich schon früh festlegten, oder die Studenten, die sich erst später spezialisierten?

Wenn sich der Nutzen einer höheren Bildung darin erschöpfte, dass sie jobrelevantes Wissen und Fertigkeiten vermittelte, würden Studenten, die sich früh spezialisierten, nach dem Studium wahrscheinlich kaum in einen Bereich wechseln, der nichts mit ihrem Studienfach zu tun hat, weil sie so viele berufsspezifische Kenntnisse angesammelt haben, dass sie bei einer Umorientierung viel zu verlieren haben. Wenn einer der maßgeblichen Vorteile der Universität jedoch darin lag, dass sie Information über die Match-Qualität lieferte, dann würden diese Studenten nach dem Studium wahrscheinlich öfter wagen, auf einem völlig anderen Gebiet zu arbeiten, weil sie während des Studiums keine Zeit hatten, verschiedene Gebiete auszuprobieren, bevor sie sich für einen Studiengang entschieden, der zu ihren Neigungen und Fähigkeiten passte.

Malamud analysierte die Daten vieler Tausend ehemaliger Studenten und stellte fest, dass die Wahrscheinlichkeit, dass die Hochschulabsolventen in England und Wales nach dem Studium auf einem völlig anderen Gebiet arbeiteten, das nichts mit ihrem Studienfach zu tun hatte, konsistent höher war als bei den schottischen Studenten, die sich erst später spezialisiert hatten. Und obwohl diese zunächst Gehaltsnachteile in Kauf nehmen mussten, weil sie weniger fachspezifische Kenntnisse besaßen, machten sie diesen Nachteil schnell wieder wett.[236] Ihre Kollegen aus England und Wales wechselten nach dem Studium und sogar noch nach ihrem Eintritt in den Arbeitsmarkt öfter das Gebiet, obwohl sie wegen ihrer Spezialisierung einen viel geringeren Anreiz zu einem beruflichen Wechsel hatten. Da sie während des Studiums keine Gelegenheit hatten, sich zu testen, waren sie eher geneigt, einen eng begrenzten Karrierepfad einzuschlagen, bevor sie herausfanden, ob er zu ihnen passte. Die Studenten aus England und Wales spezialisierten sich so früh, dass sie mehr Fehler machten.[237] Malamuds Fazit: »Die Vorteile der Match-Qualität … machen das versäumte Fachwissen wett.«

Der Wissenserwerb war weniger wichtig als die Erkundung der eigenen Neigungen und Fähigkeiten. Diese Art Exploration ist kein launenhafter Luxus der Bildung, sondern ihr zentraler Nutzen.

Es sollte nicht verwundern, dass mehr schottische Studenten am Ende Studienfächer wählten, die es in ihrer weiterführenden Schule nicht gab, wie zum Beispiel Maschinenbau. In England und Wales wurde von den Studenten erwartet, dass sie sich allein auf Basis des Wissens, das ihnen die begrenzte Fächerauswahl an der weiterführenden Schule bot, für ein Studienfach entschieden. Das ist so, als würde man mit 16 gezwungen, sich zu entscheiden, ob man seine Jugendfreundin heiraten will. Zu dem Zeitpunkt mag das wie eine großartige Idee wirken, aber je mehr Lebenserfahrung man gewinnt, desto weniger großartig wirkt die Idee im Rückblick. In England und Wales war die Wahrscheinlichkeit höher, dass die Universitätsabsolventen später den Karrierepfad verließen, in den sie investiert hatten, weil sie sich zu früh festgelegt hatten. Wenn wir Berufskarrieren eher wie die Suche nach dem richtigen Lebenspartner betrachten würden, würden sich junge Menschen mehr Zeit lassen.

Für diejenigen, die sich im Laufe ihres Berufslebens irgendwann umorientierten, ob sie sich früh oder spät spezialisiert hatten, war der Wechsel eine gute Idee. »Man büßt einen Teil seiner Kompetenzen ein, das ist also zunächst ein Rückschlag«, sagte Malamud. »Aber nach dem Wechsel findet eine schnellere Entwicklung statt.« Unabhängig von dem Zeitpunkt der Spezialisierung konnten die Betroffenen ihre Erfahrung nutzen, um bessere Entscheidungen zu treffen.

Steven Levitt, der Ökonom, der auch Co-Autor des Buches *Freakonomics* ist, nutzte seine Leser auf sehr clevere Weise für einen Test über Veränderungsbereitschaft. Auf der Homepage von »Freakonomics Experience« lud er Leser, die über eine Veränderung in ihrem Leben nachdachten, dazu ein, eine digitale Münze zu werfen. Kopf bedeutete, sie sollten es wagen; Zahl, sie sollten es lassen. 20.000 Freiwillige, die sich mit so unterschiedlichen Fragen beschäftigten, ob sie sich eine Tätowierung stechen lassen, Online-Dating ausprobieren oder ein Kind bekommen sollten, folgten seiner Einladung. Darunter waren auch 2186

Teilnehmer, die einen Karrierewechsel erwogen.* Aber konnten sie eine so große Entscheidung wirklich dem Zufall überlassen? Die potenziellen Jobwechsler, die Kopf warfen, erhielten die Antwort: nur wenn es sie zufriedener macht. Sechs Monate später waren diejenigen, die Kopf geworfen und den Job gewechselt hatten, wesentlich zufriedener als diejenigen, die von ihrem Veränderungswunsch Abstand genommen hatten.[238]** Laut Levitt legte die Studie nahe, dass »Ermahnungen wie ›echte Sieger kapitulieren nie; wer kapituliert, wird nie siegen‹ zwar gut gemeint, tatsächlich aber womöglich ein schlechter Ratschlag sind«. Levitt nannte als eine seiner eigenen maßgeblichsten Fähigkeiten, »die Bereitschaft, etwas über Bord zu werfen«[239] – zum Beispiel ein Projekt oder ein gesamtes Studienfeld, wenn ein anderes Aufgabengebiet besser zu ihm passt.

Winston Churchills Satz, »Gib niemals nach! Nie! Nie! Nie!« ist ein oft verwendetes Sprachbild. Der Zusatz wird dabei allerdings immer weggelassen: »Außer in Fragen der Ehre oder des gesunden Menschenverstandes.«

Der Arbeitsökonom Kirabo Jackson hat demonstriert, dass sich der Wert informierter Veränderungsentscheidungen selbst beim meistgefürchteten administrativen Problem, dem »Lehrerwechsel«, deutlich manifestiert. Seinen Untersuchungen zufolge erzielen Lehrer nach einem Wechsel an eine andere Schule bessere Unterrichtsergebnisse. Dabei stellte er außerdem fest, dass sich dieser Effekt nicht durch einen Wechsel an stärker leistungsorientierte Schulen oder bessere Schüler erklären lässt. »Lehrer neigen dazu, von Schulen wegzugehen, in die sie nicht gut gepasst haben«, schloss er. »Der Lehrerwechsel … könnte

* Der Jobwechsel war die beliebteste Frage.

** In einer detaillierten Analyse demonstrierte Levitt, dass das Ergebnis des Münzwurfs tatsächlich die Entscheidung der Teilnehmer beeinflusste. Jemand, der überlegte, ob er seinen Job wechseln sollte und Kopf warf, wechselte anschließend eher als jemand, der sich die gleiche Frage stellte, aber Zahl warf, obwohl jeder Teilnehmer unabhängig von dem Ergebnis seines Münzwurfs selbstverständlich seine eigene freie Entscheidung treffen konnte. Bei den Teilnehmern, die sich entschieden, dem Münzwurf zu folgen, stand der Kopf (und der damit verbundene Jobwechsel) in einem kausalen Zusammenhang mit ihrer nachfolgenden größeren Zufriedenheit.

in der Tat zu einer besseren Übereinstimmung zwischen Schulen und Lehrkräften führen.«[240]

Menschen, die sich verändern, sind Gewinner. Das scheint im Widerspruch zu den abgenutzten Sprichwörtern über die vermeintliche Kapitulation, aber auch zu weitaus neueren Konzepten der modernen Psychologie zu stehen.

Die berühmteste Studie über Kapitulation wurde von der Psychologin Angela Duckworth durchgeführt. Das Ziel war, eine realistische Prognose darüber zu treffen, welche neuen Kadetten die Grundausbildung und Orientierung der US-Militärakademie West Point – auch »Beast Barracks« genannt – vorzeitig aufgeben würden.[241]

Sechseinhalb Wochen körperlicher und emotionaler Strapazen sollen aus unbeschwerten jungen Männern und Frauen disziplinierte, gehorsame Offiziersanwärter machen. Die Kadetten müssen morgens um 5:30 Uhr antreten und laufen oder Freiübungen machen. Im Frühstückssaal müssen neue Kadetten – auch *Plebe* (Fußvolk) genannt – beim Essen kerzengerade auf ihren Stühlen sitzen, anstatt sich über den Teller zu beugen. Jeder *Upperclassman* – das sind die jungen Offiziere im letzten Ausbildungsjahr – kann sie mit Fragen traktieren. *»How's the cow«?* ist ein Kürzel für die Frage, »Wie viel Milch ist noch übrig?« Ein neuer Kadett muss lernen, mit einer wortreichen, genau vorgestanzten Formulierung zu antworten.

Der übrige Tag ist eine Mischung aus theoretischem Unterricht und strapaziösen körperlichen Aktivitäten wie der Übungseinheit in der fensterlosen Tränengaskammer, in der die jungen Kadetten ihre Gasmasken absetzen und mit brennenden Gesichtern Fakten rezitieren müssen. Es wird nicht verlangt, dass man sich übergibt, aber wenn es passiert, wird auch kein Verweis erteilt. Um 10 Uhr abends wird das Licht ausgeschaltet, und am nächsten Morgen wiederholt sich das Ganze. Diese Grundausbildung stellt die Charakterfestigkeit der neuen Studenten-Soldaten auf die Probe. Voraussetzung für die Aufnahme in West Point sind erstklassige Noten. Viele Offiziersanwärter waren zudem herausragende Sportler, und die meisten durchliefen einen Bewerbungsprozess, zu dem auch eine Empfehlung eines Kongressmitglieds gehört. Drückeberger schaffen es gar nicht erst bis zu den Beast Barracks. Dennoch werden einige schon nach weniger als einem Monat kapitulieren.

Duckworth erfuhr, dass der Whole Candidate Score – die entscheidende Punktzahl, die sich aus standardisierten Testergebnissen, der Highschool-Abschlussnote, Fitnesstests und nachweislichen Führungsqualitäten zusammensetzt – das wichtigste Aufnahmekriterium ist. Leider gibt dieses keinen Aufschluss darüber, wer die Beast-Barrack-Phase freiwillig vorzeitig abbrechen wird. Duckworth hatte mit Spitzenleistern aus unterschiedlichen Gebieten gesprochen und beschlossen, die beiden Eigenschaften Leidenschaft und Durchhaltevermögen zu untersuchen – eine Kombination, die sie als *Grit* (Stehvermögen) bezeichnet hat. Außerdem entwickelte sie eine Selbstbewertungsmethode, die die beiden Komponenten des Stehvermögens berücksichtigte. Eine Komponente setzt sich aus Arbeitsethik und Resilienz zusammen und die andere ist die »Beständigkeit der Interessen«, also ein innerer Kompass und die Überzeugung, genau zu wissen, was man will.

Im Jahr 2004, zu Beginn der Beast-Barrack-Phase, teilte Duckworth den Grit-Fragebogen an 1218 neue Kadetten aus. Sie sollten auf einer Skala von 1 bis 5 bewerten, wie gut zwölf Aussagen auf sie zutrafen. Bei einigen der Aussagen ging es eindeutig um die Arbeitsethik (»ich bin ein Mensch, der hart arbeitet«; »ich bin fleißig«). Andere drehten sich um die Beharrlichkeit oder ein besonderes Interesse (»ich setze mir oft ein Ziel, ändere es aber später«; »meine Interessen verändern sich von Jahr zu Jahr«).

Im Gegensatz zum Whole Candidate Score, der keinen Aufschluss darüber bot, wer die Grundausbildung vorzeitig verlassen würde, ließen sich anhand der sogenannten Grit Scale zuverlässigere Prognosen treffen. Duckworth erweiterte die Studie auf andere Gebiete, zum Beispiel die Endrunde des Schülerwettbewerbs im Buchstabieren (Scripps National Spelling Bee). Dabei stellte sie fest, dass sich sowohl anhand verbaler IQ-Tests als auch Tests über das Stehvermögen zuverlässig prognostizieren ließ, wie weit ein Buchstabierer bei diesem Wettbewerb kommen würde. Kandidaten mit guten IQ-Tests und viel Stehvermögen hatten die besten Aussichten, allerdings konnten Teilnehmer ein geringes Stehvermögen durch ein gutes Ergebnis beim verbalen IQ-Test wett machen, und umgekehrt.[242]

Duckworths faszinierende Arbeit ließ eine kleine Industrie mit einem großen Anwendungsgebiet entstehen. Sportteams, Unternehmen der Fortune 500, Charter-School-Netzwerke und das US-Bildungsministerium begannen, für Stehvermögen zu werben, es zu entwickeln und sogar auf Stehvermögen zu testen. Duckworth gewann für ihre Arbeit zwar den Genie-Preis der MacArthur-Stiftung*, reagierte in einem Leitartikel in der *New York Times* aber dennoch sehr zurückhaltend auf die Begeisterung: »Ich fürchte, ich habe unabsichtlich zu einer Idee beigetragen, der ich nachdrücklich widerspreche: zu bestimmen, wer eine hoch leistungsfähige Persönlichkeit besitzt«, schrieb sie.[243] Aber nicht nur in diesem Bereich wurde die Forschung über Stehvermögen über ihre wissenschaftliche Beweislage hinaus fortgesetzt und übertrieben.

Die Tatsache, dass Kadetten auf Basis ihrer Punktzahl beim Whole Candidate Score ausgewählt werden, führt zu einem Phänomen, das Statistiker als »Einschränkung der Bandbreite« bezeichnen. Soll heißen, die Auswahl der Kadetten auf Basis ihres Whole Candidate Score und der in diesem Verfahren berücksichtigten Messgrößen war bereits eine Vorselektion einer bestimmten Gruppe von Menschen aus der Gesamtbevölkerung. In diesem Fall können andere Variablen, die nicht im Selektionsprozess berücksichtigt wurden, im Vergleich plötzlich wesentlich bedeutsamer erscheinen. Um es anhand einer Analogie aus dem Sport zu verdeutlichen: Das wäre so, als würde man bei einer Studie über erfolgreiche Basketballspieler ausschließlich NBA-Spieler untersuchen. Die Studie würde möglicherweise ergeben, dass die Körpergröße keine Rolle spielt, sondern die Entschlossenheit. Da bei dieser Studie nur NBA-Spieler und damit ausschließlich besonders großgewachsene Spieler berücksichtigt wurden, war die Körpergröße eine Grundvoraussetzung für die Studie. Folglich erscheint ihre Erfolgsbedeutung gerin-

* Die Auszeichnung MacArthur Fellowship samt Preisgeld wird von der gleichnamigen Stiftung an Amerikaner vergeben, die besondere Verdienste erworben und sich besonders kreativ betätigt haben. (A.d.Ü.)

ger, als es tatsächlich der Fall ist.* Auf ähnliche Weise könnte die relative Vorhersagekraft des Stehvermögens und anderer Eigenschaften von West-Point-Kadetten und Teilnehmern am Buchstabierwettbewerb in weniger eingeschränkten Populationen anders aussehen. Wenn eine wirklich zufällige Stichprobe aus Highschool-Absolventen anhand der Whole Candidate Scores bewertet würde, und nicht nur die angenommenen Bewerber der Militärakademie West Point, könnten ihr körperliche Fitness, ihre Noten und ihre Führungsqualitäten durchaus eine Prognose über ihre Beharrlichkeit in der militärischen Grundausbildung liefern – vielleicht sogar besser als der Grit Scale. Man muss allerdings dazusagen, dass Duckworth und ihre Co-Autoren explizit darauf hinwiesen, dass sie mit der Untersuchung streng vorselektierter Gruppen »zwangsläufig die externe Validität unserer Untersuchungen eingeschränkt haben«.[244]

Die überwältigende Mehrheit der neuen Kadetten beendet die Grundausbildung, egal wie hoch ihr Stehvermögen bewertet wurde. Im ersten Jahr von Duckworths Untersuchung schieden von 1128 neuen Kadetten 71 vorzeitig aus. Im Jahr 2016 waren es 32 von 1308.[245] Die weiterführende Frage lautet, ob das womöglich sogar eine gute Entscheidung ist. Ehemalige erzählten mir, für das vorzeitige Ausscheiden während oder nach der Grundausbildung gebe es unterschiedliche Gründe. »Ich glaube, die jungen Kadetten, denen die geistige Anstrengung mehr liegt als die körperliche, beißen während der relativ kurzen Grundausbildung einfach die Zähne zusammen und kämpfen sich durch bis zum akademischen Jahr. Für die körperlich besonders fitten Kadetten ist die Beast-Barrack-Phase eine der besten Erfahrungen, die sie machen«, sagte mir Ashley Nicolas, eine ehemalige West-Point-Absolventin, die als Geheimdienstoffizierin in Afghanistan arbeitete. Einige der Kadetten kämpfen sich durch die Grundausbildung, nur um

* In manchen Jahren würde ein Forscher, der den Basketballsport untersucht, eine umgekehrte Beziehung zwischen der Körpergröße der Spieler und der Trefferquote feststellen, falls er sich auf NBA-Spieler beschränkte. Falls er den Umstand unberücksichtigt ließe, dass es sich um eine vorselektierte Bevölkerungsgruppe handelte, könnte er versucht sein, Eltern zu sagen, ihre kleinwüchsigeren Kinder hätten bessere Erfolgschancen in einer NBA-Mannschaft.

hinterher festzustellen, dass die Akademie doch nicht der richtige Ort für ihre Fähigkeiten oder Interessen war. »Ich erinnere mich, dass im ersten Semester viel mehr Leute aufgaben, als ihnen klar wurde, dass das akademische Studium nicht ihre Sache war. Diejenigen, die früher aufgaben, hatten entweder Heimweh oder erkannten, dass sie einfach nicht nach West Point passten. Die meisten der Letztgenannten schienen junge Leute zu sein, die dazu gedrängt wurden, nach West Point zu gehen, ohne aber wirklich selbst den Wunsch zu haben.« In anderen Worten: Die geringe Zahl an Kadetten, die bereits während der Grundausbildung das Handtuch schmissen, gab zum Teil nicht wegen ihres mangelnden Stehvermögens auf, sondern wegen mangelnder Match-Qualität – die Militärkarriere entsprach weder ihren Fähigkeiten noch ihren Neigungen.

Auf ähnliche Weise beginnen vielleicht einige Kinder Wortstämme auswendig zu lernen, um an dem nationalen Buchstabierwettbewerb teilzunehmen und erkennen dann, dass sie eigentlich gar keine Lust haben, ihre Lernzeit mit Buchstabieren zu verbringen. Das könnte eine Frage des mangelnden Stehvermögens sein, aber es könnte auch sein, dass sie auf die mangelnde Match-Qualität reagieren. Diese Information hätten sie nicht erhalten, wenn sie es nicht versucht hätten.

Robert A. Miller, Wirtschafts- und Statistikprofessor an der Carnegie Mellon University in Pittsburgh, modellierte den Karriereabgleich – die Entscheidung, eine Militärakademie zu besuchen, ist eine wichtige Karriereentscheidung – als einen »Prozess der vielarmigen Banditen«. »Einarmiger Bandit« ist der umgangssprachliche Begriff für einen Spielautomaten. Der Prozess der vielarmigen Banditen bezieht sich auf ein hypothetisches Szenario: Ein einziger Spieler sitzt vor einer ganzen Reihe von Spielautomaten, wobei jeder Spielautomat bei Betätigung seine eigene Gewinnwahrscheinlichkeit hat. Die Herausforderung des Spielers besteht darin, die unterschiedlichen Maschinen auszuprobieren und herauszufinden, wie er ihre Hebel am besten betätigt, um möglichst viel Geld aus den Automaten zu holen. Miller demonstrierte, dass die Bestimmung der Match-Qualität ähnlich verläuft. Ein Mensch schlägt einen bestimmten Weg ein, probiert dann verschiedene Optionen aus, und zwar so, dass er schnellstmöglich Informationen über die Match-Qualität erhält, und verfeinert dabei zunehmend seine Entscheidungen, auf welchen Weg er seine Energie konzentrieren soll. Der Ausdruck »jung und dumm« beschreibe die Neigung junger Erwachsener, sich eher für riskante Jobs zu entscheiden, aber das sei alles andere als dumm, sondern ideal, schrieb Miller.[246] Junge Menschen besitzen weniger Erfahrung als ältere Arbeitskräfte, daher sollten sie zuerst Pfade mit einem hohen Chancen-Risiko-Profil beschreiten, weil diese einen hohen Informationswert besitzen. Der Versuch, ein berühmter Spitzensportler oder Schauspieler zu werden, oder ein international erfolgreiches Startup zu gründen, wird wahrscheinlich keinen Erfolg haben, aber der potenzielle Lohn ist sehr hoch. Dank des konstanten Feedbacks und eines gnadenlosen Selektionsprozesses werden diejenigen, die solche Versuche unternehmen, wahrscheinlich schnell merken, ob die gewählte Karriere zu ihnen passt, zumindest im Vergleich zu anderen Karrieren, die keine so schnelle Rückmeldung bieten. Falls der gewählte Weg nicht der richtige ist, können die jungen Nachwuchskräfte etwas anderes ausprobieren und weitere Informationen über sich selbst und ihre Optionen sammeln.

Seth Godin, Autor einiger der populärsten Karrierebücher der Welt, kritisierte in einem seiner Werke die Vorstellung, wer aufgebe, werde nie zu den Siegern gehören. Godin zufolge treffen sogenannte Sieger – damit meinte er im Allgemeinen Menschen, die auf ihrem Fachgebiet zu herausragenden Experten werden – oft und schnell die Entscheidung, einen bestimmten Plan fallen zu lassen, wenn sie merken, dass er nicht ideal ist, und sie würden sich deswegen auch nicht schlecht fühlen. »Wir scheitern«, schrieb er, wenn wir »nur deswegen an Aufgaben festhalten, weil uns der Mut fehlt, etwas anderes zu machen.«[247] Godin plädierte nicht für die Kapitulation vor einer schwierigen Aufgabe. Einen langen Atem zu haben, ist ein Wettbewerbsvorteil für jeden, der eine lange Wegstrecke zurücklegt, aber er sagte, zu wissen, wann man etwas aufgeben muss, sei ein so großer strategischer Vorteil, dass sich jeder eine Liste mit K.-o.-Kriterien machen sollte, bevor er sich auf etwas einlässt. Der wichtige Trick bestehe darin, dass man eine schonungslose

Introspektion betreibe und ehrlich analysiere, ob man aus mangelndem Stehvermögen aufgegeben hat oder aus der intelligenten Erkenntnis, dass es Alternativen gibt, die besser zu einem passen.

Die militärische Grundausbildung an der Militärakademie West Point ist perfekt für den Ansatz des vielarmigen Banditen geeignet. Eine Gruppe hoch leistungsfähiger junger Menschen, die über keinerlei militärische Erfahrung verfügen, ziehen sozusagen den »Hebel« West Point. Das heißt, sie lassen sich auf ein hoch riskantes Programm ein, das aber auch eine hohe Belohnung verspricht, und erhalten ab der ersten Woche eine Flut von Informationen, ob sie für den militärischen Drill geschaffen sind. Die überwältigende Mehrheit hält durch; es wäre jedoch unrealistisch zu erwarten, dass jeder einzelne neue Kadett genau weiß, auf was er sich einlässt. Hätten die wenigen, die ihre Ausbildung vorzeitig abgebrochen haben, weitermachen sollen? Vielleicht, falls sie das Handtuch in einem Moment der Panik geworfen haben, und nicht, nachdem sie ihre eigentlich angestrebte Zukunft im Licht der neuen Erkenntnisse über ein Leben beim Militär neu bewertet haben. Vielleicht sollten sogar noch mehr Kadetten frühzeitig ausscheiden.

Im Gegenzug für eine Verpflichtung zu einem fünfjährigen aktiven Militärdienst erhält jeder Kadett ein aus Steuermitteln bezahltes Stipendium im Wert von rund einer halben Million Dollar. Aus diesem Grund ist es für die Armee besonders ärgerlich und beunruhigend, dass seit Mitte der 1990er-Jahre rund die Hälfte der Absolventen von West Point den aktiven Militärdienst nach fünf Jahren, das heißt nach Ableisten der Mindestzeit, wieder verlassen. Es dauert fünf Jahre, bis sich die Investitionen in die Ausbildung von Offizieren amortisiert hat. Drei Viertel der Absolventen scheiden vor Ablauf von 20 Jahren aus, das heißt, mit Anfang bis Mitte 40 haben sie bereits eine lebenslange Pension erworben.[248]

Eine 2010 veröffentlichte Schriftenreihe des Strategic Studies Institute der Armee warnte, die Aussichten für das Offizierskorps seien »von einer stetig sinkenden Investitionsrendite eingetrübt, wie die sinkende Bindungsrate von Company-Grade-Offizieren* belegt«.[249]

Der Offiziersnachwuchs von West Point, der die Beast Barracks durchgehalten und eine sehr anspruchsvolle, fordernde Ausbildung absolviert hat und dann die Armee verlässt, hat die höchsten Abwanderungsraten aller Ausbildungsprogramme für die Offizierslaufbahn – sie ist höher als die Abwanderungsrate der Offiziere, die am ROTC (Offiziersausbildung an einem nichtmilitärischen College) oder der Officer Candidate School (OCS) ausgebildet wurden, an der Zivilisten mit College-Abschluss oder eingeschriebene Soldaten ausgebildet werden. Die Investitionen in die Offiziersausbildung haben sich in jüngster Zeit negativ entwickelt: Die Offiziere, die am OCS ausgebildet wurden, bleiben am längsten, gefolgt von ROTC-Absolventen, die ein zweijähriges Stipendium erhielten, gefolgt von ROTC-Absolventen mit einem dreijährigen Stipendium, gefolgt von den West-Point-Absolventen und den ROTC-Absolventen mit einem vollen Stipendium. Je wahrscheinlicher die Armee einen bestimmten Kadetten als erfolgreichen zukünftigen Offizier identifiziert und Geld in seine Ausbildung investiert, desto wahrscheinlicher verlässt dieser die Armee zum frühestmöglichen Zeitpunkt. Das Ziel der Armee ist nicht, reine Beast-Barrack-Survivor heranzuziehen, sondern Berufsoffiziere für eine gehobene militärische Laufbahn. Aus militärischer Perspektive ist das Ganze also ein kapitaler Fehlschlag.

Dieses Muster nahm derartige Ausmaße an, dass ein ranghoher Offizier zu dem Schluss kam, West Point würde Versager heranziehen, und erklärte, das Militär sollte die Investitionen in »eine Institution reduzieren, die ihren Kadetten beibringt, dass man aus der Armee flüchtet«.[250]

Selbstverständlich ist das nicht das, was die Militärakademie und das ROTC ihrem Offiziersnachwuchs beibringt. Haben die Kadetten plötzlich ihr Stehvermögen verloren, dass sie durch die Grundausbildung brachte? Nein. Die Autoren der Schriftenreihe – ein Major, ein Oberstleutnant a.D. und ein Oberst, allesamt ehemalige West-Point-Professo-

* nachgeordneter Offiziersrang ohne Befehlsgewalt (A.d.Ü.)

ren – bezeichneten das Rätsel als ein Problem der Match-Qualität. Je höher die Armee die Fähigkeiten eines Offiziersanwärters einschätzte, desto eher bot sie ihm ein Stipendium. Als die hart arbeitenden und talentierten Stipendiaten zu jungen Fachkräften erblühten, merkten sie, dass außerhalb des Militärs zahlreiche Karriereoptionen auf sie warteten. Und so beschlossen sie, etwas anderes auszuprobieren. In anderen Worten: In ihren Zwanzigern lernten sie etwas über sich selbst und reagierten darauf, indem sie eine Entscheidung über die Match-Qualität trafen.

Im Zuge der wirtschaftlichen und gesellschaftlichen Transformation der Nation in eine Wissensökonomie, die sich in den 1980er-Jahren vollzog, bekam die undichte Offizierspipeline klaffende Löcher. Zur Jahrtausendwende drohte die Pipeline zu bersten. Die Armee begann, Bindungsprämien zu zahlen; die jungen Offiziere erhielten Bonuszahlungen, wenn sie bereit waren, sich für einige zusätzliche Jahre zu verpflichten. Das kostete die Steuerzahler 500 Millionen Dollar und entpuppte sich als massive Verschwendung. Die Offiziere, die sowieso geblieben wären, nahmen das Geld gerne mit, und diejenigen, die sowieso entschlossen waren zu gehen, waren auch mit dem Bonus nicht zum Bleiben zu bewegen. Die Armee lernte eine harte Lektion: Es handelte sich nicht um ein finanzielles Problem, sondern um ein Problem der fehlenden Übereinstimmung zwischen Karriere und Kandidaten.

Im Industriezeitalter, als die Menschen sozusagen mit ihrer Firma verheiratet waren, wie es die Autoren schreiben, waren die Unternehmen hoch arbeitsteilig, das heißt, die Angestellten machten überwiegend Routinejobs. Sowohl der gesamte Lebensstil der damaligen Zeit – man arbeitete auf eine sichere Rente hin und ein Jobwechsel galt als mangelnde Loyalität – als auch die Spezialisierung auf ein eng umgrenztes Aufgabengebiet wirkten als Wechselbarrieren. Außerdem hatten die Unternehmen kaum Anreize, neue Mitarbeiter einzustellen, da die lernfreundliche Umgebung bedeutete, dass nur ständige Wiederholung und langjährige Erfahrung auf ein und demselben Gebiet zu einer Leistungssteigerung führten.

In den 1980er-Jahren veränderte sich die Unternehmenskultur. Die Wissensökonomie schuf »eine überwältigende Nachfrage nach ... Mitarbeitern mit der Begabung zu konzeptionellem Denken und Wissensgenerierung.« In der neuen Wissensökonomie waren breite konzeptionelle Fähigkeiten von Vorteil, und so verlagerte sich die Kontrolle über die berufliche Laufbahn vom Arbeitgeber, der sich auf die Aufstiegschancen seiner Mitarbeiter innerhalb des Unternehmens konzentrierte, auf die Mitarbeiter, die außerhalb des Unternehmens eine Fülle von neuen Möglichkeiten entdeckten. Rasch entwickelte sich im Privatsektor ein effizienter Arbeitsmarkt, als die Arbeitnehmer auf der Suche nach der besten Match-Qualität begannen, ihre Arbeitgeber zu wechseln. Während sich die Welt veränderte, blieb die Armee jedoch im Industriezeitalter verhaftet.

Die Professoren von West Point betonten, wie viele bürokratische Organisationen habe es auch die Armee versäumt, sich auf Märkte einzustellen, die von Match-Qualität bestimmt sind. »Beim Militär gibt es keinen entsprechenden Marktmechanismus«, schrieben sie. Wenn ein Jungoffizier sich beruflich verändern wolle und der Armee den Rücken kehre, sei das kein Signal für einen mangelnden inneren Antrieb, sondern für einen starken Antrieb zur persönlichen Entwicklung, der zu einer Veränderung der Ziele führe. »Ich habe noch keinen ehemaligen Kameraden der Akademie getroffen, der es bereut hätte, die Armee verlassen zu haben«, sagte die ehemalige Geheimdienstoffizierin Ashley Nicolas, die anschließend Mathematiklehrerin und dann Anwältin wurde. Sie fügte hinzu, alle seien dankbar für die Erfahrung, auch wenn das Militär nicht zur beruflichen Lebensaufgabe wurde.

Während sich die Privatwirtschaft an den steigenden Bedarf nach einer hohen Match-Qualität anpasste, warf die Armee ihren Offizieren einfach Geld hinterher. Das hat sich inzwischen jedoch ganz allmählich verändert. Die hierarchischste aller Institutionen hat mit Erfolg begonnen, Match-Flexibilität zu berücksichtigen und ein Zufriedenheitsprogramm für die Offizierslaufbahn entwickelt, damit die ROTC-Stipendiaten und die Absolventen von West Point mehr Kontrolle über ihre Karrierefortschritte erhalten. Im Gegenzug für die Verpflichtung zu drei zusätzlichen Jahren im aktiven Militärdienst erhöhte das Programm die Zahl der Offiziere, die ein bestimmtes Fachgebiet (Infanterie, Nachrichtendienst, Maschinenbau, Zahnmedizin, Finanzen, Veterinärmedizin, Kommunikationstechnologie und viele weitere) oder einen geografischen Standort wählen können. Wo die finanziellen Lockangebote kläglich versagten, hatte die Förderung der Match-Qualität Erfolg. In den ersten vier Jahren des Programms waren 4000 Kadetten bereit, sich im Gegenzug für eine bessere Auswahl an Karrieremöglichkeiten innerhalb der Armee für weitere Jahre zu verpflichten.[*251]

Das ist jedoch nur ein kleiner Schritt. Als der Verteidigungsminister Ash Carter im Jahr 2016 eine Studentenversammlung in West Point besuchte, wurde er von sehr unzufriedenen Kadetten mit Klagen über rigide Karrierepfade überschüttet, die sich nicht an ihre eigene Entwicklung anpassen ließen. Carter hat eindringlich dafür plädiert, das Personalmanagement der Armee, das noch im Industriezeitalter verhaftet ist, drastisch zu modernisieren und das sogenannte Up-or-out-Modell, das von jungen Offizieren einen linearen Aufstieg auf einem eng umgrenzten Pfad verlangt, in ein Modell zu verwandeln, das es Offizieren ermöglicht, im Verlauf ihrer beruflichen Entwicklung ihre Match-Qualität zu verbessern.[252]

Als frisch gebackene Highschool-Absolventen ohne große Fähigkeiten und Kenntnisse über eine ganze Welt an Karriereoptionen, hätten die West-Point-Kadetten auf die Aussage des Grit Scale, »Ich setze mir oft ein Ziel, verwerfe es dann aber, um ein anderes zu verfolgen« leicht die Antwort »trifft überhaupt nicht auf mich zu« ankreuzen können. Einige Jahre später, nachdem sie eine bessere Einschätzung ihrer Fä-

* Die Armee initiierte außerdem einen Prozess mit der Bezeichnung »talent-based branching« (in etwa: talentbasierte Entfaltung, A.d.Ü.), in dessen Rahmen sie mit Kadetten und jungen Offizieren arbeitet, um ihnen im Verlauf der Ausbildung bei der Bestimmung ihrer eigenen Talente und Interessen zu helfen. Die Idee ist, die berufliche Match-Qualität innerhalb der Armee zu verbessern. Wie Oberst Joanne Moore in einer Präsentation aus dem Jahr 2017 anmerkte, passen die Aufgaben, von denen die Kadetten bei ihrem Eintritt ins Militär träumen, oft nicht gut zu ihrem Profil. Das merken die Offiziersanwärter aber erst, wenn sie es selbst ausprobiert haben, daher ist die Möglichkeit, in einen anderen Bereich zu wechseln, maßgeblich für die Optimierung der Match-Qualität.

higkeiten und Neigungen hatten, war die Entscheidung für ein anderes Ziel kein Zeichen von fehlendem Stehvermögen oder Versagen, sondern eine intelligente Wahl.

Intuitiv sagt mir die Forschung über Stehvermögen zu. In nichtwissenschaftlicher, umgangssprachlicher Verwendung des Wortes glaube ich, dass ich viel davon besitze. Nachdem ich an einer großen öffentlichen Highschool Kurz- und Mittelstrecke gelaufen war und Football, Basketball und Baseball gespielt hatte – und ich bin nur 1,70 Meter groß – trat ich am College als 800-Meter-Läufer in eine Mannschaft aus der ersten Liga ein.

In meinem ersten Studienjahr kam ich den schlechtesten 800-Meter-Läufern nicht einmal nahe; ich *war* der Schlechteste, und das mit Abstand. Ich durfte mit dem Team weiter üben, denn solange man nicht für einen Auswärtswettkampf nominiert wird, kostet es niemanden irgendetwas, nicht einmal das Paar Schuhe, das die rekrutierten Sportler bekommen. Wenn die Mannschaft während des Spring Break – der Frühlingsferien – in ein Trainingscamp nach South Carolina reiste, fuhr ich nicht nach Hause, sondern blieb zurück auf dem geradezu unheimlich stillen Campus, um in Ruhe trainieren zu können. Zwei elende Jahre quälte ich mich mit Trainingseinheiten, die mich an den Rand der Übelkeit brachten, und mit Wettläufen, die mein Ego beschädigten, während hochtalentierte Läufer aufhörten und durch andere ersetzt wurden. Es gab viele Tage (und Wochen und einen ganzen Monat oder sogar drei), an denen ich das Gefühl hatte, ich sollte es lassen. Aber ich lernte, welche Art Training gut für mich war, und ich wurde besser. In meiner letzten Saison vor dem Studienabschluss knackte ich die All-Time-Top-Ten-Liste der Indoor-Läufer der Universität, wurde zweimal All-East-Champion und war Mitglied einer Staffel, die den Universitätsrekord aufstellte. Der einzige weitere Kommilitone, der einen Universitätsrekord hielt, war mein grimmig entschlossener Zimmergenosse, der neben mir der zweite sportliche Statist war. Fast die gesamte rekrutierte Klasse aus unserem Jahr hatte aufgegeben. Witzigerweise wurde ich als der Athlet, »der trotz ungewöhnlicher Herausforderungen und Schwierigkeiten einen signifikanten sportlichen Erfolg erzielt hat«, mit dem Gustave A. Jaeger Memorial Prize ausgezeichnet – wobei die »ungewöhnlichen Herausforderungen und Schwierigkeiten« in meinem Fall einfach darin bestanden, dass ich zunächst grottenschlecht war.

Nach der Präsentation beichtete mir der Cheftrainer, mit dem ich als sportlicher Statist kaum Kontakt gehabt hatte, er habe Mitleid mit mir gehabt, als er mich in meinem ersten Studienjahr beim Training beobachtet habe.

An dieser Geschichte ist nichts Besonderes; solche Geschichten gibt es in jedem Team. Aber ich denke, sie sagt viel über meinen Arbeitsansatz aus. Dennoch landete ich beim Grit Scale im Vergleich mit der Gesamtheit der amerikanischen Erwachsenen im 50. Perzentil.[253] Ich konnte meine Punktzahl durch die Bestätigung der Aussage steigern, dass ich hart arbeite, mich immer sehr anstrenge und mich nicht von Rückschlägen beirren lasse, aber ich vergab viele Punkte mit meiner Beichte, dass sich »meine Interessen von Jahr zu Jahr verändern«, und ich wie viele Absolventen der Militärakademie West Point mir manchmal »ein Ziel setze, aber es später zugunsten eines anderen Ziels wieder verwerfe«. Als ich 17 Jahre alt und noch davon überzeugt war, dass ich zur U.S. Air Force gehen würde, um Pilot und später Astronaut zu werden, hätte ich mich selbst wahrscheinlich an der Spitze des Grit Scale eingestuft. Ich schaffte es sogar, den Kongressabgeordneten von Chicago, Sidney Yates, dazu zu bewegen, mir eine Empfehlung für West Point auszustellen.

Dann machte ich aber doch etwas ganz anderes. In der letzten Minute änderte ich meine Meinung und beschloss, Politikwissenschaften zu studieren. Nach einer einzigen Vorlesung hängte ich auch das an den Nagel und belegte als Hauptfächer schließlich Erd- und Umweltwissenschaften und als Nebenfach Astronomie. Gewiss würde ich Wissenschaftler werden. Während des Studiums und danach arbeitete ich in Laboren und merkte dabei, dass ich nicht der Typ Mensch war, der ständig neue Dinge lernen und sie mit anderen teilen wollte. Also wechselte ich von der Wissenschaft in den Journalismus. In meinem ersten Job war ich als Nachtreporter in New York unterwegs. (Die Dinge, die zwischen Mitternacht und 10 Uhr morgens passieren und in den *New York Daily News* landen, sind keine schönen Geschichten.) Meine zunehmende Selbstkenntnis veränderte auch weiterhin meine Ziele und Interessen, bis ich in einem Beruf landete, dessen zentrale Aufgabe darin besteht, breitgefächerte Interessen zu untersuchen. Bei meiner späteren Tätigkeit für die Zeitschrift *Sports Illustrated* fragten mich entschlossene Studenten, ob es für eine Anstellung bei dieser Zeitschrift ratsamer sei, Journalismus oder Englisch zu studieren. Ich antwortete, ich hätte keine Ahnung, aber Statistik und Biologie wären Fächer, die noch nie geschadet hätten.

Ich glaube nicht, dass meine Leidenschaft oder Resilienz im Verlauf der Zeit weniger geworden sind. Noch glaube ich, dass all die ehemaligen Kadetten von West Point, die die Armee vorzeitig verließen, den Antrieb verloren hatten, der sie überhaupt bis dahin gebracht hatte. Ich bin davon überzeugt, dass Stehvermögen bei Kadetten ein sehr aufschlussreicher Indikator dafür ist, ob sie die Grundausbildung durchhalten, und eine hohe Prognosekraft bei einer Stichprobe von Schülern oder Teilnehmern besitzt, die an einem Buchstabierwettbewerb teilnehmen wollen. Sehr junge Menschen bekommen oft von Dritten Ziele vorgesetzt oder können nur aus einem eingeschränkten Berufskatalog auswählen, und dann liegt die größte Herausforderung in der Leidenschaft und der Beharrlichkeit, mit der sie diese Ziele verfolgen. Einer der bezwingendsten Aspekte sportlicher Ziele ist, wie leicht und unkompliziert sie sich messen lassen. Am letzten Wochenende der Winterolympiade von 2018 schrieb Sasha Cohen, Gewinnerin der Silbermedaille im Eiskunstlauf bei der Olympiade von 2016, eine Kolumne mit Empfehlungen für Spitzensportler, die ihre aktive Karriere beenden wollten. »Olympische Sportler müssen verstehen, dass für das Leben andere Regeln gelten als im Sport«, schrieb sie. »Ja, jeden Tag auf ein einziges hochgestecktes Ziel hinzuarbeiten, bedeutet, dass Sie Stehvermögen, Entschlossenheit und Widerstandskraft besitzen. Aber die

Fähigkeit, sich bei Turnieren mental und körperlich zu disziplinieren, ist eine andere Herausforderung als die, die nun auf Sie warten. Wenn Sie Ihre aktive Karriere beendet haben, dann reisen Sie, schreiben Sie Gedichte, versuchen Sie, ein eigenes Unternehmen zu gründen, gehen Sie abends richtig lange aus und verbringen Sie Ihre Zeit mit etwas, das nicht auf ein klar definiertes Ziel zusteuert.«[254] In der allgemeinen Arbeitswelt besteht die größte Herausforderung darin, zunächst ein Ziel mit einer hohen Match-Qualität zu finden; Stehvermögen als Selbstzweck ist da eher hinderlich.

Eine jüngst durchgeführte internationale Gallup-Umfrage unter mehr als 200.000 Arbeitnehmern aus 150 Ländern ergab, dass sich 85 Prozent der Teilnehmer entweder »nicht verbunden« mit ihrer Arbeit fühlten oder sich »aktiv von ihr distanzierten.« Unter diesen Umständen erfordert es laut Seth Godin wesentlich mehr Mut, den Job aufzugeben, als sich wie Treibholz auf einer Meereswelle mitschwemmen zu lassen. Das Problem ist, so Godin, dass die Menschen dem »Trugschluss der versunkenen Kosten« unterlägen.[255] Nachdem wir viel Zeit oder Geld in eine Sache investiert haben, widerstrebt es uns, sie aufzugeben, weil das bedeuten würde, dass wir unsere Investitionen verschwendet haben, auch wenn das bereits Vergangenheit ist. Maria Konnikova, Autorin, professionelle Pokerspielerin und promovierte Psychologin, erklärte in ihrem Buch *The Confidence Game*, dass diese Denkhaltung so tief verwurzelt ist, dass Schwindler wissen, dass sie ihre Opfer zunächst um kleine Gefälligkeiten oder Beträge bitten müssen, bevor sie sie um große Summen bitten. Hat ein Opfer bereits Zeit und Geld investiert, wird es weiter investieren, und zwar viel mehr, als es überhaupt vorgehabt hatte, anstatt die bisherigen Verluste zu akzeptieren und sich weiteren Bitten zu verweigern – das machen die Opfer selbst dann noch, wenn bereits offensichtlich ist, dass das Ganze in einem Desaster endet. »Je mehr wir investiert und sogar verloren haben«, so Konnikova, »desto länger werden wir darauf beharren, dass sich am Ende alles zum Guten wendet.«

Steven Naifeh verbrachte ein Jahrzehnt damit, Van Goghs Leben zu studieren. Daher bat ich ihn, für den berühmten Maler den Fragebogen über Stehvermögen auszufüllen. Van Goghs Arbeitsethik war von religiösem Glauben geprägt. Er war von einem Bild ausgegangen, das sein Vater in einer Predigt verwendet hatte: dem Bauern, der jetzt hart arbeiten muss, um später eine reiche Ernte einzufahren. »Denkt an all die Felder, die brachliegen, weil kurzsichtige Menschen die Anstrengung gescheut haben«, predigte Dorus Van Gogh. Er beschwor dieses Bild, so Naifeh und Smith, »als Inbegriff der Beharrlichkeit angesichts von Schwierigkeiten«. Bei jeder neuen Anstellung, die Van Gogh annahm, war er davon überzeugt, er werde erfolgreich sein, wenn er sich nur mehr anstrenge als alle anderen. Trotzdem scheiterte er jedes Mal. Seine Interessen wechselten ständig. Selbst als er schon beschlossen hatte, Künstler zu werden, stürzte er sich wie besessen auf einen Stil oder ein Medium, nur um sich kurz darauf wieder davon abzuwenden. Naifeh und Smith verwendeten einen eleganten Ausdruck, um Van Goghs wandelbare Leidenschaften zu beschreiben: sein »gewandeltes Evangelium«. Die Aussage im Grit-Scale-Fragebogen, »Ich bin von einer bestimmten Idee oder einem Projekt für kurze Zeit besessen gewesen, habe es später aber wieder verworfen«, verkörpert beispielhaft Van Goghs rastlose Suche, zumindest bis zu den letzten Jahren seines Lebens, als er sich schließlich auf seinen einzigartigen Malstil festlegte und hoch kreativ wurde. Van Gogh war ein Paradebeispiel für die Optimierung der Match-Qualität – die leibhaftige Verkörperung des vielarmigen Banditen. Mit manischer Intensität probierte er unzählige Dinge aus und erhielt nach kürzester Zeit wertvolle Informationssignale darüber, ob er und seine neue Leidenschaft zusammenpassten. Nach jeder Ernüchterung fand er eine neue Passion, wiederholte den Prozess und landete nach einem wilden Zickzack-Kurs schließlich auf einem Weg, mit dem er unbekanntes Terrain erschloss und auf dem nur er allein erfolgreich war. Naifeh zufolge hätte Van Gogh auf dem Grit Scale eine überdurchschnittlich hohe Punktzahl für harte Arbeit und eine sehr niedrige Punktzahl für beharrliche Zielverfolgung erreicht. Er landete im 40. Perzentil.

Anfang 2017 wurde ich zu meiner großen Ehre eingeladen, mit Militärveteranen zu arbeiten und die Bewerbungen für ein Stipendium der

Pat Tillman Foundation zu prüfen – der Organisation, die Stipendien an Militärveteranen, aktive Militärdienstleistende und ihre Ehepartner vergibt und vor der ich 2015 einen Vortrag gehalten hatte. Viele der Bewerber sind ehrgeizige ehemalige West-Point-Absolventen.

Die Bewerbungsschreiben waren faszinierend und inspirierend. Fast jeder einzelne der Bewerber sprach von prägenden Lektionen, die er bei Einsätzen in Afghanistan, als Mitglied eines nationalen Katastrophenschutzteams oder als Ehepartner eines Militärangehörigen gelernt hatte, der immer wieder in andere Länder umziehen musste und Serviceleistungen für andere Ehepartner von Militärangehörigen organisiert hat, oder der eine wachsende Frustration über einige Aspekte der militärischen Konflikte oder der bürokratischen Dysfunktionalität empfand. Der entscheidende Punkt war, dass irgendeine unerwartete Erfahrung zu einem unerwarteten neuen Ziel oder der Entdeckung eines bisher unerforschten Talents geführt hatte.

Bewerber, die ein Stipendium erhalten, werden in die Gemeinschaft der Tillman Scholars aufgenommen. Dabei handelt es sich um eine Gruppe von Spitzenleistern, deren Ängste und Befürchtungen, weil sie sich später als gleichaltrige Menschen beruflich neu orientiert und festgelegt hatten, dieses Buch inspiriert haben. Die Diskussion über eine späte Spezialisierung war für sie praktisch ein Ventil für die Anspannung und Nervosität, die sie empfanden, weil sie vor ihrer endgültigen beruflichen Festlegung andere Dinge getan und gelernt hatten, die sie eigentlich nicht bereuten.

Niemand würde ernstlich behaupten wollen, Leidenschaft und Beharrlichkeit seien unwichtige Eigenschaften, oder eine Durststrecke sei Grund genug, um ein Ziel aufzugeben. Die Vorstellung, eine Veränderung der Interessen oder eine Neuausrichtung des eigenen Fokus sei eine Schwäche und ein Wettbewerbsnachteil, preist jedoch einen simplen schablonenhaften Lebenspfad, dem zufolge man sich sehr früh entscheiden und dann für immer an dieser Entscheidung festhalten sollte. Auf gelebte Erfahrung gegebenenfalls mit einem Richtungswechsel zu reagieren, wie Van Gogh es gewohnheitsmäßig tat, und wie West-Point-Absolventen es seit Beginn der Wissensökonomie gemacht haben, resultiert in einem nichtlinearen und ungeordneteren Lebenspfad, ist aber deswegen nicht weniger wichtig. Dazu gehört eine Verhaltensweise, die Ihre Chance erhöht, das Gebiet und die Tätigkeit zu finden, die wirklich zu Ihnen passen – auf den ersten Blick aber wie eine ganz schlechte Lebensstrategie wirkt: kurzfristige Planung.

KAPITEL 7

Der Flirt mit den eigenen verschiedenen Persönlichkeiten

Frances Hesselbein wuchs in den Bergen im Westen des Bundesstaates Pennsylvania zwischen Familien auf, deren Leben von Stahlmühlen und Kohlebergwerken bestimmt wurde. »5:30 Uhr bedeutet in Johnstown 5:30 Uhr«, betont sie häufig. Wenn Führungskräfte, Militäroffiziere und Gesetzgeber, die vor der Tür ihres Büros in Manhattan Schlange stehen, um sich in Führungsfragen ihren Rat zu holen, die Stunde voll ausschöpfen wollen, sind sie also gut beraten, pünktlich zu sein. Selbst mit über 100 Jahren ist Hesselbein jeden Tag im Büro und hat mehr Arbeit, als sie bewältigen kann. Sie erzählt Besuchern gerne, dass sie vier ranghohe Führungspositionen innehatte, alle als Präsidentin oder CEO, sich aber für keine beworben habe. Drei Ämter versuchte sie sogar abzulehnen. Alle Vorstellungen, die sie über ihren eigenen Lebensweg gehabt hatte, erwiesen sich als falsch.[256]

In der Highschool träumte sie von einem bücherversessenen, gelehrten Leben als Bühnenautorin. Nach ihrem Abschluss schrieb sie sich am Junior College der University of Pittsburgh, »Junior Pitt« genannt, ein. Sie liebte es, unterschiedliche Vorlesungen auszuprobieren, aber dann erkrankte ihr Vater während ihres ersten Studienjahrs. Hesselbein war 17 Jahre und das älteste von drei Kindern, als sie ihrem Vater an seinem Sterbebett im Krankenhaus zum Abschied über die Wange strich. Sie küsste ihn auf die Stirn und versprach, die Familie zu ernähren. Anschließend beendete sie das laufende Semester, brach das Studium ab und begann, als Assistentin eines Werbefachmanns des Warenhauses Penn Traffic Company zu arbeiten.

Bald darauf heiratete sie und bekam einen Sohn, kurz bevor ihr Mann John während des Zweiten Weltkriegs zur US-Navy eingezogen wurde. John diente als Fotograf in der Kampfflugzeugstaffel und eröffnete nach der Rückkehr ein Fotostudio, in dem er von Highschool-Porträts bis zu Dokumentarfilmen alles machte. Hesselbein hatte einen abwechslungsreichen und vielseitigen Job als »Johns Assistentin«. Als ein Kunde ein Foto seines Hundes wollte, das wie ein Gemälde wirkte, nahm sie Ölfarben und kolorierte das Foto entsprechend. Voilà.

Hesselbein liebte Johnstowns große Vielfalt, allerdings lernte sie dort auch einige unschöne Lektionen. Als Teil des neu gegründeten Ausschusses zum Schutz von Bürgerrechten von Pennsylvania bekämpfte John diskriminierende Vorfälle im Ort, wie zum Beispiel die Weigerung des örtlichen Barbiers, afroamerikanischen Kunden die Haare zu schneiden. »Ich habe nicht die richtigen Scheren«, klagte der Barbier. Johns Antwort: »Dann werden Sie sich welche kaufen müssen.« Als John einen Lehrer zur Rede stellte, weil er zwei afroamerikanische Kinder von einem Spielplatz verscheucht hatte, nannte ihn der Lehrer einen »Verräter«. Hesselbein beschloss, eine Gemeinde, die Inklusion befürwortete, solle die folgende Frage bejahen können: »Wenn sie uns ansehen, finden Sie sich dann wieder?«

Als Hesselbein 34 Jahre alt war, kam eine bekannte Dame der Gemeinde zu ihr und bat sie, ehrenamtlich die Pfadfinderinnentruppe Girl Scout Troop 17 zu leiten. Die bisherige Leiterin habe diese Tätigkeit aufgegeben, um als Missionarin nach Indien zu gehen, und alle anderen Nachbarn, die sie gefragt habe, hätten abgelehnt. Das tat auch Hesselbein, und zwar drei Mal. Sie habe einen achtjährigen Sohn und kenne sich überhaupt nicht mit jungen Mädchen aus. Schließlich sagte die

Dame, dann müsste die Gruppe aus 30 zehnjährigen Mädchen, die aus einfachen Familien stammten und sich im Keller einer Kirche trafen, eben aufgelöst werden. Hesselbein ließ sich erweichen, die Leitung für sechs Wochen zu übernehmen, bis eine dauerhafte neue Leitung gefunden wäre.

Als Vorbereitung auf ihre neue Aufgabe las sie Bücher über Pfadfinderinnen. Sie lernte, dass die Girl Scouts acht Jahre vor Einführung des Wahlrechts für Frauen in den USA gegründet worden waren, und dass der Gründer die Mädchen stets daran erinnert hatte, sie könnten »Ärztin, Rechtsanwältin, Fliegerin oder Pilotin eines Heißluftballons werden«[257]. Hesselbein dachte an ihre Zeit in der zweiten Schulklasse zurück, als sie verkündet hatte, sie wolle Pilotin werden, und dafür ausgelacht wurde. Also ging sie in den Kirchenkeller, um ihre sechs Wochen anzutreten. Am Ende leitete sie die Troop 17 ganze acht Jahre, bis die Mädchen die Highschool beendet hatten.

Danach übte Hesselbein immer wieder Positionen bei den Girl Scouts aus, um die sie sich nicht aktiv bemüht hatte und die sie auch nicht behalten wollte. Als sie zum ersten Mal eine Auslandsreise unternahm und zu einem internationalen Pfadfindertreffen der Girl Scouts nach Griechenland reiste, war sie Mitte 40. Danach folgten noch weitere Reisen, die sie nach Indien, Thailand und Kenia führten. Hesselbein merkte, dass sie ehrenamtliche Arbeit liebte.

Sie wurde gebeten, den Vorsitz der örtlichen Kampagne der gemeinnützigen Organisation United Way zu übernehmen. Damals war diese Rolle für eine Frau so ungewöhnlich, wie Fliegerin zu sein. Da es sich um eine ehrenamtliche Tätigkeit handelte, fand sie, sie hätte nichts zu verlieren. Als sie den Präsidenten der örtliche Stahlarbeitergewerkschaft United Steelworkers of America zu ihrem Vizepräsidenten ernannte, befand der United-Way-Präsident plötzlich, das sei keine gute Idee und er bespreche das besser mit dem Stahlproduzenten Bethlehem Steel, von dem sie sehr unterstützt wurden. Hesselbein blieb jedoch standhaft, und am Ende gelang es ihr, sowohl das Unternehmen als auch die Gewerkschaft auf ihre Seite zu bringen. In jenem Jahr erzielte das kleine Johnstown in Pennsylvania die höchsten Pro-Kopf-Spenden aller United-Way-Kampagnen des Landes. Für Hesselbein war das jedoch nur eine vorübergehende Rolle; im darauffolgenden Jahr übergab sie diese Aufgabe an jemand anderes.

Im Jahr 1970 wurde sie von drei Geschäftsmännern aus Johnstown, die die Girl Scouts unterstützten, zum Mittagessen eingeladen. Dort teilten sie ihr mit, sie hätten einen neuen Geschäftsführer für das örtliche Führungsgremium der Girl Scouts, den Council, ausgesucht. Der bisherige Geschäftsführer hatte den Council verlassen, und dieser befand sich nun in ernsthaften finanziellen Schwierigkeiten.

»Wunderbar«, sagte sie. »Und wer ist es?«

»Sie«, erwiderten die Männer.

»Ich würde nie eine bezahlte Stelle annehmen«, sagte sie. »Ich bin ausschließlich ehrenamtlich tätig.«

Einer der Geschäftsmänner war Mitglied des Vorstands von United Way und sagte, wenn Hesselbein diese Position nicht annehme und die Finanzen ordne, würden die Girl Scouts die Partnerschaft mit United Way verlieren. Daraufhin erklärte sie sich bereit, die Rolle zu übernehmen, aber nur für sechs Monate. Danach würde sie für einen erfahrenen Vollzeitgeschäftsführer Platz machen. Mit 45 Jahren begann sie, was sie als ihre erste bezahlte Vollzeitstelle bezeichnete. Sie verschlang Managementbücher, und nach einem Monat stellte sie fest, dass sie für die Arbeit geeignet war und dass sie ihr Spaß machte. Sie blieb vier Jahre.

Doch wenngleich ihre Arbeit Früchte trug, waren die Rahmenbedingungen trübe. Ende der 1960er- und Anfang der 1970er-Jahre veränderte sich die Gesellschaft dramatisch. Die Girl Scouts aber nicht. Eine ganze Generation junger Mädchen bereitete sich auf das College und die anschließende Berufstätigkeit vor und brauchte Informationen über heikle Themen wie Sex und Drogen. Die Organisation befand sich in einer existenziellen Krise. Die Zahl der Mitglieder brach ein, und die Position des CEO blieb fast ein ganzes Jahr unbesetzt. Im Jahr 1976 lud der Sondierungsausschuss Hesselbein zu einem Bewerbungsgespräch nach New York ein. Die bisherigen CEOs der Girl Scouts hatten beeindruckende formale Qualifikationen mitgebracht. Captain Dorothy Stratton war Professorin für Psychologie, Dekanin,

Gründungsdirektorin der Frauenreserve der US-Küstenwache und die erste Personaldirektorin des Internationalen Währungsfonds gewesen. Die letzte Vorstandschefin war Dr. Cecily Cannan Selby, die mit 16 Jahren aufs Radcliffe College ging und später auf Basis ihrer Promotion in Biophysik am MIT die Kriegstechnologie auf das Zellstudium anwandte. Selbys nationale Führungspositionen reichten von der Industrie bis zum Bildungswesen. Hesselbein dagegen war Geschäftsführerin eines örtlichen Führungsgremiums der Girl Scouts gewesen, von denen es 335 im ganzen Land gab. Außerdem hatte sie beschlossen, ihr Leben in Pennsylvania zu verbringen. Daher lehnte sie die Einladung zum Bewerbungsgespräch höflich ab.

John nahm es aber in ihrem Namen an. Er sagte, sie könne den Job natürlich ablehnen, aber er werde sie nach New York fahren, damit sie das persönlich mache. Da sie nicht an der Stelle interessiert war, fühlte sie sich unbeschwert, als der Ausschuss ihr die hypothetische Frage stellte, was sie tun würde, wenn sie CEO wäre. Hesselbein beschrieb die grundlegende Transformation einer traditionsverhafteten Organisation: Sie würde die Aktivitäten neu ausrichten, um den veränderten gesellschaftlichen Anforderungen gerecht zu werden, und den Schwerpunkt auf Mathematik, Naturwissenschaften und Technologie legen; außerdem würde sie die hierarchische Führungsstruktur zugunsten eines »kreisförmigen Managements« aufbrechen. Anstelle einer stufenförmigen Leiter sollten die Mitarbeiter auf allen Ebenen wie Perlen auf konzentrischen Armbändern angeordnet sein und vielfältige Kontakte zu Personen knüpfen, die gute Ideen von örtlichen Führungsgremien zu den nationalen Entscheidungsträgern im Zentrum weitertragen würden. Und schließlich würde die Organisation inklusiv sein: Wenn junge Frauen aus allen Schichten auf die Girl Scouts blickten, sollten sie sich darin wiederfinden.

Am 4. Juli 1976 traf Hesselbein als frisch gebackene Vorstandsvorsitzende einer Organisation mit drei Millionen Mitgliedern in New York ein. Als Erstes ersetzte sie das sakrosankte Standardhandbuch durch vier neue Handbücher, die sich jeweils an eine bestimmte Altersgruppe richteten. Dafür engagierte sie Künstler und sagte ihnen, eine indigene

Sechzehnjährige im Treibeis von Alaska, die das Handbuch durchblättere, solle jemanden sehen, der in der Pfadfinderuniform so aussehe wie sie. Sie gab Untersuchungen über Kommunikation in Auftrag, um Mädchen aus allen Schichten anzusprechen. Daraus entstanden poetische Marketingplakate. Auf einem, das sich an native Amerikanerinnen richtete, stand: »Die Flüsse tragen eure Namen.«

Diversität sei eine tolle Sache, sagte man Hesselbein, aber sie mache zu früh zu viel. Lösen Sie zuerst die organisatorischen Probleme, dann können Sie sich anschließend immer noch um die Diversität kümmern. Da sie aber beschlossen hatte, Diversität zu ihrem vorrangigen organisatorischen Anliegen zu machen, verstärkte sie ihre Bemühungen. Sie stellte ein Führungsteam zusammen, das repräsentativ für ihre Zielgruppe war und modernisierte alles, vom Mission Statement bis zu den Verdienstabzeichen. Es wurden Abzeichen für Mathematik und Computer eingeführt. Und sie traf die sehr schwere Entscheidung, Pfadfindercamps zu verkaufen, die die ehrenamtlichen Helfer und das Personal seit ihrer Jugend liebten, die aber nicht mehr ausreichend genutzt wurden.

Hesselbein blieb 13 Jahre lang CEO. Unter ihrer Führung verdreifachte sich die Zahl der Mitglieder aus Minderheiten. Die Girl Scouts gewannen eine Viertelmillion neue Mitglieder und mehr als 130.000 neue ehrenamtliche Helfer. Das Keksgeschäft mit den Girl Scout Cookies wuchs um mehr als 300 Millionen Dollar pro Jahr.

Im Jahr 1990 zog sich Hesselbein aus den Girl Scouts zurück. Der vielbewunderte Managementexperte Peter Drucker ernannte sie zur besten CEO des Landes. »Sie könnte jedes Unternehmen in Amerika führen«, sagte er.[258] Monate später ging der CEO von General Motors in den Ruhestand. Als das Wirtschaftsmagazin *Business Week* Drucker fragte, wer nach seiner Meinung die Nachfolge antreten solle, sagte er: »Ich würde Frances auswählen.«[259]

Am Morgen, nachdem sie 1990 in den Ruhestand gegangen war, erhielt Hesselbein einen Überraschungsanruf vom Chairman der Versicherungsgesellschaft Mutual of America, der sie fragte, wann sie kommen würde, um sich ihr neues Büro in der Fifth Avenue anzusehen. Sie war bereits Verwaltungsratsmitglied, und das Unternehmen wollte sie vor Ort im Haus haben. Sie könne sich ja später noch überlegen, was sie mit ihrem Büro anfangen wolle. Zu jener Zeit war es ihr ganz recht, dass es keine langfristigen Pläne gab, da sie ihr gesamtes Leben damit verbracht hatte, den Weg zum Ziel zu machen.

Hesselbein beschloss, eine Stiftung für Nonprofit-Management zu gründen, um das soziale Unternehmertum mit den besten Geschäftspraktiken zu unterstützen. Sie saß im Vorstand, hatte aber bereits ein Haus in Pennsylvania gekauft, wohin sie sich eine Weile zurückzog, um ein Buch zu schreiben. Das Gründungsteam bat Peter Drucker, den Ehrenvorsitz zu übernehmen. Er stimmte zu, allerdings unter der Bedingung, dass Hesselbein CEO würde. So viel zum Projekt, in Pennsylvania in Ruhe ein Buch zu schreiben. Sechs Wochen, nachdem sie die Führung der weltgrößten Organisation für Mädchen und Frauen abgegeben hatte, wurde sie CEO einer Stiftung ohne Geld und ohne sonstige Vermögenswerte, aber einem kostenlosen Büro. Für den Anfang war das für sie völlig ausreichend. Sie baute einen Mitarbeiterstab auf und leitet heute das Frances Hesselbein Leadership Institute.

Hesselbein hat nie studiert, und dennoch ist ihr Büro mit 23 Ehrendoktortiteln und einem glänzenden Schwert geschmückt, das ihr die Militärakademie West Point für den Unterricht eines Kurses über Führung verliehen hat, sowie der Freiheitsmedaille des Präsidenten, die neben der Goldenen Ehrenmedaille des Kongresses die höchste zivile Auszeichnung der USA ist.[260] Als ich sie kurz nach ihrem 101. Geburtstag besuchte, brachte ich ihr eine Tasse dampfend heißer Milch, wie man mir empfohlen hatte, und fragte sie rundheraus, welche Art Ausbildung sie auf ihre Führungskarriere vorbereitet hatte. Falsche Frage. »Oh, fragen Sie mich nicht nach meiner Ausbildung«, erwiderte sie mit einer abwehrenden Handbewegung. Sie erklärte, sie habe immer getan, was den Anschein gehabt habe, als könne sie daraus etwas lernen und ihr ermöglichen, nützlich und dienstbar zu sein, und irgendwie sei daraus eine Art Ausbildung geworden. Wie Steven Naifeh über Van Goghs Leben sagte, hätten die vielfältigen Erfahrungen zu »einem undefinierbaren Verarbeitungsprozess« geführt. »Ich war mir nicht darüber bewusst, dass ich mich vorbereitete«, sagte sie. »Es war nie meine Absicht, eine Führungsfigur zu werden. Ich habe einfach dazugelernt, indem ich zu jedem Zeitpunkt tat, was nötig war.«

Im Rückblick kann Hesselbein Lektionen identifizieren, die sie, während sie sie lernte, nicht als solche erkannt hatte. Im vielfältigen Johnstown erlebte sie sowohl die Macht der Inklusion als auch der Ausgrenzung. In der Fotografie lernte sie als Allrounderin, einfallsreich zu sein. Als sie ohne Erfahrung eine Pfadfindergruppe leitete, verließ sie sich auf eine geteilte Führung. Für die Kampagne von United Ways brachte sie Interessengruppen zusammen, die sich normalerweise spinnefeind waren. Obwohl sie bis zum internationalen Girl-Scout-Treffen in Griechenland noch nie im Ausland gewesen war, lernte sie schnell, mit Gleichgesinnten aus aller Welt eine gemeinsame Basis zu finden.

Bei der ersten Trainingsveranstaltung der Girl Scouts, an der Hesselbein teilnahm, hörte sie, wie eine andere neue Truppenführerin klagte, sie habe nichts aus der Trainingssitzung mitgenommen. Hesselbein erwähnte das gegenüber einer Näherin aus einer Textilfabrik, die ebenfalls ehrenamtlich bei den Girl Scouts arbeitete, und diese sagte: »Man muss einen großen Korb mitbringen, um etwas mit nach Hause nehmen zu können.« Diesen Satz wiederholt sie bis heute. Gemeint ist damit, dass jemand, der offen für Neues ist, aus jeder Erfahrung etwas mitnimmt.

Das ist für sie, die mit 60 Jahren versuchte, eine Einladung zu einem Bewerbungsgespräch für eine Position abzulehnen, die dann zu ihrer Berufung wurde, eine ganz natürliche Philosophie. Sie hatte nie langfristige Pläne, nur den festen Willen, Dinge zu tun, die sie interessierten oder die im jeweiligen Moment nötig waren. »Ich habe nie eine Vision gehabt«, ist ihre bevorzugte Einleitung.

Hesselbeins berufliche Karriere, die sie mit Mitte 50 begann, war außergewöhnlich. Ihr sich schlängelnder Karrierepfad war es jedoch nicht.

Todd Rose, Direktor des Harvard-Programms Mind, Brain and Education (Geist, Gehirn und Bildung) und Ogi Ogas, Gastwissenschaftler auf dem Gebiet Computational Neuroscience an der Universität von Harvard, richteten sich mit ihrer Studie über ungewöhnliche Karrierepfade an eine breit gefächerte Zielgruppe. Sie wollten Menschen finden, die erfolgreich und erfüllt sind und erst über Umwege zu Erfolg gelangten. Für ihre Studie gewannen sie Überflieger, von Meister-Sommeliers und herausragenden Terminkoordinatoren bis zu Tiertrainern, Klavierstimmern, Hebammen, Architekten und Ingenieuren. »Wir dachten, wir müssten mit fünf Leuten sprechen, um eine Person zu finden, die auf ganz eigene Weise Karriere gemacht hat«, sagte Ogas. »Wir haben nicht geglaubt, dass es die Mehrheit oder überhaupt viele Menschen sein würden.«

Wie sich herausstellte, hatte fast jeder Teilnehmer der Studie einen eher ungewöhnlichen Pfad verfolgt. »Noch unglaublicher war, dass alle von sich dachten, sie seien eher die Ausnahme«, sagte Ogas. Von den ersten 50 Teilnehmern beschrieben 45 einen derart verschlungenen beruflichen Werdegang, dass ihnen die vielen Wechsel im Verlauf ihrer Karriere beinahe peinlich waren. »Sie entschuldigten sich immer mit den Worten, ›Die meisten machen das wohl anders‹«, erklärte Ogas. »Man hatte ihnen eingeredet, es sei viel zu riskant, den einmal eingeschlagenen Pfad zu verlassen. Wir sollten uns aber alle klarmachen, dass das nicht merkwürdig, sondern die Norm ist.« Und so erhielt die Studie den Namen Dark Horse Project – als Dark Horses werden unbekannte (erfolgreiche) Außenseiter bei Pferderennen bezeichnet –, weil die meisten Teilnehmer, zu denen im Verlauf der Studie immer weitere hinzukamen, sich selbst als Außenseiter wahrnahmen, die über ungewöhnliche Wege zu unerwartetem Erfolg gelangt waren.*

Die erfolgreichen Außenseiter waren auf der Suche nach Match-Qualität. »Sie blicken sich nie um und sagen, ›Oh, ich werde nicht mithalten können. Die anderen haben mir etwas voraus, weil sie schon viel früher begonnen haben‹«, erklärte Ogas. »Vielmehr konzentrieren sie sich auf folgende Sichtweise: ›Das bin ich hier und jetzt, das ist meine Motivation, und das ist, was ich gerne machen möchte; das ist, was ich

* Die Daten der Statistikbehörde US Bureau of Labor Statistics zeigen, dass der bildliche Ausdruck des beruflich umherstreifenden Millennials eigentlich nur eine natürliche Fortsetzung des wissensökonomischen Trends ist. 50 Prozent der Babyboomer (geboren zwischen 1957 und 1964) hatten zwischen 18 und 50 Jahren mindestens elf verschiedene Jobs, ein Ergebnis, das bei Männern und Frauen unterschiedlicher Bildungsebenen ziemlich gleich verteilt war.

gerne lernen möchte, und hier sind die Chancen. Was davon passt hier und jetzt am besten? In einem Jahr verändere ich mich vielleicht erneut, wenn ich etwas finde, das noch besser zu mir passt‹.«

Jeder erfolgreiche Außenseiter nahm einen anderen Weg, aber alle hatten eine gemeinsame Strategie. »Kurzfristige Planung«, erklärte Ogas. »Sie alle planen kurzfristig, nicht langfristig.« Selbst Menschen, die von weitem wie perfekte langfristige Visionäre wirken, entpuppten sich bei näherem Hinsehen üblicherweise als kurzfristige Planer. Als der Mitgründer von Nike, Phil Knight, 2016 gefragt wurde, wie seine langfristige Vision laute, und woher er gewusst habe, was er wollte, als er das Unternehmen gründete, sagte er, er habe gewusst, dass er ein Profisportler sein wollte. Da er aber nicht gut genug gewesen sei, habe er einfach verschiedene Dinge ausprobiert, um dem Sport verbunden zu bleiben. Zufälligerweise hatte er als Läufer am College einen Trainer, der mit Schuhen handelte und später sein Mitgründer wurde.[261] »Ich habe eher Mitleid mit Leuten, die bereits als Zehntklässler wissen, was sie später werden wollen«, gestand er. In seinen Memoiren schrieb Knight, er könne »nicht gut Ziele setzen«, und sein Hauptziel für sein neues Schuhunternehmen sei gewesen, schnell genug zu scheitern, um die Lektionen daraus auf sein nächstes Vorhaben anwenden zu können.[262] Und so vollzog er einen kurzfristigen Schwenk nach dem anderen und wandte dabei die Lektionen an, die er auf seinem Weg erwarb.

Ogas verwendet das Stichwort »Standardisierungsgelöbnis« für die kulturelle Vorstellung, es sei rational, den gewundenen Pfad der Selbsterkundung gegen ein rigides Ziel mit einem Startvorteil einzutauschen, nur weil es Stabilität verspricht. »Die von uns untersuchten Personen, die ihre Erfüllung gefunden haben, verfolgen ein langfristiges Ziel, aber sie formulieren es erst nach einer gewissen Entdeckungsphase«, sagte Ogas. »Natürlich ist es nicht falsch, schon früh Jurist oder Arzt zu werden oder sogar zu promovieren. Allerdings ist es eigentlich eher riskant, sich festzulegen, bevor man weiß, ob man für diese Karriere geschaffen ist. Und man sollte sie nicht als unveränderlichen Berufsweg betrachten. Nach der Hälfte ihres Medizinstudiums haben die Studenten einiges über sich herausgefunden. Charles Darwin, zum Beispiel.

Auf Drängen seines Vaters plante er, Arzt zu werden, empfand die medizinischen Vorlesungen aber als »unerträglich dröge« und verließ während seines Studiums beim Geräusch einer Knochensäge einmal mitten in der Operation den OP-Saal. »Ich bin nie zurückgekehrt«, schrieb Darwin, »denn kein Anreiz wäre stark genug gewesen, um meine Meinung zu ändern«.[263] Darwin war zu jenem Zeitpunkt Bibelliteralist und stellte sich vor, er würde Geistlicher werden. Er belegte verschiedene Vorlesungen, darunter auch einen Botanikkurs bei einem Professor, der ihn anschließend für eine unbezahlte Position auf dem Expeditionsschiff *HMS Beagle* empfahl.[264] Nachdem er (mit Unterstützung seines Onkels) seinen Vater davon überzeugt hatte, dass er wegen dieses einen Abstechers kein Versager werden würde, begann sein vielleicht folgenschwerstes Auszeitjahr nach dem College. Die Wünsche seines Vaters starben irgendwann »einen natürlichen Tod«. Jahrzehnte später sann Darwin über den Prozess der Selbstentdeckung nach. »Heute erscheint es mir absurd, dass ich einst Geistlicher werden wollte«, schrieb er. Sein Vater, der mehr als 60 Jahre lang als Arzt praktiziert hatte, konnte kein Blut sehen. Wenn sein Großvater seinem Vater die Wahl gelassen hätte, so Darwin, »hätte er diesen Beruf nie gewählt«.[265]

Auch Michael Crichton studierte zunächst Medizin, nachdem er erfahren hatte, dass kaum ein Schriftsteller von seiner Kunst leben konnte. Mit der Medizin »würde ich mich nie fragen müssen, ob sich der Beruf lohnt«, schrieb er.[266] Doch schon nach wenigen Jahren Studium hatte er den Beruf satt. Zwar machte er seinen Abschluss an der Harvard Medical School, beschloss dann aber, Schriftsteller zu werden. Sein Medizinstudium war aber keineswegs verschwendet. Er nutzte es, um einige der populärsten Storys der Welt zu entwickeln – den Roman *Jurassic Park* und die Fernsehserie *ER*, die ihm die Rekordzahl von 124 Nominierungen für den Emmy Award einbrachten.

Karriereziele, die man in jungen Jahren formuliert hat, können absurd wirken, um es mit Darwins Worten auszudrücken, wenn man sie im Licht einer besseren Selbsterkenntnis betrachtet. Unsere beruflichen Präferenzen und unsere generellen Lebenspräferenzen verändern sich, weil wir uns als Menschen verändern.

Der Psychologe Dan Gilbert bezeichnet das als »End of History Illusion« – die Illusion, eine einmal gefasste Lebensentscheidung würde auch ein Leben lang halten.[267] Wir wissen, dass sich unsere Wünsche, Vorlieben und Motivationen von früher inzwischen stark verändert haben (zum Beispiel unsere Frisur), glauben aber, dass sich in der Zukunft nicht mehr viel verändern wird. Nach Gilberts Auffassung befinden wir uns zwar in der ständigen Weiterentwicklung, glauben aber, diese sei ein für alle Mal abgeschlossen.

Gilbert und Kollegen untersuchten die Präferenzen, Werte und Persönlichkeiten von mehr als 9000 Erwachsenen zwischen 18 und 68 Jahren. Einige sollten angeben, wie sehr sie sich ihrer Meinung nach in den folgenden zehn Jahren verändern würden. Andere sollten angeben, wie sehr sie sich in den vergangenen zehn Jahren verändert hatten. Die Teilnehmer, die eine vorausschauende Einschätzung abgeben sollten, glaubten, sie würden sich kaum verändern. Die Teilnehmer, die eine zurückblickende Einschätzung abgeben sollten, gaben an, sie hätten sich stark verändert. Selbst die Merkmale ihrer Persönlichkeit, die sie als unabänderlich empfunden hatten, hatten eine erhebliche Wandlung erfahren. Kernwerte wie Freude, Sicherheit, Erfolg, Ehrlichkeit hatten sich verändert; die Präferenzen im Hinblick auf Musik, Hobbys und sogar Freunde hatten sich verändert. Witzigerweise waren die Teilnehmer, die eine Zukunftsprognose treffen sollten, bereit, durchschnittlich 129 Dollar für ein Konzert ihrer Lieblingsband zu bezahlen, das in zehn Jahren stattfinden würde, wohingegen Teilnehmer, die rückblickend ihre bisherige Veränderung einschätzen sollten, nur bereit waren, 80 Dollar zu bezahlen. Die Person, die Sie heute sind, wird sich verändern, so wie sich alle Personen, die Sie bereits gewesen sind, verändert haben. Das würde man nicht vermuten, aber diese Tatsache ist bestens dokumentiert.

Zwar ist die Wahrscheinlichkeit groß, dass ein schüchternes Kind zu einem schüchternen Erwachsenen heranwächst, dennoch ist das alles andere als eine perfekte Korrelation. Und auch wenn sich eine bestimmte persönliche Eigenschaft nicht verändert, wird es viele andere geben, die sich verändern. Das einzig Gewisse ist die Veränderung, sowohl die durchschnittliche altersbedingte Veränderung einer Generation als auch die Veränderung auf individueller Ebene. Der Psychologe Brent W. Roberts von der Universität von Illinois ist auf das Studium der Persönlichkeitsentwicklung spezialisiert. Er und andere Psychologen aggregierten die Ergebnisse von 92 Studien und stellten fest, dass sich einige Persönlichkeitsmerkmale im Verlauf der Zeit auf relativ vorhersagbare Weise verändern.[268] Erwachsene werden mit fortschreitendem Alter eher umgänglicher, bewusster, emotional stabiler und weniger neurotisch, wollen aber nicht mehr so viel experimentieren. Erwachsene im mittleren Alter sind beständiger, vorsichtiger und weniger neugierig, offener und einfallsreicher.* Die Persönlichkeitsveränderungen haben bekannte Effekte, zum Beispiel sind ältere Erwachsene seltener an Gewaltverbrechen beteiligt und besser in der Lage, stabile Beziehungen zu führen. Die umfassendsten Persönlichkeitsveränderungen finden im Alter zwischen 18 und Ende Zwanzig statt. Eine frühe Spezialisierung bedeutet also, die Match-Qualität für eine Persönlichkeit vorherzusagen, die sich noch gar nicht geformt hat. Das kann funktionieren, allerdings stehen die Chancen dafür nicht gut. Außerdem verlangsamt sich die Veränderung zwar mit dem Alter, aber sie hört niemals auf. Manchmal kann sie sogar augenblicklich passieren.

Dank YouTube wurde der Marshmallow-Test zum berühmtesten wissenschaftlichen Experiment der Welt. Eigentlich war es eine Reihe von Experimenten, die Ende der 1960er-Jahre begannen. Die Grundannahmen waren ganz einfach: Ein Tester legt einem Kind im Vorschulalter ein Marshmallow (oder einen Keks oder eine süße Brezel) hin und sagt dem Kind, er verlasse nun den Raum, und wenn das Kind das Marshmallow unangetastet lasse, würde es nach seiner Rückkehr ein zweites Marshmallow bekommen. Falls es nicht warten könne, könne

---

* Für die Statistikinteressierten beträgt die Korrelation für ein bestimmtes Persönlichkeitsmerkmal zwischen den Jugendjahren einer Person und ihrem vorgerückten Alter typischerweise 0,2–0,3, was eher moderat ist. (Unter der Annahme, dass kein zufälliger Messfehler vorliegt, würde eine Korrelation von 0,1 bedeuten, dass sich das Persönlichkeitsmerkmal in Relation zu anderen Gleichaltrigen gar nicht verändert hat.) »Ganz eindeutig sind wir mit 75 nicht dieselbe Person wie mit 15«, sagte Robert, »allerdings gibt es Spuren, die wiedererkennbar sein sollten.«

es das Marshmallow aber essen. Den Kindern wurde nicht gesagt, wie lange sie warten mussten (15-20 Minuten, abhängig vom Alter der Probanden). Sie mussten also nur warten, wenn sie unbedingt ein zweites Marshmallow haben wollten.

Zehn Jahre später befragten der Psychologe Walter Mischel und sein Forscherteam die jungen Testteilnehmer erneut. Dabei stellten sie fest, dass diese gesellschaftlich, akademisch und finanziell umso erfolgreicher und umso seltener drogenabhängig waren, je länger sie als Kind beim Marshmallow-Test ausgehalten hatten, ohne das Marshmallow zu essen.[269]

Der Marshmallow-Test war bereits berühmt, soweit ein wissenschaftliches Experiment Ruhm erlangen kann, wurde aber zu einer Legende unter den Studien, als die Medien und ehrgeizige Eltern, die unbedingt die Zukunft ihrer Kinder vorhersagen wollten, selbstfabrizierte Marshmallow-Tests online posteten. Die Videos sind entzückend und faszinierend. Fast alle Kinder warten zumindest eine kurze Zeit. Einige starren die Marshmallows an, riechen daran, berühren sie, lecken mit der Zunge darüber und stoßen sie dann zurück, als wären sie heiß. Vielleicht legen sie sie sogar in den Mund, nehmen sie wieder heraus und tun so, als würden sie hineinbeißen. Einige reißen sogar ein winziges, kaum wahrnehmbares Stückchen davon ab, um wenigstens den Geschmack im Mund zu haben. Vor Ende des Videos werden die Kinder, die das Marshmallow angefasst haben, es auch verspeist haben. Die Kinder, die sich erfolgreich zusammennehmen, greifen zu allen möglichen Ablenkungstricks. Sie sehen weg, schieben den Teller weg, halten ihre Augen zu, drehen sich um und schreien, singen, sprechen mit sich selbst, zählen, rutschen unruhig auf dem Stuhl herum oder (Jungen) schlagen sich ins Gesicht. Ein kleiner Junge, der die ganze Zeit in alle möglichen Richtungen geblickt hat, nur nicht auf das Marshmallow, ist so außer sich vor Freude, als der Tester mit einem zweiten Marshmallow zurückkommt, dass er sich unverzüglich beide auf einmal in den Mund stopft.

Die hellseherische Verführungskraft des Marshmallow-Tests ist unleugbar, wird aber auch missdeutet. Mischels Mitarbeiter Yuichi Shoda hat wiederholt betont, viele der Vorschulkinder, die das Marshmallow gegessen hätten, wären später trotzdem erfolgreich gewesen.[270]* Shoda zufolge war der spannendste Aspekt der Studien die Demonstration, wie leicht Kinder lernen konnten, ein bestimmtes Verhalten mit einfachen mentalen Strategien zu ändern, zum Beispiel sich vorzustellen, das Marshmallow sei eine Wolke und keine Süßigkeit. Shodas Arbeit, die er im Anschluss an den Marshmallow-Test durchführte, hat dazu beigetragen, in der Debatte über die Frage, ob Persönlichkeitsmerkmale angeboren oder anerzogen sind, eine Brücke zu schlagen. An einem Ende der Argumentationsskala stehen die Verfechter der Theorie, dass die wesentlichen Eigenschaften angeborenen sind, und am anderen Ende stehen die Verfechter der Theorie, dass die Persönlichkeit allein von der Umgebung bestimmt wird. Shoda zufolge haben beide Seiten recht – und auch wieder nicht. Zwar hat die angeborene Persönlichkeit eines Menschen Einfluss darauf, wie er auf eine bestimmte Situation reagiert, aber sie kann sich in anderen Situationen auch ganz anders darstellen.[271] Zusammen mit Mischel begann Shoda »Wenn-dann-Charakteristiken« zu studieren: *Wenn* David auf einer großen Party ist, *dann* wirkt er introvertiert, aber *wenn* David mit seinem Team zusammenarbeitet, *dann* wirkt er extrovertiert. (Wahr.) Ist David also introvertiert oder extrovertiert? Nun, er ist beides, und zwar abhängig von der Situation.

Ogas und Rose bezeichnen das als »Kontextprinzip«. Im Jahr 2007 schrieb Mischel: »Der Kern solcher Feststellungen ist, dass das Kind, das zuhause aggressiv ist, in der Schule womöglich weniger aggressiv ist als die meisten; der Mann, der feindselig auf das Bekommen eines Korbes reagiert, könnte ungewöhnlich tolerant sein, was Kritik an seiner Arbeit betrifft; der Mensch, der im Wartezimmer einer Arztpraxis vor Angst am liebsten unter den Tisch kriechen würde, ist womöglich ein ruhiger, besonnener Bergsteiger; der risikofreudige Unternehmer scheut möglicherweise gesellschaftliche Risiken.«[272] Rose drückte es sa-

* Bei einer Wiederholung des Marshmallow-Tests, deren Ergebnisse 2018 veröffentlicht wurden, ergab sich, dass die Vorhersagekraft für spätere Verhaltensweisen geringer ausfiel als in der ursprünglichen Studie.

lopper aus: »Wenn Sie heute ein übervorsichtiger, neurotischer Autofahrer sind, kann man davon ausgehen, dass Sie es morgen auch noch sind. Gleichzeitig sind Sie aber womöglich *alles andere* als übervorsichtig und neurotisch, wenn Sie in einer örtlichen Kneipe mit Ihrer Band Beatles-Songs spielen.«[273]

Vielleicht ist das der Grund, aus dem Daniel Kahnemann und seine Kollegen vom Militär (siehe Kapitel 1) bei ihrem Versuch scheiterten, von dem individuellen Verhalten bei einer schwierigen und körperlich fordernden Teamaufgabe auf militärische Führungsqualitäten zu schließen. Als ich im Sportstadion meines Colleges noch meine Bahnen lief, hatte ich Teamkollegen, die auf der Laufbahn einen schier unerschöpflichen Antrieb und eine ebensolche Entschlossenheit hatten, im Hörsaal aber weder das eine noch das andere demonstrierten, und umgekehrt. Statt zu fragen, ob jemand Stehvermögen hat, sollten wir fragen, *wann* jemand Stehvermögen hat. »Wenn Sie einen Menschen in einen Kontext platzieren, der zu ihm passt«, so Ogas, »ist die Wahrscheinlichkeit groß, dass er sich sehr anstrengen wird. Von außen betrachtet wirkt das wie generelles Stehvermögen.«

Da sich die Persönlichkeit eines Menschen mit der Zeit, der Erfahrung und den unterschiedlichen Kontexten, in denen er sich im Verlauf des Lebens bewegt, stärker verändert, als wir glauben, sind wir eigentlich nicht gut gerüstet, um bereits in jungen Jahren unveränderliche Lebensziele zu formulieren, da uns in dem Alter die Lebenserfahrung, die Selbstkenntnis und der breite Horizont unterschiedlicher Kontexte fehlt. Jede »eigene Geschichte« verändert sich laufend weiter. Wir sollten alle auf Alice′ Weisheit hören, die auf die Bitte des Greifs, ihre Geschichte zu erzählen, beschließt, dass sie bei den Anfängen ihrer Abenteuer an diesem Morgen beginnen muss. »Es hat keinen Zweck, zum Gestern zurückzukehren«, sagte sie, »weil ich gestern ein anderer Mensch war.« Alice bringt damit ein Körnchen Wahrheit zum Ausdruck, das profunde Konsequenzen für die beste Art und Weise hat, wie man die eigene Match-Qualität verbessert.

Herminia Ibarra, Professorin für Organizational Behaviour an der London Business School, untersuchte, wie junge Berater und Bankiers in Firmen Karriere machen (oder auch nicht), die sie als Up-or-out-Hierarchien beschrieben. Bei einem Follow-up einige Jahre nach dem Projekt stellte sie fest, dass einige der vielversprechenden Nachwuchskräfte entweder nicht mehr im Unternehmen waren, weil sie eine neue Laufbahn eingeschlagen hatten, oder mit Ausstiegsplänen beschäftigt waren.

Ibarra begann eine weitere Untersuchung, nahm dieses Mal aber Web-Unternehmer, Rechtsanwälte, Ärzte, Professoren und IT-Experten hinzu. Der Fokus der Studie lag auf dem Berufswechsel. Ibarra verfolgte den Werdegang ehrgeiziger Fachkräfte zwischen 30 und 50 in den USA, dem Vereinten Königreich und Frankreich, die mindestens acht Jahre lang einem linearen Karrierepfad gefolgt waren. Im Verlauf ihrer Arbeit beobachtete sie, wie sich Menschen auf der Mitte ihrer beruflichen Laufbahn vom ersten Aufflackern eines Wunsches nach Veränderung über eine verwirrende Übergangsphase bis zum tatsächlichen Karrierewechsel bewegten. Gelegentlich konnte sie sogar beobachten, dass ein Studienteilnehmer den gesamten Prozess zweimal durchlief. Bei der Zusammenstellung und Systematisierung ihrer Erkenntnisse kristallisierte sich eine ebenso einfache wie grundlegende Prämisse heraus: Wir lernen uns erst im Verlauf des Lebens selbst kennen, aber nicht vorher.

Ibarra schloss daraus, dass wir die Match-Qualität im Verlauf des Lebens durch das Austesten von Aktivitäten, sozialen Gruppen, Kontexten, Jobs und Karrieren maximieren, anschließend darüber nachdenken und unser persönliches Narrativ nachjustieren. Und dann wiederholen wir das Ganze. Das mag einfach klingen, aber man muss dabei bedenken, dass das genau das Gegenteil einer breiten Marketingkampagne der lukrativen Karriere-, Beratungs- und Persönlichkeitstest Industrie ist, die davon lebt, dass sie ihren Kunden versichert, nur durch Introspektion könnten sie den perfekten Match finden. »All dieses Zeug über Stärkenfindung verleitet die Menschen nur dazu, sich und andere in eine Schublade zu stecken, ohne dass dabei berücksichtigt wird, wie sehr wir wachsen und uns weiterentwickeln und auf unserem Weg neue Dinge entdecken. Die Menschen wollen aber Antworten, daher verkaufen sich diese Konzepte. Es ist viel schwerer zu sagen, ›Probier einfach etwas aus und sieh dir an, was dabei herauskommt‹«, sagte Ibarra.

Du musst nur diesen Test machen, so lautet das Versprechen, und du wirst wissen, welche Karriere zu dir passt. Vergiss, was Psychologen über die Veränderung der Persönlichkeit im Verlauf des Lebens geschrieben haben. Ibarra kritisierte Artikel, in denen herkömmliche Weisheiten verbreitet werden, wie zum Beispiel in einem Beitrag des *Wall Street Journal*, in dem vom »schmerzlosen Pfad zu einer neuen Karriere« die Rede war, und behauptet wurde, bevor man etwas Neues anfange, solle man sich »erst einmal darüber klar werden, was man eigentlich will«.[274]

In diesem Fall sei es allerdings viel besser, so Ibarra, das heilige Axiom »erst denken, dann handeln« umzukehren und erst zu handeln und dann zu analysieren. Bei ihrer überzeugenden Darlegung, dass wir alle zahlreiche Möglichkeiten in uns tragen, griff Ibarra auf die Sozialpsychologie zurück. »Wir entdecken die Möglichkeiten, indem wir handeln, neue Dinge ausprobieren, neue Netzwerke knüpfen und neue Vorbilder finden.«[275] Nur durch Praxis und nicht durch Theorie erfahren wir, wer wir sind.

Denken Sie an Frances Hesselbein, die immer wieder glaubte, sie tauche nur mit den Zehenspitzen in etwas Neues, bis sie in einem Alter, in dem andere Menschen in den Ruhestand gehen, schließlich erkannte, dass sie durch ständige kurzfristige Planung ihre Berufung gefunden hatte. Oder Van Gogh, der sich immer wieder sicher war, er habe seine perfekte Berufung gefunden, nur um in der Praxis immer wieder die Erfahrung zu machen, dass er sich geirrt hatte – bis er schließlich seine Berufung fand.

Ibarra dokumentierte extreme Transformationen – zum Beispiel Pierre, ein 38-jähriger Psychiater und Bestsellerautor, der nach einem langen, gewundenen Pfad, der mit der Bekanntschaft eines tibetischen Lamas bei einer Dinnerparty begann, buddhistischer Mönch wurde, – aber auch gewöhnlichere – Lucy, eine 46-jährige Tech-Managerin bei einer Börsenmaklerfirma wurde von dem persönlichen kritischen Feedback, das sie von einer Beraterin für Organisationsentwicklung erhielt, auf den Boden der Tatsachen geholt. Daraufhin engagierte sie diese Beraterin als persönlichen Coach. Schon bald erkannte Lucy, dass sie lieber mit Menschen arbeitete (ein Gebiet, auf dem sie Schwächen hatte, wie die Beraterin sie überzeugte) als mit Technologie. Sie besuchte Seminare und Konferenzen und nutzte ihr weites persönliches Netzwerk, um ein Gespür für ihre Möglichkeiten zu erhalten. Allmählich wurde aus der Schwäche eine Stärke, und schließlich wurde sie selbst Coach für Organisationsentwicklung.

Im Rahmen der Veränderungen tauchten immer wieder neue Themen auf. Die Protagonisten hatten begonnen, sich in ihrer Arbeit unwohl zu fühlen, und dann führte eine zufällige Begegnung mit einer Welt, die zuvor für sie unsichtbar gewesen war, zu einer Reihe von kurzfristigen Explorationen. Zunächst wurden alle Karrierewechsler Opfer des Kults um den Startvorteil und dachten, es könne unmöglich sinnvoll sein, ihre langfristigen Pläne zugunsten von hoch dynamischen kurzfristigen Experimenten aufzugeben. Gelegentlich versuchten sie, sich ihren Veränderungswunsch auszureden. Die Menschen, denen sie sich anvertrauten, rieten ihnen, nichts zu überstürzen. Mach keinen unüberlegten Schritt, sagten sie. Betreibe dein neues Interesse als Hobby. Je mehr sie sich jedoch damit beschäftigten, desto klarer wurde ihnen, dass es Zeit für eine echte Veränderung war. Eine neue Arbeitsidentität manifestierte sich nicht über Nacht, sondern nahm ihren Anfang mit zeitlich begrenzten Initiativen im Stile Hesselbeins, oder indem sich der Betreffende ein neues Vorbild suchte, anschließend über die Erfahrung nachdachte und dann den nächsten kurzfristigen Plan machte. Einige, die sich neu orientierten, verdienten hinterher mehr Geld, andere weniger. Alle fühlten sich zeitweilig im Hintertreffen, aber wie bei der *Freakonomics*-Münzwurf-Studie waren sie alle zufriedener.

Ibarras Empfehlung ist praktisch identisch mit der kurzfristigen Planung, die die Forscher des Dark-Horse-Projekts dokumentierten. Anstatt eine in Zement gegossene Vorabantwort auf die Frage »Wer will ich wirklich werden?« zu erwarten, legte ihre Arbeit die Vermutung nahe, dass es besser ist, sich selbst zu erforschen, indem man überschaubare Fragen stellt, die sich effektiv testen lassen: »Welches meiner verschiedenen möglichen Selbst soll ich nun erkunden? Und wie mache ich das?« Flirten Sie mit den verschiedenen Persönlichkeiten, die Sie in sich tragen.* Anstelle eines großen Plans suchen Sie Experimente, die sich schnell durchführen lassen. »Testen und lernen«, so Ibarra, »ist besser als planen und umsetzen«.[276]

Paul Graham, Computerwissenschaftler und Mitbegründer von Y Combinator – dem Gründungszentrum und Startup-Finanzierer von Airbnb, Dropbox, Stripe und Twitch – fasste Ibarras Leitsätze in einer Rede für die Abschlussfeier einer Highschool zusammen, die er am Ende aber nie hielt:

> Man könnte meinen, nichts sei einfacher, als sich zu entscheiden, was man will. Tatsächlich aber ist das schwierig, was zum Teil daran liegt, dass es schwierig ist, sich ein genaues Bild von bestimmten Berufen zu machen … der Großteil der Tätigkeiten, die ich in den vergangenen zehn Jahren ausgeübt habe, gab es zu meiner Schulzeit noch gar nicht … in einer solchen Welt ist es keine gute Idee, unumstößliche Pläne zu haben.
>
> Und dennoch halten Referenten im ganzen Land jedes Jahr im Mai die üblichen Abschlussreden mit dem immergleichen Wortlaut: Gib deine Träume nicht auf. Ich weiß, was sie meinen, aber das ist unglücklich formuliert, weil es impliziert, dass man an einen Plan gebunden ist, den man schon vor langer Zeit gemacht hat. Die Computerwelt hat einen Namen dafür: vorzeitige Optimierung …
>
> … Anstatt sich von einem Ziel zurückzuarbeiten, arbeiten Sie sich von vielversprechenden Situationen vorwärts. Das machen erfolgreiche Menschen übrigens sowieso.
>
> Bei der Methode, die in der typischen Abschlussrede gepredigt wird, beschließen Sie heute, wo Sie in 20 Jahren sein möchten und fragen dann: Was kann ich jetzt tun, um dorthin zu gelangen? Ich rege stattdessen dazu an, dass Sie keinerlei Zukunftsverpflichtungen eingehen, sondern sehen,

* Shonda Rhimes, Drehbuchautorin und Produzentin der TV-Serien *Grey's Anatomy* und *Scandal*, flirtete intensiv mit ihrem »Year of Yes«, wie sie es nennt. Rhimes ist introvertiert und neigte dazu, jede unerwartete Einladung abzulehnen. Doch dann beschloss sie, alles ganz anders zu machen und ein Jahr lang zu allem »Ja« zu sagen. Am Ende dieses Jahres wusste sie ganz genau, worauf sie fokussieren wollte.

welche Optionen Ihnen hier und jetzt offenstehen, und diejenigen auswählen, die Ihnen im Anschluss die breitesten Auswahlmöglichkeiten bieten.[277]

Was Ibarra als »Planen-und-umsetzen«-Modell bezeichnet, das heißt, die Vorstellung, wir sollten erst einen langfristigen Plan machen und ihn anschließend ohne Umschweife umsetzen – im Gegensatz zum »Testen-und-lernen«-Modell –, wurzelt in den Geschichten über berühmte Genies. Populären Überlieferungen zufolge sah Michelangelo die fertige Skulptur bereits in einem Marmorblock, bevor er diesen berührt hatte, und meißelte dann einfach nur den überschüssigen Marmor weg, um die darunter verborgen liegende Skulptur hervorzubringen. Das ist ein wunderschönes Bild. Aber leider trifft es nicht zu. Der Kunsthistoriker William Wallace zeigte, dass Michelangelo tatsächlich ein echter Meister im Testen und Lernen war. Während er an einer Skulptur arbeitete, änderte er ständig seine Meinung und seine bildhauerischen Pläne. Dabei ließ er drei Fünftel seiner Skulpturen unvollendet, weil er sich jedes Mal einer anderen Arbeit zuwandte, die mehr künstlerische Befriedigung versprach. In der ersten Zeile von Wallaces Analyse heißt es: »Michelangelo folgte keiner Kunsttheorie.«[278] Er probierte einfach aus und arbeitete von dort aus weiter. Er war Bildhauer, Maler, Meisterarchitekt und fertigte technische Zeichnungen für Befestigungsanlagen in Florenz an. Ende 20 unterbrach er sogar seine darstellende Kunst, um sich der Poesie zu widmen (einschließlich eines Gedichts über seine zunehmende Abneigung gegenüber der Malerei), wobei er die Hälfte seiner Gedichte unvollendet ließ.[279]

Wie jeder, der seine Aussichten auf Match-Qualität verbessern möchte, lernte Michelangelo dabei nicht nur sich selbst, sondern auch seine Skulpturen kennen, und zwar durch die praktische Arbeit, und nicht durch irgendeine Theorie. Er begann mit einer Idee, probierte sie aus, veränderte sie und ließ sie wieder fahren, wenn ihm ein passenderes Projekt einfiel. Michelangelo hätte möglicherweise gut ins Silicon Valley gepasst, denn er war ein unermüdlicher Iterator. Er arbeitete gemäß Ibarras neuem Aphorismus: »Ich weiß, wer ich bin, wenn ich sehe, was ich mache.«

Eine Offenbarung in eigener Sache: Nach meinen Recherchen über das Dark-Horse-Projekt wurde ich dank meines eigenen gewundenen Karrierepfads aus kurzfristigen Plänen für eine Mitarbeit an diesem Projekt engagiert. Die Arbeit überzeugte mich, zum Teil wegen meiner eigenen Erfahrungen, aber vor allem auch, weil sie mit Menschen zu tun hat, die ich bewundere.

Der Sachbuchautor und Filmemacher Sebastian Junger war 29 und arbeitete als Baumpfleger. Eines Tages befand er sich in voller Sicherheitsmontur in den Wipfeln einer Tanne, als er sich mit einer Kettensäge ins Bein schnitt. Da kam ihm die Idee, über gefährliche Jobs zu schreiben. Zwei Monate später – er humpelte noch immer – geriet ein Fischerboot vor der Küste seines Wohnortes Gloucester, Massachusetts, in Seenot. Daraufhin machte er den kommerziellen Fischfang zu seinem Thema, und daraus wiederum entstand der Film *Der perfekte Sturm*. Junger blieb bei dem Thema der gefährlichen Jobs und drehte den Dokumentarfilm *Restrepo*, der für einen Oscar nominiert wurde. »Die Verletzung mit der Kettensäge war das Beste, was mir je passieren konnte«, sagte er mir. »Sie hat mir die Vorlage für meine Karriere geboten. Praktisch alle guten Dinge in meinem Leben lassen sich auf irgendein Missgeschick zurückführen. Ich glaube, dass man in dem Moment, in dem ein Ereignis eintritt, noch gar nicht weiß, ob es gut oder schlecht ist. *Man weiß es einfach nicht.* Man muss warten, um es herauszufinden.«

Mein Lieblingsromanautor ist vielleicht ein noch größerer unerwarteter Außenseiter. Haruki Murakami wollte Musiker werden, »aber ich beherrschte kein Instrument wirklich gut«, sagte er.[280] Er war 29 und betrieb eine Jazz-Bar in Tokio, als er eines Tages im Frühling zu einem Baseballmatch ging und ein Abschlag – »ein wunderbares, klingendes Double«, wie Murakami schrieb – ihm die Erleuchtung brachte, dass er einen Roman schreiben könnte. Warum kam ihm dieser Gedanke? »Das wusste ich damals nicht, und ich weiß es heute immer noch nicht.« Er begann noch am selben Abend. »Das Gefühl zu schreiben fühlte sich sehr neu an.«[281] Murakamis 14 Romane (in allen spielt Musik eine große Rolle) wurden in mehr als 50 Sprachen übersetzt.

Der Autor von Fantasieromanen Patrick Rothfuss begann seine Laufbahn mit dem Studium der Verfahrenstechnik, das »zu der Erkenntnis führte, dass Verfahrenstechnik stinklangweilig ist«. Anschließend verbrachte er neun Jahre damit, verschiedene Hauptfächer zu studieren, bevor er »freundlich dazu aufgefordert wurde, seinen Abschluss zu machen«. Anschließend, so sein offizieller Lebenslauf, »absolvierte Patrick ein Graduiertenstudium. Er zieht es allerdings vor, nicht darüber zu sprechen«.[282] In der Zwischenzeit arbeitete er langsam an einem Roman. Dieser Roman mit dem Titel *Der Name des Windes* (Chemie kommt darin öfter vor), hat sich millionenfach verkauft und wird als möglicher TV-Nachfolger von *Game of Thrones* gehandelt.

Hillary Jordan wohnte zufälligerweise in einem Apartmenthaus in Brooklyn unter mir. Sie erzählte mir, sie habe 15 Jahre in der Werbung gearbeitet, bevor sie begonnen habe, Romane zu schreiben. Ihr erster Roman mit dem Titel *Mudbound* gewann den Bellwether Prize, eine Auszeichnung für einen bisher unveröffentlichten Roman über soziale Gerechtigkeit. Netflix erwarb die Filmrechte; der Film erhielt 2018 vier Oscar-Nominierungen.

Anders als Jordan ging Maryam Mirzakhani von Anfang an davon aus, dass sie Romanautorin werden würde. Als junges Mädchen war sie von den Buchhandlungen in der Nähe ihrer Schule verzaubert und träumte davon, selbst zu schreiben. Sie musste Mathematik lernen, war aber »einfach nicht daran interessiert, über mathematische Fragestellungen nachzudenken«, sagte sie später.[283] Schließlich gelang es ihr, Mathematik als Erforschung eines unbekannten Terrains zu betrachten. »Das ist so, als habe man sich im Dschungel verirrt und versuche, sein gesamtes Wissen zusammenzunehmen, um einige Kniffe zu entdecken und mit etwas Glück seinen Weg durch das Dickicht zu finden.«[284] Im Jahr 2014 wurde ihr als erster Frau die Fields Medal verliehen, die berühmteste Mathematik-Auszeichnung der Welt.

Von den Athleten, die ich kennenlernte, als ich für die Sportzeitschrift *Sports Illustrated* arbeitete, war Chrissie Wellington, die britische Ironman-Triathletin (und Autorin und Vertreterin des humanitären Gedankens) meine meistbewunderte Sportlerin. Mit 27 saß sie zum ersten Mal auf einem Rennrad. Sie arbeitete damals an einem Abwasserkanal-Projekt in Nepal, als sie feststellte, dass sie gerne Fahrrad fuhr und auf den Hochebenen des Himalayas mit den Sherpas mithalten konnte. Zwei Jahre nach ihrer Rückkehr nach England gewann sie den ersten von vier Ironmen Hawaii und blieb in einer Karriere, die sie erst mit 29 Jahren begonnen hatte und die nur fünf Jahre dauerte, in der Ironman-Distanz mit 13-0 ungeschlagen. »Meine Leidenschaft für Sport ist ungebrochen«, sagte sie, als sie ihre aktive Laufbahn beendete, »was nun aber am hellsten strahlt, ist meine Leidenschaft für neue Erfahrungen und Herausforderungen«.[285]

Ich bin ein Fan des irischen Theaters. Mein Lieblingsschauspieler ist Ciarán Hinds, der dem breiten Publikum eher in seinen Rollen im amerikanischen Fernsehkanal HBO bekannt ist: als Julius Cäsar in *Rom* und Manke Rayder in *Game of Thrones*, als »König-jenseits-der-Mauer« und als ein Star in AMCs *The Terror*. (Seine Stimme ist vielleicht am bekanntesten in der Rolle des Troll-Königs Grand Pabbie im Disneyfilm *Frozen*.) Dieses Buch hat mir die willkommene Gelegenheit geboten, um Hinds über seinen Karrierepfad zu befragen. Er erinnerte sich, ein »unsteter, richtungsloser Herumtreiber« gewesen zu sein, als er sich an der Queen´s University in Belfast für Jura einschrieb. Er sei aufgrund eines »ausgeprägten Interesses an Snooker, Poker und experimentellem Tanz« sehr leicht ablenkbar gewesen, sagte er mir. Einer von Hinds Lehrern hatte ihn als Zwölfjährigen bei einer Schulaufführung Lady Macbeth spielen sehen und regte an, er solle sein Jurastudium an den Nagel hängen und sich an einer Schauspielschule bewerben. »Er war außerdem so freundlich, mit meinen Eltern darüber zu reden, die nämlich eher bestürzt waren«, erinnerte sich Hinds. »Und so ging ich an die Royal Academy of Dramatic Art, und dort begann meine Karriere als professioneller Theaterschauspieler.«

Die Van-Gogh-Biografie von Steven Naifeh und seinem verstorbenen Partner und Co-Autor Gregory White Smith ist eines der besten Bücher, die ich je in irgendeinem Genre gelesen haben. Naifeh und Smith lernten sich während des Jurastudiums kennen, als beide merkten, dass Rechtswissenschaften nichts für sie war. Sie begannen gemeinsam Bücher über eine eklektische Themenauswahl zu schreiben, von Kriminalromanen bis zu Männermode, wenngleich ein Verleger ihnen sagte, sie müssten sich für ein Genre entscheiden und dabeibleiben. Ihre Bereitschaft, sich immer neue Gebiete zu erschließen, zahlte sich auf unerwartete Weise aus. Als ein Lektor eines anderen Verlags sie bat, einen Ratgeber über die Mandatierung von Rechtsanwälten zu schreiben, gründeten sie den Service *Best Lawyers*, der eine ganze Industrie an Veröffentlichungen über die Inanspruchnahme und die Bewertung von professionellen Dienstleistungen entstehen ließ. »Wenn wir diese Idee [einen Ratgeber für Menschen zu schreiben, die einen Rechtsanwalt suchen] nicht verfolgt hätten, wäre unser Leben vollkommen anders verlaufen. Das war etwas völlig Neues für uns«, sagte Naifeh. Dann hätten sie womöglich niemals die finanziellen Mittel und die Freiheit gehabt, ein Jahrzehnt für ihre Van-Gogh-Biografie zu recherchieren oder für ihre Biografie von Jackson Pollock, für die sie mit dem Pulitzerpreis ausgezeichnet wurden.

Pollock, so Naifeh, »war buchstäblich einer der am wenigsten talentierten Zeichner der Art Students League«,* Naifeh zufolge war Pollocks fehlendes Talent für traditionelles Zeichnen ähnlich wie bei Van Gogh maßgeblich dafür verantwortlich, dass er seine eigenen künstlerischen Regeln aufstellte. Da es immer mehr Kunstakademien gibt, die standardisierte Wege vorgeben, bleiben die Künstler immer öfter Produkte ihrer Schulen«, erklärte Naifeh, der selbst Künstler ist.

Vielleicht hat das dazu beigetragen, ein explosionsartiges Interesse an der sogenannten *Art Brut* zu wecken, einer Art »rohen Kunst«, deren Erschaffer ohne eine standardisierte Kunstlehre begannen. Natürlich ist nichts Falsches daran, ein formales System zur Entwicklung des künstlerischen Talents zu durchlaufen, aber wenn das die einzige Entwicklungsmethode ist, fallen einige der größten Talente durch das Raster. Art-Brut-Künstler sind Autodidakten in den bildenden Künsten und die Originalität ihrer Werke kann geradezu verblüffend sein. Im Jahr 2018 zeigte die National Gallery of Art eine Ausstellung, die sich aus-

* 1875 gegründete einflussreiche Vereinigung von Kunststudenten. (A.d.Ü.)

schließlich autodidaktischen Künstlern widmete. Die kunstgeschichtlichen Studiengänge in Stanford, Duke, Yale und dem Art Institute of Chicago bieten inzwischen Seminare in Art Brut an. Katherine Jentleson, die 2015 am High Museum of Art in Atlanta zur Kuratorin für autodidaktische Kunst ernannt wurde, sagte mir, diese Künstler würden typischerweise mit Experimenten beginnen und einfach tun, was ihnen gefiel, während sie hauptberuflich anderen Tätigkeiten nachgingen. »Die meisten von ihnen haben erst im Ruhestand ernsthaft damit angefangen, Kunst zu schaffen«, erklärte sie.

Jentleson machte mich mit dem Bildhauer und Maler Lonnie Holley bekannt, einem prominenten autodidaktischen Künstler, der in extremer Armut in Alabama aufgewachsen war. Im Jahr 1979, als er 29 Jahre alt war, kamen seine beiden Nichten bei einem Brand ums Leben. Die Familie konnte sich keinen Grabstein leisten, daher besorgte sich Holley bei einer nahegelegenen Gießerei Sandsteinreste und begann ihn zu bearbeiten. »Ich wusste nicht einmal, was Kunst ist!«, rief er mit weit aufgerissen Augen, so als sei er von seiner eigenen Geschichte überrascht worden. Aber es fühlte sich gut an. Anschließend fertigte er auch Grabsteine für andere Familien an und machte Skulpturen aus allen Materialien, die er finden konnte. Ich stand mit ihm neben der Tür einer Kunstgalerie in Atlanta, die seine Arbeiten ausstellte, als er eine Büroklammer nahm und den Draht mit flinken Bewegungen in die gewundene Silhouette eines Gesichts verwandelte, die er dekorativ in das Radiergummi eines Bleistifts steckte, den die Rezeptionistin verwendete. Man kann sich nur schwer vorstellen, wie sein Leben vor der Kunst aussah, denn kaum berührt er einen Gegenstand, und schon beginnen seine Hände zu erkunden, was sich alles daraus machen lässt.

Jentleson zeigte mir auch den Paradiesgarten 90 Meilen nordwestlich von Atlanta. Das Anwesen gehörte dem verstorbenen Baptistenpfarrer und Künstlers Howard Finster – einer Art Frances Hesselbein der modernen Kunst. Finster machte daraus einen mit Skulpturen und Gemälden angefüllten Kunstgarten. Finster hatte seit langem ein buntes Allerlei auf seinem Anwesen ausgestellt – von Werkzeugsammlungen bis zu Kollektionen aus fruchttragenden Pflanzen. Eines Tages im Jahr 1976, er war damals 59, reparierte er ein Fahrrad und sah in einem Farbspritzer auf seinem Daumen etwas, das wie ein Gesicht wirkte. »Ein warmes Gefühl erfüllte meinen ganzen Körper«, erinnerte er sich. Umgehend begann Finster mit der Sammlung von mehreren zehntausend Kunstwerken, die er auf seinem Anwesen ausstellte, darunter auch mehrere tausend Gemälde in seinem unverwechselbaren cartoonhaften Stil, die oft mit Tieren und Figuren – Elvis, George Washington, Engel – angefüllt sind, die auf fantasievolle Weise vor apokalyptischen Landschaften in Szene gesetzt werden. Es dauerte nicht lange und er trat in Johnny Carsons *Tonight Show* auf und kreierte Albumcover für R.E.M. und die Talking Heads. Bei Eintritt in den Paradiesgarten wurde ich von einem riesigen Selbstporträt eines grinsenden Finster in einem weinroten Anzug begrüßt, das an einer Betonziegelmauer befestigt ist. Darunter stehen die Worte: »Ich begann im Januar 1976, Bilder zu malen – ohne jede Ausbildung. Dies ist mein Gemälde. Niemand weiß, was er kann, bis er es ausprobiert. Dinge auszuprobieren, ist der Schlüssel zur Entdeckung der eigenen Talente.«[286]

KAPITEL 8

Der Außenseiter-Vorteil

Alph Bingham ist der erste, der eingesteht, hyperspezialisiert zu sein, zumindest theoretisch. »Ich habe noch nicht einmal in allgemeiner Chemie promoviert, sondern in *organischer* Chemie!«, rief er. »Wenn da nicht irgendwie Kohlenstoff vorkommt, bin ich technisch betrachtet unqualifiziert.«

Während des Graduiertenstudiums in den 1970er-Jahren mussten Bingham und seine Kommilitonen Wege finden, um bestimmte Moleküle herzustellen. »Das war ein Haufen kluger Jungs und Mädchen, und wir machten diese Moleküle«, sagte er mir, »aber irgendwie war eine Lösung immer intelligenter als andere. Ich passte genau auf und stellte fest, dass die intelligenteste Lösung immer aus einem Mosaiksteinchen Wissen entstand, das *nicht* zum normalen Lehrstoff gehörte.« Eines Tages war er derjenige, der die cleverste Lösung fand.

Er hatte eine elegante Lösung gefunden, um ein Molekül in vier Schritten zu synthetisieren, und das Kernstück an Wissen hatte mit Weinsteinpulver* zu tun, einer Backzutat, die Bingham aus seiner Kind-

* Natürliche Weinsteinsäure, die bei der Sektherstellung entsteht. Wird als Alternative zu herkömmlichem Backpulver verwendet und auch unter dem Originalnamen »Cream of Tartar« angeboten (A.d.Ü.)

heit kannte. »Sie können hier und jetzt 20 Chemiker fragen, was das ist, und viele werden keine Idee haben«, sagte er. »Ich dachte über den Prozess nach, der unterschiedliche Lösungen hervorbringt, und das war nicht Teil irgendeines Lehrplans oder irgendeiner persönlichen Erfahrung. Dabei erkannte ich, dass es immer dieses zufällige Denken über völlig sachfremde Dinge war, das eine Lösung intelligenter, kosteneffizienter und profitabler machte als alle anderen. Und so nahm ich diese Form der Problemlösung zur Ausgangsbasis und stellte mir die Frage, ›Wie baut man eine Organisation auf, die Probleme auf diese Weise löst?‹.« Jahre später, als Bingham Vice President für Forschung und Entwicklungsstrategie beim Pharmakonzern Eli Lilly wurde, hatte er die Gelegenheit, eine intelligente Organisation nach seinen Vorstellungen aufzubauen.

Im Frühjahr 2001 nahm Bingham 21 Probleme, an denen sich die Wissenschaftler von Eli Lilly die Zähne ausgebissen hatten, und fragte eine der Spitzenführungskräfte des Konzerns, ob er die Probleme auf der Website posten dürfe, sodass jeder sie sehen könne. Die Führungskraft wollte nur zustimmen, falls die Unternehmensberatung McKinsey es für eine gute Idee hielt. »McKinseys Antwort lautete, ›Wer weiß? Warum machen Sie es nicht einfach und erzählen uns, das dabei herausgekommen ist?‹«, erinnerte sich Bingham. Das tat er, aber als die Wissenschaftler, die die kniffeligen Probleme lieferten, diese online sahen, »schrieb jeder Einzelne dem wissenschaftlichen Vorstand (Chief Science Officer, CSO), die Probleme dürften könnten auf keinen Fall veröffentlicht werden, weil sie zu vertraulich seien: ›Und wie kommen Sie überhaupt darauf, dass irgendjemand außer uns diese Probleme lösen kann?‹« Das war durchaus ein Argument. Wenn die qualifiziertesten, spezialisiertesten Chemiker mit den besten Ressourcen der Welt bei der Lösung eines technischen Problems feststeckten, wie sollte dann jemand anderes eine Lösung finden können? Der CSO ließ daraufhin jedes einzelne Problem wieder von der Website entfernen.

Bingham warb weiterhin unermüdlich für seine Idee. Es lohne sich zumindest bei Problemen, die definitiv kein Industriegeheimnis preisgeben würden, sodass keinerlei Schaden entstünde, falls es zu nichts führte. Der CSO ließ sich überzeugen. Die entsprechende Website wurde neu eingerichtet, und im Herbst gingen die ersten Lösungsvorschläge ein. Das war inmitten des Aufruhrs nach den Anthrax-Anschlägen, so Bingham, daher war er praktisch der einzige Postempfänger, der sich darüber freute, dass ihm die Absender weißes Pulver sandten. »Ich werfe diese Pulverproben in ein Spektrometer«, sagte er, und jubelte »juchuuu, wir haben noch eine bekommen.«

Wildfremden Menschen war es gelungen, Substanzen herzustellen, die den Chemikern von Eli Lilly anhaltendes Kopfzerbrechen verursacht hatten. Wie Bingham angenommen hatte, lag der Schlüssel zur Lösung in dem Wissen aus sachfremden Gebieten. »Damit wurde meine Hypothese validiert; es überraschte mich dennoch, dass diese Wissensinseln in völlig anderen Fachgebieten verborgen waren. Ich hatte nicht wirklich Einsendungen von Rechtsanwälten erwartet.«

Eine Lösung zur Molekularsynthese stammte von einem Rechtsanwalt, dessen relevantes Wissen aus seiner Arbeit mit chemischen Patenten stammte. Der Anwalt schrieb, er habe an Tränengas gedacht und das habe ihm geholfen, die Lösung zu finden. Das war seine Version von Binghams Weinsteinpulver. »Tränengas hatte nun überhaupt nichts mit dem vorliegenden Problem zu tun«, sagte Bingham, »aber er sah Parallelen zur chemischen Struktur eines Moleküls, das wir brauchten.«

Ihm war aufgefallen, dass etablierte Unternehmen dazu neigten, Probleme anzugehen, indem sie eine sogenannte lokale Suche durchführten, das heißt, sie setzten Spezialisten aus einem einzigen Fachgebiet darauf an, die Lösungen ausprobierten, die sich zuvor schon bewährt hatten. Seine Einladung an fachfremde Experten, sich an der Suche nach der Lösung zu beteiligen, war so erfolgreich, dass sie in ein völlig neues Unternehmen ausgegründet wurde. Dieses neue Unternehmen für offene Innovation und Crowdsourcing mit der Bezeichnung InnoCentive regt Entitäten auf jedem Gebiet dazu an, ihre ungelösten Probleme gegen eine Gebühr bei InnoCentive zu posten. Damit werden die Lösungssuchenden zu sogenannten *Seekern*. Die Problemlöser aus der Community werden *Solver* genannt. Etwas mehr als ein Drittel der Probleme wurde vollständig gelöst – ein bemerkenswert hoher Anteil, wenn man bedenkt, dass es sich um Probleme handelte, die die langjährig erfahrenen Spezialisten, die sie gepostet hatte, nicht hatten lösen können.[287] Mit zunehmender Erfahrung stellte InnoCentive fest, dass es die *Seeker* darin unterstützen konnte, ihre Posts etwas verständlicher zu formulieren, sodass das Spektrum der möglichen Problemlöser größer wurde, womit die Wahrscheinlichkeit einer Lösung stieg. Je attraktiver und interessanter die Problemstellung nicht nur für Wissenschaftler, sondern auch für Rechtsanwälte, Zahnmediziner und Mechaniker war, desto größer die Wahrscheinlichkeit, dass eine Lösung gefunden wurde. Bingham bezeichnet das als »Outside-in« – oder auch außenzentrierte Denkhaltung. Sie besteht darin, Lösungen außerhalb des eng umgrenzten Fachgebiets zu finden, auf das sich der Lösungssuchende spezialisiert hat. Die Geschichte ist voll von weltverändernden Beispielen, die durch den berühmten Blick über den Tellerrand entstanden sind.

Napoleon klagte einst, seine Armeen könnten nur Proviant für wenige Tage mit sich führen. »Hunger ist schneidender als jedes Schwert«, schrieb ein römischer Kriegsberichterstatter im 4. Jahrhundert.[288] Der französische Herrscher war ein Förderer von Wissenschaft und Technologie, und so bot er 1795 eine Belohnung für denjenigen, der eine Lösung für die Konservierung von Lebensmitteln fand.[289] Unzählige kluge Köpfe hatten seit mehr als einem Jahrhundert an diesem Problem gearbeitet, darunter auch der irische Wissenschaftler Robert Boyle, »der Vater der modernen Chemie«. Wo die kompetentesten Spezialisten versagten, fand der Pariser Feinschmecker und Konditor Nicolas Appert die Lösung.

Appert war dem Can Manufacturs Institute zufolge ein Hans Dampf in allen Gassen. Er hatte das gustatorische Universum unter anderem als Bonbonmacher, Winzer, Koch, Brauer und Pökler erkundet. Seine außerordentlich ausgedehnte kulinarische Wanderung verschaffte ihm einen Vorteil gegenüber den Wissenschaftlern, die sich allein auf die Kunst der Konservierung konzentrierten. »Da ich mein Leben in Vorratskammer, Brauereien, Warenlagern und Champagnerkellern, Geschäften, Manufakturen und den Lagern von Konditoren, Destillateuren und Lebensmittelhändlern verbracht habe, konnte ich in diesem

Prozess zahlreiche Vorteile erlangen, die zahlreiche der Personen, die sich allein auf die Kunst der Konservierung konzentriert haben, nicht besaßen«, schrieb er in einem Artikel, der den passenden Titel trug, *Die Kunst, alle Arten von tierischen und vegetabilen Substanzen für mehrere Jahre zu konservieren.*[290] Er gab Lebensmittel in dicke Champagnerflaschen, die er luftdicht versiegelte und stellte sie dann für mehrere Stunden in kochendes Wasser. Aus Apperts Innovation entstanden die Lebensmittelkonserven. Er konservierte sogar ein ganzes Schaf in einem Tontopf, um die Überlegenheit seiner Methode zu demonstrieren.[291] Mit seiner Lösung wurden die Nährstoffe so gut erhalten, dass aus der tödlichen Plage Skorbut, einer Vitamin-C-Mangelerkrankung, die auch als »Matrosenalbtraum« bekannt ist, ein vermeidbares Ärgernis wurde. Die zentrale wissenschaftliche Entdeckung, dass Hitze Bakterien abtötet, wurde erst 60 Jahre später von Louis Pasteur gemacht. Apperts Methode revolutionierte das öffentliche Gesundheitswesen und überquerte zu Napoleons Unglück den Ärmelkanal. Im Jahr 1815 profitierten davon die englischen Truppen bei Waterloo.[292]

Alph Binghams Kritiker waren sich darüber bewusst, dass Fachfremde und Amateure in der Vergangenheit bereits technische Durchbrüche erzielt hatten, aber sie gingen davon aus, dass es sich um ein rein historisches Phänomen ohne Relevanz für die hyperspezialisierte Gegenwart oder Zukunft handelte. *Helft uns, einem internationalen Pharmakonzern, ein Molekül zu entwerfen und herzustellen, das wir als Ausgangsbasis für ein anderes Molekül verwenden können, das so rätselhaft ist, dass wir bereit sind, diese Information mit der Öffentlichkeit zu teilen, weil wir feststecken und sowieso niemand außerhalb unserer vier Wände irgendeine Idee hat, wo uns das hinführt.* Selbst Binghams Erwartungen wurden weit übertroffen, was die Zahl der Lösungsvorschläge für Probleme betraf, bei denen die Spezialisten nicht weiterkamen.

»Wenn fachfremde Experten ein Problem lösen, an dem die NASA 30 Jahre gearbeitet hat, bin ich immer noch verblüfft«, sagte er mir.

Konkret gelang es der NASA nicht, Sonnenpartikelstürme vorherzusagen. Dabei spuckt die Sonne sozusagen radioaktives Material aus, das Astronauten und ihrer lebensnotwendigen Ausrüstung schweren

Schaden zufügen kann. Die Solarphysiker waren verständlicherweise äußerst skeptisch, ob fachfremde Experten ihnen bei der Lösung des Rätsels helfen konnten, aber nach drei Jahrzehnten, in denen sie nicht weitergekommen waren, hatten sie nichts zu verlieren. Und so veröffentlichte die NASA dieses Problem im Jahr 2009 bei InnoCentive. Innerhalb von sechs Monaten löste Bruce Cragin, ein pensionierter Ingenieur, der früher bei Sprint Nextel gearbeitet hatte und im ländlichen New Hampshire lebte, das Problem mithilfe von Radiowellen, die von Teleskopen eingefangen wurden. Vor seiner Pensionierung hatte Cragin mit Wissenschaftlern zusammengearbeitet und festgestellt, dass diese Expertenteams sich oft zu Lasten praktischer Lösungen im Austüfteln kleinster Details festhaken. »Ich glaube, es war hilfreich, dass ich inzwischen den beruflichen Abstand hatte«, sagte er. Ein NASA-Mitarbeiter kommentierte die Lösung mit den diplomatischen Worten, es habe zunächst »einige Widerstände gegeben, weil bei der Lösung eine andere Methodik verwendet wurde.«[293]

Und das war genau der Punkt. Und dabei verfügten Appert und Cragin beide über tangential relevante Arbeitserfahrung. Fachfremde Problemlöser sind gerade deswegen erfolgreich, weil sie auf völlig anderen Fachgebieten arbeiten und mit unverstelltem Blick an das Problem herangehen.

Im Jahr 1989 lief der berüchtigte Öltanker *Exxon Valdez* auf ein Riff im Prinz-William-Sund vor Süd-Alaska und verursachte eine katastrophale Ölpest. Wenn sich Öl mit Wasser mischt, entsteht eine viskose, klebrige Masse, die die Rettungsarbeiter als »Schokoladenmousse« bezeichnen. Die niedrigen Außentemperaturen verwandelten das Ganze in eine Substanz, die die Konsistenz von Erdnussbutter hatte. Das Zeug war höllisch schwer zu entfernen.

Fast 20 Jahre nach dieser verheerenden Ölpest hielten sich noch immer hartnäckig mehr als 120.000 Liter Öl entlang der Küste von Alaska. Eines der kniffeligsten Probleme bestand darin, das Öl aus den Bergungsschiffen zu pumpen, nachdem es von der Wasseroberfläche abgesaugt worden war. Im Jahr 2007 beschloss Scott Pegau, Leiter des Forschungsprogramms des Oil Spill Recovery Institute in Alaska, das Problem bei InnoCentive zu veröffentlichen. Er setzte eine Belohnung von 20.000 Dollar für die Lösung des vertrackten Problems aus, wie sich die zähe, viskose Masse aus den Bergungsschiffen bringen ließ.

Es hagelte Vorschläge. Die meisten waren zu teuer und somit nicht praktikabel. Und dann war da ein Vorschlag von John Davis, der so einfach und billig war, dass Pegau lachen musste. »Alle starrten darauf und sagten nur, ›ja, das könnte funktionieren‹«, sagte Pegau.

Davis, ein Chemiker aus Illinois, hatte über das Problem nachgedacht, während er bei seinen Geschäftsreisen am Flughafen wartete. Naturgemäß begann er mit chemischen Lösungen, machte dann aber eine völlige Kehrtwende. »Wir haben bereits ein chemisches Verschmutzungsproblem«, sagte Davis, »also will man möglichst wenig weitere Chemie einsetzen, um die Kontamination nicht zu verschlimmern«. Er wandte sich von seinem Fachgebiet ab und suchte nach einer völlig fachfremden Analogie. »Ich stellte mir vor, wie es ist, wenn man einen halbgefrorenen Smoothie trinkt«, erklärte er. »Am Ende muss man die halbgefrorene Masse, die am Glasboden haften bleibt, mit dem Strohhalm aufrühren, damit sie in Bewegung kommt, sich wieder verflüssigt und man sie aufsaugen kann. Wie lässt sich das bewerkstelligen, damit es nicht so mühselig wird, diese schwerfällige Masse herauszubekommen?«

Diese Frage erinnerte Davis an eine private Begebenheit. Jahre zuvor hatte er einen Tag lang beim Bau einer langgezogenen Betontreppe ausgeholfen, die von dem Haus eines Freundes bis zum benachbarten See reichte. »Sie brauchten einfach noch jemanden, der die Eimer trug und einfach mit anpackte«, sagte er. »Ich bin nicht sehr kräftig; um ganz ehrlich zu sein, war ich keine große Hilfe.«

Für den Treppenbau wurde Beton oben auf dem Hügel ausgekippt, der dann über eine Rutsche bis nach unten rutschte. Davis stand oben und machte sich Sorgen über den Betonhaufen, der bereits in der Sonne zu trocknen begann, und machte den Bruder seines Freundes darauf aufmerksam. »Sieh her«, sagte dieser. Er nahm eine Stange, die an einem Motor befestigt war, und stach damit in den Betonhaufen. »Der Beton wurde augenblicklich flüssig und rutschte problemlos nach unten«, erinnerte sich Davis. Die Stange war ein Betonrüttler – ein Stück Metall, das vibriert und damit verhindert, dass die Betonkomponenten miteinander verkleben. »Als mir das wieder einfiel, war das ein echter Heureka-Moment«, sagte Davis.

Er rief das Unternehmen an, das Betonrüttler verkaufte, um sich über einige Details zu informieren und fertigte dann eine Zeichnung an, wie sich die Vibratoren an einem Bergungsschiff befestigen ließen und die zähe Ölmasse aufrühren konnten. Wenn man die Zeichnungen hinzunimmt, nahm die gesamte Lösung drei Blatt Papier ein.

»Manchmal schlägt man sich einfach an die Stirn und fragt sich, ›Wieso bin ich nicht darauf gekommen?‹ Wenn es sich von Fachexperten so einfach hätte lösen lassen, hätten sie es gelöst«, sagte Pegau. »Ich glaube, das geschieht öfter, als wir uns eingestehen, weil wir dazu neigen, die Dinge im Kontext der Informationen zu betrachten, die wir in unserer eigenen Branche gesammelt haben, und das führt uns manchmal in eine Sackgasse. Es ist sehr schwer, sich daraus zu befreien.« Pegau beschrieb im Wesentlichen den sogenannten Einstellungseffekt, ein Begriff, der in der Psychologie die Neigung beschreibt, nur vertraute Methoden zur Problemlösung einzusetzen, auch wenn es bessere Methoden gibt. Anschließend gewann Davis noch eine weitere finanzielle Belohnung für die Lösung eines Problems im Zusammenhang mit der Haarentfernung. Hier führte ihn die Erinnerung, wie er als Kind Kaugummi auf seinem Bein gerollt hatte, zur Lösung.

Als ich Davis fragte, ob er fachliche Probleme aus seinem Spezialgebiet üblicherweise mithilfe von Analogien aus fachfremden Bereichen löse, musste er einen kurzen Augenblick nachdenken. Ich fragte ihn, ob er das bei seinen tagtäglichen chemischen Problemstellungen mache. »Nein, eigentlich nicht«, erwiderte er. »Es sind immer völlig andere Probleme aus ganz anderen Gebieten, bei denen man gezwungen ist, eingefahrene Denkwege zu verlassen.«

InnoCentive funktioniert zum Teil deswegen, weil Spezialisten fachliche Scheuklappen tragen und ihr Denkhorizont ein wenig den russischen Matrjoschka-Holzpuppen gleicht, die man ineinanderstecken kann. Die Spezialgebiete unterteilen sich in spezielle Teilgebiete, die sich erneut unterteilen und dabei immer kleiner und begrenzter werden. Selbst wenn es einem Spezialisten gelingt, sein kleines Teilgebiet gedanklich zu verlassen, bleibt er womöglich in dem nächstgrößeren Teilgebiet stecken. Cragin und Davis waren völlig fachfremd und erkannten unkomplizierte Lösungen, die die Insider, die scheinbar wesentlich mehr Ressourcen und Fachwissen zur Verfügung hatten, aber nicht sehen konnten. Die Problemlöser waren oft selbst verwirrt, wenn es ihnen gelang, Herausforderungen zu meistern, die große Unternehmen oder sogar ganze Industrien nicht lösen konnten.

»Ich habe nur drei Abende gebraucht, um die Lösung aufzuschreiben«, erzählte ein Problemlöser der Fachzeitschrift *Science*, nachdem er dem Hilferuf des Pharmariesen Johnson & Johnson gefolgt war, der ein Produktionsproblem bei der Herstellung eines Tuberkulosemedikaments hatte. »Ich finde es seltsam, dass ein großer Pharmakonzern diese Art von Problemen nicht selbst lösen kann.«[294] Karim Lakhani, Co-Direktor des Laboratory for Innovation Science von Harvard ließ *Solver*, die ein von InnoCentive veröffentlichtes Problem gelöst hatten, bewerten, welche Relevanz das Problem für ihr eigenes Spezialgebiet hatte, und stellte fest, dass »die Wahrscheinlichkeit, dass sie eine Lösung fanden, umso größer war, desto weniger das vorliegende Problem mit ihrem eigenen Fachgebiet zu tun hatte«.[295]

Da die organisatorischenen »Schubladen« immer kleiner werden und das Internet den Kontakt zu fachfremden Experten aus der ganzen Welt ermöglicht, »liegt die Erforschung [neuer Lösungen] nun zunehmend außerhalb der Grenzen traditioneller Unternehmen«, schrieben Lakhani und Kollegen.[296] Unsere Intuition mag uns sagen, dass nur hyperspezialisierte Experten die Motoren der modernen Innovation sind, tatsächlich erzeugt die zunehmende Spezialisierung immer mehr Chancen für Außenstehende.

Wie Alph Bingham feststellte, tendieren Organisationen bei anspruchsvollen Herausforderungen zur lokalen Lösungssuche. Sie verlassen sich auf Spezialisten auf einem einzigen Wissensgebiet und auf erprobte Methoden. (Denken Sie an das in Kapitel 5 erwähnte Labor, in dem nur *E.coli*-Experten arbeiteten.) Und wenn diese keine Lösung finden, stecken sie fest. Bei den meisten scheinbar unlösbaren Problemen »hat unsere Forschung ergeben, dass Lösungsvorschläge, die von den Spezialisten selbst erarbeitet wurden, den Vorschlägen, die von außen kommen, oft unterlegen sind«, so Lakhani. »Große Innovationen geschehen oft, wenn ein Außenstehender, der oberflächlich betrachtet keine Verbindung zu dem vorliegenden Problem hat, dieses neu formuliert und in einem anderen Kontext betrachtet, der oft direkt zur Lösung führt.«[297]

Seit InnoCentive das Konzept vorgeführt hat, sind auch andere Organisationen dazu übergegangen, fachfremde Experten bei der Lösung hoch spezialisierter Probleme einzubinden. Kaggle betreibt wie InnoCentive Problemlösung per Crowdsourcing, aber ganz konkret für Fragestellungen auf dem Gebiet des maschinellen Lernens – künstliche Intelligenz, die ohne menschliche Intervention dazulernt.

Shubin Dai aus Changsha, China, war zum Zeitpunkt der Manuskripterstellung zu diesem Buch von mehr als 40.000 Problemlösern der beste Kaggle-Solver der Welt. In seinem Hauptberuf leitet er ein Team, das Daten für Banken verarbeitet. Die Kaggle-Wettbewerbe boten ihm die Gelegenheit, mit maschinellem Lernen zu experimentieren. Zu seinen Lieblingsproblemen gehören die Gebiete menschliche Gesundheit und Naturschutz. Bei einem Wettbewerb gewann er 30.000 Dollar, indem er eine Methode entwickelte, mit der sich mithilfe von Satellitenbildern menschengemachter Waldverlust im Amazonas von einem natürlichen Waldsterben unterscheiden ließ. Für einen Kaggle-Blogpost wurde er gefragt, wie wichtig die fachliche Spezialisierung seiner Meinung nach für das Gewinnen des Lösungswettbewerbs war. »Ehrlich gesagt glaube ich nicht, dass man stark von speziellem Fachwissen auf dem Problemgebiet profitieren kann … es ist sehr schwer, einen Wettbewerb zu gewinnen, indem man ausschließlich [bekannte] Methoden verwendet«, antwortete er. »Wir brauchen mehr kreative Lösungen.«[298]

»Die Leute, die einen Kaggle-Wettbewerb auf dem Gebiet Gesundheit gewinnen, haben weder ein Medizin- noch ein Biologiestudium und sind oft auch keine echten Experten im maschinellen Lernen«, sagte mir Pedro Domingos, ein Professor für Computerwissenschaften und Forscher auf dem Gebiet maschinelles Lernen. »Wissen ist ein zweischneidiges Schwert. Es ermöglicht Ihnen, einige Dinge zu tun, aber macht Sie gleichzeitig auch blind für andere Dinge.«

Don Swanson sah sie kommen – Chancen für Menschen wie Bruce Cragin und John Davis, Außenstehende sozusagen, die verschiedene Wissensstränge miteinander verknüpfen. Swanson promovierte 1952 in Physik und arbeitete anschließend als Systemanalyst für Industriecomputer, wo er sich auf die Organisation von Informationen spezialisierte. Im Jahr 1963 engagierte ihn die Universität Chicago als Dekan der Graduate Library School. Als 38-jähriger Vertreter eines privatwirtschaftlichen Industrieunternehmens galt er als komischer Kauz. In dem Mitteilungsschreiben zu seiner Einstellung hieß es: »Swanson ist der erste Physikwissenschaftler des Landes, der eine professionelle Bibliotheksschule leitet.«[299]

Swanson machte sich Sorgen über die zunehmende Spezialisierung, weil er befürchtete, dass sie zu schmalspurigen Publikationen führen würde, die sich nur an eine ganz kleine Gruppe von Spezialisten richten und damit die Kreativität behindern. »Die Diskrepanz zwischen der Gesamtmenge an dokumentiertem Wissen … und der begrenzten menschlichen Aufnahmekapazität hat inzwischen nicht nur gewaltige Dimensionen angenommen, sie nimmt auch ständig weiter zu«, sagte er einst.[300] Swanson fragte sich, wie man die Grenzen des Möglichen weiter ausdehnen könnte, wenn es eines Tages ein ganzes Leben dauern würde, bis man diese Grenzen auf jedem Spezialgebiet erreicht hätte? Im Jahr 1960 verwendete die weltgrößte medizinische Bibliothek, die U.S. National Library of Medicine, rund 100 einzigartige Begriffspaare, um Artikel zu indizieren. Im Jahr 2010 waren es schon fast 100.000.[301] Swanson hatte das Gefühl, wenn diese überwältigende Fülle an Spezialwissen ungebremst weiter zunehmen würde, würden sich die Teilspezialgebiete zu eigenen Galaxien entwickeln, die immer stärker auseinanderdriften, bis sie für einander unsichtbar werden. Da er um die Bedeutung der interdisziplinären Problemlösung wusste, trieb ihn diese Befürchtung wirklich um.

Swanson erkannte in der Krise jedoch auch eine Chance. Er merkte, dass er Entdeckungen machen konnte, indem er die Informationen aus wissenschaftlichen Artikeln aus hoch speziellen Fachgebieten miteinander verknüpfte, die sich nicht gegenseitig zitierten und es auch keine fachliche Kooperation der beteiligten Wissenschaftler gab. Indem er systematisch Quervergleiche zwischen Datenbanken zu Fachliteratur aus unterschiedlichen Disziplinen anstellte, entdeckte er zum Beispiel »elf übersehene Verknüpfungen« zwischen Magnesiummangel und Migräneforschung und regte an, diese testen zu lassen.[302] Alle Informationen, die er fand, waren öffentlich zugänglich. Sie waren einfach nie miteinander verknüpft worden. Swanson bezeichnete das als »unentdecktes öffentliches Wissen«. Im Jahr 2012 überprüften die amerikanische Gesellschaft Headache Society und die American Academy for Neurology alle Forschungsergebnisse über Migräneprävention und kamen zu dem Schluss, Magnesium als gebräuchliche Behandlung einzustufen. Die Evidenzen zugunsten von Magnesium waren genauso stark wie die Evidenzen für die meisten gängigen Therapiemittel, wie zum Beispiel Ibuprofen.

Swanson wollte demonstrieren, dass es in der Fachliteratur Bereiche gab, die sich normalerweise nie überlappten, aber mit verborgenen interdisziplinären Schätzen angefüllt waren, die nur darauf warteten, miteinander verknüpft zu werden. Daraufhin entwickelte er ein Computersystem mit der Bezeichnung Arrowsmith, das anderen Nutzern dabei half, Suchen durchzuführen, die möglicherweise zu relevanten Gruppen an wissenschaftlichen Artikeln aus ganz unterschiedlichen Gebieten führen würden, und erschloss ein breites Feld an Informationswissenschaften, das versucht, unterschiedliche Wissensgebiete miteinander zu verknüpfen, da die Fachgebiete, die sich gegenseitig informieren können, immer weiter auseinanderstreben.

Im Jahr 2012 verstarb Swanson, daher wandte ich mich an seine Tochter Judy Swanson, Professorin für politische Philosophie, um zu erfahren, ob sie jemals mit ihm über seine Befürchtungen hinsichtlich der wachsenden Tendenz zur Hyperspezialisierung gesprochen hatte. Als ich sie anrief, befand sie sich gerade auf einer Konferenz, »die zufälligerweise von der Überspezialisierung in den Sozialwissenschaften handelt«, sagte sie mir. Von außen betrachtet wirkt Judy Swanson selbst hoch spezialisiert. Auf der Webpage ihrer Fakultät sind 44 ihrer Beiträge und Bücher aufgeführt, von denen jedes einzelne »Aristoteles« im Titel trägt. Also fragte ich sie, wie sie über ihre eigene Spezialisierung dachte, was sie zu überraschen schien.

Im Vergleich zu ihren Kollegen empfinde sie sich nicht als hoch spezialisiert, sagte sie mir, was zum Teil daran liege, dass sie Studenten im Grundstudium unterrichte, was eines breiteren Wissensspektrum bedürfe, das über Aristoteles hinausgehe. »Ich empfinde jedoch eine gewisse Frustration«, gestand sie ein, »das Gefühl, ich sollte mich spezialisierteren Themen widmen.« Hochschulfakultäten unterteilen sich nicht mehr länger auf natürliche Weise in spezielle Teilgebiete, sie erheben die hoch spezialisierte Schmalspurexpertise zum Ideal.

Das ist kontraproduktiv. Wie Karim Lakhani nach seiner InnoCentive-Suche sagte, liege der Schlüssel zur kreativen Problemlösung darin, dass man fachfremde Experten anspreche, die eine völlig andere Herangehensweise haben, »damit das Spezialgebiet, auf dem dieses Problem entstanden ist, nicht am Ende die Lösung behindert«.[303] Gelegentlich kann dieses Spezialgebiet so eng sein, dass eigentlich nur ein wissbegieriger Außenstehender die Lösung erkennen kann.

Die Betreffzeile der E-Mail weckte meine Aufmerksamkeit: »Olympiasiegerin und Patientin mit Muskeldystrophie besitzen die gleiche Genmutation.«

Ich hatte soeben ein Buch über Genetik und Athletik geschrieben und dachte, diese E-Mail würde auf einen Artikel in einem Fachjournal verweisen, den ich verpasst hatte. Es handelte sich jedoch um einen Beitrag von einer 39-jährigen Patientin aus Iowa namens Jill Viles, die unter Muskeldystrophie litt. Sie hatte eine ausgefeilte Theorie entwickelt, die die Genmutation, die den Muskelschwund verursachte, mit der einre olympischen Sprinterin in Zusammenhang brachte, und sie bot weitere Informationen an.

Ich erwartete einen Brief oder vielleicht einige Presseausschnitte. Stattdessen sandte sie mir einen Stapel Originalfamilienfotos, eine ausführliche Patientenakte und ein 19-seitiges, gebundenes und illustriertes

Paket, das Genmutationen nach ihren spezifischen Positionen auf der DNA aufführte. Sie hatte sich eindeutig mit dem Thema beschäftigt.

Auf Seite 14 war ein Foto von Jill in einem blauen Bikini und mit zerzausten blonden Haaren. Ihr Oberkörper wirkte ganz normal, aber ihre Arme waren auffallend dünn, wie dünne Zweige, die man in einen Schneemann gesteckt hat. Ihre Beine wirkten so fragil, als könnten sie unmöglich ihren Körper tragen – ihre Oberschenkel waren nicht dicker als ihre Kniegelenke. Neben diesem Foto lag ein zweites von Priscilla Lopes-Schliep, einer der besten Sprinterinnen in der kanadischen Geschichte. Bei den Olympischen Spielen von 2008 in Peking gewann sie die Bronzemedaille im 100-Meter-Hürdenlauf. Diese beiden Fotos nebeneinander zu sehen war atemberaubend. Priscilla war mitten im Laufschritt zu sehen, dicke Muskelstränge wanden sich ihre Beine hinunter, und über ihre Unterarme zogen sich die Adern wie Flussläufe. Sie wirkte wie die Vision einer Superheldin, wie sie ein Zweitklässler zeichnen würde. Ich konnte mir kaum zwei Frauen vorstellen, die weniger genetische Gemeinsamkeiten haben konnten.

In Online-Bildern von Priscilla erkannte Jill etwas von ihrer eigenen, dürren Körperstatur wieder – ein vertrautes Muster mangelnden Unterhautfettgewebes an ihren Gliedmaßen. Ihre Theorie lautete, sie und Priscilla besäßen das gleiche mutierte Gen, aber weil Priscilla nicht an Muskeldystrophie leide, habe ihr Körper einen Weg gefunden, »es zu umgehen«, wie Priscilla es ausdrückte, und bildete stattdessen riesige Muskeln. Falls sie recht hatte, so Jills Hoffnung, würden Wissenschaftler sie und Priscilla untersuchen wollen, um herauszufinden, wie sie Menschen mit Jills Muskelschwäche helfen konnten, mehr Muskelmasse zu entwickeln. Sie bat mich um Hilfe, um Priscilla davon zu überzeugen, einen Gentest zu machen.

Die Vorstellung, eine Aushilfslehrerin in Teilzeit, die mit einem hochmodernen medizinischen Instrument mit der Bezeichnung Google Image hantierte, würde eine Entdeckung über eine Hochleistungssportlerin machen, die im Rahmen ihrer athletischen Aktivitäten regelmäßig von Ärzten untersucht wird, schien mir irgendwo zwischen äußerst unwahrscheinlich bis völlig übergeschnappt angesiedelt zu sein. Ich beriet mich mit einem Genetiker von Harvard. Er reagierte besorgt. »Eine Beziehung zwischen diesen beiden Frauen zu fördern könnte böse enden«, sagte er. »Die Menschen tun ungewöhnliche Dinge, wenn sie sich mit berühmten Personen identifizieren, weil sie glauben, sie hätten etwas gemeinsam.«

Daran hatte ich noch gar nicht gedacht. Auf keinen Fall wollte ich eine Stalkerin ermutigen. Es dauerte, bis Jill mich davon überzeugt hatte, dass sie aufgrund ihrer einzigartigen Lebenserfahrung Dinge erkennen konnte, die Spezialisten nicht sahen.

Als Jill vier war, fiel einer Vorschullehrerin auf, dass sie ständig hinfiel. Jill sagte ihrer Mutter, sie fürchte sich vor den »Hexenfingern«, die ihre Waden umklammerten und sie zu Fall brachten. Ihr Kinderarzt überwies sie an die Mayo-Klinik.

Bluttests ergaben, dass Jill, ihr Vater und ihr Bruder erhöhte Creatin-Kinase-Werte hatten. Erhöhte Werte dieses Enzyms lassen sich immer dann feststellen, wenn eine Muskelschädigung vorliegt. Die Ärzte glaubten, es könne eine Form der Muskeldystrophie in der Familie geben, allerdings seien normalerweise nur Männer davon betroffen und keine kleinen Mädchen. Außerdem schienen Jills Bruder und ihr Vater keine Beschwerden zu haben.

»Sie sagten, unsere Familie sei wirklich einzigartig«, erinnerte sich Jill. »Auf der einen Seite ist das gut, weil sie ehrlich sind. Auf der anderen Seite ist es aber auch furchteinflößend.«

Jeden Sommer kehrte Jill in die Mayo-Klinik zurück, und es war immer das Gleiche. Sie fiel nicht mehr hin, aber mit acht Jahren schwand das Fettgewebe an ihren Gliedmaßen. Andere Kinder konnten ihre Finger um Jills Arme schließen, und als die Adern an ihren Beinen hervorzutreten begannen, fragten sie sie, wie es sich anfühle, alt zu sein. Jills Mutter machte sich solche Sorgen um die sozialen Kontakte ihrer Tochter, dass sie ein Mädchen dafür bezahlte, sich mit ihrer Tochter zu befreunden. Mit zwölf hatte Jill Mühe, ihren Oberkörper auf dem Fahrrad aufrecht zu halten und musste sich auf der Rollschuhbahn an der Bande festhalten.

Jill begann nach Antworten zu suchen, so wie es ein Kind eben macht. In der Bücherei holte sie sich Bücher über Poltergeister. »Mein Vater regte sich richtig auf«, erzählte sie. »Er sagte, ›beschäftigst du dich jetzt etwa mit schwarzer Magie?‹ Aber das hatte gar nichts damit zu tun.« Sie konnte sich einfach nicht erklären, was mit ihr passierte. Wenn sie Geschichten von Menschen mit unerklärlichen Gebrechen las, »dann glaubte ich ihnen«.

Als sie aufs College ging, war Jill 1,59 Meter groß und wog kaum 40 Kilo. Sie verbrachte viel Zeit in der Bibliothek und wälzte alle wissenschaftlichen Fachzeitschriften, die sie finden konnte. Dabei stieß sie in *Muscle and Nerve* auf einen Beitrag über eine seltene Form der Muskeldystrophie mit der Bezeichnung Emery-Dreifuss-Muskeldystrophie (EDMD) und war von dem Begleitfoto alarmiert. *Das ist genau der Arm meines Vaters,* dachte sie.[304]

Ihr Vater war dünn, seine Unterarme waren aber ungewöhnlich gut definiert. Als Jill klein war, sagte sie, er habe »Arme wie Popeye«. Ein weiterer Beitrag über EDMD-Patienten wies tatsächlich auf eine Deformierung hin, die an Popeyes Arme erinnerte. Der Artikel in der Fachzeitschrift *Muscle and Nerve* berichtete, EDMD-Patienten litten an Kontrakturen, die ihre Gelenkmobilität einschränke.

»Mir lief ein Schauer über den Rücken, als ich das las«, erinnerte sich Hill. Ihre eigenen Kontrakturen beschrieb sie wie die Körperhaltung einer Barbiepuppe: ständig angewinkelte Arme, ein steifer Nacken und die Füße so gebogen, als würde sie Tag und Nacht hohe Absätze tragen. Die Forschungsergebnisse wiesen darauf hin, dass nur Männer von EDMD betroffen waren, aber Jill war sich sicher, dass sie unter dieser Krankheit litt, und sie hatte Angst. Denn EDMD geht mit Herzproblemen einher.

Sie stopfte die Artikel in ihre Tasche und nahm sie in den Frühlingsferien mit nach Hause. Eines Tages ertappte sie ihren Vater, wie er durch die Artikel blätterte. Er habe alle dort beschriebenen Symptome, sagte er ihr. »Ja, ich weiß … die Arme und der Nacken«, erwiderte Jill. Nein, sagte er, die Herzprobleme.

Seit Jahren hätten die Ärzte ihm gesagt, seine Herz-Rhythmus-Störungen seien die Folgen eines Virus. »Das stimmt nicht«, widersprach Jill wie aus der Pistole geschossen. »Wir haben Emery-Dreyfuss-Muskeldystrophie.« Sie fuhr mit ihrem Vater in das Herzzentrum von Iowa und bestand darauf, dass er von einem Kardiologen untersucht würde. Die Krankenschwestern verlangten einen Überweisungsschein, aber Jill war so hartnäckig, dass sie am Ende darauf verzichteten. Der Kardiologe legte ihm ein 24-Stunden-EKG an, das seine Herzaktivitäten maß, und stellte fest, dass sein Puls zwischendurch bis auf 20 bis 30 Schläge gesunken war. Entweder hatte er die Kondition eines Hochleistungs-Radprofis, der sich anschickte, die Tour de France zu gewinnen, oder er war kurz davor, tot umzufallen. Jills Vater wurde umgehend in den OP-Saal gebracht, wo ihm ein Herzschrittmacher eingesetzt wurde. »Sie hat ihrem Vater das Leben gerettet«, sagte mir Mary, Jills Mutter.

Allerdings konnte das Herzzentrum die vermutete Familienkrankheit nicht bestätigen. Bei ihrer Lektüre stieß Jill auf eine italienische Forschergruppe, die nach Familien mit EDMD suchten. Sie hofften, eine Genmutation zu finden, die diese Krankheit verursachte.

Die 19-jährige Jill zog ihren schicksten Hosenanzug an und nahm ihre Unterlagen mit zu einer Neurologin in Des Moines, wo sie darum bat, mit den Forschern dieser Studie in Kontakt gebracht zu werden. »Nein, Sie haben kein EDMD«, sagte die Neurologin mit Nachdruck. Jill erinnerte sich, dass sie nicht einmal bereit war, sich ihre Unterlagen anzusehen. Der Gerechtigkeit halber muss man allerdings dazusagen, dass Jill eine sehr junge Frau war, die sich eine Selbstdiagnose über eine Krankheit gestellt hatte, von der normalerweise nur Männer betroffen waren. Im Jahr 1995 wandte sie sich schließlich selbst an die italienischen Forscher und legte ihrem Schreiben ein Foto von sich bei.

Die Antwort, die sie vom italienischen Institut für biochemische und Evolutionsgenetik erhielt, richtete sich eindeutig an Wissenschaftler. »Bitte senden Sie DNA-Proben von Ihrer gesamten Familie«, stand dort. »Wenn Sie keine DNA aufbereiten können, senden Sie einfach eine frische Blutprobe.« Jill überredete eine befreundete Krankenschwester, Spritzen und Reagenzgläser nach Hause zu schmuggeln. Glücklicherweise erlaubte Italien den Versand von Blutproben per Post.

Es vergingen mehrere Jahre, bis Jill erneut von den italienischen Forschern hörte, aber sie war fest entschlossen. Bei ihrem jährlichen Trip in die Mayo-Klinik trug sie gegen den Protest ihrer Mutter mit ihrem eigenen Stift »Emery-Dreyfuss-Muskeldystrophie« in ihr Krankenblatt ein.

Im Jahr 1999 erhielt sie eine E-Mail aus Italien. Sie hielt einen kurzen Moment inne, dann klickte sie die Mail an. Wie sich herausstellte, hatte sie tatsächlich eine Mutation auf einem Gen, das als *LMNA* oder umgangssprachlich Lamin-Gen bezeichnet wird. Ihr Vater hatte diese Mutation ebenfalls, und auch bei zwei Brüdern und einer Schwester ließ sie sich nachweisen. Genauso wie bei vier weiteren Familien, die an der Studie teilgenommen hatten und ebenfalls an EDMD litten.[305] Jill hatte recht gehabt.

Das Lamin-Gen trägt eine Rezeptur für die Bildung einer Proteinhelix im Kern jeder Zelle, die beeinflusst, wie andere Gene aktiviert oder deaktiviert werden – das muss man sich wie einen Lichtschalter vorstellen – und verändert, wie der Körper Fett und Muskeln bildet. Irgendwo entlang der drei Milliarden Gs, Ts, As und Cs in Jills Genom war an einer äußerst ungünstigen Stelle ein Tippfehler passiert. Jill war glücklich, dass sie zur Entdeckung einer neuen krankheitsauslösenden Mutation beitragen konnte. Und dennoch ist es »auf makabre Weise komisch«, sagte sie. »Das Ganze passiert nur, weil sich irgendwo statt einem G ein C befindet.«

Jills Vater war 63 Jahre alt, als er 2012 schließlich seinem Herzleiden erlag. Zu jenem Zeitpunkt bewegte sich Jill mit einem Elektromobil, war verheiratet, hatte einen Sohn und hatte sich aus der medizinischen Detektivarbeit zurückgezogen. Tage nach dem Tod ihres Vaters zeigte ihr ihre jüngere Schwester im Internet ein Bild einer extrem muskulösen olympischen Sprinterin mit einem geradezu auffälligen Mangel an Unterhautfett. »Ich warf einen Blick darauf und dann .... Was?! Das haben wir nicht. Wovon redest du?«, fragte Jill ihre Schwester. Doch dann wurde sie neugierig.

Jill hatte sich schon die ganze Zeit mit dem Thema Unterhautfett beschäftigt. An ihren Gliedmaßen fehlten nicht nur die Muskeln, sondern auch jegliches Fettgewebe. Mehr als ein Jahrzehnt zuvor, als sie 25 Jahre alt war, hörte ein Labordirektor von John Hopkins von ihr. Weil er einen echten LMNA-Mutanten in seinem Labor haben wollte, bot er ihr ein Sommerpraktikum, in dem sie in wissenschaftlichen Fachzeitschriften nach allen Krankheiten suchen sollte, die von einer LMNA-Mutation ausgelöst wurden. Bei ihren Recherchen stieß sie auf eine höchst seltene Krankheit, die von einer LMNA-Mutation verursacht wird: die partielle Lipodystrophie. Sie führt zum Schwund des Unterhautfetts an den Gliedmaßen, sodass jeder einzelne Muskelstrang und die Adern wie bei einer präparierten Mumie deutlich hervortreten. Jill erkannte ihre Familie wieder. Konnte es sein, dass sie nicht nur an einer, sondern an zwei überaus seltenen genetischen Erkrankungen litt? Bei einer Ärztekonferenz bedrängte sie die Spezialisten mit Fotos. Sie versicherten ihr, sie habe keine Lipodystrophie und diagnostizierten ihr etwas, das wesentlich häufiger auftritt: das Medizinstudenten-Syndrom. »Das betrifft Medizinstudenten, die meinen, sie würden an sich die Symptome der Krankheit entdecken, die sie gerade studieren«, erklärte Jill.

Als sie Bilder der Athletin Priscilla Lopes-Schliep googelte, war sie sich plötzlich sicher. Sie betrachtete nicht nur Wettkampffotos, sondern auch private Fotos, bei denen Priscilla ihr Baby im Arm hielt. Da waren die hervortretenden Adern, der vertraute Sitz eines Blusenärmels über Armen, an denen jegliches Unterhautfett fehlte, und die anatomisch präzise Kerbe zwischen ihren Gesäßmuskeln und der Hüftmuskulatur. »Ich wusste, dass wir aus dem gleichen Holz geschnitzt waren«, sagte Jill, »ein sehr seltenes Holz.«

Das war Jills drittes visuelles Schleusentor. Das erste war die EDMD-Erkrankung ihrer Familie; das zweite ihre Vermutung, dass sie außerdem an partieller Lipodystrophie litt, und nun sah sie in Priscilla den gleichen auffälligen Mangel an Unterhautfett. Falls sie dieses Phänomen teilten, warum hatte Priscilla dann so enorme Muskeln und sie, Jill, fast überhaupt keine? »Das ist mein Kryptonit und ihr Raketentreibstoff«, dachte Jill. »Wir sind wie Superhelden aus einem Comic, die einfach so unterschiedlich sind, wie es überhaupt nur geht. Ich meine, ihr Körper hat einen Weg gefunden, [den Muskelschwund] irgendwie zu umgehen.« Ein Jahr lang dachte sie darüber nach, wie sie Priscilla ansprechen und dazu überreden konnte, einen Gentest zu machen, ohne im Trainingsstadion aufzutauchen oder ihr mit ihrem Elektromobil nachzustellen.

Zufällig saß sie vor dem Fernseher, als ich in einer morgendlichen Sendung über Athleten und Genetik sprach. »Ich dachte, ›Oh, das ist göttliche Vorsehung‹«, sagte sie mir. Sie sandte mir ein Paket und fragte, ob ich wohl Kontakt mit Priscilla aufnehmen könnte. Priscillas Agent Kris Mychasiew und ich sind zufälligerweise gegenseitige Follower auf Twitter, also sandte ich ihm eine Nachricht. Er war sehr entgegenkommend, als ich versuchte, ihm zu erklären, wie unwahrscheinlich die Idee war, dass diese zwei Frauen biologisch irgendetwas gemeinsam hatten, aber dass ich sehr von Jills hartnäckigen Bemühungen beeindruckt sei. Er leitete die Anfrage an Priscilla weiter.

»Er sagte so etwas wie, ›Diese Lady in Iowa. Sie sagt, sie hat dieselben Gene wie du und möchte mit dir sprechen‹«, erinnerte sich Priscilla. »Und ich sagte, ›Hmm, ich weiß nicht, Kris.‹« Er bat sie, einfach meinen Anruf anzunehmen.

Aufgrund ihres Körperbaus und ihrer äußeren Erscheinung bezichtigten die europäischen Medien sie offen der Einnahme von Steroiden. Jemand hatte ein Bild, wie sie bei den Olympischen Spielen ins Ziel einläuft, manipuliert und auf ihrem Körper den Kopf eines männlichen Bodybuilders platziert und das Bild dann ins Internet gestellt. »Das war ziemlich fies«, sagte Priscilla. Bei den Weltmeisterschaften von 2009 in Berlin musste sie wenige Minuten, bevor sie die Silbermedaille holte, einen Dopingtest machen, obwohl diese Tests so kurz vor einem Wettkampf technisch nicht erlaubt sind. Als ich sie anrief, war sie gerne bereit, mir Fotos zu senden, um zu demonstrieren, dass sie bereits im Schulalter ungewöhnlich muskulös und sehnig gewesen war. Auf einem Foto waren Frauen aus ihrer Familie zu sehen, die den Bizeps anspannten. Bei einer von ihnen, einer älteren Verwandten, war die ausgeprägte Bizepsmuskulatur zu sehen sowie eine stark hervortretende Vene, die sich wie ein Flusslauf bis zu ihrem Ellenbogen zog. Nach unserem Gespräch war Priscilla bereit, mit Jill zu sprechen.

Sie verstanden sich am Telefon auf Anhieb und erzählten sich, wie sie als Kinder von anderen wegen ihrer hervortretenden Adern gehänselt worden waren. Priscilla erklärte sich einverstanden, Jill und ihre Mutter in einer Hotel-Lobby in Toronto zu treffen. Als Priscilla eintraf, dachte Jill, »Oh, mein Gott, das ist, als würde ich jemanden aus meiner Familie sehen.« Priscilla erinnerte sich, dass sie dachte: »Da ist wirklich etwas dran. Wir sollten der Sache nachgehen.«

Es dauerte ein Jahr, bis sie einen Arzt gefunden hatte, der bereit war, Priscillas Lamin-Gen zu untersuchen. Schließlich besuchte Jill eine Ärztekonferenz und sprach den prominentesten Experten für Lipodystrophie, Dr. Abhimanyu Garg vom Southwestern Medical Center der Universität von Texas an. Er erklärte sich einverstanden, den Test durchzuführen und eine Lipodystrophie-Bewertung vorzunehmen.

Wieder hatte Jill recht gehabt. Nicht nur leiden sie und Priscilla an Lipodystrophie, sondern sie haben auch exakt dieselbe seltene Unterform der partiellen Lipodystropohie vom Typ Dunnigan. Priscilla und Jills »genetische Tippfehler« sind Nachbarn auf demselben Gen. Diese minimale Abweichung ihrer jeweiligen Position scheint jedoch einen außerordentlichen Unterschied zu machen – bei Jill führte sie zu einem Schwund der Muskeln und des Unterhautfettgewebes und bei Priscilla ebenfalls zu einem Schwund des Unterhautfettgewebes, aber zu einer besonders ausgeprägten Muskelentwicklung.

Dr. Garg rief Priscilla unverzüglich an. Sie befand sich gerade mit ihren Kindern in einem Einkaufszentrum. »Ich hatte gerade davon geträumt, einen saftigen Burger und Pommes zu essen«, sagte mir Priscilla. Sie fragte ihn, ob sie ihn nach dem Essen zurückrufen könne. »Er widersprach energisch und sagte so etwas wie: ›Sie dürfen nur Salat essen. Sie sind auf dem besten Wege, eine Bauchspeicheldrüsenentzündung zu bekommen.‹ Und ich antwortete, ›Wie bitte?!‹.«

Trotz der olympischen Trainingsdiät hatte Priscilla einen um das Dreifache erhöhten Blutfettwert, weil niemand von ihrer Lipodystrophie wusste. »Das war ein ernstes Problem«, sagte Garg. Priscilla musste unverzüglich ihre komplette Ernährung umstellen und mit der Einnahme von Medikamenten beginnen.

Jill hatte nicht nur das Leben ihres Vaters verlängert, sondern nun mithilfe von Google Images zu einer lebensverändernden medizinischen Behandlung einer Hochleistungssportlerin beigetragen. »Du hast mich vor dem Krankenhaus gerettet!«, sagte Priscilla, als sie Jill anrief.

Selbst Garg war von dem, was Jill bewirkt hatte, beeindruckt. Diese beiden Frauen waren die ausgeprägtesten Fälle von Muskelentwicklung, die er je bei Lipodystrophie-Patienten erlebt hatte – sie repräsentierten die jeweiligen Extreme des Spektrums. Unter normalen Umständen wären die beiden Frauen niemals in derselben Arztpraxis zusammengetroffen. »Es ist nachvollziehbar, dass ein Patient mehr über seine eigene Krankheit lernen kann«, sagte Garg. »Aber das Problem eines anderen Menschen zu erkennen und ihn darauf aufmerksam zu machen, das ist wirklich eine beeindruckende Leistung.«

Das war aber noch nicht das Ende von Jills Aktivitäten. Zufällig stieß sie auf die Arbeit eines französischen Biologen namens Etienne Lafai, ein Hyperspezialist, der ein Protein mit der Bezeichnung SREBP1 untersucht, das bei der Bestimmung hilft, ob das Fett aus einer Mahlzeit direkt vom Körper verarbeitet oder als Reserve gespeichert wird. Lefai zeigte anhand von Tierversuchen, dass das Protein bei einer Anhäufung im Körper entweder eine extreme Muskelatrophie oder ein extremes Muskelwachstum auslösen kann. Jill kontaktierte ihn und sagte ihm, möglicherweise habe er den biologischen Mechanismus entdeckt, der sie und Priscilla bei gleicher Erkrankung so unterschiedlich mache, nämlich die wechselseitige Beziehung zwischen SREBP1 und Lamin.

»Okay, das brachte mich ins Grübeln. Ich dachte, ›Das ist eine wirklich gute Frage, ein wirklich *sehr* gute Frage!‹«, erzählte mir Lefai mit deutlichem französischen Akzent. Er begann daraufhin zu untersuchen, ob eine Lamin-Gen-Mutation die Regulierung von SREBP1 verändern und einen gleichzeitigen Schwund von Muskulatur und Unterhautfett auslösen kann. »Ich hatte keine Idee, was ich mit genetischen Erkrankungen machen kann, bis sie sich an mich wandte«, sagte er. »Nun habe ich die Forschungsrichtung meines Teams verändert.«

Je größer die Menge an Informationen, die Spezialisten erzeugen, desto mehr Chancen haben wissbegierige Amateure, einen Beitrag zur Lösung anspruchsvoller Fragestellungen zu leisten, indem sie breit verfügbare, aber weit verstreute Informationsstränge zusammenbringen – unentdecktes öffentliches Wissen, wie Don Swanson es nannte. Je umfangreicher und zugänglicher die Bibliothek des menschlichen Wissens, desto größer die Chancen für wissbegierige Förderer, hoch innovative Verknüpfungen herzustellen. Ein Unternehmen wie InnoCentive, das auf den ersten Blick vollkommen kontraintuitiv erscheint, sollte mit zunehmender Spezialisierung immer leistungsfähiger werden.

Neue Chancen für Nichtspezialisten ergeben sich jedoch nicht nur aus der Zunahme von neuem Wissen. In dem Wettrennen um den Spitzenplatz unter der Avantgarde bleibt eine Menge nützliches Wissen unbeachtet. Auch das bietet all denjenigen eine Chance, die kreative Lösungen finden wollen, aber nicht an der Spitze der hoch spezialisierten Avantgarde mitmischen können oder wollen. Sie können neue kreative Lösungswege finden, indem sie zurückblicken und altes Wissen auf neue Weise aufbereiten.

KAPITEL 9

Laterales Denken unter Einsatz altbewährter Technologien

Während der außenpolitischen Abschottung Japans, die von den 1630er-Jahren bis zum Jahr 1853 dauerte, waren in Japan die *hanafuda* – mit Blumenmotiven dekorierte Spielkarten aus Baumrinde – verboten. (Sie wurden Blumenkarten genannt, weil die zwölf verschiedenen Kartenfarben von Blumen repräsentiert wurden.) Die Spielkarten wurden mit Glücksspiel und unerwünschten westlichen Kultureinflüssen assoziiert. Ende des 19. Jahrhunderts kehrte Japan wieder in die Weltgemeinschaft zurück und das Verbot wurde aufgehoben. Im Herbst des Jahres 1889 eröffnete ein junger Mann ein winziges Holzgeschäft in Kyoto und hängte ein Schild ins Fenster, auf dem »Nintendo« stand.[306]

Die genaue Bedeutung der japanischen Schriftzeichen ist nicht überliefert. Es könnte sein, dass sie »Überlasse das Glück dem Himmel« bedeuteten, aber wahrscheinlich war es eher eine poetische Art und Weise, den potenziellen Kunden mitzuteilen, dass »das Unternehmen die Erlaubnis besitzt, *hanafuda* zu verkaufen.«

Im Jahr 1950 hatte das Unternehmen, das inzwischen der 22-jährige Sohn des Gründers übernommen hatte, einhundert Mitarbeiter.

Doch dann traten Probleme auf. Im Jahr 1964, als die Olympischen Spiele von Tokio näher rückten, kam *hanafuda* aus der Mode, weil immer mehr Japaner die Glücksspielautomaten Pachinko vorzogen. Daneben wurde Bowling immer beliebter. In einem verzweifelten Versuch, ein Unternehmen zu diversifizieren, das ein Dreivierteljahrhundert mit *hanafuda* überlebt hatte, begann der junge Firmenchef wahllos zu investieren. Essen mussten die Menschen immer, also stellte das Unternehmen Instant-Reis und Fertigmahlzeiten her, die nach Comicfiguren benannt wurden. (Kennt jemand noch die Popeye-Nudelsuppe?) Dann war da noch das gescheiterte Unternehmen mit der Taxiflotte und der ebenfalls gescheiterte Ausflug in den Betrieb von Stundenhotels, der den Unternehmer in die Klatschpresse brachte. Nintendo versank in Schulden. Schließlich beschloss dieser, zu seiner Unterstützung junge, hochtalentierte Universitätsabsolventen einzustellen.

Dieses Vorhaben entpuppte sich jedoch als Rohrkrepierer. Nintendo war ein kleines Unternehmen in Kyoto. Der begehrte akademische Nachwuchs wollte aber in großen Unternehmen in Tokio arbeiten. Die gute Nachricht war, dass das Geschäft mit den Spielkarten, das nach der Umstellung auf eine maschinelle Produktion kosteneffektiver geworden war, gut lief. Im Jahr 1965 stellte der Firmenchef einen frischgebackenen Elektroingenieur namens Gunpei Yokei aus Kyoto ein, der mit Mühe seinen Abschluss geschafft und sich vergeblich bei großen Elektroherstellern beworben hatte. »Was willst du denn bei Nintendo?«, fragten seine Kommilitonen. Er war jedoch völlig unbekümmert. »Ich wollte sowieso nicht aus Kyoto weg«, sagte er später. »Ich hatte nie einen konkreten beruflichen Traum; für mich was dieser Job in Ordnung.«[307*] Seine Aufgabe war die Wartung und Instandhaltung der kartenproduzierenden Maschinen. Da es nicht viele davon gab, war Yokoi seine eigene Abteilung.

* Yokois Ideen und Zitate stammen aus seinen eigenen Veröffentlichungen und Interviews, einschließlich des von ihm mitverfassten Buches (Yokoi Gunpei Gēmukan), was so viel heißt wie Gunpei Yokoi Game House. Yokois Veröffentlichungen gibt es nicht auf Englisch; Ausschnitte daraus wurden für dieses Buch übersetzt.

Yokoi hatte seit langem mit Begeisterung verschiedene Hobbys gepflegt: Klavier, Standardtänze, Chorsingen, Sporttauchen, Modelleisenbahnen, Autobastelei und vor allem *monozukuri* – buchstäblich: »Dinge konstruieren«. Er war ein Tüftler. Bevor es Stereoanlagen für Autos gab, verband er einen Kassettenrekorder mit seinem Autoradio, damit er die Songs später abspielen konnte. In den ersten Monaten bei Nintendo hatte er so wenig zu tun, dass er seine Zeit damit verbrachte, mit den Gerätschaften des Unternehmens herumzuspielen. Eines Tages schnitt er Holzstücke zurecht, befestigte sie überkreuz und bastelte daraus einen einfachen, ausziehbaren Arm, ähnlich einem Springteufel oder den Boxhandschuhen, die aus dem geöffneten Bauch eines Roboters herausschießen, wie man es in Cartoons sieht. An einem Ende befestigte er eine Art Kralle, die sich schloss, wenn er die Griffe betätigte, um den Arm zu verlängern. Nun konnte er ganz bequem entfernte Gegenstände greifen.

Eines Tages sah der Präsident des Unternehmens, wie sein neuer Mitarbeiter mit dem von ihm gebastelten Gerät herumspielte und rief ihn zu sich ins Büro. »Ich dachte, er würde mich zur Ordnung rufen«, erinnerte sich Yokoi. Stattdessen bat ihn der verzweifelte Unternehmenslenker, dieses Gerät in ein Spiel zu verwandeln. Yokoi nahm einige bunte Bälle hinzu, die sich mit dem Arm greifen ließen, und schon kam die »Ultra Hand« auf den Markt. Sie war Nintendos erstes Spielzeug und verkaufte sich 1,2 Millionen Mal. Von den Einnahmen konnte das Unternehmen einen erheblichen Teil seiner Schulden abzahlen. Das war das Ende von Yokois Karriere als Wartungsfachmann. Der Präsident beauftragte ihn damit, Nintendos erste Forschungs- und Entwicklungsabteilung aufzubauen. Aus dem Unternehmen, das kurzzeitig Instant-Reis hergestellt hatte, wurde ein Spielzeughersteller.

Es folgten weitere Erfolge im Spielzeugbereich – was Yokoi jedoch zutiefst beeinflusste, war ein abgrundtiefer Misserfolg in jenem ersten Jahr. Yokoi war an der Entwicklung des Drive Game beteiligt, einem Tischspiel, bei dem der Spieler mit einem Lenkrad ein Plastikauto auf einer Rennbahn steuert, die unter dem Auto lief, betrieben von einem Elektromotor. Es war das erste stromgetriebene Spielzeug von Nintendo und ein totaler Flop. Der interne Mechanismus war seiner Zeit voraus und am Ende so komplex und störungsanfällig, dass er teuer und schwer zu produzieren war. Außerdem litten die Tischgeräte unter häufigen Ausfällen. Dieses Debakel war jedoch die Keimzelle einer kreativen Philosophie, die Yokoi in den folgenden 30 Jahren leiten sollte.

Yokoi war sich seiner technischen Beschränkungen bewusst. Ein Fan der Geschichte der Videospiele schrieb, »er studierte Elektronik zu einer Zeit, in der sich die Technologie schneller weiterentwickelte, als Schnee in der Sonne schmilzt.«[308] Yokoi hatte kein Bedürfnis (oder auch keine Fähigkeit), mit Elektronikunternehmen zu konkurrieren, die versuchten, sich gegenseitig mit brandneuen technischen Erfindungen zu übertrumpfen. Nintendo konnte auch nicht mit den traditionellen großen japanischen Spielzeugherstellern – Bandai, Epoch und Takara – auf ihrem angestammten Gebiet konkurrieren. Auf Basis dieser Erkenntnis und der Erfahrung mit dem Drive Game setzte Yokoi auf eine Methode, die er als »laterales Denken unter Einsatz altbewährter Technologien« bezeichnete.[309] Damit meinte er Standardtechnologien, die so weit verbreitet waren, dass jeder sie kannte und beherrschte, sodass sie kein Expertenwissen voraussetzten. Das Herzstück seiner Philosophie lautete, billige, einfache Standardtechnologien auf völlig neuartige Art und Weise anzuwenden. Wenn er nicht in der Lage war, neue Technologien zu entwickeln, würde er einfach altbewährte Technologien neu einsetzen, so Yokoi. Damit zog er sich bewusst aus dem Rennen um die avantgardistischsten Neuerungen zurück und konzentrierte sich ganz auf *monozukuri*.

Unter anderem verband er einen Transistor mit einem billigen Galvanometer, den er in einem Geschäft erstanden hatte, und merkte, dass er damit den Strom messen konnte, der durch seine Mitarbeiter floss. Yokoi stellte sich ein Spielzeug vor, das das Händchenhalten – etwas, das in Japan damals noch als unschicklich in der Öffentlichkeit galt – für Mädchen und Jungen zu einem echten Spaß machen würde.* Der

* Das Spiel *Twister* war Ende der 1960er-Jahre ein Misserfolg in Japan, weil es gegen die damals vorherrschenden sozialen Normen verstieß.

sogenannte Love Tester bestand aus zwei leitfähigen Griffen und einer Anzeige mit einer Nadel. Die Spieler fasste einen Griff an und gaben sich dann die Hände und schlossen damit den Stromkreislauf. Die Nadel auf der Anzeige zeigte den Strompegel an; je höher die Stromanzeige, desto größer die Zuneigung zwischen den beiden Teilnehmern, hieß es. Je feuchter ihre Hände waren, desto besser die Leitfähigkeit und desto höher der Strompegel. Das Ganze war ein echter Schlager bei Jugendlichen und ein Partyspaß für Erwachsene. Yokoi fühlte sich ermutigt in seinem Bestreben, neuartige Anwendungen für altbewährte, billige Standardtechnologien zu finden.

Anfang der 1970er-Jahre erfreuten sich ferngesteuerte Spielzeugautos großer Beliebtheit. Eine qualitativ hochwertige Fernsteuerung kostete allerdings bis zu einem Monatsgehalt, daher war es ein Hobby, das sich nur Erwachsene leisten konnten. Und so dachte Yokoi darüber nach, wie er ferngesteuertes Spielzeug billiger und für alle erschwinglich machen konnte. Dafür rollte er die Technologie von hinten auf. Was die Fernsteuerung so teuer machte, war die Notwendigkeit mehrerer Fernsteuerkanäle. Autos brauchten grundsätzlich zwei Kanäle – einen, um die Motorleistung zu steuern, und einen für das Lenkrad. Je größer die Zahl der Funktionen des Autos, desto mehr Kanäle benötigte es. Yokoi reduzierte die Technologie auf das absolute Minimum, nämlich ein Auto mit Einkanal-Steuerung, das nur linksherum fahren konnte. Der Produktname: Lefty RX. Es kostete weniger als ein Zehntel der typischen ferngesteuerten Spielzeugautos und funktionierte gut bei Rennen im entgegengesetzten Uhrzeigersinn. Doch selbst wenn es Hindernissen ausweichen musste, lernten die Kinder schnell, wie sie diese mit Linkskurven umgehen konnten.

Als Yokoi eines Tages im Jahr 1977 auf seiner Rückfahrt von einer Geschäftsreise im Hochgeschwindigkeitszug saß und nach einem kurzen Nickerchen wieder aufwachte, sah er, wie ein Angestellter sich mit einem Taschenrechner die Langeweile seiner Pendelfahrt vertrieb. Damals ging der Trend zu möglichst großen, imposanten Spielzeugen. Was wäre, so fragte sich Yokoi, wenn es ein Spiel gäbe, das so klein ist, dass man damit diskret auf der täglichen Fahrt zur Arbeit spielen kann? Er brütete eine Weile über dieser Idee, bis er eines Tages als Chauffeur für den Präsidenten des Unternehmens eingesetzt wurde. Er sollte den eigentlichen Chauffeur vertreten, der mit Grippe im Bett lag. Dank seines Interesses an ausländischen Autos war er der einzige von Nintendos einhundert Mitarbeitern, der schon einmal ein linksgesteuertes Auto, wie den Cadillac des Firmenchefs, gefahren hatte. Während der Fahrt erzählte er diesem von seiner Idee eines Minispiels. »Er nickte zwar immer wieder, schien aber nicht besonders interessiert zu sein«, erinnerte sich Yokoi.

Eine Woche später erhielt er Überraschungsbesuch von Führungskräften des Taschenrechnerproduzenten Sharp. Bei dem Meeting, zu dem Yokoi seinen obersten Chef gefahren hatte, saß dieser neben dem CEO von Sharp und erzählte ihm von der Idee seines Chauffeurs. Seit mehreren Jahren lieferte sich Sharp mit Casio einen eisigen Konkurrenzkampf auf dem Taschenrechnermarkt. Anfang der 1970er-Jahre kosteten Taschenrechner noch mehrere hundert Dollar; dann wurden die Komponenten jedoch immer billiger und der Markt erreichte die Sättigungsgrenze. Sharp war auf der Suche nach einer neuen Verwendung für seine LCD-Displays.

Als die Führungskräfte von Yokois Idee eines Videospiels von der Größe eines Kreditkartenetuis hörten, das man auf dem Schoß halten und mit den Daumen spielen konnte, waren sie einerseits neugierig, aber auch skeptisch. Würde es sich überhaupt lohnen, eine neue Partnerschaft einzugehen, nur um eine alte Standardtechnologie, die inzwischen spottbillig geworden war, auf neue Weise zu verwenden? Sie waren sich nicht einmal sicher, dass es überhaupt möglich war, ein Display herzustellen, das so glatt war, dass es sich für das von Yokoi vorgeschlagene Spiel eignete. Dabei sollte eine Figur, deren Arme sich nach rechts und links bewegen ließen, mit Bällen jonglieren, die sich immer schneller bewegten. Die Ingenieure von Sharp entwickelten jedoch ein LCD-Display in der von Yokoi gewünschten Größe. Doch dann tauchte ein echtes Problem auf. Die Elektronik dieses winzigen Spiels befand sich auf so engem Raum, dass das Flüssigkristall-Display mit einer Platine in Berührung kam, was zu einer visuellen Verzerrung in Form von kreisförmigen hellen und dunklen Streifen führte, die auch als Newtonsche Ringe bezeichnet werden. Yokoi musste einen winzigen Zwischenraum zwischen der Platine und dem Display schaffen. Dafür bediente er sich einer Idee aus der Kreditkartenindustrie. Mithilfe einer kleinen Justierung der alten Druckmaschinen für das Kartenspiel *hanafuda* prägte er dem Display Hunderte von winzigen Punkten auf, die für einen minimalen Zwischenraum zwischen der Platine und dem Display sorgten. Zum krönenden Abschluss half ihm ein Kollege in wenigen Stunden, eine Uhr in das Display zu programmieren. LCD-Displays gab es bereits bei Armbanduhren, und sie dachten sich, damit könnten sie Erwachsene dazu bringen, ihr »Game & Watch« zu kaufen.[310]

Im Jahr 1980 brachte Nintendo seine ersten drei Game & Watch-Modelle auf den Markt, mit der hochfliegenden Hoffnung, 100.000 Exemplare zu verkaufen. Im ersten Jahr wurden 600.000 verkauft, und die internationale Nachfrage war so groß, dass Nintendo mit der Produktion nicht hinterherkam. Die Donkey Kong Game & Watch kam 1982 auf den Markt; allein von diesem Modell wurden 8 Millionen Stück verkauft. Game & Watch wurde elf Jahre lang produziert und verkaufte sich 43,4 Millionen Mal. Außerdem enthielt sie eine weitere Erfindung Yokois: das D-Pad oder Steuerkreuz – eine flache Vierwegesteuerung, die sich allein mit einem Daumen bedienen ließ. Nach dem Erfolg von Game & Watch integrierte Nintendo das D-Pad in die Konsolen seines neuen Nintendo Entertainment Systems, das in Japan »Familiencomputer« hieß. Diese Heimkonsole brachte Arkade-Spiele in Millionen von Haushalten auf der ganzen Welt und läutete ein neues Zeitalter der Videospiele ein. Die Kombination aus diesen Erfolgen – die Game & Watch und das Nintendo Entertainment System – resultierte in Yokois Meisterwerk des lateralen Denkens, der Handheld-Konsole, mit der man jedes Spiel spielen konnte, das ein Entwickler auf einem Steckmodul platzieren konnte: dem Game Boy.

Aus technologischer Perspektive war der Game Boy selbst für 1989 einfach lachhaft. Yokois Team hatte überall gespart. Der Vorgänger des Game Boy war hochmodern gewesen – in den 1970er-Jahren. Mitte der 1980er-Jahre herrschte zwischen den Spielekonsolen ein eisiger Konkurrenzkampf um die beste Grafikqualität. Der Game Boy war unschön. Er hatte insgesamt vier Graustufen auf einem winzigen grünstichigen Display – ein grünliches Grau, das irgendwo zwischen Schleim und gammeligen Alfalfa-Sprossen angesiedelt war. Die Figuren liefen in schnellen seitlichen Bewegungen über das Display. Als Krönung musste sich der Game Boy gegenüber Handheld-Konsolen von Sega und Atari behaupten, die technologisch in jeder Hinsicht überlegen waren. Und dennoch schlug er sie um Längen.

Was seiner überholten Technologie fehlte, machte der Game Boy durch das Nutzererlebnis wett. Er war billig, er passte in eine große Hosentasche, und er war »unkaputtbar«. Falls er zu Boden fiel und das Display einen Sprung bekam – und dafür musste er wirklich aus großer Höhe herunterfallen –, konnte man trotzdem weiterspielen. Wenn er in einem Rucksack vergessen wurde und in der Waschmaschine landete, war er nach wenigen Tagen, wenn er ganz trocken war, wieder benutzbar. Und anders als seine energiefressenden farbenprächtigen Konkurrenten lief er tagelang (oder sogar wochenlang) mit AA-Batterien. Die Entwickler von Nintendo und auch außerhalb Nintendos waren mit alten Geräten sehr vertraut; mit ihrer Kreativität und ihrem Tempo und ohne die Notwendigkeit, eine neue Technologie erlernen zu müssen, produzierten sie eine Flut von Spielen, als seien sie die frühen Vorgänger der Entwickler von iPhone-Apps: *Tetris, Super Mario Land, The Final Fantasy Legend* und eine ganze Reihe von Sportspielen, die im ersten Jahr auf den Markt kamen, wurden alle zu großen Erfolgen. Mit simpler Technologie umging Yokois Team das Wettrennen um die besten Geräte und holte die Community der Spieleprogrammierer ins Boot.

Der Game Boy, der zur Standardkonsole für Videospiele wurde, verzichtete zugunsten einer leichten Tragbarkeit und eines erschwinglichen Preises auf ausgefeilte Technik. Mit einem Absatz von 118,7 Millionen Stück war er der bei weitem größte Verkaufsschlager unter den Konsolen des 20. Jahrhunderts.[311] Nicht schlecht für ein kleines Unternehmen, das die Erlaubnis besaß, *hanafuda* zu verkaufen.

Obwohl Yokoi zu dem Zeitpunkt zwar schon ein hohes Ansehen genoss, musste er im Unternehmen sehr dafür kämpfen, dass das Konzept des »lateralen Denkens unter Einsatz altbewährter Technologien« für den Game Boy angenommen wurde. »Nintendo tat sich schwer damit, das zu verstehen«, sagt er später. Er war jedoch davon überzeugt, dass die technologische Seite zweitrangig war, wenn die Nutzer von den Spielen begeistert waren. »Wenn Sie zwei Kreise übereinander auf eine Tafel malen und sagen, ›Das ist ein Schneemann‹, wird jeder, der die Kreise sieht, im Geiste Schnee vor sich sehen«, so sein Argument.

Als der Game Boy auf den Markt kam, teilte ihm ein Kollege »mit grimmiger Miene« mit, dass ein Wettbewerber eine Handheld-Konsole herausgebracht habe, erinnerte sich Yokoi. Er fragte seinen Kollegen, ob sie ein Farbdisplay besitze. Der Kollege bestätigte dies. »Dann ist alles in Ordnung«, antwortete Yokoi.[312]

Seine Strategie, neue Anwendungsmöglichkeiten für alte Technologien zu finden, während andere mit modernen Technologien arbeiteten, gibt exakt das wieder, was eine bekannte psychologische Kreativitätsübung verlangt. Bei der sogenannten Unusual (oder Alternative) Uses Task müssen die Übungsteilnehmer für einen Gegenstand eine ungewöhnliche Verwendungsmöglichkeit finden. Für einen Backstein, zum Beispiel, müssen sie zuerst bekannte Verwendungsmöglichkeiten finden (Teil einer Wand, eine Türschwelle, eine Waffe). Anschließend müssen sie sich Verwendungsmöglichkeiten ausdenken, die konzeptionell von den üblichen Einsatzmöglichkeiten abweichen und selten von anderen Testteilnehmern genannt werden, aber dennoch machbar sind. Für einen Backstein ergeben sich unter anderem folgende Möglichkeiten: ein Briefbeschwerer, ein Nussknacker, ein Theatersarg bei einem Puppenbegräbnis oder ein Wasserverdränger, der in einen Toilettenspülkasten gelegt wird, um die Menge Wasser zu reduzieren, die bei jedem Spülgang verwendet wird. (Im Jahr 2015 wurden schlaue laterale Denker und Erfinder des »Drop-A-Brick«-Projekts – das waren Gummibacksteine, die während einer Dürreperiode in kalifornischen Toilettenkästen zum Einsatz kamen – von *Ad Age* mit der »Pro-Bono-Kampagne des Jahres« ausgezeichnet.)

Es gibt allerdings keine umfassende Kreativitätstheorie. Was es gibt, ist eine gut dokumentierte Neigung der Menschen, ausschließlich vertraute Verwendungsmöglichkeiten für Gegenstände zu finden – ein Instinkt, der als funktionale Fixierung bekannt ist. Das berühmteste Beispiel ist das »Kerzenproblem«, bei dem die Testteilnehmer eine Kerze, eine Schachtel Reißzwecken sowie ein Streichholzbriefchen und die Anweisung erhalten, die Kerze so an der Wand zu befestigen, dass das Wachs nicht auf den darunter stehenden Tisch tropft. Die Testteilnehmer versuchten, die Kerze zu erhitzen und an die Wand zu kleben oder sie irgendwie mit den Reißzwecken an der Wand zu befestigen. Aber nichts funktionierte. Wenn das Problem so präsentiert wird, dass die Reißzwecken neben der Schachtel liegen, sind die Testteilnehmer eher in der Lage zu erkennen, dass sich die Schachtel an die Wand heften und als Kerzenhalter verwenden lässt.[313] Yokoi war jemand, dem immer zuerst ungewöhnliche Verwendungsmöglichkeiten einfielen.

Ohne Frage brauchte Yokoi hoch spezialisierte Experten. Der erste echte Elektroingenieur, den Nintendo einstellte, war Satoru Okada, der unverblümt feststellte, »Elektronik war nicht Yokois Stärke«. Okada war Yokois Co-Designer beim Game & Watch und beim Game Boy. »Ich kümmerte mich mehr um die internen Systeme des Geräts«, erinnert er sich, »und Yokoi mehr um das Design und die Nutzeroberfläche.«[314] Okada war der Steve Wozniak zum Yokoi-Steve Jobs.

Yokoi war der erste, der das bestätigte. »Ich habe keine besonderen Fachkenntnisse«, sagte er einmal. »Ich weiß von allem ein bisschen was.«[315]

Er wies die jungen Mitarbeiter an, mit der Technologie nicht nur um ihrer selbst willen herumzuspielen, sondern mit Ideen zu spielen. Ihr müsst denken wie ein Hersteller, nicht wie ein Ingenieur, sagte er. »Der Hersteller weiß, dass es so etwas gibt wie Halbleiter, aber er muss nicht genau wissen, wie sie funktionieren … das kann man den Experten überlassen. Alle wollen detaillierte, komplexe Fertigkeiten erwerben«, sagte er. »Wenn das niemand machen würde, gäbe es keine hervorragenden Ingenieure … Was mich betrifft: Aus der Perspektive eines Ingenieurs könnte man sagen, ›Seht euch diesen Idioten an‹, aber wenn man erst einige echte Verkaufsschlager produziert hat, wirkt man nicht mehr ganz so idiotisch.«

Yokoi verbreitete seine Philosophie in seinem wachsenden Team und forderte jeden auf, alternative Verwendungsmöglichkeiten für alte Technologien zu finden. Dabei wurde ihm klar, dass er das Glück gehabt hatte, in einem Unternehmen anzufangen, das ursprünglich Spielkarten herstellte, und nicht bei einem etablierten elektronischen Spielzeughersteller mit eingefahrenen Lösungen, daher wurden seine Ideen nicht von seiner mangelnden technischen Kompetenz behindert. Mit zunehmendem Wachstum des Unternehmens machte er sich Sorgen, die jungen Ingenieure würden womöglich befürchten, sich mit der öffentlichen Äußerung neuer Verwendungsmöglichkeiten für altbewährte Technologien lächerlich zu machen, daher warf er in Meetings ganz bewusst verrückte Ideen in die Runde, um den Anfang zu machen. »Sobald ein junger Ingenieur Dinge sagt wie, ›Nun, das ist eigentlich überhaupt nicht meine Sache …‹, dann ist es vorbei«, erzählte er.

Tragischerweise kam Yokoi 1997 bei einem Verkehrsunfall ums Leben. Seine Philosophie lebte jedoch weiter. Im Jahr 2006 sagte Nintendos Präsident, die Spielekonsole Nintendo Wii sei ein direktes Ergebnis von Yokois Doktrin. »Wenn ich etwas sagen kann, ohne missverstanden zu werden«, erklärte er, »würde ich gerne sagen, dass Nintendo keine Spielekonsolen der nächsten Generation produziert.«[316] Die Wii-Konsole verwendete ganz simple Spiele und Technologie einer Vorgängerversion; die große Neuerung lag in der bewegungsbasierten Steuerung. Wegen seiner schlichten Hardware wurde die Wii-Konsole als nicht innovativ kritisiert. Clayton Christensen, Professor an der Harvard Business School sagte dagegen, tatsächlich stelle sie die wichtigste Art von Innovation dar, nämlich eine »wirkmächtige Innovation«, die sowohl neue Kunden als auch neue Arbeitsplätze schafft, so wie zuvor die Personal Computer, weil sie eine ganz neue Zielgruppe für Videospiele erschließe: Erwachsene. Nintendo »innovierte einfach auf völlig andere Weise«, schrieben Christensen und ein Kollege. »Das Unternehmen hatte erkannt, dass die Barriere zur Gewinnung neuer Kunden für das Videospielsystem die Komplexität war, und nicht die Qualität der grafischen Elemente.«[317] Königin Elisabeth II. von England machte Schlagzeilen, als sie ihren Enkel Prinz William dabei beobachtete, wie er mit der Wii-Konsole Bowling spielte, und beschloss mitzuspielen[318].

Seinen größten Misserfolg erlebte Yokoi, als er sich von seinen eigenen Glaubenssätzen über Design entfernte. Eines seiner letzten Nintendo-Projekte war der Virtual Boy, ein Gaming-Headset, das mit experimenteller Technologie arbeitete, und zwar einem Prozessor, der starke Radiowellen aussendete, und vor dem Zeitalter der Mobiltelefone wusste niemand, ob diese Strahlung so nahe am Kopf nicht eventuell schädlich sein würde. Der Prozessor musste mit einer Metallplatte ummantelt werden. Dadurch wurde das Headset so schwer, dass man es nicht lange tragen konnte. Schließlich wurde es zu einem Tischgerät umgebaut. Um das Display zu sehen, mussten die Nutzer allerdings eine unnatürliche Haltung einnehmen. Der Virtual Boy war seiner Zeit voraus, aber er fand keinen Absatz.

Seine größten Erfolge erzielte Yokoi immer dann, wenn er lateral dachte. Er brauchte Spezialisten; seine Befürchtung war jedoch, dass das Ansehen und die Bedeutung vertikal denkender Hyperspezialisten im Zuge der wachsenden Unternehmen und der technologischen Weiterentwicklung zunehmen und das Prestige lateral denkender Generalisten abnehmen würde. »Die einfachste Abkürzung [zur Kompensation eines Ideenmangels] ist die Konkurrenz um die leistungsfähigsten Rechner«, erklärte Yokoi. »Hier setzen sich die Display-Hersteller und hochqualifizierte Grafikdesigner durch. Und das entzieht Nintendo die Existenzberechtigung.« Seiner Ansicht nach entstanden die besten Ergebnisse, und zwar selbst auf hochtechnischen Gebieten, aus der Kooperation lateraler und vertikaler Denker.

Der renommierte Physiker und Mathematiker Freeman Dyson drückte es folgendermaßen aus: »Vögel fliegen hoch in der Luft und überblicken breite mathematische Panoramen bis zum weit entfernten Horizont«, schrieb er 2009. »Sie begeistern sich für Konzepte, die unser Denken vereinigen und vielfältige Probleme aus verschiedenen Teilen der Landschaft zusammenbringen. Frösche leben unten im Schlamm und sehen nur die Blumen, die aus dem Boden wachsen. Sie begeistern sich für die Details bestimmter Objekte und lösen immer ein Problem auf einmal.« Als Mathematiker betrachtete sich Dyson als Frosch, sagte aber, »es ist dumm zu behaupten, Vögel seien besser als Frösche, weil sie weiter sehen können, oder Frösche seien besser als Vögel, weil sie tiefer sehen können.« Die Welt, so schrieb er, ist breit und tief. »Zu ihrer Erforschung brauchen wir eine Kooperation zwischen Vögeln und Fröschen.« Dysons Sorge lautete, dass die Wissenschaft zunehmend von Fröschen bevölkert wird, hochgezüchteten Fachspezialisten, denen es nicht gelingt, ihre Scheuklappen abzulegen und sich mit der Wissenschaft zu verändern. »Das ist eine riskante Situation«, warnte er, »für die jungen Menschen, aber auch für die Zukunft der Wissenschaften.«[319]

Glücklicherweise können wir selbst heute, selbst in unserem hochmodernen Zeitalter und selbst auf hochspezialisierten Fachgebieten einen Boden kultivieren, auf dem sowohl Vögel als auch Frösche gedeihen.

Andy Ouderkirk lachte, als er sich an die Geschichte erinnerte. »Das war mit diesen drei Herren, den Eigentümern des Unternehmens, und ich werde nie vergessen, wie sie ein Fläschchen hochhielten und sagten, ›Das revolutioniert den Glitter.‹.«

Standard-Glitter funkelte; dieser Glitter flackerte glitzernd umher, so als befinde sich in dem Fläschchen eine Kolonie magischer prismatischer Glühwürmchen. Ouderkirk stellte sich zahlreiche Anwendungen für mehrschichtige optische Folien vor, aber Glitter war eine angenehme Überraschung. »Hier stehe ich, als Physikochemiker«, sagte er mir. »Üblicherweise denke ich bei einer Revolution an hoch ausgefeilte moderne Technologien.«

Ouderkirk war einer der Erfinder des Unternehmens 3M aus Minnesota, einer der 28 »Corporate Scientists«, dem höchsten Titel unter den 65 Wissenschaftlern und Ingenieuren des Unternehmens. Der Weg bis zur Erfindung des bahnbrechenden Glitters begann, als er sich daran machte, die Konzeption eines 200 Jahre alten physikalischen Prinzips zu hinterfragen, das als Brewster'sches Gesetz bekannt ist und besagt, dass keine Oberfläche den Lichteinfall aus jedem Winkel perfekt reflektieren kann.

Ouderkirk fragte sich, ob man mit dem Aufeinanderschichten hauchdünner Plastikfilme mit jeweils unterschiedlichen optischen Qualitäten eine Folie erzeugen könne, die verschiedene Lichtwellenlängen in alle Richtungen brechen und reflektieren könnten.[320] Eine Gruppe optischer Spezialisten, die er dazu befragte, versicherten ihm, das sei unmöglich. Genau das wollte er hören. »Hätten sie gesagt, ›hey, das ist eine großartige Idee. Machen Sie das, das ist sinnvoll‹, wie groß wäre dann die Chance gewesen, dass ich der Erste bin, der das erfindet? Praktisch Null«, sagte er mir.

Er war sich sicher, dass es physikalisch möglich war. Mutter Natur lieferte den Beweis. Der irisierende blaue Morpho-Schmetterling hat kein einziges blaues Pigment. Seine Flügel glänzen in Azur- und Saphirblau wegen der hauchdünnen Schuppenschichten, die bestimmte Wellenlängen an blauem Licht reflektieren und brechen.[321] Es gab aber noch einfachere Beispiele. Das Plastik einer Wasserflasche bricht das Licht unterschiedlich, je nach dem Winkel des Lichteinfalls. »Jeder, der etwas über Polymere weiß, kennt das«, sagte Ouderkirk. »Das hat man buchstäblich jeden Tag vor sich. Aber niemand dachte je daran, daraus optische Folien herzustellen.«[322]

Er bildete ein Team, das sich mit dieser Herausforderung beschäftigte. Die Folie, die dünner ist als ein menschliches Haar, besteht aus Hunderten von Polymerschichten, die so konzipiert wurden, dass sie bestimmte Lichtwellen reflektieren, brechen oder durchlassen. Anders als typische optische Folien oder sogar Spiegel können mehrschichtige optische Folien Licht fast perfekt reflektieren, unabhängig vom Lichteinfallswinkel. Sie können das Licht sogar verstärken, bevor sie es zurückwerfen. Daher der Glittereffekt. Normaler Glitter reflektiert Licht nicht gut in jede Richtung; der neue Glitter glitzert in alle Richtungen gleichzeitig.

Die Anwendungsmöglichkeiten für die angeblich unmögliche Erfindung reichten dann doch eine Spur über Glitter hinaus. Im Inneren von Mobiltelefonen und Laptops reflektiert und »recycelt« mehrschichtige optische Folie Licht, das auf seinem Weg von einer Hintergrundbeleuchtung zum Display normalerweise verschluckt würde, und bietet dem Nutzer auf diese Weise nicht nur mehr Licht, sondern senkt auch drastisch den Stromverbrauch, der ansonsten zur Display-Beleuchtung nötig wäre. Diese Folie erhöht die Effizienz in LED-Leuchtmitteln, Solarpaneelen und Glasfaser. Sie steigert die Energieeffizienz eines Projektors so dramatisch, dass dieser nur eine winzige Batterie für ein strahlendhelles Video benötigt. Als 33 chilenische Bergleute 69 Tage in einer Goldmine 700 Meter unter Tage eingeschlossen waren, wurden entsprechende Projektoren im Taschenformat durch ein Loch von ungefähr 11 Zentimeter Durchmesser in die Tiefe gelassen, damit die Eingeschlossenen Nachrichten von ihren Familien, Sicherheitsanweisungen und natürlich die Übertragung eines Fußballspiels zwischen Chile und der Ukraine empfangen konnten.

Die mehrschichtige optische Folie ist relativ billig und lässt sich in großen Volumina herstellen. Aufgewickelt könnte man sie fast für schimmerndes Geschenkpapier halten. Sie ist eine umweltfreundliche Erfindung, die viele Milliarden Dollar wert ist. Wie kommt es, dass niemand zuvor eine Plastikwasserflasche auf diese Weise betrachtet hat? Ein jüngst veröffentlichtes technisches Buch für Optikexperten »behauptete, diese Technologie sei nicht fähig zu Präzision«, erinnerte sich Ouderkirk. »Das Buch stammte von einem hoch spezialisierten Experten. Er schreibt ein ganzes Buch über das Thema, kennt sich also aus. Das Problem war, dass er sich auf benachbarten Gebieten bereits nicht mehr auskannte.«

Im Jahr 2013 wurde Ouderkirk vom *R&D Magazine* zum Innovator des Jahres gekürt. Nach 30 Jahren bei 3M tragen 170 Patente seinen Namen. Ganz nebenbei war er von den Faktoren fasziniert, die für erfolgreiche Erfindungen, Erfinderteams und individuelle Erfinder verantwortlich sind und beschloss irgendwann, diese systematisch zu untersuchen. Dazu tat er sich mit einem Analyseexperten und einem Professor von der Nanyang Technological University in Singapur zusammen. Dabei stellten sie fest, dass die Erfolgsfaktoren ziemlich viel mit »benachbarten Gebieten« zu tun hatten.

Ouderkirk und die anderen beiden Forscher, die mit ihm gemeinsam die Erfinder von 3M studierten, wollten wissen, welche Art von Erfindern für die einflussreichsten Innovationen verantwortlich waren.[323] Dabei trafen sie auf hoch spezialisierte Erfinder, die sich auf eine einzige

Technologie konzentrierten, und Generalisten, die auf keinem Gebiet führend waren, aber auf zahlreichen Gebieten gearbeitet hatten.

Sie untersuchten die Patente und – dank Ouderkirks Zugang zu den Interna von 3M – die kommerziellen Erfolge, die die Erfinder damit erzielt hatten. Dabei stellten sie fest, dass beide Erfindertypen, also die Spezialisten und die Generalisten, wichtige Beiträge geleistet hatten. Keiner von beiden war dem anderen überlegen. (Außerdem stießen sie bei ihren Untersuchungen auch auf Erfinder, die weder über nennenswerte breite noch tiefe Kenntnisse auf irgendeinem Gebiet verfügten; ihre Erfindungen übersetzten sich selten in messbare Geschäftserfolge.) Die Spezialisten waren gut darin, über einen langen Zeitraum an schwierigen technischen Fragestellungen zu tüfteln, sowie in der Antizipation von Entwicklungshindernissen. Die Generalisten langweilten sich eher, wenn sie sehr lange an einem bestimmten Problem arbeiten mussten. Ihr Mehrwert bestand darin, verschiedene Gebiete zu integrieren, Technologie aus einem Gebiet auf ein anderes zu übertragen und einzusetzen. Weder die Breite noch die Tiefe ihres jeweiligen Wissens allein war ein verlässlicher Indikator für eine Auszeichnung mit dem Carlton Award, eine Art firmeneigener »Nobelpreis«.

Ouderkirks Gruppe deckte aber noch einen weiteren Erfindertyp auf. Sie bezeichneten diesen als »Universalgelehrte« – Erfinder mit einem sehr breiten Wissenshorizont und mindestens einem Spezialgebiet. Die Tiefe und Breite ihres Wissens wurde anhand ihrer Arbeitshistorie gemessen. Das US-amerikanische Patentamt klassifiziert technologische Erfindungen in 450 unterschiedliche Kategorien: Übungsgeräte, elektrische Steckverbinder, Schiffsantriebe und unzählige mehr. Die Spezialisten hielten ihre Patente eher auf eng umgrenzten Gebieten. Die Generalisten begannen dagegen vielleicht mit Abdeckband, gefolgt von chirurgischen Klebstoffen, woraus eine Idee für veterinärmedizinische Zwecke entstand. Ihre Patente erstreckten sich auf zahlreiche Gebiete. Die sogenannten Universalgelehrten besaßen ein profundes Wissen auf einem Kerngebiet, auf dem sie zahlreiche Patente hielten, aber ihr Wissen war nicht so tief wie das der Spezialisten. Daneben verfügten sie aber auch über ein sehr breit gefächertes Wissen, oft sogar noch breiter als die Generalisten, da sie mit vielen Dutzend unterschiedlichen Technologien gearbeitet hatten. Wiederholt wendeten sie das Fachwissen, das sie auf einem Gebiet erworben hatten, auf völlig neue Weise an, das heißt, sie lernten ständig neue Technologien dazu. Im Verlauf ihrer Karriere, in der sie sich ständig neues Wissen aus »benachbarten Gebieten« aneigneten, wurde ihr Wissen insgesamt immer breiter, was allerdings ein wenig zu Lasten der Tiefe ging. Sie bildeten die Gruppe an Erfindern, die am wahrscheinlichsten mit dem Carlton Award ausgezeichnet wurden. In einem Unternehmen, das es sich zur Aufgabe gemacht hat, die technologischen Grenzen ständig weiter auszudehnen, war eine technische Spezialisierung auf Weltklasseniveau allein nicht der Schlüssel zum Erfolg.

Ouderkirk ist ein solcher Universalgelehrter. Seit ein Lehrer in der zweiten Klasse anhand eines Modells vorgeführt hatte, wie ein Vulkanausbruch abläuft, hatte er sich für Chemie interessiert. Sein gewundener Berufspfad führte ihn von einem Community College im Norden von Illinois bis zur Promotion in Chemie, bis er bei 3M in einem Laserlabor arbeitete. Ich wurde dazu ausgebildet, ein erstklassiger Experte auf dem Gebiet des Schwingungsenergietransfers zwischen Gasphasenmolekülen zu werden«, sagte er. »Was mir während meiner gesamten Karriere niemand gesagt hatte, war, dass das zwar eine gute Sache ist, aber dass es auch gut ist, wenn man sich darüber hinaus auch noch ein wenig auf anderen Gebieten auskennt.«[324] Ouderkirks Patente reichen von Optik über Metallbearbeitung bis zur Zahnmedizin. Oft wurden seine Patente in mehreren Kategorien eingetragen, weil sie verschiedene technologische Gebiete zusammenführten.

Sein Interesse an der Klassifizierung von Erfindern wurde so groß, dass er einen Computeralgorithmus schrieb, um zehn Millionen Patente aus dem vergangenen Jahrhundert zu analysieren und zu lernen, wie sich verschiedene Arten von Erfindern identifizieren und klassifizieren lassen. Die Zahl der Erfindungen von hochspezialisierten Fachexperten erreichte ihren Höhepunkt zur Zeit des Zweiten Weltkriegs und blieb bis in die 1980er-Jahre hoch. In jüngerer Zeit hat ihre Bedeutung jedoch abgenommen. »Konkret erreichte sie ihren Höhepunkt im Jahr

1985«, erklärte mir Ouderkirk. »Danach ist die Zahl der Patente von Fachexperten dramatisch gesunken, hat sich gegen 2007 eingependelt und sinkt nun erneut, wie die Daten zeigen. Ich versuche das zu verstehen.« Wohlweislich sagt er nicht, dass er die Ursache des derzeitigen Trends nicht benennen kann. Seine Hypothese lautet, Organisationen bräuchten nicht mehr so viele Spezialisten. »Da Informationen heute leicht zu beschaffen sind, ist es nicht mehr notwendig, sich auf ein einziges Gebiet zu spezialisieren, weil heute jeder zu allem Zugang hat«, so Ouderkirk. Er will damit sagen, dass die Kommunikationstechnologie den Bedarf an Hyperspezialisten gesenkt hat, die auf einem bestimmten eng umgrenzten Fachgebiet arbeiten, weil ihre Durchbrüche schnell und flächendeckend an Dritte – den Yokois dieser Welt – kommuniziert werden können, die sich dann clevere Anwendungen ausdenken.

Auf anderen Gebieten haben die Kommunikationstechnologien eine ähnliche Wirkung gehabt. Anfang der 1920er-Jahre, zum Beispiel, hatte allein der US-Bundesstaat Iowa mehr als 1000 Opernhäuser – ein Haus pro 1500 Einwohner.[325] Eigentlich handelte es sich dabei um Theaterhäuser und keine reinen Opernhäuser, und sie boten Hunderten von lokalen Schauspieltruppen und Tausenden von Schauspielern eine Festanstellung. Schnellvorlauf zu Netflix und Hulu. Jeder Kunde kann Meryl Streep sehen, wann immer er das Bedürfnis hat, und die Opernhäuser von Iowa gibt es nicht mehr. So viel zur Festanstellung für Tausende von Bühnenschauspielern. Ouderkirks Daten deuten darauf hin, dass die eng fokussierten technischen Spezialisten eine ähnliche Entwicklung ereilt hat. Sie sind immer noch von maßgeblicher Bedeutung, aber da ihre Erkenntnisse heute jedem offenstehen, werden nicht mehr so viele gebraucht.

Das ist eine Fortsetzung des Trends, den Don Swanson prognostiziert hat. Damit sind die Chancen für Erfinder vom Stil Yokois und Universalgelehrte ganz massiv gestiegen. »Mit der Verbreitung und der besseren Verfügbarkeit von Informationen wurde es wesentlich einfacher, sich einen breiteren Wissenshorizont zu erarbeiten als ein Schmalspurexperte, und diese Informationen auf neue Weise miteinander zu verknüpfen«, sagte Ouderkirk.

Sich zu spezialisieren ist einfach: Man bleibt einfach in seinem Fachgebiet. Ein breit gefächertes Wissen zu erwerben ist schwieriger, weil das oft über Umwege führt. Eine Tochtergesellschaft von PricewaterhouseCoopers, die über ein Jahrzehnt technologische Innovationen studierte, stellte fest, dass es keine statistisch signifikante Verbindung zwischen den Ausgaben für Forschung und Entwicklung und den Unternehmensergebnissen gab.* (Mit Ausnahme der unteren 10 Prozent an Unternehmen, die schlechtere Ergebnisse erzielten als die übrigen Unternehmen.)[326] Für die Schaffung der richtigen Rahmenbedingungen, in denen Generalisten und Universalgelehrte gedeihen können, die interdisziplinär denken und handeln, reicht Geld allein nicht aus. Dafür braucht es Chancen.

Jayshree Seth stieg deswegen zum Corporate Scientist auf, weil sie die Chance hatte, sich auf verschiedenen technologischen Gebieten zu betätigen. Sich auf eine Schmalspurexpertise zu beschränken, ist nicht ihre Sache. Seth empfand so wenig Begeisterung für die Forschungsarbeit, die sie für ihren Master-Abschluss gemacht hatte, dass sie Warnungen in den Wind schlug und die Labore der Clarkson University gegen ihre Promotion in chemischer Verfahrenstechnik eintauschte. »Die Leute sagten, ›Du wirst viel zu lange brauchen, weil du kein grundlegendes Wissen auf diesem Gebiet besitzt und denjenigen hinterherhinken wirst, die bereits ihren Master erworben haben‹«, erzählte sie mir. Um es ganz deutlich zu machen: Man gab ihr den Rat, auf einem Gebiet zu bleiben, von dem sie wusste, dass es sie eigentlich nicht interessierte, auf dem sie sich aber bereits bewiesen hatte, auch wenn sie noch keine wirkliche Spezialistin war. Das ist ein Paradebeispiel für den Trugschluss der versunkenen Kosten.

Als sie nach dem Studium bei 3M anfing, änderte sie noch einmal ihren Fokus; dieses Mal wandte sie sich von dem Forschungsgebiet, auf dem sie promoviert hatte, ab, und das aus einem persönlichen Grund: Ihr Mann wechselte ebenfalls vom Labor der Clarkson University zu

* Das »Unternehmensergebnis« gemessen am Umsatzwachstum, den Erträgen aus Innovationen, der Aktienrendite und der Marktkapitalisierung.

3M, und sie wollte nicht den Platz besetzen, für den er sich möglicherweise bewarb. Also diversifizierte sie, und das mit Erfolg: Seth hält mehr als 50 Patente. Sie trug zur Erfindung neuer druckempfindlicher Klebstoffe für dehnbare, wiederverwendbare Klebebänder und Windeln bei, damit diese bei bewegungsfreudigen Babys nicht verrutschen. Sie hatte sich nie intensiver mit Materialwissenschaften beschäftigt und sagte von sich, sie sei »keine großartige Wissenschaftlerin«. »Was ich damit sagen will«, so Seth, »ist, dass ich nicht grundlegend für das qualifiziert bin, was ich mache.« Ihre Innovationsmethode beschrieb sie so ähnlich wie investigativen Journalismus; auch sie muss bei ihren Recherchen an viele Türen klopfen. Ihre Informanten sind ihre Kollegen aus der Wissenschaft. Einst bezeichnete sie sich als breit aufgestellten »T-förmigen Menschen«, im Gegensatz zu einem »I-förmigen Menschen«, der auf einem einzigen Gebiet in die Tiefe schürft – eine Analogie zu Dysons Vögeln und Fröschen. »T-förmige Menschen wie ich können sich problemlos mit ihren Fragen an I-förmige Menschen wenden, um das Fundament für das T zu bilden«, sagte sie mir. »Ich neige dazu, ein Problem anzugehen, indem ich ein Narrativ entwickele. Ich finde heraus, welche grundlegenden Fragen ich stellen muss, und wenn man den Menschen, die über großes Fachwissen auf ihrem Gebiet verfügen, diese Fragen stellt, ist man immer noch genau da, wo man wäre, wenn man dieses Wissen selbst besitzen würde. Das ist wie ein Puzzle. Ich füge einfach ein Teilchen nach dem anderen zu einem Gesamtbild zusammen. Stellen Sie sich vor, ich würde mich in einem Netzwerk befinden, in dem ich keinen Zugang zu all diesen Experten hätte. Das würde nicht funktionieren.«

In seinen ersten acht Jahren bei 3M arbeitete Ouderkirk mit mehr als 100 verschiedenen Teams zusammen. Niemand kam mit so wichtigen Projekten wie der Entwicklung einer mehrschichtigen optischen Folie mit einem breiten Anwendungspotenzial auf ihn zu; er war es, der diese Chance identifizierte, und dabei half ihm sein breites Wissen. »Wenn Spezialisten an fest umrissenen und gut verstandenen Fragestellungen arbeiten, sind sie wirklich sehr erfolgreich«, sagte er. »Bei mehrdeutigen und ungewissen Fragestellungen, und das ist bei systemischen Problemen die Norm, ist ein breiter Wissenshorizont enorm wichtig.«

Die Untersuchungen der spanischen Wirtschaftsprofessoren Eduardo Melero und Neus Palomeras bestätigten Ouderkirks Auffassung. Über einen Zeitraum von 15 Jahren analysierten sie die technologischen Patente von 32.000 Teams aus 88 verschiedenen Organisationen, begleiteten jeden einzelnen Erfinder und seinen Werdegang von Team zu Team und verfolgten den kommerziellen Erfolg jeder seiner Erfindungen.[327] Für jedes technologische Gebiet bestimmten Melero und Palomas die Unwägbarkeit: Auf einem Gebiet mit vielen Unwägbarkeiten gab es viele nutzlose und einige sehr erfolgreiche Patente. Gebiete mit wenigen Unwägbarkeiten waren von einer linearen Progression aufeinander aufbauender Patente und einer größeren Zahl an Patenten mit durchschnittlichem Nutzen gekennzeichnet. Auf den Gebieten mit zahlreichen Unwägbarkeiten, auf denen sich die wirklich relevanten Fragen nicht auf den ersten Blick erschlossen, stammten die wirklich erfolgreichen Patente eher von Teams, deren Mitglieder Erfahrung mit vielen unterschiedlichen Technologien hatten. Je größer die Unwägbarkeiten, desto wichtiger war es, dass im Team Leute mit einem breiten Wissenshorizont arbeiteten. Wie bei den von Kevin Dunbar studierten Molekularbiologen, die Probleme mithilfe von analogischem Denken lösten, machte ein breiter Wissenshorizont bei der Lösung von Problemen, die mit einem großen Maß an Ungewissheit einhergingen, den entscheidenden Unterschied.

Wie Melero und Palmeras wollten auch der Wirtschaftsprofessor von Dartmouth, Alva Taylor, und Professor Heinrich Greve von der Norwegian School of Management den kreativen Einfluss eines breiten Wissenshorizonts untersuchen, allerdings auf ein weniger technisches Gebiet, nämlich Comic-Hefte.

Die Comic-Industrie weist eine klar umrissene Ära der kreativen Explosion auf.[328] Von Mitte der 1950er-Jahre bis 1970 erklären sich die Comic-Schaffenden zur Selbstzensur bereit, nachdem der Psychiater Frederic Wertham den US-Kongress davon überzeugt hatte, dass Comics schädlich für die kindliche Psyche seien.* (Verschiedene Aspekte seiner Forschungsarbeit waren von Wertham selbst manipuliert beziehungsweise fabriziert worden.)[329] Im Jahr 1971 brachen die Marvel Comics alle Rekorde. Das US-Bildungs- und Sozialministerium bat den Chefredakteur des Marvel-Verlags, Stan Lee, eine Story zu erfinden, die die Leser über Drogenmissbrauch aufklärte. Lee schrieb eine Spider-Man-Geschichte, in der sich Peter Parkers bester Freund eine Überdosis Pillen verpasste. Dieser Comic wurde von dem Gremium für Selbstkontrolle der Comic-Industrie, Comics Code Authority, nicht genehmigt. Marvel druckte ihn jedoch trotzdem. Die Resonanz war so gut, dass die Zensurstandards unverzüglich gelockert wurden, woraufhin sich die kreativen Schleusentore öffneten. Comic-Zeichner schufen Superhelden mit komplexen emotionalen Problemen; *Maus* wurde der erste gezeichnete Roman, der einen Pulitzerpreis gewann; die Avantgarde-Reihe *Love & Rockets* hatte die ersten sehr facettenreichen Protagonisten, die mit ihren Lesern in Echtzeit alterten.

Traylor und Greve verfolgten die Karrieren der einzelnen Autoren und Zeichner und analysierten den kommerziellen Wert vieler Tausender Comic-Hefte von 234 Verlagen. Bei jedem Comic mussten der oder die Autoren den Handlungsfaden, die Dialoge, die Zeichnungen und das Layoutdesign integrieren. Die beiden Forscher trafen Prognosen über die Faktoren, die den durchschnittlichen Wert eines Comic-Hefts steigern würden, und die Faktoren, die die Wert-Varianz erhöhen würden – das heißt die Chance, dass ein Autor oder ein Autorenteam ein Comic-Heft produzieren würde, das im Vergleich zu seinen üblichen Werken entweder ein totaler Flop oder ein überdurchschnittlicher Verkaufserfolg war.

Taylor und Greve erwarteten eine typische Lernkurve, wie man sie in der Industrieproduktion findet: Sie gingen davon aus, dass Comic-Autoren durch Wiederholung immer besser würden; das heißt, je mehr

---

* Werthams Angriffe zielten vor allem auf Horror-Comics und Sex-Comics ab und führten zu einer Selbstkontrolle der Comic-Verleger in Form des sogenannten Comics-Code, der bestimmte Vorgaben für die Gestaltung von Comics machte. (A.d.Ü.)

Comic-Hefte ein Autor in einem bestimmten Zeitraum produzieren würde, desto innovativer und kreativer wären seine Werke. Die Forscher irrten sich. Fälschlicherweise übertrugen sie auch eine weitere Erkenntnis aus der Industrieproduktion auf die Gestaltung von Comic-Heften: Sie erwarteten, dass die durchschnittliche Qualität der Comics proportional zu den Ressourcen des Verlags ansteigen würde. Und sie trafen die sehr intuitive Prognose, die Qualität der Comic-Hefte würde außerdem von der zunehmenden Erfahrung der Autoren profitieren. Auch hier irrten sie sich.

Eine jahrelange Erfahrung hatte überhaupt keine Auswirkungen, Routine und Wiederholung wirkten sich sogar negativ auf das Ergebnis aus. Wenn sich also weder Erfahrung noch Wiederholung noch Verlagsressourcen positiv auf die Qualität der Comic-Hefte auswirkten, welches war dann der ausschlaggebende Faktor für innovative Ideen und qualitativ hochwertige Comic-Hefte?

Die Antwort (abgesehen von dem Umstand, dass der Autor eine Überarbeitung vermeiden sollte) lag in der Frage, wie viele der 22 verschiedenen Comic-Genres – von Comedy und Crime über Fantasy, Nonfiction und Science Fiction bis zu Comics für Erwachsene – ein Autor in seiner Arbeit kennengelernt hatte. Im Gegensatz zu jahrelanger Erfahrung hatte die Vielseitigkeit des Autors einen deutlichen Einfluss auf die Qualität seiner Arbeit. Eine breite Erfahrung mit verschiedenen Comic-Genres führte dazu, dass ein Autor durchschnittlich bessere und innovativere Comics schuf.

Zunächst waren individuelle Autoren weniger innovativ als Teams – die Wahrscheinlichkeit, dass sie einen echten Verkaufsschlager produzierten, war geringer –, mit zunehmender Breite ihres Erfahrungshorizonts wurde sie jedoch kreativer als die Teams: Ein individueller Comic-Autor, der in vier oder mehr Genres gearbeitet hatte, war innovativer als ein Team, dessen Mitglieder alle in denselben Genres gearbeitet hatten. Laut Taylor und Greve »integrieren Individuen verschiedenartige Erfahrungen auf kreativere Weise als Teams«.

Sie verliehen ihrer Studie den Titel *Superman oder die Fantastischen Vier?* »Für Innovation in wissensbasierten Industrien ist ein einziger herausragender Kopf am besten«, schrieben sie. »Wenn es keine Einzelperson mit den nötigen breitgefächerten Kenntnissen gibt, sollte man ein ›fantastisches Team‹ bilden.« Vielseitige Erfahrung sei wirkungsvoll, wenn sie das Ergebnis der unterschiedlichen Kenntnisse der Teammitglieder sei, aber noch wirkungsvoller, wenn ein Individuum eine große Vielseitigkeit besitze. Diese Erkenntnis erinnerte mich sofort an meine eigenen Lieblings-Comic-Produzenten. Der Regisseur, Zeichner und Produzent japanischer Comics und Zeichentrickfilme Hayao Miyazaki ist wahrscheinlich am meisten für *Chihiros Reise ins Zauberland* bekannt, der in Japan den Kultfilm *Titanic* als größten Kassenschlager aller Zeiten ablöste. In seiner vorherigen Historie als Comic- und Animationszeichner und Produzent hatte er allerdings bereits alle Genres kennengelernt – sie reichten von Fantasy und Märchen über historische Romane, Science-Fiction und Slapstick Comedy bis zu illustrierten historischen Essays, Action-Adventure und vieles mehr. Der Romanschreiber, Drehbuch- und Comic-Autor Neil Gaiman verfügt über einen ähnlich breiten Horizont, der von Journalismus und Essays über Kunst bis zum Roman reicht und sowohl Geschichten für die jüngsten Leser als auch psychologisch komplexe Untersuchungen der Identität enthält, die ein breites erwachsenes Publikum begeistern. Jordan Peele ist zwar kein Comic-Autor, allerdings äußerte sich der Autor und Debutregisseur des außergewöhnlichen und einzigartigen Hits *Get Out* ähnlich, als er sagte, seine Fähigkeit, die gruseligen Überraschungsmomente in Horrorfilmen exakt zu timen, habe er dem Schreiben von Comedy-Drehbüchern zu verdanken. »In der Produktentwicklung kann eine enge Spezialisierung eindeutig nachteilig sein«, schrieben Taylor und Greve.

In lernfreundlichen Umgebungen, in denen das Ziel darin besteht, bisherige Ergebnisse mit möglichst geringen Abweichungen zu wiederholen, bewähren sich Expertenteams dagegen ausgezeichnet. Chirurgenteams arbeiten schneller und machen weniger Fehler, weil sie bestimmte Verfahren ständig wiederholen, wobei spezialisierte Chirurgen unabhängig von der Wiederholung bessere Ergebnisse erzielen.[330] Wenn Sie sich einer Operation unterziehen müssen, möchten Sie von einem

Arzt operiert werden, der ein ausgewiesener Fachmann ist und diese Operation schon viele Male durchgeführt hat, und zwar vorzugsweise mit demselben Team. Wenn Ihr Leben von einem Drei-Meter-Putt abhängen würde, würden Sie schließlich auch wollen, dass Tiger Woods puttet. Die Spezialisten haben das bereits viele Male gemacht und müssen nun einen Prozess wiederholen, den sie aus dem Effeff beherrschen und zahllose Male erfolgreich durchgeführt haben. Das Gleiche gilt für Flugzeugbesatzungen. Erfahrene Teams, die schon lange zusammenarbeiten, sind höchst effizient in der Verteilung und Durchführung aller Arbeiten, die einen reibungslosen Flug gewährleisten. Als das National Transportation Safety Board seine Datenbank über Flugzeugabstürze analysierte, stellte sich heraus, dass 73 Prozent der Abstürze am ersten Tag der Zusammenarbeit einer Flugzeugbesatzung passierten.[331] Wie Operationen und Putts auf dem Golfplatz sind die besten Flüge die, bei denen alles nach Routinen abläuft, die alle Beteiligten perfekt verinnerlicht und optimiert haben.

Wenn die Richtung beziehungsweise die Regeln unklar sind wie beim »Tennis vom Mars« – siehe Kapitel 1 – reichen diese Routinen nicht mehr aus. »Einige Instrumente bewähren sich fantastisch in bestimmen Situationen; sie erzielen kleine, aber wichtige Verbesserungen der Technologie. Sie sind gut bekannt und hundertfach erprobt«, sagte Andy Ouderkirk. »Dieselben Instrumente verhindern aber auch eine bahnbrechende Innovation. Tatsächlich machen sie aus einer bahnbrechenden Innovation eine inkrementelle Innovation.«

Abbie Griffin, Professorin an der University of Utah, studiert moderne Erfinder – »Serienerfinder«, wie sie und zwei Kollegen sie nennen. Ihre Erkenntnisse über die Eigenschaften dieser Personen sollten inzwischen vertraut klingen: »hohe Toleranz für Uneindeutigkeit«; »denken in Systemen«; »verfügen über technisches Wissen aus peripheren Gebieten«; »greifen zu Analogien aus benachbarten Gebieten, um sich Input für den Erfindungsprozess zu beschaffen«; »Fähigkeit, unabhängige Informationsversatzstücke auf neuartige Weise miteinander zu verknüpfen«; »synthetisieren Informationen aus vielfältigen Quellen«; »scheinen zwischen verschiedenen Ideen hin und her zu flitzen«; »breitgefächerte

Interessen«; »lesen mehr (und breiter) als andere Technologen und verfolgen ein breiteres Spektrum an fachfremden Interessen«; »haben das Bedürfnis, sich fachübergreifende Kenntnisse anzueignen«; »Serieninnovatoren haben zudem das Bedürfnis, mit verschiedenen Menschen mit technischem Fachwissen außerhalb ihres eigenen Fachgebiets zu kommunizieren.«[332] Wird es klar?

Laut Kreativitätsforscher Dean Keith Simonton könnte man Charles Darwin »als beruflichen Außenseiter« betrachten.[333] Darwin war weder Mitglied einer Universitätsfakultät noch ein professioneller Wissenschaftler an irgendeinem Institut, aber er war in der wissenschaftlichen Gemeinde gut vernetzt. Eine Zeitlang hatte er sich ganz spezifisch auf Entenmuscheln konzentriert, war es aber irgendwann so leid, dass er in der Einführung einer Schriftenreihe über Entenmuscheln erklärte, »Ich bin nicht mehr bereit, mich noch länger mit diesem Thema zu beschäftigen«.[334] Wie die Generalisten und die Universalgelehrten von 3M langweilte es ihn, sich ausschließlich auf einen Bereich zu konzentrieren. Für seine bahnbrechende Arbeit war sein breites Netzwerk ausschlaggebend. Howard Gruber, ein Psychologe, der Darwins Tagebücher studierte, schrieb, Darwin habe nur solche Experimente persönlich durchgeführt, »die sich für eine experimentelle Herangehensweise durch einen Generalisten eigneten, wie er es war«. Für alles andere stützte er sich auf das Fachwissen anderer Wissenschaftler, so wie Jayshree Seth es tat. Darwin jonglierte stets mit mehreren Projekten – Gruber bezeichnete das als Darwins »Netzwerk an Vorhaben«. Er korrespondierte mit mindestens 231 Wissenschaftlern, die sich grob in 13 breite Themengebiete gruppieren lassen, von Würmern bis zur menschlichen Sexualselektion. Und er bombardierte sie mit Fragen. Ihre Briefe zerschnitt er und klebte Informationen in seine eigenen Notizbücher, in denen »die Ideen auf scheinbar chaotische Art und Weise übereinander stolpern«. Wenn seine ungeordneten Notizbücher nicht mehr handhabbar waren, riss er Seiten heraus und archivierte sie nach Interessensgebieten. Allein für seine Experimente mit Samen korrespondierte er mit Geologen, Botanikern, Ornithologen und Conchologen in Frankreich, Südafrika, den USA, den Azoren, Jamaika und Norwegen, ganz zu schweigen von eine Reihe Amateur-Naturalisten und einigen Gartenexperten, die er kannte.[335] Gruber schrieb, die Aktivitäten eines Erschaffers »können von außen betrachtet befremdlich vielfältig und durcheinander wirken«, aber er oder sie könne jede Aktivität einem aktuellen Vorhaben »zuordnen«. »In gewisser Hinsicht«, so Gruber, »stellen Darwins größte Werke interpretative Zusammenstellungen von Fakten dar, die andere gesammelt haben.«[336] Darwin war ein lateral denkender Integrator.

Gegen Ende ihres Buches *Serial Innovators* rücken Abbie Griffin und ihre Co-Autoren von der neutralen Mitteilung von Daten und Beobachtungen ab und sprechen Empfehlungen für Personalmanager aus. Sie haben die Sorge, dass die Personalpolitik reifer Unternehmen derart fest umrissene, spezialisierte Schubladen für Mitarbeiter haben, dass potenzielle Serieninnovatoren wie »runde Klötze für quadratische Löcher« wirken und von vornherein aussortiert werden. Die breite Vielfalt ihrer Interessen passt in keine Schublade. Sie gleichen »π-förmigen Personen«, die in eine Vielzahl von Spezialgebieten eintauchen und sich dann den nächsten zuwenden. »Achten Sie auf breitgefächerte Interessen«, so ihre Empfehlung. »Achten Sie auf vielfältige Hobbys und Nebenbeschäftigungen … Neigt der Bewerber oder die Bewerberin bei der Beschreibung ihrer Arbeit zur Fokussierung auf die Grenzen zu und die Schnittstellen mit anderen Systemen?« Ein Serieninnovator beschrieb sein Netzwerk an Vorhaben als »einen Haufen Schwimmer, die im Wasser dümpeln und an denen kleine Gedanken hängen«. Lin-Manuel Miranda, Komponist des Musicals Hamilton, fasst die gleiche Idee in elegante Worte: »In meinem Gehirn sind gerade sehr viele Apps geöffnet.«[337]

Griffins Forschungsteam fiel auf, dass Serieninnovatoren wiederholt sagten, unter den gegenwärtigen Einstellungsbedingungen ihres Unternehmens würden sie von vornherein aussortiert. »Ein mechanistischer Einstellungsprozess erzielt zwar hoch reproduzierbare Ergebnisse, senkt aber faktisch die Zahl der Bewerber mit einem hohen [Innovations-]Potenzial«, schrieben sie. Bei meinem ersten Gespräch mit Andy Ouderkirk entwickelte er gerade eine Vorlesung an der University of Minnesota, bei der es zum Teil darum ging, wie man potenzielle Innovatoren identifiziert. »Wir glauben, dass viele von ihnen möglicherweise von der Schule frustriert sind«, sagte er, »weil sie von Natur aus über breite Begabungen und Interessen verfügen.«

In Umgebungen, die von einem hohen Maß an Ungewissheit und lernunfreundlichen Problemstellungen geprägt sind, ist eine breitgefächerte Erfahrung von unschätzbarem Wert. Bei lernfreundlichen Problemen kann eine enge Spezialisierung sehr effizient sein. Das Problem ist, dass wir oft erwarten, dass Hyperspezialisten aufgrund ihres profunden Fachwissens auf einem eng umgrenzten Gebiet auf magische Weise in der Lage sind, ihre fachspezifischen Kenntnisse auf lernunfreundliche Probleme zu übertragen. Das kann zu katastrophalen Ergebnissen führen.

KAPITEL 10

Profundes Fachwissen kann täuschen

Die Wette galt – es ging um das Schicksal der Menschheit.[338]

Auf der einen Seite saß der Stanford-Biologe Paul Ehrlich. Bei einer Kongressanhörung, in der Fernsehsendung *The Tonight Show* und in seinem Bestseller von 1968 mit dem Titel *Die Bevölkerungsbombe* beharrte Ehrlich darauf, dass ein apokalyptischer Weltuntergang als Folge der Überbevölkerung unvermeidlich sei. Auf der linken unteren Seite des Buchcovers der englischen Originalausgabe war eine Bombe mit einer brennenden Zündschnur abgebildet, ergänzt durch die düstere Ankündigung: »Die Bombe tickt weiter.« Innerhalb von einem Jahrzehnt würden viele hundert Millionen Menschen aufgrund der Ressourcenverknappung den Hungertod sterben, warnte Ehrlich. Das Politmagazin *New Republic* schreckte die Welt mit der Feststellung auf, es gebe bereits mehr Menschen auf der Welt, als ernährt werden könnten, und verkündete: »Der große Hunger hat begonnen.« Dahinter stand kalte, harte Mathematik: Die Weltbevölkerung stieg dramatisch an, die Nahrungsmittelproduktion aber nicht. Ehrlich war ein Schmetterlingsexperte, und zwar ein sehr kompetenter. Er wusste nur zu gut, dass die Natur die Tierpopulationen nicht auf sanfte Weise regulierte. Wenn sich Populationen drastisch vermehrten, bis ihre Zahl die verfügbaren

Ressourcen überstieg, setzte ein Massensterben ein. »Der Kurvenverlauf des Bevölkerungswachstums ist dem Biologen wohlvertraut«, schrieb er.[339]

In seinem Buch spielte Ehrlich hypothetische Szenarien durch und stellte »die Arten von Katastrophen dar, die sich ereignen *werden*«. In einer davon geben sich China und die USA in den 1970er-Jahren gegenseitig die Schuld für die massenhaften Hungertode, und am Ende bricht ein Atomkrieg aus. Das war das *moderate* Szenario. Im einem Worst-Case-Szenario verheerten Hungersnöte den Planeten. Die Städte werden von Aufruhr und Gewaltausbrüchen erschüttert oder stehen unter Kriegsrecht. Die Umweltberater des amerikanischen Präsidenten empfehlen eine Ein-Kind-Politik und die Zwangssterilisierung von Menschen mit einem niedrigen Intelligenzquotienten. Russland, China und die USA liefern sich einen Atomkrieg, der zwei Drittel der nördlichen Hemisphäre der Erde unbewohnbar macht. In der südlichen Hemisphäre überleben zunächst Inseln menschlicher Gesellschaftsformen. Aber schon bald wird die Menschheit aufgrund der Umweltzerstörung ausgerottet sein. Im »freundlichen Szenario« finden Bevölkerungskontrollen statt. Der Papst verkündet, die katholischen Gläubigen sollten sich mit der Fortpflanzung zurückhalten und erteilt der Abtreibung seinen Segen. Hungersnöte breiten sich aus und ganze Länder geraten ins Wanken. Mitte der 1980er-Jahre endet die große Todeswelle und das Agrarland kann wiederhergestellt werden. Das freundliche Szenario prognostiziert nur ungefähr eine halbe Milliarde Hungertote. »Ich fordere Sie auf, ein optimistischeres Szenario zu entwickeln«, schrieb Ehrlich und fügte hinzu, Szenarien mit gütigen Aliens, die mit Care-Paketen auf der Erde landen würden, würde er nicht berücksichtigen.

Der Ökonom Julian Simon nahm Ehrlichs Aufforderung an. Die ausgehenden 1960er-Jahre waren der Beginn einer »grünen Revolution«.[340] Technologie aus anderen Sektoren – Wasserkontrolltechniken, hybrides Saatgut, Managementstrategien – wurden auf die Agrarwirtschaft übertragen und führten zu einem Anstieg der weltweiten Ernteerträge. Simon sah, dass Innovationen die Gleichung veränderten. Mehr Menschen wären sogar die Lösung, da es bedeutete, dass mehr gute Ideen entstehen und mehr technologische Durchbrüche erzielt würden. Also schlug Simon eine Wette vor. Ehrlich konnte fünf Metalle auswählen, deren Preis seiner Überzeugung nach im Zuge des erwarteten Ressourcenschwunds und des Chaos, das in den folgenden zehn Jahren entstehen sollte, steigen würde. Der Wetteinsatz betrug jeweils 1.000 Dollar. Falls die Preise dieser Metalle nach zehn Jahren gesunken wäre, müsste Ehrlich Simon die Preisdifferenz bezahlen. Falls die Preise gestiegen wären, müsste Simon an Ehrlich zahlen. Ehrlichs Risiko wurde bei 1.000 Dollar gedeckelt; Simons Risiko war dagegen unbegrenzt. Die Wette wurde 1980 offiziell gemacht.

Im Oktober 1990 fand Simon einen Scheck über 576,07 Dollar in seinem Briefkasten. Ehrlich hatte mit Pauken und Trompeten verloren. Der Preis jedes einzelnen Metalls war gesunken. Der technologische Fortschritt hatte nicht nur eine wachsende Weltbevölkerung unterstützt, auch die Nahrungsmittelproduktion stieg Jahr um Jahr auf allen Kontinenten.[341] Jeder Prozentsatz an unterernährten Menschen, der über Null liegt, ist zweifellos zu hoch, allerdings war er nie so niedrig wie heute. In den 1960er-Jahren starben jedes Jahr weltweit 50 von 100.000 Menschen an Hunger; heute sind es 0,5. Selbst ohne den Segen des Papstes hat sich das Wachstum der Weltbevölkerung erheblich verlangsamt, und dieser Trend hält bis heute an. Mit der sinkenden Kindersterblichkeit und einer zunehmenden Bildung (vor allem für Mädchen und Frauen) gingen die Geburtenraten von allein zurück. Die Menschheit wird mehr Innovation brauchen, denn die Weltbevölkerung insgesamt wächst weiter, wenngleich sich das Tempo, in dem sie sich vermehrt, rapide abgenommen hat. Die Vereinten Nationen gehen davon aus, dass die Weltbevölkerung gegen Ende des Jahrhunderts ihren Höhepunkt erreicht hat – soll heißen, die Wachstumsrate wird gegen Null tendieren – oder sogar abnehmen könnte.[342]

Ehrlichs Prognosen über massenhafte Hungersnöte waren auf fast magische Weise verfehlt. Er traf sie exakt zu dem Zeitpunkt, als die technische Entwicklung das weltweite Dilemma dramatisch veränderte *und* genau bevor sich das Wachstum der Weltbevölkerung dauerhaft verlangsamte. In demselben Jahr, in dem er die Wette abschloss, bekräftigte er seine Weltuntergangsprognosen in einem weiteren Buch. Ja, er habe sich getäuscht, was die Geschwindigkeit der Entwicklungen betreffe, aber »jetzt ist die Bevölkerungsbombe explodiert«.[343] Trotzdem er eine verfehlte Prognose nach der anderen abgab, hatte er eine enorme Zahl an Anhängern und wurde weiterhin mit prestigeträchtigen Auszeichnungen geehrt. Simon wurde zum Standartenträger für Gelehrte, die Ehrlich vorwarfen, er habe ökonomische Prinzipien vernachlässigt, sowie für die Menschen, die sich über einen unaufhörlichen Strom an Weltuntergangsprognosen ärgerten, die nie eintrafen. Die Art übertriebener Regulierungen, für die Ehrlich plädierte, würden genau die Innovationen verhindern, die die Menschheit vor der Katastrophe gerettet hatten, argumentierte das Lager der Simon-Unterstützer. Beide Männer wurden in ihren jeweiligen Fachgebieten zu Berühmtheiten. Und beide irrten sich.

Als Ökonomen später die Metallpreise für jeden Zehnjahresabschnitt von 1900 bis 2008 untersuchten – in diesem Zeitraum vervierfachte sich die Weltbevölkerung –, stellten sie fest, dass Ehrlich die Wette 63 Prozent der Zeit gewonnen hätte.[344] Der Trick: Die Rohstoffpreise sind ein schlechter Stellvertreter für Bevölkerungseffekte, vor allem über einen Zeitraum von zehn Jahren. Die Variable, die nach Überzeugung beider Männer ihre jeweilige Weltsicht bestätigte, stand tatsächlich in keinem Zusammenhang mit der Problemstellung. Die Rohstoffpreise stiegen und sanken mit den Konjunkturzyklen und wurden von einer Rezession, die sich während der Laufzeit der Wette ereignete, in den Keller geschickt. Ehrlich und Simon hätten genauso gut eine Münze werfen und sich beide zum Sieger erklären können.

Beide Männer blieben stur bei ihren Überzeugungen und erklärten ihren Glauben an die Wissenschaft und die unbestreitbare Überlegenheit der Fakten. Und keiner von beiden war bereit, sich mit den zutreffenden Aspekten der Ideen seines Kontrahenten zu beschäftigen, geschweige sie anzuerkennen. Ehrlich irrte sich, was die Bevölkerung und die kommende Apokalypse betraf, aber hatte recht, was die Umweltzerstörung anging. Simon hatte recht, was den Einfluss des menschlichen Einfallsreichtums auf die Nahrungsmittel- und Energieproduktion betrifft, aber irrte sich mit der Behauptung, eine verbesserte Luft- und Wasserqualität bestätige seine Prognosen. Ironischerweise waren diese Verbesserungen nicht das Ergebnis technologischer Initiativen und der Märkte, sondern eher der Gesetze und Vorschriften, auf die Ehrlich und andere drängten.

Idealerweise wäre es so, dass intellektuelle Sparringspartner »ihre gegenseitigen Argumente ehren, damit sie klüger und besser werden«, schrieb Paul Sabin, Historiker in Yale. »Bei Paul Ehrlich und Julian Simon war das Gegenteil der Fall.« In dem Maße, wie jeder der beiden weitere Informationen sammelte, die seine eigene Weltsicht bestätigten, wurden sie immer dogmatischer, und die Unzulänglichkeiten ihrer Modelle stachen immer deutlicher hervor.

Es gibt einen Typ Denker, der sich immer weiter in seine Weltsicht verbeißt, selbst wenn es genügend Fakten gibt, die das Gegenteil beweisen, und der im Zuge seiner einseitigen Informationssammlung, mit der er seine Vorstellungswelt untermauert, immer düsterere Prognosen trifft. Vertreter dieser Haltung trifft man jeden Tag im Fernsehen und den Nachrichten an; sie malen ständig Weltuntergangsszenarien an die Wand und halten sich und ihre Weltsicht für überlegen. Dieser Typus wurde genau untersucht.

Es begann 1984 in der Sitzung des Ausschusses über die amerikanisch-sowjetischen Beziehungen des National Research Council. Der neue Ordinarius für Psychologie und Politikwissenschaft Philip Tetlock war mit seinen 30 Jahren bei weitem das jüngste Mitglied des Ausschusses. Während die anderen Mitglieder über die sowjetischen Absichten und die amerikanische Politik diskutierten, hörte er aufmerksam zu. Mit großer Selbstsicherheit trafen renommierte Experten autoritative Prognosen, und Tetlock war von der Tatsache verblüfft, dass die unterschiedlichen Prognosen oft in einem diametralen Widerspruch zueinanderstanden und ihre jeweiligen Vertreter für keinerlei Gegenargumente empfänglich waren.

Tetlock beschloss, die Prognosen der Experten auf den Prüfstand zu stellen. Inmitten des Kalten Krieges führte er eine Studie durch, in deren Rahmen er kurz- und langfristige Prognosen von 284 hochqualifizierten Experten sammelte (die meisten waren promoviert), die im Schnitt über mehr als zwölf Jahre praktische Erfahrung auf ihrem jeweiligen Spezialgebiet verfügten. Die Fragen bezogen sich auf internationale Politik und Wirtschaft, und um sicherzustellen, dass es sich um konkrete Prognosen handelte, mussten die Experten für jedes prognostizierte Ereignis eine konkrete Wahrscheinlichkeit angeben. Tetlock musste über einen langen Zeitraum sehr viele Prognosen sammeln, um Pech und reine Glückstreffer von echten Prognosefähigkeiten unterscheiden zu können. Das Projekt erstreckte sich über 20 Jahre und umfasste 82.361 Wahrscheinlichkeitsschätzungen über zukünftige Ereignisse. Die Ergebnisse beschrieben eine lernunfreundliche Welt.[345]

Die durchschnittlichen Experten waren fürchterliche Weissager. Ihre Fachgebiete, die Jahre an praktischer Erfahrung, akademische Würden und sogar (bei einigen) der Zugang zu geheimen Informationen machten keinen Unterschied. Sie trafen gleichermaßen schlechte kurzfristige wie langfristige Prognosen, und das galt für Experten aus allen Fachgebieten. Wenn die Experten erklärten, ein bestimmtes Ereignis sei unmöglich oder fast unmöglich, geschah es dennoch in 15 Prozent der Zeit. Ereignisse, deren Eintreten sie als gesichert bezeichneten, trafen in einem Viertel der Fälle nicht ein. Das dänische Sprichwort, »es ist schwer, etwas vorherzusagen, vor allem, wenn es die Zukunft betrifft«, traf hier hundertprozentig zu. Amateure, die an den Experten gemessen wurden, waren zwar auch keine besseren Weissager, aber zumindest waren sie zurückhaltender, was den kategorischen Ausschluss zukünftiger Ereignisse beziehungsweise ihr gesichertes Eintreffen betraf, sodass sie seltener krasse Fehlprognosen trafen, für die sie später büßen mussten – falls die Experten an so etwas wie Buße geglaubt hätten.

Viele Experten weigerten sich selbst angesichts der tatsächlichen Ergebnisse, systematische Schwächen in ihrer Urteilsfähigkeit anzuerkennen. Traf ihre Prognose zu, hielten sie das für ihren persönlichen Verdienst – aufgrund ihres Fachwissens seien sie in der Lage zu erkennen, wie die Welt funktioniert. Lagen sie weit daneben, war es nach ihrer Auffassung immer eine knappe Verfehlung; selbstverständlich hatten sie die Situation verstanden, so erklärten sie mit Nachdruck, und wenn nur ein kleines Detail anders verlaufen wäre, dann hätten sie doch recht behalten. Oder sie hatten die Situation als solche richtig eingeschätzt, aber die zeitliche Prognose war falsch. Zutreffende Prognosen waren stets ein vollkommener Sieg, wohingegen Fehlprognosen eigentlich Siege waren, die nur um ein Haar verfehlt wurden. Die Experten blieben nach eigener Auffassung ungeschlagen, obwohl sie ständig danebentrafen. »Oft herrscht eine merkwürdig ins Gegenteil verkehrte Beziehung zwischen der Selbsteinschätzung der Experten und ihrer tatsächlichen Leistung«, schloss Tetlock.

Die gleiche »ins Gegenteil verkehrte Beziehung« existierte auch zwischen der Öffentlichkeitswirksamkeit des Experten und der Treffsicherheit seiner Prognosen. Je größer die Wahrscheinlichkeit, dass die Prognose eines Experten im Fernsehen oder einem Leitartikel veröffentlicht wurde, desto größer die Wahrscheinlichkeit, dass sie falsch war. Nun, vielleicht nicht immer falsch, sondern, wie Tetlock und sein Co-Autor in ihrem Buch *Superforecasting* treffend bemerkten, »ungefähr so gut wie die Treffsicherheit eines Schimpansen, der mit Pfeilen auf eine Dartscheibe wirft«.[346]

Die ersten Prognosen in Tetlocks Studie bezogen sich auf die Zukunft der Sowjetunion. Es gab Experten (üblicherweise aus dem liberalen Lager), die Michael Gorbatschow als ernsthaften Reformer betrachteten, der in der Lage sein würde, die Sowjetunion innerhalb des bestehenden Systems zu erneuern. Andere Experten (üblicherweise aus dem konservativen Lager) vertraten die Auffassung, die Sowjetunion sei reformunfähig, von Natur aus ruinös und büße ihre Legitimität ein. Beide Seiten hatten teils recht und teils unrecht. Gorbatschow leitete echte Reformen ein, öffnete die Sowjetunion und stärkte die Bürgerrechte. Allerdings setzten diese Reformen Kräfte in den Republiken außerhalb vom russischen Kernland frei, in denen das System seine Legitimität verloren hatte. Als Erstes erklärte Estland seine Unabhängigkeit und schließlich brach die Sowjetunion auseinander. Beide Expertenlager wurden von dem abrupten Ende der Sowjetunion vollkommen überrascht. Ihre Prognosen über den Verlauf der Ereignisse waren völlig verfehlt. Allerdings gab es eine Untergruppe, die mit ihren Vorhersagen näher an der Wirklichkeit lag.

Anders als Ehrlich und Simon waren sie nicht auf einen einzigen Ansatz fixiert. Vielmehr waren sie in der Lage, aus jedem Argument bestimmte Aspekte zu ziehen und scheinbar unversöhnliche Weltsichten zusammenzuführen. Sie waren sich einig, dass Gorbatschow ein echter Reformer war *und* dass die Sowjetunion außerhalb von Russland keine Legitimität mehr besaß. Einige der Integratoren sahen tatsächlich das Ende der Sowjetunion kommen und prognostizierten, der Auslöser für den Zusammenbruch würden die Reformen sein.

Diese Integratoren schnitten bei allen Prognosen deutlich besser ab als ihre Kollegen, insbesondere aber, was die langfristigen Prognosen betraf. Tetlock gab den Expertengruppen Spitznamen (eine Anleihe aus einem Essay des Philosophen Isaiah Berlin, die wiederum auf ein Versfragment des griechischen Dichters Achilochos zurückgeht), die in der Gemeinde der Psychologen und der Nachrichtendienste berühmt wurden: die engsichtigen Igel, »die nur eine große Sache wissen«, und die Füchse, »die viele kleine Dinge wissen«.

Die Igel unter den Experten besaßen ein profundes, aber schmalspuriges Fachwissen. Einige hatten ihre gesamte Laufbahn mit dem Studium eines einzigen Themas verbracht. Wie Ehrlich und Simon vertraten sie Theorien über die Funktionsweise der Welt, die von ihrem scheuklappenartigen Fachwissen geprägt waren, und sie beugten alle Ereignisse, bis sie zu ihrer Theorie passten. Laut Tetlock »arbeiten sie hart und hingebungsvoll« innerhalb einer Tradition ihres Fachgebiets und »suchen nach formelhaften Lösungen für schlecht definierte Probleme«. Die tatsächlichen Ergebnisse spielten für sie keine Rolle; sie fühlten sich sowohl von Erfolgen als auch von Misserfolgen bestätigt und vergruben sich immer tiefer in ihre Vorstellungen. Damit wurden sie zu herausragenden Interpreten der Vergangenheit. Was ihre Prognosen betraf, glichen sie allerdings eher den Schimpansen, die Pfeile auf eine Dartscheibe warfen. Die Füchse dagegen »stützen sich auf eine eklektische Bandbreite an Traditionen und können mit Mehrdeutigkeit und Widersprüchen umgehen«, schrieb Tetlock. Wo die Igel für Engstirnigkeit und Scheuklappen standen, waren die Füchse in der Lage, über die Grenzen einer Disziplin oder Theorie hinauszublicken und standen somit für einen breiten Horizont.

Tatsächlich schnitten die Igel besonders schlecht bei langfristigen Prognosen auf ihrem ureigenen Fachgebiet ab. Und interessanterweise wurden sie mit zunehmenden Referenzen und wachsender Erfahrung immer schlechter. Je mehr Informationen sie besaßen, mit denen sie arbeiten konnten, desto besser konnten sie jedes Ereignis an ihre Weltsicht anpassen. Das verlieh den Igeln einen offenkundigen Vorteil. Da sie alles durch ihre bevorzugte Brille betrachteten, fiel es ihnen leicht, überzeugende Geschichten über alle Ereignisse zu fabrizieren und diese mit unerschütterlicher Autorität zu kommunizieren. Mit anderen Worten: Sie eignen sich wunderbar für das Fernsehen.

Tetlock ist eindeutig ein Fuchs. Er ist Professor an der Penn University. Als ich ihn zuhause in Pennsylvania besuchte, wurde ich in eine beiläufige Unterhaltung über Politik einbezogen, die er mit Kollegen führte, einschließlich seiner Frau und Mitarbeiterin Barbara Mellers, die ebenfalls Psychologin und eine angesehene Wissenschaftlerin auf dem Gebiet der Entscheidungsfindung ist. Tetlock begann das Gespräch in eine Richtung, dann hinterfragte er sich selbst und wechselte die Richtung. Bei einer schnellen Feststellung über eine aktuelle Debatte in der Psychologie stützte er sich auf Wirtschafts- und Politikwissenschaften und Geschichte, hielt dann aber plötzlich inne und sagte: »Wenn Sie allerdings von anderen Annahmen über die menschliche Natur und die Frage ausgehen, wie gut eine Gesellschaft strukturiert sein muss, werden Sie das natürlich ganz anders sehen.« Wenn jemand eine neue Idee ins Gespräch einbrachte, sagte er stets, »Sagen wir um des Argumentes willen« – auf diese Weise nahm er Standpunkte aus unterschiedlichen Disziplinen oder politischen oder emotionalen Perspektiven ein. Er probierte Ideen wie Instagram-Filter, bis man kaum noch sagen konnte, wovon er tatsächlich überzeugt war.

Im Jahr 2005 veröffentlichte er die Ergebnisse seiner Langzeitstudie über die Urteilsfähigkeit von Experten. Sie weckte unverzüglich die Aufmerksamkeit der US-Regierungsbehörde Advanced Research Projects Activity (IARPA), die die Forschungsarbeit über die größten Herausforderungen der US-Nachrichtendienste unterstützt. Im Jahr 2011 organisierte sie einen Vier-Jahres-Prognosewettbewerb, bei dem fünf Teams, die von Forschern geleitet wurden, gegeneinander antraten. Jedes Team besaß vollkommen freie Hand, was die Gewinnung von Experten, Training und Experimente betraf. Vier Jahre lang mussten sie jeden Tag um 9 Uhr morgens EST* (3 Uhr morgens mitteleuropäischer Zeit) eine Prognose abgeben. Die Fragen waren schwierig. Wie hoch ist die Chance, dass ein Mitgliedsland die EU zu einem bestimmten Datum verlässt? Wird der Nikkei-Index bei mehr als 9500 Punkten schließen? Wie hoch ist die Wahrscheinlichkeit eines Schiffszusammenstoßes im Südchinesischen Meer, bei dem mehr als zehn Menschen ums Leben kommen? Die Teams konnten ihre Prognosen so oft korrigieren, wie sie wollten, das Punktesystem zählte allerdings die Genauigkeit über den gesamten Zeitraum, daher war eine punktgenaue Prognose, die im letzten Augenblick getroffen wurde, bevor die Antwortzeit ablief, nur von begrenztem Wert.

Das Team, das von Tetlock und Mellers geleitet wurde, trug den Namen Good Judgment Project (Projekt Gute Urteilsfähigkeit). Anstatt hoch dekorierte Experten zu engagieren, starteten sie im ersten Jahr einen offenen Aufruf an Freiwillige. Nach einer einfachen Auswahlrunde luden sie 3200 Kandidaten ein, sich an den Prognosen zu beteiligen. Aus dieser Gruppe wählten sie eine kleine Gruppe aus den schlauesten Prognostikern aus – intelligente Menschen mit breitgefächerten Interessen und Lesegewohnheiten, aber ohne einen relevanten Hintergrund – und glichen ihre Prognosen mit denen der Teams ab. Das Ergebnis war vernichtend.

---

* EST = Eastern Standard Time (A.d.Ü.)

Im zweiten Jahr organisierte das Good Judgment Project die besten Prognostiker – *Superforecaster* genannt – nach dem Zufallsprinzip in Online-Teams mit jeweils zwölf Mitgliedern, damit sie ihre Informationen und Ideen miteinander teilen konnten. Sie waren den anderen universitätsgeführten Teams so haushoch überlegen, dass das IARPA die weniger erfolgreichen Teams vom Wettbewerb ausschloss. Die Freiwilligen, die aus der Bevölkerung rekrutiert worden waren, schlugen die erfahrenen Nachrichtendienst-Analysten mit Zugang zu Geheiminformationen »so haushoch, dass der genaue Abstand zur Verschlusssache erklärt wurde«, so Tetlock. (Allerdings verwies er auf einen Bericht in der *Washington Post*, in der es hieß, das Good Judgment Project habe um rund 30 Prozent besser abgeschnitten als eine ganze Reihe von Analysten aus der nachrichtendienstlichen Szene.)

Nicht nur waren die Superforecaster als Individuen einfach schlaue Menschen, sie besaßen außerdem Qualitäten, die sie zu besonders effektiven Mitarbeitern machten, nämlich zu Partnern in der Weitergabe von Informationen und der Diskussion über Prognosen. Zwar musste jedes Teammitglied individuelle Vorhersagen treffen, bewertet wurde jedoch die Gesamtleistung als Team. Im Schnitt konnten die Superforecaster in den kleinen Teams die Genauigkeit ihrer *individuellen* Vorhersagen um 50 Prozent steigern. Die Superteams waren der Weisheit der Massen überlegen, bei denen die einzelnen Vorhersagen gemittelt werden, und sie schlugen auch die Prognosemärkte, an denen Prognostiker mit den Ergebnissen zukünftiger Ereignisse handeln wie mit Aktien an der Börse, wobei der Marktpreis die Prognose der Masse repräsentiert.

Man könnte meinen, die Komplexität der Vorhersage geopolitischer und ökonomischer Ereignisse bedürfe der Expertise einer Gruppe fokussierter Spezialisten, die ihr profundes Wissen auf ihrem jeweiligen Fachgebiet ins Team einbringen. Tatsächlich traf jedoch das Gegenteil zu. Wie bei den Autoren der Comic-Hefte und Erfindern, die neue Technologien patentieren lassen, erwies sich der individuelle breite Wissenshorizont angesichts der ungewissen Rahmenbedingungen als erfolgskritisch. Die besten Prognostiker waren für sich genommen schon beeindruckend; gemeinsam verkörperten sie jedoch das höchste Ideal eines Teams: Gemeinsam waren sie mehr als die Summe seiner Teile. Viel mehr.

Einige der Qualitäten, die die besten Prognostiker des Good Judgment Projects zu wertvollen Teamkollegen machen, werden beim Gespräch mit ihnen bereits ersichtlich. Sie sind intelligent, aber das waren auch die Igel-Experten, mit denen Tetlock begann; sie können leicht mit Zahlen umgehen, was die Schätzung der Armutsrate des Landes oder den staatlichen Anteil an Ackerland betrifft, und sie haben einen sehr breiten Wissenshorizont.

Scott Eastman sagte mir, er habe »nie ganz und gar nur einer Welt entsprochen«. Er wuchs im US-Bundesstaat Oregon auf und nahm an Mathematik- und Naturwissenschaftswettbewerben teil, studierte dann allerdings englische Literatur und bildende Kunst. Er war Fahrradmechaniker, strich Häuser, gründete ein Geschäft für Fassadenanstrich, war Manager eines Multimillionen-Dollar-Trusts, Fotograf, Lehrer für Fotografie, Dozent an einer rumänischen Universität – für Fächer, die von kultureller Anthropologie bis zu Bürgerrechten reichten – und, sehr ungewöhnlich, Chefberater des Bürgermeisters von Avrig, einer Kleinstadt mitten in Rumänien. In dieser Rolle war er für alles zuständig, von der Unterstützung der Integration neuer Technologien in die lokale Wirtschaft bis zum Umgang mit der Presse und der Teilnahme an Verhandlungen mit chinesischen Unternehmensführern.

Eastman erzählt sein Leben wie ein Fabelbuch – aus jeder Erfahrung zog er eine Lektion. »Ich glaube, Häuser zu streichen, war wahrscheinlich eine der hilfreichsten Erfahrungen«, sagte er. Das bot ihm die Gelegenheit, mit ganz unterschiedlichen Kollegen und Kunden umzugehen, von Asylsuchenden bis zu Milliardären aus dem Silicon Valley, mit denen er sich gelegentlich unterhielt, wenn er ein längeres Projekt zum Anstrich ihrer Häuser hatte. Er beschrieb diese Erfahrung als fruchtbaren Boden für die Sammlung unterschiedlicher Sichtweisen. Fassadenanstrich ist aber wahrscheinlich keine herausragende Ausbildung für geopolitische Prognosen. Wie seine Teamkollegen sammelt Eastman überall und ständig Ansichten und Meinungen und erweitert unentwegt seinen intellektuellen Horizont, daher ist jeder Boden für ihn fruchtbar.

Eastman traf eine unheimlich genaue Vorhersage über die Entwicklungen in Syrien und war überrascht zu erfahren, dass Russland sein Schwachpunkt war. Er lernte Russisch und war mit einem ehemaligen russischen Botschafter befreundet. »Auf diesem Gebiet hätte ich einen Vorteil haben sollen, merkte aber im Verlauf einer langen Reihe von Fragen, dass es eines meiner schwächsten Gebiete war«, sagte er. Er lernte, dass die Spezialisierung auf ein Themengebiet nicht zwangsläufig zu guten Prognosen befähigt. »Wenn ich also weiß, dass jemand [im Team] ein Experte auf irgendeinem Gebiet ist, dann freue ich mich sehr, dass ich ihm Fragen stellen und mir seine Meinung anhören kann. Ich sage aber nicht einfach, ›Okay, der Biochemiker sagt, eine bestimmtes Medikament wird auf den Markt kommen, dann wird es wohl stimmen.‹ Wenn man zu viel Fachwissen auf einem Gebiet besitzt, ist es oft schwer, die richtige Perspektive zu finden.« Eastman beschrieb die Kerneigenschaft der besten Prognostiker folgendermaßen: »sehr wissbegierig auf … alles«.

Ellen Cousins recherchiert Betrugsfälle für Prozessanwälte. Ihre Arbeit reicht naturgemäß von Medizin bis zur Geschäftstätigkeit. Daneben hat sie breitgefächerte Interessen, von der Sammlung historischer Artefakte über Stickerei und Lasergravur bis zu Schlösserknacken. Sie führt Pro-Bono-Recherchen über Militärveteranen durch, die die Ehrenmedaille Medal of Honor verdienen (und manchmal auch ausgezeichnet werden). Sie sah die Dinge genau wie Eastman. Eng fokussierte Experten sind eine Ressource von unschätzbarem Wert, sagte sie, »aber man muss wissen, dass sie möglicherweise Scheuklappen tragen. Daher hole ich mir die Fakten von ihnen, aber nicht ihre Meinungen«. Wie die Universalgelehrten unter den Erfindern von 3M holen sich Eastman und Cousins unermüdlich Input von Spezialisten und führen deren Informationen dann zusammen.

Die Online-Interaktionen der Superforecaster sind eine Art freundlicher Antagonismus, das heißt, sie vertreten unterschiedliche Meinungen, ohne den jeweils anderen zu kritisieren oder gar zu beleidigen. Bei den seltenen Gelegenheiten, wenn jemand sagt, »du spinnst doch, das ergibt überhaupt keinen Sinn. Erklär mir das«, so Cousins, »nehmen sie das aber nicht übel«.[347]

Sie sind nicht auf Übereinstimmung erpicht, sondern auf die Sammlung möglichst vieler verschiedener Perspektiven. Tetlock wählte bei seiner Beschreibung der Superforecaster das eher unschöne Bild der Füchse mit Glühwürmchenaugen. Die Augen von Glühwürmchen bestehen aus Zehntausenden von Linsen, die jeweils eine andere Perspektive haben. Alle Perspektiven zusammen werden von dem Gehirn des Glühwürmchens zu einem Gesamtbild zusammengefügt.

Eine Prognosediskussion, die ich erlebte, wurde von einem Team geführt, das versuchte, während einer besonders volatilen Phase im Jahr 2014 den höchsten Ein-Tages-Wechselkurs zwischen dem US-Dollar und dem ukrainischen Hrywnja zu prognostizieren. Würde er weniger als 10, zwischen 10 und 13 oder mehr als 13 betragen? Die Diskussion begann mit einem Teammitglied, das prozentuale Vorhersagen über jede der drei Möglichkeiten machte und sich auf einen Artikel aus dem Magazin *Economist* berief. Ein anderes Teammitglied nannte einen Bloomberg-Link und historische Online-Daten und bot drei verschiedene Wahrscheinlichkeitsprognosen an, mit Vorzug für einen Kurs »zwischen 10 und 13«. Ein dritter Teamkollege war von dem Argument des zweiten Teammitglieds überzeugt. Ein vierter gab Informationen über den schlechten Zustand der ukrainischen Finanzen zum Besten. Ein fünfter sprach über das übergeordnete Thema, wie Weltereignisse die Wechselkurse beeinflussten. Das Teammitglied, das die Diskussion initiiert hatte, postete erneut: Er habe sich von den Argumenten der anderen überzeugen lassen und korrigiere seine Prognose, glaube aber dennoch, die anderen würden die Möglichkeit, dass der Wechselkurs »mehr als 13« betragen könnte, überschätzen. Sie fuhren fort, Informationen mit den anderen zu teilen, die gegenseitigen Positionen zu hinterfragen und ihre eigenen Prognosen zu korrigieren. Zwei Tage später sah ein Teammitglied mit besonderem Finanzwissen, dass der Hrywnja inmitten von Ereignissen anzog, von denen er angenommen hatte, dass sie die Währung schwächen würden. Er schaltete sich in die Diskussion ein, um die anderen darüber in Kenntnis zu setzen, dass diese Entwicklung seinen Erwartungen vollkommen widersprach, und dass sie das als Zeichen nehmen sollten, dass seine Annahmen an irgendeiner Stelle fehlerhaft waren. Im Gegensatz zu Politikern springen die besten Prognostiker ständig hin und her. Zum Schluss einigte sich das Team auf die Prognose »zwischen 10 und 13«, und es hatte recht.

In einer ganz anderen Studie stellte der deutsche Psychologe Gerd Gigerenzer von 2000 bis 2010 die jährlichen Prognosen der 22 prestigeträchtigsten internationalen Banken über den Euro-Dollar-Wechselkurs vor. An diesen Prognosen waren unter anderem Barclays, Citigroup, JPMorgan Chase und Bank of America Merrill Lynch beteiligt.[348] Jedes Jahr gab jede Bank eine Prognose über den Wechselkurs zum Jahresende ab. Gigerenzers simple Schlussfolgerung über diese Projektionen, die zum Teil von den prominentesten Experten der Welt getroffen wurden, lautete: »Prognosen über den Euro-Dollar-Wechselkurs sind wertlos.« In sechs von zehn Jahren, die die Studie dauerte, bewegte sich der tatsächliche Wechselkurs außerhalb des Korridors, den alle 22 Banken vorhergesagt hatten. Während ein Superforecaster eine Veränderung der Wechselkursrichtung, die ihn verwirrte, sehr schnell bemerkte und seine Prognose daran anpasste, versäumten die Großbanken im Verlauf des zehnjährigen Untersuchungszeitraums jeden einzelnen Richtungswechsel.

Ein Markenzeichen der Interaktionen innerhalb der besten Teams ist, was der Psychologe Jonathan Baron als »aktive Offenheit[349] bezeichnet hat. Die besten Prognostiker betrachten ihre eigenen Ideen als Hypothesen, die auf ihren Wahrheitsgehalt überprüft werden müssen. Ihr Ziel ist nicht, ihre Teamkollegen von ihrem Fachwissen zu überzeugen, sondern sie anzuspornen, ihnen dabei zu helfen, ihre eigenen Konzepte in Frage zu stellen. Das ist für Menschen eher untypisch. Die schwierige Frage, zum Beispiel, »Würde eine bessere Finanzierung öffentlicher Schulen die Qualität des Unterrichts und der Lernprozesse deutlich steigern?«, beantworten die Befragten natürlicherweise mit einer Flut an sogenannten Myside-Ideen, die zur Bestätigung ihrer eigenen Auffassung dienen.[350] Sie nutzen den Webbrowser nicht, um nach Informationen zu suchen, die ihre Meinungen möglicherweise in Frage stellen oder widerlegen würden. Es ist allerdings nicht so, dass wir nicht in der Lage sind, Ideen, die unseren eigenen widersprechen, nicht zu finden; vielmehr verhindert unser ausgeprägter Instinkt, dass wir überhaupt danach suchen.

Forscher in Kanada und den USA initiierten im Jahr 2017 eine Studie, in der sie eine politisch vielfältige, gebildete Gruppe erwachsener Testpersonen baten, Argumente zu lesen, die ihre Überzeugungen über umstrittene Themen bestätigten. Obwohl den Teilnehmern anschließend für die Lektüre von Argumenten, die ihren eigenen Überzeugungen zuwiderliefen, eine Vergütung in Aussicht gestellt wurde, weigerten sich zwei Drittel, *überhaupt einen Blick* auf die Gegenargumente zu werfen, geschweige denn, ernsthaft über sie nachzudenken.[351] Die Aversion gegenüber anderen Meinungen ist keine simple Dummheit oder Ignoranz. Dan Kahan, Professor für Psychologie und Rechtswissenschaften in Yale hat gezeigt, dass naturwissenschaftlich beschlagene Erwachsene eher dazu neigen, dogmatische Auffassungen über politisch polarisierende naturwissenschaftliche Themen zu vertreten. Kahan zufolge könnte das daran liegen, dass sie aufgrund ihrer umfassenden Bildung besser in der Lage sind, Belege für die Untermauerung ihrer Positionen anzuführen: Je mehr Zeit sie auf ein Thema verwenden, desto scheuklappenartiger ihre Reaktion.

In einer Studie, die im Vorfeld des Referendums über den Brexit durchgeführt wurde, war eine kleine Mehrheit sowohl der Brexit-Befürworter als auch der Brexit-Gegner in der Lage, eine fiktive Statistik über die Wirksamkeit einer Hautcreme gegen Hautausschlag richtig zu interpretieren, aber als die Wähler exakt dieselben Daten vorgelegt wurden, begleitet von der Information, es handele sich um die Frage, ob die Immigration zu einem Anstieg der Straftaten führe oder nicht, verloren die britischen Teilnehmer massenhaft ihr Zahlenverständnis und fehlinterpretierten die Statistik, die ihren politischen Überzeugungen widersprach.[352] Kahan stellte das gleiche Phänomen in den USA fest, als er die fiktive Statistik für die Themen Hautcreme und Waffenkontrolle verwendete. [353] Dabei dokumentierte er auch ein Persönlichkeitsmerkmal, das der Neigung zur Bestätigung der eigenen vorgefassten Meinung entgegenwirkt: wissenschaftliche Neugier. Nicht wissenschaftliches Expertenwissen, sondern *Neugier*.[354]

Kahan und Kollegen maßen die wissenschaftliche Neugier auf sehr clevere Weise, nämlich indem sie relevante Fragen in einen Fragebogen einschmuggelten, der wie eine Konsum-Marketing-Umfrage wirkte, und beobachteten, wie die Umfrageteilnehmer im Anschluss an Videos mit bestimmten Inhalten und zum Teil wissenschaftlichem Bezug auf nachfassende Informationen reagierten. Die Teilnehmer mit der größten wissenschaftlichen Neugier sahen sich immer die neuen Informationen an, auch wenn sie ihren aktuellen Überzeugungen widersprachen. Weniger neugierige Teilnehmer verhielten sich wie die sprichwörtlichen Igel: Sie wollten sich nicht mit Informationen auseinandersetzen, die ihren Meinungen zuwiderliefen, und je mehr sie über ein Thema wussten, desto dogmatischer wurden sie. Diejenigen mit einer ausgeprägten wissenschaftlichen Neugier verfielen nicht in dieses Verhalten. Ihre schlaue Jagd nach Informationen glich der Beutejagd eines wilden Fuchses: frei herumstreifen, auf der Lauer liegen und gefräßig verschlingen. Wie Tetlock sagte, liegt das Geheimnis nicht in dem, *was* sie denken, sondern *wie* sie denken. Die besten Prognostiker praktizieren intensiv die aktive Offenheit. Sie sind außerdem höchst neugierig und setzen sich nicht nur mit Ideen auseinander, die ihren eigenen zuwiderlaufen, sondern suchen andere Disziplinen proaktiv nach solchen Ideen ab. »Tiefe ohne Breite ist zu wenig«, schrieb Jonathan Baron, der Psychologe, der die Messgrößen für aktive Offenheit entwickelt hat.[355]

Charles Darwin muss einer der neugierigsten und offensten Menschen in der Geschichte gewesen sein. Seine ersten vier Evolutionsmodelle waren Formen des Kreationismus – auch Intelligent Design* genannt.[356] (Das fünfte Modell behandelte die Schöpfung als separates Thema.) Er trug in seine Aufzeichnungen jede Tatsache oder Beobach-

---

* Ein Schöpfungskonzept, das auf der Vorstellung basiert, bestimmte Aspekte des Universums ließen sich nur durch einen »intelligenten« Schöpfer erklären, aber nicht durch Evolution. Es wurde Mitte der 1980er-Jahre in den USA entwickelt. (A.d.Ü.)

tung ein, die im Widerspruch zu der Theorie stand, an der er gerade arbeitete. Unermüdlich hinterfragte er seine eigenen Ideen, verwarf ein Modell nach dem anderen, bis er eine Theorie entwickelte, die zu allen Evidenzen passte. Doch bevor er sein Lebenswerk überhaupt in Angriff nahm, brauchte er einen Anstoß von einem aktiv offenen Kollegen – besser gesagt, einem Mentor. John Stevens Henslow war der Priester, Geologe und Professor für Botanik, der Darwins Aufenthalt auf der *HMS Beagle* arrangierte. Bevor das Schiff in See stach, empfahl er Darwin, ein umstrittenes neues Buch mit dem Titel *Principles of Geology* von Charles Lyell zu lesen. Lyell vertrat darin die These, die Erde habe sich im Verlauf der Zeit schrittweise durch Prozesse verändert, die sich auch in der Gegenwart fortsetzten. Henslow lehnte Lyells Beschreibung der Geologie als eine vollkommen von der Theologie losgelöste Disziplin ab und warnte Darwin, er solle »unter keinen Umständen die hierin enthaltenen Ansichten akzeptieren«. [357] In fuchsähnlicher Manier überwand er jedoch seinen eigenen Widerwillen und drängte seinen Schützling zur Lektüre dieses Buches. Es war eine Offenbarung. Laut der Wissenschaftshistorikerin Janet Browne, »lehrte Lyells Buch Darwin in einem der bemerkenswertesten Austausche in der Geschichte der Naturwissenschaften, wie er über die Natur nachdenken sollte«.[358]

Nichts davon soll heißen, dass Igel-Experten überflüssig sind. Sie produzieren lebenswichtiges Wissen. Einstein war ein Igel. Er erkannte die Schlichtheit unter der Komplexität und entwickelte elegante Theorien, um sie zu beweisen.[359] Die letzten 30 Jahre seines Lebens verbrachte er jedoch mit einer starren Suche nach einer einzigen Theorie, die alles abdecken und die chaotische scheinbare Zufälligkeit erklären würde, die der Quantenmechanik inhärent ist – ein Gebiet, das zum Teil aus seiner eigenen Arbeit hervorging. Der Astrophysiker Glen Mackie schrieb: »Es scheint Einigkeit darüber zu herrschen, dass Einstein in späteren Jahren mit mathematischen Scheuklappen arbeitete, immun gegen relevante Entdeckungen und unfähig, seine Forschungsmethoden zu verändern.«[360] Gott würfelt nicht, sagte Einstein einst. Niels Bohr, sein Zeitgenosse, der die Struktur von Atomen offenlegte (er fand Analogien zu den Ringen des Saturns und dem Solarsystem), erwiderte,

Einstein solle geistig offenbleiben und Gott nicht vorschreiben, wie er mit dem Universum umgehe.[361]

Unter der Komplexität neigen Igel dazu, einfache, deterministische Regeln für Ursache und Wirkung zu erkennen, die von ihrem eigenen Fachgebiet geprägt sind, wie wiederkehrende Muster auf einem Schachbrett. Füchse sehen die Komplexität in dem, was andere fälschlicherweise einfach für Ursache und Wirkung halten. Sie verstehen, dass die meisten Ursache-Wirkung-Beziehungen probabilistisch und nicht deterministisch sind. Es gibt Unbekannte und Glück, und selbst wenn sich die Geschichte augenscheinlich wiederholt, dann nie auf genau dieselbe Art und Weise. Füchse wissen, dass sie in einer sprichwörtlich lernunfreundlichen Umgebung arbeiten, in der es sehr schwer sein kann, Lektionen aus Erfolgen wie auch aus Misserfolgen zu ziehen.

In lernunfreundlichen Umgebungen, die kein automatisches Feedback geben, führt Erfahrung allein nicht zu einer Leistungssteigerung. Wichtiger sind effektive intellektuelle Gewohnheiten, und diese lassen sich entwickeln. In vier aufeinanderfolgenden Jahren der Prognosewettbewerbe zeigten Tetlocks und Mellers Forschungsgruppen, dass eine Stunde grundlegendes Training in aktiver Offenheit die Treffsicherheit erhöhte.[362] Eine Gewohnheit glich stark dem analogischen Denken, das den Risikokapitalgebern und den Filmenthusiasten aus Kapitel 5 dabei half, bessere Projektionen über Investmentrenditen und Filmeinnahmen zu treffen. Im Wesentlichen können Prognostiker ihre Treffsicherheit verbessern, indem sie eine Liste an zusammenhangslosen Ereignissen erstellen, die aber tiefgehende strukturelle Ähnlichkeiten aufweisen, anstatt sich nur auf die internen Details eines konkreten Ereignisses zu konzentrieren. Wenige Ereignisse sind zu 100 Prozent neu – Einzigartigkeit ist eine Frage der Abstufung, wie Tetlock es ausdrückt –, und die Erstellung einer solchen Liste zwingt einen Prognostiker implizit, zu denken wie ein Statistiker.

Zum Beispiel wurden Prognostiker im Jahr 2015 gefragt, ob Griechenland noch im selben Jahr die Eurozone verlassen würde. Kein Land war bisher aus der Währungsunion ausgeschieden, daher schien die Frage wirklich einzigartig. Allerdings gab es zahlreiche Beispiele über internationale Verhandlungsmisserfolge, Ausstiege aus internationalen Vereinbarungen und erzwungene Währungsumwandlungen, die den besten Prognostikern erlaubten, sich eine solide Grundlage für die Einschätzung der üblichen Folgen zu verschaffen, ohne sich auf all die einzigartigen Aspekte der vorliegenden Situation zu konzentrieren. Mit den Details der Situation zu beginnen – dem internen Blick – ist gefährlich. Experten, die sich wie Igel verhalten, besitzen ein so umfangreiches Wissen über alle Aspekte eines Problems aus ihrem Fachgebiet, dass sie das tun, was Dan Kahan vermutete: Sie suchen sich genau die Details heraus, die ihre allumfassenden Theorien bestätigen. Ihr profundes Wissen arbeitet gegen sie. Gute Prognostiker lösen sich von dem vorliegenden Problem, um ganz andere Ereignisse zu betrachten, zu denen oberflächlich betrachtet keine Verbindung besteht, die aber tiefe strukturelle Ähnlichkeiten aufweisen, anstatt sich auf ihre Intuition auf Basis persönlicher Erfahrung oder ihrer Spezialkenntnisse auf einem eng umrissenen Fachgebiet zu verlassen.

Ein weiterer Aspekt des Trainings von Prognostikern ist die schonungslose Analyse von Prognoseergebnissen auf der Suche nach Lektionen, insbesondere wenn eine Prognose falsch gewesen ist. Damit wurde eine lernunfreundliche Umgebung, die kein automatisches Feedback gibt, ein wenig freundlicher, weil der Prognostiker mit dieser Analyse selbst bei jeder Gelegenheit Feedback einholt. In Tetlocks Langzeitstudie zogen sowohl die Igel als auch die Füchse aus einer erfolgreichen Prognose sehr schnell eine Bestätigung für ihre Überzeugungen. Wurden sie von einem Ergebnis dagegen überrascht, waren es eher die Füchse, die ihre Annahmen korrigierten. Die Igel beharrten stur auf ihren Ideen. Einige, die autoritative Vorhersagen getroffen hatten, aber damit völlig falsch lagen, aktualisierten ihre Theorien anschließend in die falsche Richtung. Das heißt, sie waren noch überzeugter von ihren Annahmen, die sie in die Irre geleitet hatten. »Gute Analysten sind in der Lage, ihre Überzeugungen zu überprüfen und gegebenenfalls anzupassen«, so Tetlock. Wenn sie eine Wette eingehen und verlieren, nehmen sie die Logik eines Verlustes genauso an, wie die Bestätigung ihrer Annahmen im Fall eines Sieges.

Kurzum: Das ist Lernen. Gelegentlich gehört zum Lernprozess, dass man seine Erfahrung völlig beiseiteschieben muss.

KAPITEL 11

Wie man lernt, auf vertraute Instrumente zu verzichten

Jake, der athletisch wirkende, sandblonde junge Mann spricht als Erster. Er will das Auto beim Rennen starten lassen. »Und wenn wir uns einfach darauf einigen?«, fragt er. »Ich sage, lasst es uns fahren.«

Es war ein früher Nachmittag im Herbst, und Jake und sechs seiner Kommilitonen des zweiten Studienjahrs an der Harvard Business School suchten sich einen schattigen Platz, an dem sie ihren Lunch verzehren und sich beraten konnten.[363*] Ihr Professor hatte ihnen drei Blatt Papier mitgegeben, die eine der berühmtesten Fallstudien enthielten, die jemals für Business Schools entwickelt wurden, und die als Carter Racing bekannt ist. Das Problem lautet, ob das Auto des fiktiven Carter-Racing-Teams beim wichtigsten Autorennen der Saison, das in einer Stunde beginnt, starten soll.

Das Argument zugunsten einer Teilnahme am Rennen: Dank eines speziell angepassten Turbochargers hat Carter Racing bei zwölf von 24

* Die Namen der Studenten wurden verändert, mit Ausnahme derjenigen, die einer Nennung ihres echten Namens ausdrücklich zugestimmt haben.

Autorennen das investierte Geld eingespielt. Wenn das Team bei dem anstehenden Rennen gewinnt oder sich unter den ersten fünf platziert, wird es wahrscheinlich eine Ölgesellschaft als festen Sponsor und den ebenfalls fiktiven angesehenen Reifenhersteller Goodstone Tire als vorläufigen Sponsor gewinnen. Das letzte Rennen hat Carter Racing gewonnen, sein vierter Sieg in der laufenden Saison. Das heutige Rennen wird vom nationalen Fernsehen übertragen, und wenn Carter Racing es unter die ersten fünf schafft, wird es höchstwahrscheinlich eine Summe von 2 Millionen Dollar von seinem Sponsor Goodstone erhalten. Falls Carter Racing seine Teilnahme zurückzieht, würde es einen Teil seiner Startgebühren verlieren und müsste einen Teil der Sponsorengelder zurückzahlen. Das Team würde eine herausragende Saison mit 80.000 Dollar Verlust beenden und möglicherweise nie wieder eine solche Chance erhalten. Die Teilnahme scheint außer Frage zu stehen.

Das Argument gegen eine Teilnahme am Autorennen: Bei sieben der 24 Rennen versagte der Motor; jedes Mal entstand ein Motorschaden. Bei den letzten beiden Rennen wendeten die Mechaniker ein neues Verfahren zur Vorbereitung des Motors an und hatten keine Probleme, aber sie sind sich nicht über die Ursachen der vorherigen Probleme sicher. Falls der Motor während der Live-Übertragung im Fernsehen erneut versagt, wird das Team die Ölgesellschaft als Sponsor verlieren und kann sich auch von der Aussicht auf eine feste Sponsorenschaft des Reifenherstellers verabschieden. Dann müsste Carter Racing wieder bei Null beginnen, vielleicht wäre es sogar das Ende des Teams. Also: teilnehmen oder nicht teilnehmen?

Die Gruppe beginnt mit einer Abstimmung. Drei Studenten entscheiden sich zugunsten einer Teilnahme, vier dagegen. Nun beginnt die Diskussion.

Trotz des mehrmaligen Motorversagens habe das Team eine 50-prozentige Chance auf seinen größten Triumph, so Jake. Die Vorteile einer Sponsorenschaft durch Goodstone wiegen weitaus schwerer als die Nachteile eines möglichen erneuten Motorschadens und der mögliche Verlust der Sponsoren. Falls sich Carter Racing vom Rennen zurückzieht, endet eine herausragende Saison mit Schulden, »was, wie wir alle wissen, kein nachhaltiges Geschäftsmodell ist«.

»Ich glaube einfach, dass sie es sich nicht leisten können, nicht an dem Autorennen teilzunehmen«, sagt Justin.

Alexander stimmt zu und wendet sich an die Gegner einer Teilnahme: »Was verändert eine Teilnahme, um euch davon zu überzeugen, dass das Team bereit ist?«, fragt er. Mei, die ein Harvard-Kapuzenshirt trägt und ihm gegenübersitzt, hat eine Rechnung aufgemacht. »Für mich beträgt das Risiko, nicht teilzunehmen, ungefähr ein Drittel der Nachteile eines [weiteren Motorversagens]«, gibt sie zu bedenken. Und fügt hinzu, dass sie sich auf eine Verlustbegrenzung konzentriert und gegen eine Teilnahme ist.

In der Fallstudie heißt es, dass der Besitzer des Teams BJ Carter in letzter Minute seine Mechaniker anruft. Pat, der Motormechaniker, hat die Highschool abgebrochen und keine hoch qualifizierte technische Ausbildung gemacht, aber zehn Jahre Erfahrung in Autorennen. Er ist der Meinung, dass die Temperatur ein Problem sein könnte. Wenn sich der Turbocharger an einem kalten Tag erhitzt, könnten sich die Motorkomponenten unterschiedlich ausdehnen und die Zylinderkopfdichtung beschädigen. Seinen Worten zufolge hätte zwar jedes Motorversagen anders ausgesehen, aber alle sieben hätten Risse in der Zylinderkopfdichtung verursacht. (Zwei der Motorschäden hatten mehrere Risse verursacht.) Er wisse nicht, welches die Ursache sei, ihm falle aber auf die Schnelle nichts anderes ein. Er war nach wie vor von der Teilnahme an dem Rennen begeistert und freute sich unbändig über die neuen Goodstone-Uniformen. Mit 4 Grad Celsius ist es der kälteste Renntag der Saison. Robin, der Chefmechaniker, unterstützt Pats Idee, die Temperaturdaten zu betrachten. Er stellt sie in einer Grafik dar, kann aber keine Korrelation erkennen:

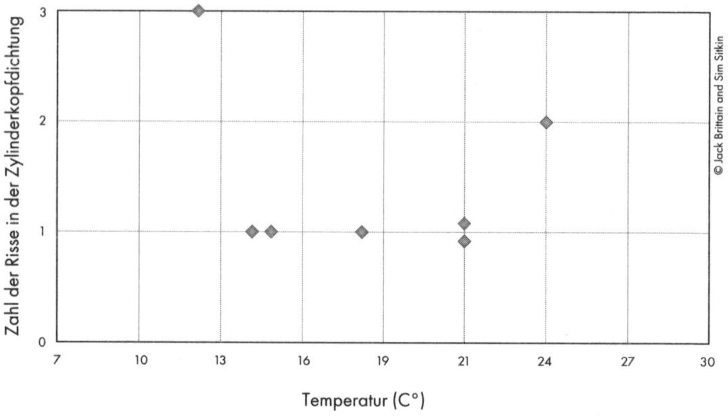

Dmitry, der das lange schwarze Haare zu einer Seite gekämmt trägt, ist absolut gegen einen Start beim Autorennen. Er ist ebenfalls der Auffassung, dass es keine erkennbare lineare Beziehung zwischen den Rissen in der Zylinderkopfdichtung und der Temperatur gibt. Drei Schäden ereigneten sich an den kältesten Tagen (12 Grad) und zwei an Tagen mit relativ hohen Temperaturen (23 Grad). Und wenn es einen optimalen Temperaturkorridor für den Motor gibt, also nicht zu heiß und nicht zu kalt? »Wenn das Motorversagen zufällig ist, dann beträgt die Wahrscheinlichkeit, dass das Team das Rennen beendet und unter die ersten fünf kommt, 50 Prozent«, sagt Dmitry. »Falls es nicht zufällig ist, dann ist die Wahrscheinlichkeit niedriger. Heute haben wir sehr niedrige Temperaturen, die es so bisher nicht bei einem Rennen gegeben hat. Wir wissen nicht, ob die Motorschäden mit den Temperaturen korrelieren, aber falls dem so ist, dann wird der Motor auf jeden Fall versagen.«

Julia hält Pats Überlegung, die Schäden könnten mit der Temperatur zusammenhängen, für »Unsinn«, betrachtet das Motorproblem aber genau wie Dmitry als unwägbares Risiko, das dem Team keinerlei Information liefert, um die Wahrscheinlichkeit für das heutige Rennen berechnen zu können. Sie gibt zu, dass sie risikoavers ist und würde persönlich sowieso nie an einem Autorennen teilnehmen.

Mit Ausnahme von Dmitry sind sich alle einig, dass »es überhaupt keine Korrelation zwischen dem Motorversagen und der Temperatur gibt«, wie Alexander es ausdrückt. »Stehe ich mit dieser Auffassung allein?«, fragt Dmitry und die anderen kichern.

Jake ist von Pats Argumenten besonders unbeeindruckt. »Ich halte Pat für einen wirklich guten Mechaniker«, sagt er. »Ich glaube aber nicht, dass er ein besonders guter technischer Analyst ist, der Ursachen bestimmen kann, und zwischen beidem gibt es große Unterschiede.« Jake glaubt, Pat sei das Opfer eines bekannten kognitiven Vorurteils und überbetone die Bedeutung einer einzigen dramatischen Erinnerung – die drei Risse in der Zylinderkopfdichtung an einem kalten Tag. »Wir haben nicht die Informationen, um die Grafik verstehen zu können«, sagt er. »Das Team hat an 24 Rennen teilgenommen, richtig? Bei wie vielen betrug die Temperatur 12 Grad und die Zylinderkopfdichtung ist nicht gebrochen? Ich will dein Argument natürlich nicht angreifen«, sagt er zu Dmitry, lächelt und klopft ihm freundlich auf die Hand.

Alle sind sich einig, dass es schön wäre, die Temperaturdaten der Rennen zu haben, an denen es keine Motorprobleme gab, aber sie müssen sich mit dem zufriedengeben, was sie haben. Justin spricht für alle Befürworter einer Teilnahme am Rennen, als er sagt: »Ich denke, sie müssen starten, weil das einfach ihr Geschäft ist.«

Es sieht so aus, als würde die Gruppe dort enden, wo sie angefangen hat, nämlich mit der Entscheidung, nicht am Rennen teilzunehmen, bis Mei ihre Berechnungen hinterfragt. »Ich habe übrigens meine Meinung geändert«, verkündet sie. »Ich stimme für eine Teilnahme.« Bei dem Vergleich der potenziellen finanziellen Vor- und Nachteile rechnete sie aus, dass Carter Racing nur eine Chance von 26 Prozent benötigt, unter die ersten fünf zu kommen – die Hälfte ihrer bisher berechneten Chance – um die Teilnahme zu einer intelligenten Wette zu machen. Selbst wenn die niedrigen Temperaturen die Chancen verändern, »werden sie sie nicht auf 26 Prozent sinken, wir sind also auf der sicheren Seite«. Sie hält Dmitrys Interpretation der Daten für unausgewogen. Carter Racing hat an Rennen teilgenommen, bei denen die Außentemperatur von 12 bis 28 Grad reichte; vier Motorschäden ereigneten sich bei Temperaturen unter 19 Grad und drei bei höheren Temperaturen. Dmitry räume den 12 Grad eine zu große Bedeutung ein, so Mei, weil der Zylinderkopf bei dieser Temperatur drei Risse bekommen habe. Letztlich sei es aber nur ein weiterer Motorschaden gewesen.

Jake springt ein und sagt, die Gruppe interpretiere in die Grafik, was immer sie darin sehen wolle, daher »sollten wir die Diskussion vielleicht zurückstellen«. Ihm gefällt Meis Argument bezüglich des erwarteten Wertes. »Ich glaube, das ist eine konkrete Sache, mit der wir arbeiten können. Es ist immer gut, auf einer mathematischen Basis zu arbeiten … Wenn man mir sagt, ich solle eine Münze werfen und würde 100 Dollar verlieren, falls die falsche Seite oben liegt, aber 200 Dollar bekommen, falls ich gewinne, würde ich die Münze immer werfen.« Er erinnert die Gruppe daran, dass Carter Racing bei den letzten beiden Rennen ein neues Verfahren zur Vorbereitung des Motors angewendet und keine Probleme gehabt habe. »Das ist ein kleiner Datenpunkt«, so Jake, »aber zumindest zeigt er für meine Argumentation in die richtige Richtung.«

Mei wendet sich an Dmitry. »Bei welcher Temperatur würdest du dich für eine Teilnahme aussprechen?«, fragt sie. »Wir haben zwei Motorschäden bei 21 Grad, einen bei 17 Grad und einen bei 12 Grad. Es gibt keine Temperatur, bei der wir sicher wären.«

Dmitry möchte die Grenzen bei exakt den Temperaturen setzen, mit denen man bereits Erfahrung hat. Irgendetwas funktioniert nicht so, wie erwartet, daher ist alles, was sich außerhalb dieses Temperaturkorridors beweg, unbekanntes Terrain. Er weiß, dass seine Empfehlung sehr willkürlich wirkt.

Die Gruppe stimmt ein letztes Mal ab. Mit Meis Meinungsänderung sind es nun vier gegen drei Stimmen für eine Teilnahme am Autorennen. Die Studenten unterhalten sich weiter, während sie die Unterlagen zur Fallstudie in ihre Rucksäcke und Umhängetaschen packen.

Martina liest einen Teil der Fallstudie, bei der der Besitzer des Rennstalls BJ Carter seinen Chefmechaniker Robin nach seiner Meinung fragt, schnell laut vor. »Die Fahrer setzen bei jedem Rennen ihr Leben ein; bei jedem Rennen steht meine Karriere auf dem Spiel, und Sie haben jeden Cent in dieses Geschäft investiert«, sagte Robin. Niemand hat je ein Rennen gewonnen, der sein Rennauto in der Box lässt, erinnerte er seinen Boss.

Martina hat eine letzte Frage: »Es geht hier nur um Geld, richtig? Wir bringen niemanden um, wenn wir am Rennen teilnehmen, oder?«

Einige der Mitglieder der Gruppe drehen sich um und lachen, und dann geht jeder seiner Wege.

Als die Studenten am darauffolgenden Tag im Unterrichtsraum sitzen, erfahren sie, dass die meisten Studentengruppen auf der Welt, die diese Fallstudie bearbeiten mussten, für eine Teilnahme gestimmt haben. Der Professor geht im Raum herum und befragt die Studenten zu ihren logischen Argumenten für oder gegen die Teilnahme.

Die Teams, die sich für das Autorennen entschieden hatten, diskutieren über ihre Wahrscheinlichkeitsschätzungen und Entscheidungsbäume. Die Meinungen sind gespalten, was die Frage betrifft, ob ein Motorschaden mitten im Rennen das Leben des Rennfahrers in Gefahr bringt. Die Mehrheit der Studenten hält die Temperaturdaten für eine falsche Fährte. Viele Köpfe nicken, als eine Studentin sagt: »Wenn wir im Renngeschäft Erfolg haben wollen, müssen wir diese Art Risiko eingehen.« Ihr Team hatte sich mit 7:0 einstimmig für eine Teilnahme ausgesprochen.

Dmitry widerspricht, und der Professor nimmt ihn erbarmungslos in die Mangel. Dmitry vertritt die Auffassung, jeder Entscheidungsbaum über Wahrscheinlichkeiten, die jede Gruppe präsentiert habe, sei irrelevant, wenn man sich von der Annahme verabschiede, dass die Motorschäden zufällig passiert sind. Er fügt hinzu, die Daten seien insbesondere deswegen uneindeutig, weil der Chefmechaniker bei den Rennen, bei denen es keine Motorschäden gab, aus irgendeinem Grund nicht die Temperatur aufgezeichnet habe.

»Okay, Dmitry, hier kommt eine quantitative Frage«, sagt der Professor. »Wie oft habe ich gestern gesagt, lasst es mich wissen, wenn ihr weitere Informationen braucht?« Im Raum hört man unterdrücktes Schnaufen. »Vier Mal«, beantwortet der Professor seine eigene Frage.

»Vier Mal habe ich gesagt, wenn ihr weitere Informationen braucht, fragt mich.« Kein Student war auf die Idee gekommen, um die fehlenden Daten zu bitten. Der Professor projiziert eine neue Grafik an die Wand, auf der die Daten aller Autorennen verzeichnet sind. Sie sieht ungefähr so aus:

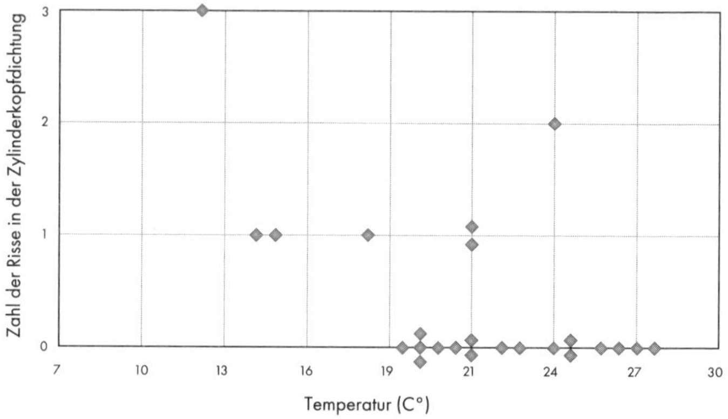

An jedem Renntag, an dem die Temperatur unter 19 Grad lag, war ein Motorschaden aufgetreten. Anschließend unterteilt der Professor die Rennen in problemfreie und nicht problemfreie Rennen und führt mit dieser binären Unterteilung eine einfache statistische Analyse mit der Bezeichnung logistische Regression durch, die den Studenten wohlbekannt ist. Danach teilt er den Studenten mit, dass die Wahrscheinlichkeit eines Motorschadens bei 4 Grad 99,4 Prozent beträgt. »Wer ist jetzt noch dafür, dass Carter Racing am Autorennen teilnimmt?«, fragt er. Und dann hat er noch eine Überraschung für die Studenten.

Die Daten über die Temperaturen und entstandenen Motorschäden stammen von der tragischen Entscheidung der NASA, den Start der Raumfähre *Challenger* nicht abzusagen; die Details wurden lediglich in den Kontext eines Autorennens übertragen. Jakes Miene wird ausdruckslos. Bei der Challenger brach keine Zylinderkopfdichtung, sondern ein ringförmiger Dichtungseinsatz – ein sogenannter O-Ring – entlang der Außenhaut der Festtreibstoffraketen, der sich durch die niedrigen Außentemperaturen verhärtet hatte und undicht geworden war.

Die Charaktere und die Situation in der Fallstudie basieren auf den Managern und Ingenieuren der NASA sowie dem Lieferanten der Treibstoffraketen, Morton Thiokol, die am Abend vor dem Start der *Challenger* eine dringliche Telefonkonferenz abgehalten hatten. Der Wetterbericht vom 27. Januar 1986 sagte für den Starttag ungewöhnlich kühles Wetter in Florida voraus. Nach der Telefonkonferenz gaben die NASA und Thiokol grünes Licht für die Startvorbereitung. Am 28. Januar verhärteten sich aufgrund der niedrigen Außentemperatur die O-Ringe, die die Festtreibstoffraketen abdichten sollten, und wurden undicht. Brennendes Gas schoss durch die undichten Stellen und ließen die *Challenger* 73 Sekunden nach ihrem Start explodieren. Alle sieben Besatzungsmitglieder kamen ums Leben.

Die Carter-Racing-Fallstudie funktionierte großartig. Unheimlich war, dass sich die Studenten der Business School genauso verhielten wie die NASA-Ingenieure, die bei der dringlichen Telefonkonferenz beschlossen hatten, den Start der *Challenger* wie geplant durchzuführen. Das Ganze wurde vom Professor der Business School meisterhaft analysiert.

»Wie alle von Ihnen, hatte auch [bei der NASA beziehungsweise Thiokol] niemand nach den 17 Datenpunkten gefragt, bei denen es keine Probleme gegeben hatte«, erklärt er. »Offensichtlich gab es diese Daten, und die Ingenieure diskutierten, genauso wie wir hier. Wenn ich in Ihrer Situation wäre, würde ich wahrscheinlich sagen, ›Aber im Unterricht gibt uns der Lehrer üblicherweise alle Informationen, die wir benötigen.‹ In Gruppenbesprechungen kommt es aber oft vor, dass die Person, die die PowerPoint-Folien erstellt hat, Ihnen Daten präsentiert, und wir oft nur die Daten verwenden, die wir vorgesetzt bekommen. Ich würde behaupten, dass es keine gute Entscheidung ist, zu sagen, das sind die Daten, auf die wir unsere Entscheidung gründen.«

Der Untersuchungsausschuss, der die Challenger-Katastrophe untersuchte, kam zu dem Ergebnis, dass die simple Berücksichtigung der Starts, bei denen keine Unregelmäßigkeiten aufgetreten waren, die

Korrelation zwischen einer Beschädigung der O-Ringe und den Außentemperaturen deutlich gemacht hätte. Ein Professor für Organisationspsychologie der Universität Chicago schrieb, die mangelnde Berücksichtigung der fehlenden Daten sei ein derart grundlegender Fehler, dass man sie als »professionelle Schwäche aller Beteiligten« an der Telefonkonferenz werten könne. »Man hätte die Argumente gegen einen Start bei niedrigen Temperaturen quantifizieren können, das hat aber niemand gemacht.« Seiner Auffassung nach waren die Ingenieure nicht ausreichend qualifiziert.[364]

Das Buch *The Challenger Launch Decision* der Soziologin Diane Vaughan gilt bei der NASA als maßgebliche Schilderung der Ursachen der Tragödie. In diesem Buch heißt es, »noch verblüffender ist der Umstand, dass sie die entsprechenden Daten besaßen. Man hätte aus diesen Daten Grafiken erstellen können, von denen sich mehrere Ingenieure von Thiokol, die für eine Verschiebung des Starts plädiert hatten, jedoch nicht vorstellen konnten und sie daher auch nicht erstellt hatten, dass die quantitativen korrelierenden Daten ihre Position untermauert hätten«.

Seit 30 Jahren stellen Wirtschaftsprofessoren auf der ganzen Welt die Carter-Racing-Fallstudie vor, weil sie eine eindrückliche Lektion über die Gefahren enthält, die mit Schlussfolgerungen aus unvollständigen Daten und dem Leichtsinn verbunden sind, sich nur auf das zu verlassen, was man vor sich hat.

Und nun eine letzte Überraschung. Alle lagen falsch. Die Entscheidung zugunsten des Starts der *Challenger* ging nicht auf das Versäumnis einer quantitativen Analyse zurück. Der wahre Fehler der NASA bestand darin, dass sich die Ingenieure zu stark auf die quantitative Analyse verlassen hatten.

Vor der Zündung befanden sich die O-Ringe an den Nähten zwischen den vertikalen Abschnitten der Festtreibstoffraketen. Bei der Zündung schoss brennendes Gas aus der Treibstoffrakete nach unten. An den Nähten zwischen den einzelnen Elementen der Treibstoffrakete strebten die Metallwände für einen Bruchteil einer Sekunde auseinander, und die Elastomer-O-Ringe dehnten sich entsprechend aus, um diesen minimalen Zwischenraum abzudichten. Bei sehr niedrigen Temperaturen verhärteten sich die Elastomere und konnten sich nicht mehr schnell genug ausdehnen. Je kälter ein O-Ring wurde, desto länger dauerte es, bis die Nähte zwischen den Metallwänden abgedichtet waren. In der Zwischenzeit konnte das brennende Gas durch die undichten Stellen austreten. Allerdings waren die Temperaturen normalerweise nicht wichtig; die O-Ringe wurden von einer speziellen Isoliermasse geschützt, die verhindern sollte, dass das brennende Gas überhaupt bis dorthin vordrang. Auf dem 17. Flug ohne Probleme mit den O-Ringen – ähnlich den 17 Autorennen des Carter-Racing-Teams, bei denen es keine Motorprobleme gab – funktionierte diese Isoliermasse perfekt. Diese Flüge lieferten keine Informationen über ein mögliches Versagen der O-Ringe, unabhängig von der Temperatur, weil das brennende Gas gar nicht erst bis zu ihnen vordringen konnte. Gelegentlich bildeten sich bei der Montage der Festtreibstoffrakete in der Isoliermasse jedoch winzige Löcher. Bei den sieben Flügen, bei denen es Probleme mit den O-Ringen gab, drang brennendes Gas durch diese winzigen Löcher in der Isoliermasse und erreichte die O-Ringe. Nur diese sieben Datenpunkte waren relevant für die Bestimmung der Ursachen für eine mögliche Beschädigung oder das Versagen der O-Ringe.

Anders als bei den Autorennen, bei denen die Probleme immer die gleichen waren, gab es bei den sieben Shuttle-Flügen zwei verschiedene Probleme. Das erste war Erosion. Bei fünf Flügen drang brennendes Gas, das bei der Zündung in der Festtreibstoffrakete nach unten schießt, in Kontakt mit den O-Ringen und erodierte deren Oberfläche. Das war kein lebensbedrohliches Problem. Die Elastomer-Ringe sind dick genug, um das auszuhalten. Und die Erosion hatte nichts mit der Außentemperatur zu tun.

Das zweite Problem: Ein sogenannter Blow-by, wie es im Fachjargon heißt. Wenn sich der Elastomer-Ring bei der Zündung nicht augenblicklich ausdehnte, um die Nähte abzudichten, schoss brennendes Gas vorbei (»Blow-by«) und konnte potenziell durch die undichten Stellen austreten. Der Blow-by war in der Tat eine lebensbedrohliche Gefahr, die, wie die Ingenieure später lernten, bei niedrigen Außentemperaturen exponentiell anstieg, weil sich die Elastomer-Ringe verhärteten. Bei zwei früheren Shuttle-Flügen der *Challenger* waren Blowbys aufgetreten; das Space Shuttle war allerdings dennoch sicher zur Erde zurückgekehrt.

Die Ingenieure von Thiokol, die sich in der Telefonkonferenz gegen den Start ausgesprachen, hatten eigentlich keine 24 relevanten Datenpunkte über das Versagen der O-Ringe, mit denen sie hätten arbeiten können wie bei der Carter-Racing-Fallstudie. Sie hatten nicht einmal sieben, wie die Harvard-Studenten. Sie hatten zwei.

Was sagt uns die nachfolgende Grafik?

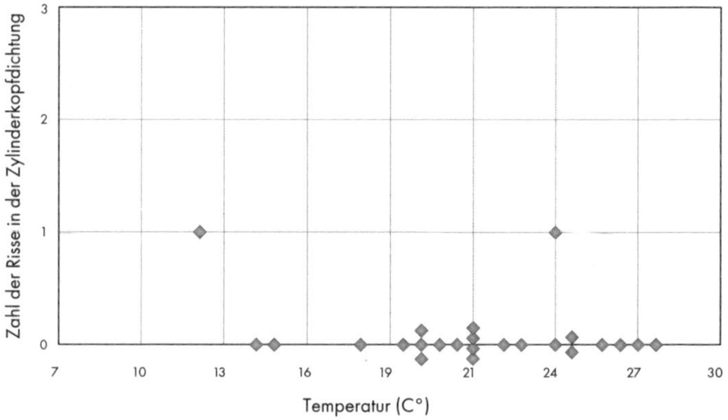

Ironischerweise sagte mir Allan McDonald, damaliger Direktor des Festtreibstoffraketen-Projekts bei Morton Thiokol: »Die ausschließliche Betrachtung der relevanten Datenpunkte unterstützte die Auffassung [vor dem Start] der NASA, dass die Daten nicht schlüssig waren.« Es gab keine 99,4-prozentige Wahrscheinlichkeit, die man übersehen hatte. Und die Ingenieure waren auch nicht unterqualifiziert.

Es gab eine weitere wichtige Information, die die Ingenieure von Thiokol präsentiert hatten und die der NASA geholfen hätte, die Katastrophe zu verhindern. Dabei handelte es sich jedoch nicht um quantitative Daten, und daher wurde sie von den Managern der NASA verworfen. Die Carter-Racing-Fallstudie lehrt, dass die Antwort sehr wohl vorhanden gewesen wäre, wenn die Ingenieure nur die richtigen Zahlen betrachtet hätten. In Wahrheit lieferten die richtigen Zahlen überhaupt keine Antwort. Die Entscheidung über den Start der *Challenger* war wirklich und wahrhaftig uneindeutig. Es handelte sich um ein lernunfreundliches Problem voller Ungewissheiten, das sich außerdem außerhalb des vorhandenen Erfahrungshorizontes der Verantwortlichen befand. Verschlimmert wurde es durch die Forderung nach weiteren quantitativen Daten.

An der berüchtigten Telefonkonferenz nahmen 34 Ingenieure – die Manager waren ebenfalls Ingenieure – von drei Standorten teil. Roger Boisjoly, Ingenieur von Thiokol, hatte die Nähte nach den beiden Flügen, bei denen sich ein Blow-by ereignet hatte, persönlich inspiziert und präsentierte entsprechende Fotos.[365] Am Tag des Starts der Raumfähre hatte die Außentemperatur 23 Grad betragen. Nach ihrer Rückkehr fand Boisjoly um den O-Ring einer Nahtstelle eine hauchdünne Spur hellgrauen Rußes, der von einer winzigen Menge Gas stammte, das vorbeigeströmt war, bevor sich die Dichtung geschlossen hatte. Das war kein katastrophales Problem. Nach einer anderen *Challenger*-Mission, an deren Starttag die Außentemperatur lediglich 12 Grad betragen hatte, fand er pechschwarzen Ruß, der sich in langen Schwaden jenseits des O-Rings ausgebreitet hatte. Dieses Mal war eine große Menge brennendes Gas ausgetreten. Nach Boisjolys Meinung war der Grund für den wesentlich größeren Gasaustritt bei einer Außentemperatur von 12 Grad, dass sich das Elastomer der O-Ringe wegen der niedrigen Temperaturen verhärtet hatte, sodass es sich nicht schnell genug ausdehnen und die Nahtstellen abdichten konnte. »Ich wurde aufgefordert, diese Vermutung zu quantifizieren, und ich sagte, das könne ich nicht«, gab Boisjoly später an. »Ich hatte keine Daten, um das zu quantifizieren, aber ich sagte, ich sei davon überzeugt, dass das alles andere als ein gutes Zeichen sei.«

Dank einer streng technisch orientierten Kultur hat die NASA eine rigorose quantitative »Flugtauglichkeitsprüfung« entwickelt. Sie wurde stets höchst kontrovers durchgeführt, so wie die Diskussionen der besten Prognostikerteams. Dabei nahmen die Manager die Ingenieure in die Mangel und zwangen sie, Daten zur Untermauerung ihrer Positionen zu liefern. Dieser Prozess hatte sich sehr gut bewährt. Die Raumfähre war die komplexeste Konstruktion, die jemals gebaut worden war, und sie war von allen 24 Flügen ins Weltall sicher zurückgekehrt.[366] Unglücklicherweise war es genau diese quantitative Kultur, die die Ingenieure bei der folgenschweren Telefonkonferenz in die Irre leitete.

Auf Anraten ihrer Ingenieure plädierten McDonald und die beiden Vice Presidents von Thiokol in diesem Gespräch zunächst für einen Abbruch der Startvorbereitungen. Die *Challenger* war bereits zum Start freigegeben, das wäre also eine Umkehr in letzter Minute gewesen. Als die NASA-Experten die Ingenieure von Thiokol nach dem exakten Temperaturkorridor für einen sicheren Flug fragten, empfahlen diese eine Mindesttemperatur von 12 Grad – das war die untere Grenze ihrer bisherigen Erfahrungswerte.[367]

Der NASA-Manager Larry Mulloy war fassungslos. Er hatte geglaubt, die Raumfähre könne bei Temperaturen zwischen 0,5 und 37 Grad starten. Eine in letzter Minute festgelegte Mindesttemperatur von 12 Grad bedeutete eine Etablierung völlig neuer technischer Startkriterien. Darüber war nie gesprochen worden, es gab auch keine quantitativen Daten, die diese Mindesttemperatur untermauerten, und es bedeutete, dass die Wintersaison auf einen Schlag für die Erforschung des Weltalls vollkommen ausfiel. Mulloy fand das höchst frustrierend; später bezeichnete er das als »dumm«.

Wie waren die Ingenieure zu dieser Untergrenze gelangt? »Sie sagten, das sei die Temperatur, bei der sie bisher problemlose Starts durchgeführt hatten«, erinnerte sich ein NASA-Manager, »und das war für mich kein Grund. Das ist Tradition, aber keine Technologie.« Daraufhin wurde Boisjoly erneut aufgefordert, Daten vorzulegen, die seine Behauptung stützten, »und ich antwortete, ich hätte keine anderen Daten als die, die ich vorgelegt habe«.[368]

An diesem Punkt war die Telefonkonferenz in eine Sackgasse geraten. Ein Vice President von Thiokol bat um eine fünfminütige Unterbrechung für eine interne Besprechung mit seinen Ingenieuren. Während dieser Besprechung wurde klar, dass sie keine weiteren quantitativen Daten liefern konnten. Nach einer halben Stunde kehrten sie zu der Telefonkonferenz zurück und sagten, sie würden eine Fortsetzung der Startvorbereitungen befürworten. In ihrem offiziellen Dokument hieß es: »Die Temperaturdaten liefern keine schlüssigen Informationen zur Vorhersage eines elementaren O-Ring-Blow-bys.«

Bei ihren späteren Gesprächen mit den Ermittlern des Untersuchungskomitees und in Interviews erwähnten die Ingenieure der NASA und Thiokol wiederholt die »schwache technische Position«, wie einer es ausdrückte. Ihre Äußerungen enthielten wiederkehrende gleichlautende Formulierungen: »ließ sich nicht quantifizieren«, »unterstützende Daten waren subjektiv«, »hatten keine technisch gute Arbeit geleistet«, »hatten nicht genug aussagekräftige Daten«. Immerhin war die NASA die Behörde, in deren Missionskontrollzentrum das folgende gerahmte Zitat hing: »Wir glauben an Gott; alle anderen müssen Daten liefern.«[369]

»Die Befürchtungen der Ingenieure basierten größtenteils auf einigen Fotos der Nahtstellen, die sie auseinandergenommen hatten und an denen sich Rußablagerungen befanden«, sagte mir McDonald. »Eine Nahtstelle stammte von einem Flug, der bei niedrigen Temperaturen stattgefunden hatte, und die andere von einem Flug, bei dessen Start die Temperaturen relativ hoch waren. Roger Boisjoly war der Meinung, die unterschiedlichen Rußablagerungen seien höchst aufschlussreich, aber das war eine qualitative Bewertung.« Der NASA-Manger Mulloy sagte später, er »hätte sich nackt gefühlt«, wenn er Thiokols Argument nach oben weitergegeben hätte. Ohne eine solide quantitative Begründung »hätte ich seinen Standpunkt nicht verteidigen können«.

Genau das Instrument, das zu den konsistenten Erfolgen der NASA beigetragen hatte und das Diane Vaughan als »originäre technische Kultur« in der DNA der Raumfahrtbehörde bezeichnete, wurde ihr plötzlich in einer Situation zum Verhängnis, in der es keine quantitativen Daten gab, mit denen die Beteiligten so vertraut waren. Argumente, die nicht von nackten, kalten Zahlen untermauert waren, zählten nicht. Konfrontiert mit einer unbekannten Herausforderung, gelang es den NASA-Managern nicht, ihre vertrauten Instrumente beiseite zu legen.

Dem Psychologen und Experten in Organisationsverhalten Karl Weick fiel etwas Ungewöhnliches am Tod der sogenannten Smokejumper und Hotshot-Feuerbekämpfer auf – zwei Eliteeinheiten in der Bekämpfung von Waldbränden und Buschfeuern: Sie trennten sich niemals von ihrer Ausrüstung, auch wenn sie sich durch das Liegenlassen ihrer Werkzeuge vor einer heranrückenden Feuerwalze in Sicherheit hätten bringen könnten. Für Weick war das ein Zeichen, dass es dafür tiefere Gründe gab.[370]

Während des Mann-Gulch-Feuers im Jahr 1949 im US-Bundesstaat Montana, das durch Norman Macleans Film *Junge Männer im Feuer* berühmt wurde, sprangen Feuerspringer – sogenannte Smokejumper – mit Fallschirmen ab, in Erwartung eines sogenannten »10-Uhr-Feuers«. Das heißt, sie gingen davon aus, dass sie das Feuer bis 10 Uhr morgens des folgenden Tages unter Kontrolle haben würden – bis das Feuer eine Schlucht zwischen einem bewaldeten Abhang und dem Steilhang überquerte, auf dem sich die Feuerbekämpfer befanden, und diese mit einer Geschwindigkeit von 3,3 Metern pro Sekunde bergauf durch das trockene Gras hetzte. Der Truppführer Wagner Dodge schrie seine Männer an, sie sollten ihre Ausrüstung wegwerfen. Zwei taten das unverzüglich, rannten über den Bergkamm und brachten sich in Sicherheit. Andere rannten mit ihrer Ausrüstung weiter und wurden von den Flammen eingeholt. Ein Feuerbekämpfer hörte einfach auf zu rennen und setzte sich vollkommen erschöpft hin; zu keinem Zeitpunkt hatte er sich seines schweren Gepäcks entledigt. 13 Feuerbekämpfer kamen bei dem verheerenden Waldbrand ums Leben.[371] Die Tragödie von Mann Gulch führte zwar zu einer Reformierung des Sicherheitstrainings, dennoch verloren die Feuerbekämpfer weiterhin gegen großflächige Buschfeuer, wenn sie sich ihrer Ausrüstung im Zweifelsfall nicht entledigten.[372]

Im Jahr 1994 waren Feuerbekämpfer beim South-Canyon-Feuer im Nationalpark White River National Forest im US-Bundesstaat Colorado mit einer ähnlichen Situation konfrontiert wie beim Mann-Gulch-Feuer, denn das Feuer fraß sich durch eine Schlucht und verwandelte sich auf dem gegenüberliegenden Hügelkamm, auf dem vorwiegend Gambel-Eichen standen, in eine verheerenden Feuersbrunst. Die Feuerbekämpfer, die weiter oben standen, vernahmen Geräusche »wie bei einem Flugzeugstart«, so die Beschreibung eines Überlebenden.[373] 14 Männer und Frauen verloren das Wettrennen gegen die Feuerwalze. »[Opfer] trug noch immer seinen Rucksack«, heißt es in einer Analyse im Anschluss an die Leichenbergung. »Opfer hält die Kettensäge noch in der Hand.« Nur 75 Meter weiter wäre dieses Opfer in Sicherheit gewesen. Der Überlebende Quentin Rhoades war bereits fast 300 Meter bergauf gerannt, »als ich merkte, dass ich immer noch meine Säge um die Schultern trug! Völlig irrational suchte ich nach einem Platz, wo ich sie ablegen konnte und sie nicht vom Feuer zerstört würde … Ich erinnere mich noch, dass ich in dem Moment dachte, ich kann nicht glauben, dass ich meine Säge zurücklasse«. Zwei voneinander unabhängige Analysen, die für den U.S. Forest Service und das Bureau of Land Management durchgeführt wurden, kamen zu dem Schluss, dass die gesamte Truppe der Feuerbekämpfer überlebt hätte, wenn sie einfach gleich ihre Ausrüstung abgeworfen und sich in Sicherheit gebracht hätte.

Bei vier Wald- und Buschbränden in den 1990er-Jahren weigerten sich 23 Elite-Feuerbekämpfer, der Anordnung, ihre Ausrüstung abzuwerfen, Folge zu leisten und kamen im Feuer um.[374] Selbst als Rhoades schließlich seine Kettensäge abwarf, hatte er das Gefühl, er tue etwas Widernatürliches. Weick stellte ein vergleichbares Phänomen bei den Seeleuten der Marine fest, die sich dem Befehl verweigerten, ihre Stahlkappenstiefel zurückzulassen, wenn sie ein Schiff verlassen mussten, und als Folge Löcher in die Rettungsboote rissen oder diese sogar zum Kentern brachten. Das gleiche Phänomen beobachtete er auch bei Kampfpiloten in flugunfähigen Jets, die sich weigerten, den Schleudersitz zu betätigen, sowie beim berühmten deutsch-amerikanischen Zirkusakrobaten und Hochseilkünstler Karl Wallenda, der aus 36 Metern Höhe in den Tod stürzte, als er ins Taumeln geriet und sich instinktiv an seiner Balancierstange festhielt, anstatt an dem Seil unter ihm. Im Fallen verlor er die Balancierstange kurz, bekam sie aber noch in der Luft erneut zu fassen. »Die vertrauten Instrumente fallen zu lassen, bedeutet, ein eingefahrenes Vorgehen zu verlernen, um sich an eine neue

Situation anpassen und flexibel reagieren zu können«, schrieb Weick. »Es ist genau diese mangelnde Bereitschaft der Menschen, auf ihre vertrauten Instrumente zu verzichten, die einige dieser Dramen in echte Tragödien verwandelt.« Für ihn waren die Feuerbekämpfer ein Beispiel und eine Metapher für die Lektionen, die er aus dem Studium normalerweise stabiler Organisationen zog, die sich an altbekannte, vertraute Methoden klammerten, selbst wenn sie zu höchst befremdlichen Entscheidungen führten.

Anstatt sich an unbekannte Situationen anzupassen, ob es sich um Flugzwischenfälle oder Waldbrände handelt, beobachtete Weick, dass sich erfahrene Experten unter dem Druck der Ereignisse starr »auf die Dinge zurückzogen, mit denen sie sich auskannten«.[375] Sie verhielten sich kollektiv wie Igel und versuchten, eine unbekannte Situation so zurechtzubiegen, bis sie zu ihren vertrauten Mustern passte, so als wollten sie sie kraft ihres Willens dazu zwingen, sich in eine Situation zu verwandeln, mit der sie Erfahrung hatten. Bei den Feuerbekämpfern war es ihre Ausrüstung, auf die sie sich immer verlassen hatten. »Die Ausrüstung des Feuerbekämpfers definiert seine Zugehörigkeit zur Elitetruppe der Feuerbekämpfer; sie ist seine Daseinsberechtigung«, schrieb Weick. »Wenn man begreift, welche Rolle die Ausrüstung für das Selbstverständnis eines Feuerbekämpfers spielt, versteht man auch, dass das Zurücklassen der Ausrüstung eine innere existenzielle Krise auslöst.[376] Maclean bringt es kurz und bündig auf den Punkt: »Wenn ein Feuerbekämpfer den Befehl erhält, seine Ausrüstung abzuwerfen, erhält er den Befehl, zu vergessen, dass er ein Feuerbekämpfer ist.«

Weick erklärte, Elite-Feuerbekämpfer zeichneten sich durch eine anpackende Kultur aus, die von der Überzeugung geprägt ist, dass es keine Herausforderung gibt, mit der sie nicht fertig werden. Die eigene Ausrüstung zurückzulassen, gehöre nicht zu ihrem Selbstbild, weil es dem Eingeständnis gleichkomme, dass sie die Kontrolle verloren hatten. Quentin Rhoades' Kettensäge war ein derart integraler Bestandteil seines Selbstverständnisses als Feuerbekämpfer, dass er nicht einmal merkte, dass er sie immer noch geschultert hatte, so wie er auch nicht bewusst darauf achten würde, ob seine Arme noch da sind. Selbst als ein weiteres Mitschleppen der Säge vollkommen absurd wurde, konnte er immer noch »nicht glauben«, dass er sie zurücklassen würde. Ohne sie fühlte er sich nackt, so wie Larry Mulloy sagte, er hätte sich ohne quantitative Daten für einen Startabbruch in letzter Sekunde nackt gefühlt. Für die NASA war die Akzeptanz eines qualitativen Arguments das Gleiche, als hätte man den Ingenieuren gesagt, sie sollten vergessen, dass sie Ingenieure sind.

Bei einem Interview, das Diane Vaughan mit den Ingenieuren der NASA und Thiokol führte, die an den Festtreibstoffraketen gearbeitet hatten, stellte sie fest, dass sich die berühmte anpackende Kultur der NASA in der Überzeugung manifestierte, alles würde gutgehen, weil »wir alle Verfahren befolgt haben«; weil »der Prozess [der Flugtauglichkeitsprüfung] aggressiv und kontrovers durchgeführt wird«; weil »wir uns an die Regeln gehalten haben«. Die Ausrüstung der NASA waren ihre vertrauten Verfahren. Die Regeln hatten sich stets bewährt. Aber die *Challenger* stellte sie vor Herausforderungen außerhalb ihrer üblichen Erfahrungsgrenzen; hier hätten sie ihre »Can-do«-Einstellung – mit unseren Verfahren lösen wir jedes Problem – gegen eine sogenannte »Make-do«-Einstellung – wir müssen alle vorhandenen Informationen berücksichtigen, auch wenn sie nicht zu unseren Verfahren passen – eintauschen sollen, anstatt Informationen zu verwerfen, die sich nicht in ihre etablierten Schubladen einordnen ließen.

Roger Boisjolys nicht quantifizierbares Argument, das kalte Wetter sei »alles andere als ein gutes Zeichen« galt in der NASA-Kultur als emotional. Es basierte auf der Interpretation eines Fotos. Es erfüllte nicht die üblichen quantitativen Standards, daher galt es als unzulässig und wurde verworfen. Die »Can-do«-Haltung der Ingenieure, so Vaughan, »wurzelte in Konformität«.

Nach der Tragödie kam ans Licht, dass es noch weitere Ingenieure bei der Telefonkonferenz gegeben hatte, die mit Boisjoly einer Meinung waren, aber wussten, dass sie keine quantitativen Argumente liefern konnten und deshalb schwiegen. Ihr Schweigen wurde als Zustimmung gewertet. Ein Ingenieur, der an der folgenschweren Telefonkonferenz teilgenommen hatte, sagte später: »Wenn ich das Gefühl habe, dass ich keine Daten besitze, die meine Argumente untermauern, ist das Argument meines Vorgesetzten besser als meins.«

Sich von vertrauten Instrumenten zu verabschieden, fällt erfahrenen Experten, die sich auf das konzentrieren, was Weick als überlerntes Verhalten bezeichnet, besonders schwer. Überlerntes Verhalten bedeutet, dass sie auf die gleichen Herausforderungen so oft mit den gleichen Verfahren reagiert haben, dass diese zu einem Automatismus geworden sind, und den Experten nicht mehr bewusst ist, dass es sich um situationsspezifische Instrumente handelt. Die Recherchen über Flugzeugabstürze haben zum Beispiel ergeben, dass »ein häufiges Muster anzutreffen war, demzufolge die Besatzung beschloss, an ihrem ursprünglichen Plan festzuhalten«, selbst wenn sich die Umstände dramatisch verändert hatten.[377]

Bei Weicks Gespräch mit Paul Gleason, einem der besten Feuerbekämpfer der Welt, sagte ihm dieser, er ziehe es vor, seine Führungsrolle in der Truppe nicht als »Entscheidungsmacher«, sondern als »Sinnmacher« zu betrachten. »Wenn ich eine Entscheidung treffe, ist das etwas, das ich besitze, worauf ich stolz bin, und dann neige ich dazu, meine Entscheidung zu verteidigen und nicht auf diejenigen zu hören, die sie in Frage stellen.«[378] Er wendete an, was Weick als »flexible Berücksichtigung eines Gespürs« bezeichnete. Gleason gab seiner Truppe Anweisungen, aber mit einer transparenten Begründung und der Ergänzung, dass das Vorgehen jederzeit überprüft und angepasst werden kann, wenn das Team während der Feuerbekämpfung neue Erkenntnisse über den Brandverlauf gewinnt.

An dem Abend der Telefonkonferenz über den Start der *Challenger* war es dem NASA-Manager Mulloy angesichts der Ungewissheiten so wichtig, dass das Standardverfahren genau befolgt wurde, dass er Thiokol bat, seine abschließende Startempfehlung und die Begründung schriftlich festzuhalten und zu unterschreiben. Bisher waren Empfehlungen und Entscheidungen in letzter Minute immer mündlich erfolgt. Allan McDonald von Thiokol, der sich im selben Raum befand wie Mulloy, weigerte sich. Einer von Mulloys Vorgesetzten in Utah unterschrieb und faxte das Dokument. Selbst Mulloy, der belastbare, objektive Daten verlangt hatte, muss sich mit der Entscheidung unbehaglich, aber zugleich von dem geheiligten Entscheidungsprozess der NASA geschützt gefühlt haben. Der Prozess kulminierte darin, dass die Sorge, eine möglicherweise umstrittene Entscheidung vor höheren Etagen verteidigen zu können, schwerer wog, als die Bemühung, alle verfügbaren Informationen zu verwenden, um die richtige Entscheidung zu treffen. Wie die Feuerbekämpfer waren die NASA-Ingenieure praktisch mit ihren Instrumenten verwachsen. Wie McDonald gesagt hatte, wurde die Position der NASA, der zufolge es keine schlüssigen Daten über eine Verbindung zwischen der Außentemperatur und dem Versagen der O-Ringe gab, von der ausschließlichen Berücksichtigung quantitativer Daten gestützt. Der quantitative Standard der NASA war ein heiliges Instrument. Leider war es für diese Aufgabe ungeeignet. In jener Nacht hätten die Ingenieure gut daran getan, es beiseitezulegen.

Das ist im Nachhinein natürlich leicht gesagt. Eine Gruppe Manager, die an bestimmte technische Informationen gewöhnt waren, besaß zu dem damaligen Zeitpunkt keine entsprechenden Informationen, und die Ingenieure hatten das Gefühl, ohne quantitative Daten sollten sie besser schweigen. Jahrzehnte später erzählte ein Astronaut, der vor und nach der *Challenger*-Katastrophe an Raumfahrtmissionen teilgenommen hatte und später Chef der Abteilung Safety and Mission Assurance der NASA wurde, wie er die Tafel mit dem NASA-Credo »Wir glauben an Gott; alle anderen müssen Daten liefern« interpretierte: »Die Botschaft zwischen den Zeilen lautete, ›Wir sind nicht an Ihrer Meinung interessiert. Wenn Sie Daten haben, werden wir Ihnen zuhören, aber von Ihrem Gespür will hier niemand etwas wissen.‹«[379]

Der Physiker und Nobelpreisträger Richard Feynman war eines der Mitglieder des Untersuchungsausschusses, der sich mit der *Challenger*-Katastrophe beschäftigte. In einer Anhörung ermahnte er einen Manager der NASA für die Wiederholung, dass Boisjolys Fotos keine Beweise für seinen Standpunkt geliefert hatten. »Wenn Sie keine Daten haben«, so Feynman, »dann müssen Sie Ihren Verstand benutzen.«[380]

Das sind per Definition lernunfreundliche Situationen. Feuerbekämpfer und Raumfahrtingenieure können für die schwierigsten Situationen nur mit Versuch und Irrtum üben. Ein Team oder eine Organisation, die stabil, aber zugleich auch flexibel ist, ist laut Weick wie eine Jazzband. Es gibt gewisse Grundlagen – Tonleitern und Akkorde –, die jedes Mitglied aus dem Effeff beherrschen muss, aber letztlich sind es nur Instrumente zur Interpretation einer dynamischen Umgebung. Es sind keine Instrumente, auf die man nicht verzichten, die neu gedacht oder mit einem neuen Zweck versehen werden könnten, um eine neue Herausforderung zu bewältigen. Das gilt selbst für die heiligsten aller Instrumente, einschließlich solcher, die zu einer derartigen Selbstverständlichkeit geworden sind, dass man sie gar nicht mehr wahrnimmt. Das ist natürlich leichter gesagt als getan. Vor allem, wenn der Kern einer Organisationskultur von diesem Instrument bestimmt wird.

Nach Captain Tony Lesmes Schilderung wurde sein Team vom Militärstützpunkt Bagram Air Base im Nordosten von Afghanistan nur in besonderen Ausnahmesituationen aktiv. Lesmes befehligte ein Team aus sogenannten Pararescue Jumpers der U.S. Air Force – Luftwaffen-Kampfretter, die kurz als »PJs« bezeichnet werden. Dabei handelt es sich um eine Division der Einheit Special Operations, in der die weltweit bestausgebildeten Kämpfer schwierigste Rettungsaktionen durchführen, zum Beispiel bei Nacht mit dem Fallschirm in feindlichem Gelände abzuspringen, um abgeschossene Kampfpiloten zu retten. Ein Luftwaffen-Kampfretter ist eine Mischung aus Soldaten, Notarzt, Rettungstaucher, Feuerbekämpfer, Bergretter und Fallschirmjäger. Das Emblem dieser Einheit stellt einen Engel dar, der die Welt umarmt, versehen mit den Worten: »That others may live.« (»Damit andere überleben.«)*

Für die Kampfretter in Bagram ist kein Tag wie der andere. Mal müssen sie sich an einem Berg abseilen, um einen Soldaten zu retten, der in einen nicht markierten Brunnen gefallen war. Dann wieder müssen sie zur Versorgung von Marinesoldaten eilen, die bei einem Feuergefecht verwundet worden waren. PJs konnten militärische Einheiten bei ihren Einsätzen begleiten, aber zumeist befanden sie sich in einer

* Teil des Ehrenkodex, dessen letzter Satz lautet: »These things we (I) do, that others may live« – das tun wir, damit andere überleben.

24-Stunden-Alarmbereitschaft und warteten auf einen »Neunzeiler« - ein Formular (mit neun Zeilen), auf dem die wichtigsten Informationen über einen dringenden Notfall standen – wie der, der sich an einem Herbsttag im Jahr 2009 ereignete. Er fiel in die Kategorie Alpha: traumatische Verletzungen. Innerhalb weniger Minuten war das Team in der Luft.

Die nachrichtendienstlichen Informationen waren spärlich. Inmitten eines Armee-Konvois aus gepanzerten Fahrzeugen war eine Straßenbombe explodiert. Der Unglücksort befand sich ungefähr eine halbe Flugstunde mit dem Helikopter entfernt. Es gab Schwerverletzte, aber es war unklar, wie viele und wie schwer die Verletzungen genau waren und ob die Bombe Teil einer sogenannten Search-and-Rescue-Falle war, bei der die Feinde im Hinterhalt lauern, bis das Rettungsteam eintrifft.

Die Kampfretter waren daran gewöhnt, mit nebulösen Informationen zu arbeiten, aber diese Situation war selbst für sie sehr unübersichtlich. Lesmes wusste, dass sie schwere Ausrüstung mitnehmen mussten, wie zum Beispiel einen hydraulischen Rettungssatz und eine Säge mit Diamantspitzen, weil »man ein gepanzertes Fahrzeug nicht einfach aufschneiden kann wie eine Autotür«, sagte er mir. Das Gewicht war hinderlich, vor allem in großer Höhe im Gebirge. Wenn die Helikopter zu schwer wurden, konnten sie nicht genug Luft verdrängen, um sich in großer Höhe zu halten. Auch der Treibstoff stellte eine Herausforderung dar. Und der Platz eine noch größere. Jeder Kampfretter hatte seine eigene Ausrüstung, und beide Helikopter hatten innen lediglich so viel Platz wie ein großer Lastwagen. Sie wussten nicht, wie viele Soldaten so schwer verwundet waren, dass sie evakuiert werden mussten, und wie viel Platz sie für den Abtransport von Schwerverletzten brauchen würden.

Lesmes wusste nur eines: Er wollte sichergehen, dass genug Platz für potenzielle Patienten vorhanden war, damit sie den Unglücksort nur einmal anfliegen mussten. Es würde geraume Zeit in Anspruch nehmen, die Verletzten zu versorgen und schwer verletzte Soldaten an Bord zu bringen. Je länger die Rettungsaktion vor Ort dauerte, desto größer die Gefahr, dass sie die Aufmerksamkeit feindlicher Kräfte wecken würden. Am Ende würde das Rettungsteam selbst ein Rettungsteam benötigen.

Er war 27 Jahre alt und hatte im Jahr zuvor ein bundesstaatliches Hurrikan-Rettungsteam geleitet. Afghanistan war sein erster längerer Einsatz, und er leitete dort ein Team aus älteren Elitesoldaten, die alle zahlreiche Auslandseinsätze hinter sich hatten. Wie üblich brachte Lesmes zwei Teammitglieder zum Kontrollzentrum, um Informationen einzuholen, die ihm dabei helfen würden, die Situation einzuschätzen. »Manchmal stellen andere wirklich gute Fragen, auf die ich normalerweise gar nicht kommen würde«, sagte er. »Und man will möglichst viele Informationen teilen, weil die Zeit knapp ist.« Allerdings gab es kaum geheimdienstliche Informationen. »In einem Hollywoodfilm fliegt eine Drohne über das Gebiet und liefert Ihnen alles, was Sie wissen müssen«, sagte Lesmes, »aber das ist eben Hollywood«.

Er ging hinaus zu den Helikoptern, wo die Kampfretter bereits dabei waren, ihr gesamtes Kampfgepäck zu verstauen. Die Situation passte nicht zu den üblichen Entscheidungsbäumen. Er beschrieb seinen Männern die Herausforderungen und fragte: Wie lösen wir das?

Wir müssen die Ausrüstung anders verstauen, damit wir im Helikopter Platz gewinnen, schlug ein Teammitglied vor. Ein anderer schlug vor, einige Kampfretter bei dem Armee-Konvoi zu lassen, falls sie mehr Platz für Verletzte brauchten. Ein Dritter empfahl, nur die Schwerstverletzten zu evakuieren, und falls ein zweiter Flug nötig sei, den Konvoi von der Explosionsstelle wegzubewegen, sodass sie den zweiten Rettungseinsatz an einem unauffälligeren Ort durchführen könnten. Die Bombe war allerdings in unwegsamem Gelände mitten im Konvoi explodiert. Lesmes wusste nicht einmal, ob und wie fahrtüchtig die Fahrzeuge des Konvois noch waren.

»Wir fanden keine echte Lösung, die uns einen Vorteil verschafft hätte. Ich wollte die Rettungsaktion vor allem sehr schnell durchführen und das Raum- und Gewichtsangebot vorrangig für verletzte Soldaten nutzen«, sagte er. »Die Entfernung, der Zeithorizont und die Beschränkungen, die sich aus den Umständen ergaben, sowie die Tatsache, dass wir es mit einem unbekannten Feind zu tun hatten, potenzierten sich, und ich hatte allmählich das Gefühl, dass wir nicht gewappnet waren, um in einem Worst-Case-Szenario erfolgreich agieren zu können. Es gab kein bekanntes Muster; die Situation bewegte sich außerhalb unseres Erfahrungshorizonts.« Mit anderen Worten: Er besaß nicht die entscheidenden nachrichtendienstlichen Informationen, die er gerne gehabt hätte. Auf Basis der spärlichen Informationen, die ihm vorlagen, ging Lesmes von mehr als drei Schwerverletzten aus, aber weniger als 15. Dann begann eine Idee Gestalt anzunehmen, mit der sich mehr Platz für potenzielle Verwundete schaffen ließ. Er konnte das Instrument zurücklassen, auf dass er in einer solchen Situation noch nie verzichtet hatte: sich selbst.

Lesmes hatte sein Team bisher immer bei Einsätzen der Kategorie Alpha mit zahlreichen Verwundeten begleitet. Am Einsatzort übernahm er die Leitung und Koordination. Seine Rolle bestand darin, den Überblick zu wahren, während sich die Kampfretter voll und ganz darauf konzentrierten, die Verwundeten zu versorgen. Er half bei der Absicherung des Einsatzortes; er kommunizierte mit seinen Männern, dem Militärstützpunkt und den Hubschrauberpiloten, die über der Unglücksstelle Kreise zogen und darauf warteten, Verwundete aufzunehmen und ins nächste Militärkrankenhaus zu bringen. Außerdem funkte er Militärflugzeuge für eine mögliche Unterstützung an, falls ein Feuergefecht ausbrechen sollte. Bei einer Bombenexplosion herrschte immer emotionales Chaos. Soldaten, die zusehen, wie ihre völlig verstörten Kameraden an sogenannten Fentanyl-Lollis* saugten, während sie Gefahr liefen, zu verbluten, wollen unbedingt helfen, dennoch müssen sie fortgebracht werden. Die gesamte Einsatzstelle musste gemanagt werden. Solange es nicht wesentlich mehr Verwundete gab, als Lesmers geschätzt hatte, wusste er, dass seine erfahrensten Männer während der Notversorgung der Verwundeten die Führung am Boden übernehmen konnten. In der Zwischenzeit konnte er mithelfen, das Feldlazarett vorzube-

* Fentanyl wird bei starken Schmerzen eingesetzt. Dabei wird eine Lutschtablette an einen Stil geklebt. Die sogenannten Fentanyl-Lollis werden unter anderem in der Notversorgung verwundeter Soldaten verwendet. (A.d.Ü.)

reiten, während er per Funk mit seinen Männern vor Ort in Kontakt blieb. Das war eine Kompromisslösung, aber das waren alle in Frage kommenden Optionen.

Lesmes wandte sich mit seiner »Hypothese«, wie er sie nannte, an seine Leute – »Ich wollte, dass Sie sie widerlegten«, erklärte er. Er sagte seinen Männern, er plane, auf dem Militärstützpunkt zu bleiben, um Raum für Ausrüstung und weitere Patienten zu schaffen. Die Hubschrauberblätter drehten sich bereits, die Sekunden des kritischen Zeitfensters, in dem ein schwer verwundeter Soldat gerettet werden kann, tickten. Er sagte ihnen, sie sollten sich schnell äußern und er würde jedes Argument berücksichtigen. Einige schwiegen. Andere hatten Einwände. Ein geschlossener Einsatz war ihr wichtigstes Instrument; es war das eine Instrument, auf das sie niemals verzichten würden, bis sie dazu aufgefordert wurden. Einer der Männer sagte rundheraus, es sei Lesmes Aufgabe als Befehlshaber, mitzufliegen, und er solle einfach seinen Job machen. Ein anderer wurde wütend. Ein Dritter meinte nachdenklich, Lesmes habe Angst. Er sagte, wenn seine Stunde gekommen wäre, wäre das sowieso unausweichlich, daher sollten sie so vorgehen wie immer. Lesmes hatte Angst, aber nicht um sein Leben. »Wenn etwas schief geht und der befehlshabende Offizier war nicht vor Ort, wie wollen Sie das dann zehn Familien erklären?«, sagte er mir.

Das sagte er mir bei einem Gespräch, während wir an der Gedenkstätte World War II Memorial in Washington, D.C., saßen. Die ganze Zeit hatte er keinerlei Gefühlsregung gezeigt, und nun begann er zu weinen. »Das ganze Konstrukt baut auf diesem Training, der Vertrautheit und dem Zusammenhalt auf«, sagte er. »Ich verstehe vollkommen, warum einige meiner Männer aufgebracht waren. Ich war dabei, unsere Standardverfahren zu verletzen. Ich meine, meine Urteilsfähigkeit war in Frage gestellt. Aber wenn ich mitflog, würden wir möglicherweise zweimal zur Unglücksstelle fliegen müssen.« Die Einwände seiner Männer waren emotional und philosophisch (moralisch??), aber nicht taktisch begründet. Sie hatten ihn schon bei anderen Gelegenheiten umgestimmt, aber nicht dieses Mal. Er blieb dabei, dass er nicht mitfliegen würde, und sagte, es sei Zeit, dass sie sich auf den Weg machten. Die

Helikopter schraubten sich in die Höhe, während Lesmes zum Kontrollzentrum zurückkehrte. »Ich rang intensiv mit mir selbst«, erinnerte er sich. »Ich konnte sehen, was los war, und wenn irgendetwas passieren würde, konnte ich den Helikopter vor meinem geistigen Auge buchstäblich abstürzen sehen. Glücklicherweise war die Rettungsmission ein Erfolg auf der ganzen Linie. Die Kampfretter versorgten die verwundeten Soldaten vor Ort; sieben Soldaten mussten mit dem Helikopter evakuiert werden, in dem sie wie die Sardinen eingepfercht waren. Mehreren Soldaten mussten anschließend Gliedmaßen amputiert werden, aber alle überlebten.

Als alles vorbei war, bestätigte der erfahrenste Kampfretter des Teams, dass Lesmes die richtige Entscheidung getroffen hatte. Ein anderer äußerte sich monatelang überhaupt nicht, und dann sagte er nur, er sei sprachlos gewesen, dass Lesmes so viel Vertrauen in seine Leute hatte. Der Soldat, der zunächst wütend reagiert hatte, blieb noch eine Weile wütend. Ein anderer Kampfretter aus Bagram, mit dem ich sprach, sagte: »Wäre ich in der Position gewesen, hätte ich definitiv gesagt, ›Wir fliegen alle zusammen.‹ Es muss eine sehr schwere Entscheidung gewesen sein.«[381]

»Ich weiß nicht«, sagte Lesmes. »Manchmal habe ich immer noch Probleme mit dieser Entscheidung. Irgendetwas hätte schiefgehen können, und dann wäre es eine schlechte Entscheidung gewesen. Vielleicht war es Glück. Keine der Optionen, die wir damals hatten, machte einen wirklich guten Eindruck.«

Als wir unser Gespräch beendeten, erwähnte ich Weicks Arbeit über die Feuerbekämpfer, die sich nicht von ihrer Ausrüstung trennen konnten. Unter Druck, so Weick, klammern sich Profis an die Dinge, die sie am besten kennen. Ich sagte Lesmes, seine Männer hätten aus dem Reflex des Vertrauten heraus womöglich einfach emotional reagiert. Es muss Situationen geben, in denen man selbst das sakrosankte Instrument der Untrennbarkeit des Teams opfern musste, oder nicht? »Jaaa, hmmmm«, nickte Lesmes. Ich konnte das natürlich leicht sagen. Er hielt einen Moment inne. »Ja«, sagte er, »aber alles ist darauf aufgebaut.«

Die Manager der NASA hatten Konformitätsfehler gemacht. Als sie mit einer unüblichen Herausforderung konfrontiert waren, hatten sie sich an ihre üblichen Verfahren geklammert. Captain Lesmes hatte ein geheiligtes Instrument geopfert, und das war eine gute Entscheidung. Nachdem sich die emotionalen Wogen geglättet hatten, gestanden mehrere Mitglieder seines Teams ein, dass sein Vorgehen richtig war. Andere taten das nie. Die Situation im Geiste noch einmal zu durchleben, ließ Lesmes in Tränen ausbrechen. Das ist nicht gerade, was man sich unter einem Happy End für eine gute Entscheidung vorstellt. Hätte die NASA den Start abgebrochen, hätten die Ingenieure, die auf einen Startabbruch gedrängt hatten, möglicherweise als »kleine Feiglinge« gegolten, so Allan McDonald. Kleine Feiglinge sind in der Raumfahrt nicht sehr willkommen. Die NASA-Ingenieurin Mary Shafer sagte dazu einst: »Auf perfekte Sicherheit zu pochen ist etwas für Leute, die nicht den Mumm haben, in der Realität zu leben.«[382] Kein Wunder, dass Organisationen Schwierigkeiten haben, Experten zu entwickeln, die ihre Instrumente einerseits perfekt beherrschen, andererseits aber auch genau wissen, wann sie diese beiseitelegen müssen. Es gibt allerdings eine Organisationsstrategie, die diese Fähigkeit fördert. So merkwürdig es klingen mag, besteht sie darin, mehrdeutige Signale auszusenden.

»Kongruenz« ist in den Sozialwissenschaften ein Begriff für den kulturellen »Fit« der Komponenten einer Institution, das heißt die Werte, Ziele, Selbstkonzepte und Führungsstile. Seit den 1980er-Jahren ist die Kongruenz eine der tragenden Säulen der Organisationstheorie. Eine effektive Kultur ist konsistent und stark. Wenn alle Signale in die gleiche Richtung weisen, fördert sie eine sich selbstverstärkende Konsistenz. Und Menschen legen Wert auf Konsistenz.

Zur Unterstützung der Kongruenz wurden zahlreiche Profile individueller Unternehmen erstellt. Bei der ersten groß angelegten, systematischen Studie über Organisationen innerhalb einer Branche stellten die Forscher, die die kulturelle Kongruenz an 334 Hochschulen untersuchten, allerdings fest, dass diese keinerlei Einfluss auf irgendeine Messgröße für Organisationserfolg hatte.[383]

Die Administratoren, Dekane und Treuhänder in stark kongruenten Hochschulen taten sich zwar leicht, die Organisationskultur auf Nachfrage zu klassifizieren, aber sie hatte keinerlei Auswirkung auf den Erfolg der Organisation – von der akademischen bis zur beruflichen Entwicklung der Studenten bis zur Zufriedenheit der Fakultät und der finanziellen Solidität der Hochschule. Die Forscher führten anschließend eine zweite Studie durch, in der sie mehrere tausend Unternehmen untersuchten. Dabei stellten sie fest, dass die effektivsten Führungspersönlichkeiten und Organisationen eine vielfältige, differenzierte[384] Kultur pflegten; sie waren geradezu paradox, denn sie konnten fordernd und fürsorglich, geordnet und unternehmerisch und sogar hierarchisch und individualistisch zugleich sein. Ein gewisses Maß an Mehrdeutigkeit, so hatte es den Anschein, hatte nicht nur keine negativen Auswirkungen; in Bezug auf die Entscheidungsprozesse scheint es das Instrumentarium einer Organisation sogar auf sehr wertvolle Weise zu erweitern.

Philip Tetlock und Barbara Mellers stellten unter Beweis, dass Denker, die eine hohe Toleranz für Mehrdeutigkeit haben, die besten Prognosen treffen. Shefali Patil, ehemaliger Student von Tetlock und Professor an der Universität von Texas, führte seinerseits ein Projekt durch, mit dem er demonstrierte, dass Organisationskulturen eine Form der Mehrdeutigkeit integrieren können, die Entscheider dazu zwingt, ein breites Instrumentarium anzuwenden, eine größere Flexibilität an den Tag zu legen und ihre eigene Lernbereitschaft zu steigern.

In einem Experiment schlüpften die Teilnehmer in die Rolle von Personalmanagern, die Prognosen über die zukünftige Arbeitsleistung von Stellenbewerbern treffen sollten. Den Managern wurde ein Standard-Bewertungsprozess vorgestellt, anhand dessen vorgeführt wurde, wie die Kompetenzen eines Kandidaten üblicherweise gewichtet wurden. Anschließend wurde ihnen mitgeteilt, sie würden auf Basis ihres Entscheidungsprozesses bewertet (und vergütet). In einer Schnell-Simulation konnten sie nach jeder ihrer Prognosen sehen, wie gut die Arbeitsleistung des Bewerbers beziehungsweise der Bewerberin laut Unternehmensakten tatsächlich war. Bei einigen Aufgaben entsprach die Leistung der Bewerber genau den Prognosen, die mithilfe des Standard-

Bewertungsprozesses erstellt worden waren. Bei anderen bestand dagegen eine riesige Diskrepanz. Dennoch hielten sich die fiktiven Personalmanager strikt an das Standardverfahren, unabhängig davon, welche Rückmeldung sie durch die tatsächlichen Ergebnisse erhielten, und zwar auch in den Fällen, in denen unübersehbar war, dass das Standardverfahren versagte, und obwohl ein besseres Bewertungssystem verfügbar gewesen wäre. Ihre wachsende Erfahrung führte nicht zu einem Lernprozess – bis das Experiment um ein Detail ergänzt wurde. Den konformistischen Managern wurde ein fiktiver Artikel aus dem Magazin *Harvard Business Review* über Forschungsergebnisse vorgelegt, denen zufolge erfolgreiche Personengruppen der Unabhängigkeit und abweichenden Meinungen einen hohen Stellenwert einräumen. Daraufhin öffnete sich ihr mentaler Horizont auf wundersame Weise und sie begannen zu lernen, wann der Standard-Bewertungsprozess modifiziert werden musste, und wann man besser ganz auf ihn verzichten sollte. Von da an ging die wachsende Erfahrung mit einem Lernprozess einher, was zu deutlich zutreffenderen Prognosen führte. Die Manager profitierten also von *Inkongruenz.* Die formalen, konformistischen Verfahrensregeln des Unternehmens wurden von einer informellen Kultur der individuellen Entscheidungsautonomie und Abweichung von Standardverfahren ausbalanciert.

Die Inkongruenz funktionierte aber auch in umgekehrter Richtung. Die Personalmanager, die mit den Standard-Bewertungsprozessen vertraut gemacht wurden, aber gleichzeitig die Mitteilung erhielten, ausschlaggebend sei allein die Treffsicherheit ihrer Prognosen, begannen sich schon früh von dem Standardverfahren zu lösen und ihre eigenen Regeln aufzustellen. Wenn sich die Standardverfahren allerdings bewährten, lernten sie nichts. In diesem Fall schaffte ein fiktiver Artikel über Forschungsergebnisse aus dem *Harvard Business Review* Abhilfe, in dem es hieß, erfolgreiche Gruppen würden großen Wert auf Kohäsion, Loyalität und die Suche nach einem gemeinsamen Nenner legen. Auch dieser Artikel lieferte einen Denkanstoß und setzte den Lernprozess in Gang. Plötzlich hielten sich die Personalmanager enger an das Standardverfahren, wenn es sich als wertvoll erwies; sie hatten aber kein

Problem, in den Fällen, in denen es sich nicht bewährte, davon abzuweichen – das, was die NASA hätte tun sollen.[385]

Den Studenten der Business Schools wird beigebracht, an das Kongruenzmodell zu glauben, dem zufolge ein guter Manager alle Elemente stets auf eine Kultur ausrichtet, in der sich alle Einflüsse gegenseitig verstärken, sei es in Richtung einer größeren Kohäsion oder eines größeren Individualismus. Kulturen können aber auch eine zu große interne Konsistenz aufweisen. Mit der Inkongruenz »werden Gegenproben eingebaut«, sagte mir Tetlock.

Die Experimente zeigten, dass eine effektive Problemlösungskultur die Standardpraxis – wie immer sie beschaffen war – mit gegenläufigen Kräften in Einklang brachte. Wenn Manager an Prozesskonformität gewöhnt waren, half ihnen die Ermutigung zu mehr Individualismus, eine ausgewogenere Betrachtung vorzunehmen und zu lernen, welches Verfahren sich in welcher Situation am besten eignete. Waren sie an Improvisation gewöhnt, half ihnen umgekehrt die Ermutigung zu Loyalität und Kohäsion. Der Trick bestand darin, das Instrumentarium einer Organisation zu erweitern und vielfältiger zu gestalten, indem zunächst die dominante Kultur bestimmt und die Organisation anschließend dazu ermutigt wurde, sie durch ein bewusstes Streben in die Gegenrichtung zu diversifizieren.

Zum Zeitpunkt des Starts der Raumfähre *Challenger* manifestierte sich die »Can-do«-Kultur der NASA in einer stark ausgeprägten Prozessverantwortlichkeit in Kombination mit kollektivistischen sozialen Normen. Die strikte Einhaltung der Standardverfahren führte zu einer starken internen Kongruenz. Der Prozess war so rigide, dass Hinweise, die die Standardregeln nicht erfüllten, einfach verworfen wurden; und er war so heilig, dass sich Larry Mullow von einer kurzen schriftlichen Bestätigung, er habe sich an die üblichen Regeln gehalten, geschützt fühlte. Kontroverse Argumente waren zwar bei der Flugtauglichkeitsprüfung willkommen, im entscheidenden Augenblick bat die wichtigste Gruppe an Ingenieuren jedoch um eine kurze Auszeit für eine interne Besprechung, bei der sie sich trotz ernster Bedenken darauf einigten, am

Standardverfahren festzuhalten. Wie einer der Ingenieure sagte, ohne Daten »ist das Argument meines Vorgesetzten besser als meins«.

Je länger ich mit Captain Lesmes sprach, desto stärker hatte ich den Eindruck, dass er sich innerhalb einer außerordentlich mächtigen kollektiven Kultur, die dafür sorgte, dass er die Entscheidung, vom Standardvorgehen abzuweichen, nicht leichtherzig traf, ausgesprochen ergebnisverantwortlich gefühlt hatte. Deshalb hatte er nach einer Lösung gesucht, selbst wenn sie vom Standardverfahren abwich. Wie Patil, Tetlock und Mellers schrieben, hatte er »eine von gegensätzlichen Einflüssen geprägte Konfliktsituation [im Fachjargon Cross-Pressure genannt] genutzt, um flexibel in alle Richtungen zu denken«. Der Untertitel ihres Aufsatzes lautete: »Wie sich die Risiken eines blinden Konformismus einerseits und einer leichtsinnigen Abweichung andererseits ausbalancieren lassen.«[386]

Die Teams der Superforecaster nutzen das gleiche kulturelle Cross-Pressure-Phänomen. Sie wurde allein anhand der Treffsicherheit der individuellen Prognosen ihrer Mitglieder bewertet. Intern regte das Good Judgment Project jedoch zu einer kollektiven Kultur an. Kommentare wurden erwartet; Teammitglieder wurden dazu ermutigt, für nützliche Kommentare zu stimmen und für das Erreichen von Prozessmeilensteinen, zum Beispiel eine bestimmte Zahl an Kommentaren zu einem bestimmten Thema, belohnt.

Vor der *Challenger*-Katastrophe gab es eine lange Zeit, in der die NASA-Kultur Inkongruenz pflegte. Gene Kranz, der zum Zeitpunkt der ersten Mondlandung der Apollo 11 Flugdirektor bei der NASA war, lebte und arbeitete zwar nach dem Mantra »Wir glauben an Gott; alle anderen müssen Daten liefern«, aber er holte regelmäßig die Meinung von Technikern und Ingenieuren auf allen Hierarchieebenen ein. Wenn er denselben Verdacht zweimal hörte, verzichtete er auf Daten, unterbrach den üblichen Prozess und ging der Sache auf den Grund.[387]

Wernher von Braun, der die Saturn-V-Rakete für die Mondlandung konstruiert hatte, balancierte den starren Prozess der NASA durch eine informelle, individualistische Kultur aus, die zu ständigen Kontroversen und funktions- und hierarchieübergreifender Kommunikation ermutigte. Von Braun führte die »Montagsnotizen« ein: Jede Woche reichten Ingenieure ein einziges Blatt Papier mit Notizen über ihre dringendsten Probleme ein. Von Braun machte handschriftliche Vermerke am Rand und ließ dann die komplette Sammlung an Notizen an alle verteilen. So konnte jeder sehen, mit welchen Fragen und Problemstellungen die anderen Abteilungen beschäftigt waren, und wie leicht Probleme zur Diskussion gestellt werden konnten. Die Montagsnotizen waren ein rigoroser, aber informeller Prozess.

Auf einer getippten Seite mit Notizen, die zwei Tage nach der Mondlandung im Jahr 1969 angefertigt worden war, ging Braun auf einen kurzen Abschnitt ein, in dem ein Ingenieur Vermutungen über die Ursachen eines unerwarteten Druckverlusts in einem der flüssigen Sauerstofftanks anstellte. Das Problem war zwar inzwischen irrelevant für die Mondlandung, aber es konnte bei zukünftigen Mondflügen erneut auftauchen. »Lassen Sie uns der Sache so genau wie möglich auf den Grund gehen«, schrieb von Braun. »Wir müssen wissen, ob möglicherweise ein größeres Problem dahintersteckt, für das wir eine Lösung finden müssen.« Wie Kranz achtete von Braun stets auf außergewöhnliche Vorkommnisse, Verdachtsmomente und Probleme. Er belohnte Ingenieure sogar dafür, dass sie Probleme offen ansprachen. Nach Kranz' und von Brauns Ära blieb die formelle, auf quantitative Daten fokussierte Kultur erhalten, aber die informelle Kultur, alle Einflüsse zu berücksichtigen, geriet in Vergessenheit.

Im Jahr 1974 übernahm William Lucas die Leitung des Marshall Space Flight Centers. Einer der Chefhistoriker der NASA schrieb, Lucas sei ein brillanter Ingenieur gewesen, habe »auf Probleme aber oft wütend reagiert«. [388] Allan McDonald beschrieb ihn mir als einen »Typ Mensch, der den Überbringer von schlechten Nachrichten erschießt«. Lucas verwandelte die Montagsnotizen von Brauns in ein System zur Weiterleitung von Kommunikationen an höhere Führungsebenen. Weder gab er Feedback noch verteilte er die Aufzeichnungen an alle. An irgendeinem Punkt wurden daraus Standardformulare, die einfach ausgefüllt werden mussten. Die Montagsnotizen wurden zu einer weiteren rigiden Formalität in einer rigiden Prozesskultur. »Die Qualität der Notizen sank darauf umgehend«, schrieb ein anderer offizieller NASA-Historiker.[389]

Lucas ging kurz nach der *Challenger*-Katastrophe in den Ruhestand, die rigide, eingefahrene Kultur blieb jedoch erhalten. Das einzige weitere Unglück, das Auseinanderbrechen der Raumfähre *Columbia* im Jahr 2003 bei ihrem Wiedereintritt in die Erdatmosphäre, war praktisch eine kulturelle Blaupause der *Challenger*-Katastrophe, weil die NASA in einer unüblichen Situation erneut an ihrem üblichen Prozess festgehalten hatte. Die *Columbia*-Katastrophe führte zu einer weiteren Verstärkung der unglückseligen Kongruenz zwischen Prozessverantwortlichkeit und gruppenfokussierten Normen. Die Ingenieure waren besorgt wegen eines technischen Problems, das sie nicht vollständig verstanden, aber sie konnten keine quantitativen Argumente liefern. Als sie sich an das US-Verteidigungsministerium wandten und um hochauflösende Fotos eines Teils der Raumfähre baten, das nach ihrer Vermutung defekt war, blockierten die NASA-Manager nicht nur die Hilfe von außen, sondern sie entschuldigten sich auch noch beim Verteidigungsministerium für das Ersuchen außerhalb »der angemessenen Kanäle« und versprachen, eine solche Verletzung des Protokolls würde sich nicht wiederholen. Der mit der *Columbia*-Katastrophe befasste Untersuchungsausschuss kam zu dem Schluss, dass die Kultur der NASA »die Betonung auf den Instanzenweg, Standardverfahren, das Befolgen von Regeln und ein lehrbuchmäßiges Vorgehen setzte. Zwar war die Einhaltung der Regeln und Verfahren von grundlegender Bedeutung für die Koordination, aber sie hatte unbeabsichtigte negative Effekte«. Erneut hatte »die strikte Einhaltung von Hierarchien und Verfahren« in einer Katastrophe geendet. Erneut verschwiegen nachgeordnete Ingenieure ihre nicht quantifizierbaren Befürchtungen, eingeschüchtert von »der zwingenden Anforderung, Daten vorzulegen«. [390]

Die kulturellen und managementbezogenen Aspekte der beiden Katastrophen ähnelten sich auf so unheimliche Weise, dass der Untersuchungsausschuss zu dem Schluss kam, die NASA verhalte sich nicht wie eine »lernende Organisation«. Aufgrund der mangelnden kulturellen

Cross-Pressures war die NASA lernunfähig, genau wie die Teilnehmer an Patils Projekt, die in stark kongruente Kulturen platziert wurden.

Es gab jedoch Ingenieure bei der NASA, die lebenswichtige kulturelle Lektionen lernten und sie im gegebenen Moment anwendeten.

Im Frühjahr des Jahres 2003, kaum zwei Monate nach dem Verlust der Raumfähre *Columbia* musste die NASA entscheiden, ob sie ein Projekt, das im Fokus der Öffentlichkeit stand und in 40 Jahren bereits 750 Millionen Dollar verschlungen hatte, aufgeben sollte. Das Projekt Gravity Probe B (GP-B) war eine von zwei hochkarätigen Raumfahrtmissionen, mit der die NASA zwei nicht verifizierte Annahmen der Relativitätstheorie testen wollte. Der Satellit GP-B sollte in den Weltraum geschossen werden, um zu messen, wie die Erdmasse und -rotation die Raumzeit mit sich zieht – so wie eine Bowlingkugel, die sich in einem Honigtopf dreht. Das Charakteristische an der GP-B-Mission war, dass es das längste Raumfahrtprojekt in der Geschichte der NASA war.[391] Und das war kein Kompliment.

Es wurde bereits ein Jahr nach Gründung der NASA konzipiert. Aus technischen Gründen wurde der Start unzählige Male verschoben, und dreimal wurde das Projekt um ein Haar ad acta gelegt. Es gab Leute bei der NASA, die nicht mehr länger daran glaubten, dass es überhaupt möglich sei, und die Finanzierung musste mehrmals vom wissenschaftlichen Leiter des Experiments, dem Physiker Francis Everitt der Universität Stanford gerettet werden, der ein geschickter Kongress-Lobbyist war.

Die technologischen Herausforderungen waren immens. Für den Satelliten mussten die rundesten Objekte hergestellt werden, die es jemals gegeben hatte – vier schnell rotierende Quartz-Gyroskope von der Größe eines Tischtennisballs und einer derart perfekten Kugelform, dass wenn man sie auf Erdgröße aufgebläht hätte, der höchste Berggipfel 2,5 Meter hoch gewesen wäre. Die Gyroskope mussten mit flüssigem Helium auf eine Temperatur von -270 Grad Celsius – das entspricht 1,8 Grad Kelvin – heruntergekühlt werden. Außerdem erforderte die Sonde hoch ausgefeilte Steuerraketen für absolut präzise Manövrierbarkeit. Allein die Entwicklung der Technologie dauerte 20 Jahre, bis sie für einen Testflug bereit war.[392]

Der US-Kongress hatte ein waches Auge auf die NASA. Diese konnte sich so kurz nach dem *Columbia*-Unglück kein weiteres öffentlichkeitswirksames Desaster leisten. Der Abschuss des Satelliten musste jedoch ein weiteres Mal verschoben werden, womöglich zum letzten Mal. »Der Druck, das Ding ins All zu bringen, war immens«, erinnerte sich Rex Geveden, Programm-Manager des GP-B-Projekts. Unglücklicherweise stellten die Ingenieure, die die Vorbereitungen für den Flugtauglichkeitstest durchführten, ein Problem fest.

Die Stromversorgung für einen Elektronikkasten verursachte Störungen an einem kritischen wissenschaftlichen Instrument. Glücklicherweise musste dieser Kasten nur zu Beginn der Mission funktionieren, um die Rotation der Gyroskope in Gang zu setzen. Anschließend konnte er abgeschaltet werden, daher war das kein gravierendes Problem. Aber es kam unerwartet. Falls es noch weitere Probleme geben sollte, die verhindern würden, dass der Elektronikkasten die Gyroskope in Rotation versetzte, um das Experiment zu starten, wäre die ganze Mission umsonst.

Der riesige thermosflaschenartige Behälter, in dem sich die Gyroskope befanden, war bereits mit flüssigem Helium gefüllt, heruntergekühlt und für den Start versiegelt worden. Falls der Elektronikkasten inspiziert werden musste, mussten Teile, deren Installation drei Monate gedauert hatte, wieder von der Sonde abmontiert werden. Eine Verschiebung des Starts würde zwischen 10 und 20 Millionen Dollar kosten. Einige Ingenieure waren der Auffassung, es sei riskanter, Teile zu entfernen und dabei möglicherweise zu beschädigen, als alles zu lassen, wie es war. Die Universität Stanford war Hauptauftragnehmer, und der Teamleiter der Universität war sich »sicher, dass wir Erfolg haben würden«, sagte er, »daher drängte ich mit Nachdruck darauf, dass wir weitermachten und den Satelliten ins All brachten«.[393] Auch der Chefingenieur der NASA und Francis Everitt als wissenschaftlicher Leiter des Projekts sprachen sich für einen Start aus. Außerdem war der Satellit für den Start bereits zum Militärstützpunkt Vandenberg der Air Force in

Kalifornien transportiert worden. Eine Verzögerung würde das Risiko erhöhen, dass der GP-B dort einem Erdbeben ausgesetzt würde. Also: Fliegen oder nicht fliegen?

Die Entscheidung lag bei Geveden. »Mein Gott, ich kann gar nicht sagen, wie stressig das war«, erzählte er mir. Bereits vor dem letzten Desaster hatte er ein ungutes Gefühl gehabt – der Elektronikkasten machte ihm Sorgen. Solange dieser aber im Satelliten installiert war, gab es keine Möglichkeit, an irgendwelche Informationen heranzukommen.

Geveden war 1990 zur NASA gekommen und ein aufmerksamer Beobachter der Kultur. »Als ich dort anfing, hatte ich das Gefühl, als gäbe es dort eine echte Anpassungskultur«, sagte er. Schon in der ersten Zeit bei der NASA nahm er an einem Team-Building-Seminar teil. Am ersten Tag stellte der Trainer den Teilnehmern die rhetorische Frage nach dem wichtigsten Prinzip der Entscheidungsfindung und gab gleich selbst die Antwort: Konsens. »Und ich sagte, ›Ich glaube nicht, dass die Leute, die die *Challenger* gestartet haben, hier zustimmen würden‹«, erinnerte sich Geveden. »Konsens ist schön und gut, aber wir sollten nicht die allgemeine Zufriedenheit optimieren, sondern unsere Entscheidungen. Ich hatte schon die ganze Zeit das Gefühl, dass mit der Kultur irgendetwas nicht stimmte. Wir hatten einfach keine gesunde Spannung im System.«[394] Die NASA hielt immer noch an ihrem geheiligten Entscheidungsprozess fest. Geveden nahm eine kollektive Kultur wahr, die dazu anspornte, Konflikte unter den Teppich zu kehren. »Man konnte fast nicht in ein Meeting gehen, ohne dass jemand sagte, ›Das behalten wir aber für uns‹.« Das erinnerte an die Ingenieure von Morton Thiokol und ihre berüchtigte interne Abstimmung.

Geveden favorisierte auf seine ganz eigene Art eine Ausbalancierung der typischen, formellen Prozesskultur durch eine gesunde Dosis informellen Individualismus, so wie Kranz und von Braun es getan hatten. »Im Gegensatz zur Kommandokette muss die Kommunikationskette informell sein«, sagte er.

Er setzte sich für eine Kultur ein, in der jeder die Verantwortung hatte, zu protestieren, wenn er das Gefühl hatte, irgendetwas stimme nicht. Und so beschloss er, aktiv nach Zweifeln zu suchen.

Geveden empfand großen Respekt vor dem Elektronikmanager der Universität Stanford. Dieser hatte zuvor bereits mit der gleichen Art Stromversorgung gearbeitet, wie sie bei dem umstrittenen Elektronikkasten zum Einsatz kam, und hielt sie für eine sehr anfällige Technologie. Nach einer formalen Besprechung, in der sich sowohl der leitende NASA-Ingenieur als auch der wissenschaftliche Leiter des Projekts dafür ausgesprochen hatten, den Elektronikkasten nicht anzurühren, hielt Geveden informelle Einzelbesprechungen ab. Bei einem dieser Gespräche erfuhr er von einem Mitglied des NASA-Teams, dass ein Manager von Lockheed Martin, das den Elektronikkasten hergestellt hatte, ebenfalls Befürchtungen über dessen Funktionstüchtigkeit hegte. Wie bei den O-Ringen der Raumfähre *Challenger* war das Problem mit dem Elektronikkasten an sich durchaus zu bewältigen, es trat nur völlig unerwartet auf. Es gab also unbekannte Unbekannte.

Entgegen den Empfehlungen des Chefingenieurs und des wissenschaftlichen Leiters beschloss Geveden, den Start abzusagen und den Elektronikkasten auszubauen. Kaum dass die Ingenieure ihn abmontiert hatten, entdeckten sie drei weitere Konstruktionsprobleme, die aus den Schaltplänen nicht hervorgegangen waren. In einem Fall waren sogar völlig falsche Teile verbaut worden. Diese Überraschungen veranlassten Lockheed zu einer Überprüfung jedes einzelnen Schaltkreises des Elektronikkastens. Dabei stießen sie auf 22 voneinander unabhängige Probleme.

Als ob diese Mission von den Göttern des Weltalls dazu ausersehen war, auf jedes nur vorstellbare Hindernis zu treffen, ereignete sich einen Monat, nachdem der Elektronikkasten ausgebaut worden war, tatsächlich ein Erdbeben in der Nähe der Startrampe. Dabei wurde die Trägerrakete leicht beschädigt, aber glücklicherweise blieb der Satellit intakt. Vier Monate später, im April 2004, startete GP-B endlich ins All. Es war der erste direkte Test zur Verifizierung von Einsteins Annahme, dass die Erde bei ihrer Rotation die Raumzeit mit sich zieht. Die Technologie hinterließ ein noch größeres Vermächtnis. Die Komponenten, die für den GP-B-Satelliten konzipiert worden waren, trugen zur Optimierung von Digitalkameras und Satelliten bei, und das zentimetergenaue

GPS wurde in die automatischen Landesysteme von Flugzeugen integriert und in der Präzisionslandwirtschaft angewendet.[395]

Im darauffolgenden Jahr ernannte der US-Präsident einen neuen NASA-Leiter. Der neue Leiter verlangte die Art Individualismus und kontroverse Debatte, die als Cross-Pressure für die robuste Prozessverantwortlichkeit der NASA dienen konnte. Er machte Geveden zu seinem Stellvertreter – eine Position, die der eines Vorstands für das operative Geschäft entspricht und die höchste Position innerhalb der NASA ist, die nicht politisch besetzt wird.

Im Jahr 2017 brachte Geveden die Lektionen aus seiner Tätigkeit bei der NASA in seine neue Rolle als CEO von BWX Technologies ein, einem Unternehmen, das unter anderem nukleare Antriebssysteme herstellt, die sich für eine bemannte Raumfahrtmission zum Mars eignen. Einige der Entscheider von BWX Technologies sind ehemalige Militärführer, deren geheiligtes Instrument die Unternehmenshierarchie ist. Als Geveden zum CEO ernannt wurde, versandte er ein kurzes Memorandum über seine Teamwork-Erwartungen. »Ich schrieb, ich erwarte im Rahmen des Entscheidungsprozesses Widerspruch gegen meine Entscheidungen, denn das ist ein Zeichen für eine gesunde Organisation«, sagte er mir. »Nachdem eine Entscheidungen getroffen wurde, müssen sich alle daran halten und sie unterstützen, aber bis dahin wollen wir auf professionelle Weise miteinander diskutieren und Kontroversen führen.« Er betonte, zwischen der Kommandokette und der Kommunikationskette gebe es einen Unterschied, und dieser sorge für einen gesunden Konflikt. »Ich warnte sie, dass ich mit allen Organisationsebenen kommunizieren würde bis hin zur Werkbank, und dass sie das weder misstrauisch noch paranoid machen dürfe. Ich sagte ihnen, ich würde mich nicht in Entscheidungen einmischen, die in ihre Kommandokette gehörten, aber ich würde jederzeit und an jeder Stelle der Organisation Informationen geben und empfangen«, sagte er. »Wenn ich nur auf die Stimmen an der Spitze der Organisation höre, erhalte ich nicht genug Informationen, um die Organisation zu verstehen.«

Seine Beschreibung erinnerte mich an das »kreisförmiges Management«, das Hesselbein in ihrer Rolle als CEO der Girl Scouts pflegte. Anstatt einer hierarchischen Leiter glich die Organisationstruktur konzentrischen Kreisen mit Hesselbein in der Mitte. Auf diese Weise konnten die Informationen in zahlreiche Richtungen fließen, wobei jeder innerhalb der Kreise über zahlreiche Verknüpfungspunkte verfügte, über die er mit anderen Kreisen kommunizieren konnte, anstatt auf einen einzigen Vorgesetzten zurückgeworfen zu sein, der als hierarchische Kommunikationsschranke fungierte. Als Hesselbein mir das System erklärte, wirkte es auf mich stark wie die Art von Inkongruenz, die Geveden erzeugen wollte und die Captain Lesmes praktizierte: die Verbindung einer linearen Kommandokette mit einer netzartigen Kommunikationsstruktur, die für Inkongruenz und eine gesunde interne Spannung sorgte – eine gelegentlich verwirrende, aber effektive Mischung aus einer starken formellen und zugleich informellen Kultur. Drei Professoren aus der Psychologie und dem Management, die Bergsteiger aus dem Himalaya über einen Zeitraum von 100 Jahren analysierten – insgesamt waren es 5104 Expeditionsgruppen – stellten fest, dass aus den Teams, die aus Ländern mit einer stark hierarchischen Kultur stammten, mehr Bergsteiger den Gipfel erreicht hatten, dass aber auch mehr Bergsteiger unterwegs zu Tode gekommen waren. Dieser Trend galt nicht für Bergsteiger, die allein unterwegs gewesen waren. Die Forscher vertraten die Auffassung, hierarchische Teams würden von einer klaren Kommandokette profitieren, litten aber unter einer Einwegkommunikation, die Probleme verschleierte. Um zu überleben, aber auch um den Gipfel zu bezwingen, brauchten die Teams sowohl die Elemente einer hierarchischen als auch einer individualistischen Struktur.[396]

Aspekte einer Kultur zu pflegen, die einander oberflächlich betrachtet zuwiderlaufen, ist ein echter Drahtseilakt. Es gibt keine Regeln für das qualitative Gespür eines Raumfahrtingenieurs oder eines Luftwaffen-Kampfretters, die keine belastbaren Informationen zur Untermauerung ihres Verdachts besitzen. Wie die experimentelle Forschung belegt, trägt Inkongruenz zur *Entdeckung* nützlicher Hinweise und gegebenenfalls zum Verzicht auf die traditionellen Instrumente bei.

Karl Weicks Erkenntnisse erinnerten mich an eine Erfahrung, die ich während des Graduiertenstudiums gemacht hatte, als ich auf dem Forschungsschiff *Maurice Ewing* auf dem Pazifik arbeitete. Das Schiff schickte Klangwellen zum Meeresgrund, um unterseeische Vulkane abzubilden. Ich lernte einige Vulkanologen kennen, die die Welt wirklich und wahrhaftig durch eine vulkangefärbte Brille betrachteten. Trotz umfangreicher Beweise, dass ein Asteroiden-Einschlag entweder die Hauptursache für das Aussterben der Dinosaurier war oder zumindest einen großen Einfluss gehabt hatte, beharrten sie darauf, dass Vulkanausbrüche die eigentliche Ursache waren. Wenn überhaupt, sagte mir einer von ihnen, sei der Asteroid bestenfalls das i-Tüpfelchen gewesen, nachdem die Vulkane bereits die entscheidenden Verheerungen angerichtet hätten. Er schien das Aussterben zahlreicher Tierarten auf Vulkanausbrüche zurückzuführen; für einige gab es durchaus überzeugende Belege, für andere praktisch gar keine. Ich lernte daraus, dass wenn man sich mit nichts anderem als Vulkanen beschäftigt, jedes Aussterben wie die Folge eines Vulkanausbruchs aussieht. Das ist nicht unbedingt schlecht für die Welt. Es ist schließlich ihre Aufgabe, herkömmliche Überzeugungen zu hinterfragen, und das führt dazu, dass diese hoch spezialisierten Fachexperten vulkanologische Hinweise finden, wo niemand anderes sonst suchen würde. Wenn rund um die Verehrung eines bestimmten Instruments jedoch eng umgrenzte Fachgebiete entstehen, die Schmalspurexperten mit Scheuklappen hervorbringen, kann das eine katastrophale Kurzsichtigkeit zur Folge haben.

Herzchirurgen, zum Beispiel, sind darauf spezialisiert, Brustschmerzen mit dem Implantieren von Stents zu beheben. Stents sind winzige Metall- oder Kunststoffröhrchen aus Spiraldraht, die verstopfte Arterien aufdehnen. Das ist natürlich sinnvoll. Ein Patient klagt über Schmerzen in der Brust, die Aufnahmen zeigen verengte Arterien, ein Stent wird eingesetzt, um die Blutgefäße zu öffnen und einem Herzinfarkt zuvorzukommen. Die Logik ist so bezwingend, dass ein prominenter Kardiologe den Begriff »oculostenotischer Reflex« prägte (lateinisch »oculus« für »Auge« und Griechisch »sténosis« für »Verengung«). Soll heißen, wenn ein auf Stent-Implantation spezialisierter Kardiologe eine Arterienverengung sieht, will er sie reflexartig mit einem Stent beseitigen. Bei wiederholten randomisierten klinischen Versuchen, bei denen Stents mit konservativeren Therapieformen verglichen wurden, hat sich jedoch gezeigt, dass Stents bei Patienten mit dauerhaften Brustschmerzen weder Herzinfarkte vermeiden können noch eine lebensverlängernde Wirkung haben.[397]

Die spezialisierten Herzchirurgen sehen und behandeln einen winzigen Ausschnitt eines komplizierten Systems. Das Herz-Kreislauf-System ist kein Spülbeckenabfluss, den man einfach entstopfen kann, und die Öffnung einer verstopften Arterie hilft oft überhaupt nicht. Außerdem erleidet einer von 50 Patienten, denen ein Stent eingesetzt wird, schwere Komplikationen oder stirbt an den Folgen des Eingriffs.[398] Trotz gegenteiliger Evidenzen sagten Kardiologen, die sich auf Stent-Implantation spezialisiert hatten, sie könnten einfach nicht glauben, dass Stents keine Wirkung haben, selbst wenn ihre Vergütung nicht an diesen Eingriff geknüpft war.[399] Die Aufforderung, in Zukunft auf die Implantation von Stents zu verzichten, wäre der Aufforderung gleichgekommen, sie sollten vergessen, dass sie Kardiologen sind. Der gut gemeinte Instinkt, Eingriffe vorzunehmen, die logisch erscheinen, aber nachweislich keine Wirkung zeigen, könnte die Erklärung für die Ergebnisse einer Studie aus dem Jahr 2015 liefern: Die Wahrscheinlichkeit, dass Patienten im Krankenhaus einem Herztod erlagen, war geringer, wenn sie ins Krankenhaus eingeliefert wurden, während die Herzspezialisten an einer Kardiologentagung teilnahmen.[400] »Bei großen Kardiologentagungen haben meine Kollegen und ich oft gescherzt, das Konferenzzentrum sei der sicherste Platz der Welt, um einen Herzinfarkt zu erleiden«, schrieb die Kardiologin Rita F. Redberg »[Die Studie] hat diese Einschätzung widerlegt.«[401]

Ähnlich erschütternde Erkenntnisse gibt es inzwischen auch auf anderen medizinischen Fachgebieten, und zwar immer dann, wenn sich rund um den Einsatz eines bestimmten Instruments ein Spezialgebiet entwickelt hat. Einer der weltweit häufigsten Eingriffe in der orthopädischen Chirurgie ist die Meniskus-Operation bei einem Meniskusriss – der Meniskus ist ein Stück Knorpel im Knie –, bei der der Meniskus durch »Anfrischen der Rissränder« und eine Naht wieder in seine ursprüngliche Form gebracht wird.[402] Ein Patient kommt mit Knieschmerzen in die Arztpraxis; die Magnetresonanztomographie weist auf einen Meniskusriss hin; natürlich will ein Chirurg das Knie operieren. Als fünf orthopädische Kliniken in Finnland die echte Operation mit einer »simulierten Operation« verglichen – soll heißen, die Chirurgen brachten Patienten mit Knieschmerzen in den OP-Saal, setzten Schnitte an, täuschten eine Operation vor, nähten das Knie wieder zu und überwiesen die Patienten anschließend zur Physiotherapie. Dabei stellten die Kliniken fest, dass die simulierten Operationen die gleichen Effekte hatten wie die echten Operationen.[403] Wie sich herausstellte, haben die meisten Menschen mit einem Meniskusriss überhaupt keine Symptome und werden es nie merken. Und bei denjenigen, die einen Meniskusriss haben und unter Knieschmerzen leiden, haben die Schmerzen möglicherweise ganz andere Ursachen.

Die isolierte Betrachtung winziger Ausschnitte eines Gesamtbildes reicht nicht aus, um die größten Herausforderungen der Menschheit zu bewältigen, egal wie hochauflösend das Bild dieses Ausschnitts ist. Wir kennen schon lange die Gesetze der Thermodynamik, können aber immer noch nicht vorhersagen, wie sich Waldbrände und Buschfeuer ausbreiten. Wir kennen die Funktionsweise von Körperzellen, können aber nicht die Gedichte vorhersagen, die ein Mensch schreiben wird, der aus Körperzellen besteht. Der scheuklappenartige Blick auf einzelne Teile ist nicht genug. Ein gesundes Ökosystem braucht Biodiversität.

Doch selbst heute, und sogar bei Vorhaben, die eine in der Geschichte beispiellose Spezialisierung in Gang gesetzt haben, gibt es noch Menschen mit einem breiten Wissenshorizont, die wie Leuchtfeuer aus der Masse der Schmalspurexperten herausragen. Individuen, die nach den Worten des Historikers Arnold Toynbee vorleben, dass »kein Werkzeug alles kann. Es gibt keinen Generalschlüssel, der *alle* Türen aufsperrt«. Anstatt sich auf ein einziges bewährtes Werkzeug zu beschränken, ist es ihnen gelungen, einen ganzen Werkzeugkoffer zu sammeln und zu hüten, mit dem sie die Macht der Vielseitigkeit in einer hyperspezialisierten Welt demonstrieren.

KAPITEL 12

Bewusste Amateure

Der 23. Januar 1954 war ein Samstag, und Oliver Smithies befand sich wie üblich im Labor in Toronto. »Samstagvormittagsexperimente«, so nannte er sie. Er war allein und fühlte sich befreit vom Korsett seiner normalen Arbeit. Am Samstag musste nicht alles sorgfältig abgewogen werden. Er konnte eine Prise von diesem und eine Messerspitze von jenem für ein Experiment nehmen, das von Montag bis Freitag als Verschwendung von Zeit und Materialien gegolten hätte. Er konnte etwas ausprobieren, das ihn beschäftigte, aber sehr wenig mit seinem eigentlichen Projekt zu tun hatte. Man muss dem Gehirn Raum geben, um über etwas anderes nachzudenken als die tägliche Arbeit, pflegte er zu sagen. »Am Samstag muss man nicht komplett rational sein.«

Smithies untersuchte Insulin, und seine Aufgabe bestand darin, ein Vorprodukt für Insulin zu finden. Das Projekt steckte im buchstäblichen Sinne fest. Bei der Methode zur Trennung der Moleküle, damit sie untersucht werden konnten, wurde elektrischer Strom durch eine bestimmte Art feuchtes Papier geleitet. Während sich die Moleküle über das Papier bewegten, strebten sie auseinander. Das Insulin blieb jedoch am Papier haften. Smithies hatte gehört, dass ein örtliches Kinderkrankenhaus es mit feuchtem stärkehaltigem Getreide versucht hatte statt mit Papier. Die Stärke löste zwar das Haftproblem, dafür musste er die Getreidekörner aber in 50 Scheiben schneiden und jede einzeln analysieren, um festzustellen, wohin sich die Moleküle bewegten. Das würde viel zu lange dauern, daher kam diese Alternative nicht in Frage. Dann erinnerte er sich an eine Begebenheit aus seiner Kindheit, als er ungefähr zwölf Jahre alt war.

Smithies, der in der englischen Kleinstadt Halifax aufgewachsen war, hatte als Junge seiner Mutter beim Stärken der Hemden seines Vaters zugesehen. Damit sollten die Kragen eine gewisse Steife erhalten. Dafür tauchte sie jedes Hemd in zähflüssige Stärke und bügelte es anschließend. Um ihr hinterher beim Saubermachen zu helfen, übernahm Smithies die Entsorgung der übriggebliebenen Stärke. Dabei fiel ihm auf, dass sie beim Abkühlen eine gallertartige Konsistenz annahm.

Smithies besaß einen Generalschlüssel für das Gebäude und ging herum, um die Vorratsschränke nach stärkehaltigem Getreide abzusuchen. Er kochte es, ließ die Masse zu einem Gelee herunterkühlen und probierte sie anstelle des feuchten Papiers aus. Als er anschließend Strom durchleitete, trennten sich die Insulinmoleküle in der gallertartigen Masse nach ihrer Größe. »Sehr vielversprechend!«, heißt es in seinem Notizbucheintrag für diesen Tag.[404] In den darauffolgenden Jahren wurde die »Gelelektrophorese« weiter verbessert und revolutionierte die Biologie und Chemie. Individuelle DNA-Fragmente und Komponenten des menschlichen Blutserums konnten nun getrennt und separat studiert werden.

Als ich im Jahr 2016 mit Smithies sprach, war er 90 Jahre alt und stand in seinem Labor. Er dachte darüber nach, wie die Nieren große und kleine Moleküle voneinander trennen. »Im Moment ist es ein theoretisches Samstagvormittagsexperiment«, erklärte er.

Was mir an Smithies auffiel, war seine Freude am Experimentieren. Nicht nur im Labor, sondern überhaupt im Leben. Er verkörperte eine Reihe von Glaubenssätzen, die ich in diesem Buch erkunden wollte. Von außen betrachtet wirkte er wie ein absoluter Hyperspezialist. Immerhin war er Molekular-Biochemiker. Wenn man von dem Umstand absieht, dass es die Disziplin Molekular-Biochemie zu seiner Studienzeit noch gar nicht gab. Zunächst hatte er Medizin studiert, bis er einen Vortrag von einem Professor besuchte, der Chemie und Biologie miteinander kombinierte. »Er sprach über dieses neue Gebiet, das gewissermaßen noch nicht erfunden worden war«, sagte Smithies. »Es war großartig, und ich dachte, ›Das würde ich gerne machen. Ich sollte mich mit Chemie beschäftigen.‹« Und dann wechselte er das Studienfach und schrieb sich für Chemie ein. Nie hatte er das Gefühl, das er anderen hinterherhinke. Ganz im Gegenteil. »Das war wirklich sehr wertvoll, weil ich über eine solide Grundlage in Biologie verfügte und auch keine Angst davor hatte, und vor Chemie hatte ich auch keine Angst. Das gab mir in der Anfangszeit der Molekularbiologie viel Kraft.« Was heute wie eine Hyperspezialisierung klingt, war damals ein gewagter Hybrid.

Als wir miteinander sprachen, war Smithies Professor an der Universität von North Carolina. Neun Monate später verstarb er – mit 91 Jahren. Gegen Ende seines Lebens ermutigte er seine Studenten, lateral zu denken, ihre Erfahrung zu erweitern und bei ihrer Suche nach Match-Qualität ihren eigenen Weg zu finden. »Ich versuche, den Leuten nahezubringen, ›Werdet kein Klon des Professors, der eure Diplomarbeit betreut‹«, sagte er mir. »Setzt eure Fähigkeiten dort ein, wo nicht immer dieselben Standarddinge gemacht werden. Setzt eure Fähigkeiten zur Lösung eines neuen Problems ein, oder nehmt euer Problem und probiert völlig neue Fähigkeiten aus.«

Smithies lebte seine Überzeugungen. In seinen Fünfzigern nahm er sich eine Auszeit, um nur zwei Etagen entfernt im selben Gebäude zu lernen, wie man mit DNA arbeitet. Er fand nie ein Vorläuferprodukt für Insulin, und als ihm 2007 der Nobelpreis verliehen wurde, erhielt er diese Auszeichnung in seiner Eigenschaft als Genetiker, der herausgefunden hatte, wie sich krankheitsauslösende Gene modifizieren lassen, damit sie an Tieren studiert werde können. In dieser Hinsicht war er ein Spezialisierungs-Spätzünder. Ich sagte ihm, ich hätte vor kurzem mit dem Hochschulleiter einer großen Forschungsuniversität gesprochen, der mithilfe von Datenanalyse die Veröffentlichungen von Professoren bewertete und die Ergebnisse als Basis für die Anwerbung neuer Professoren und die Beförderung der bestehenden Professoren nutzte. Er erwähnte mir gegenüber, dass Chemiker 20 Jahre nach ihrer Promotion regelmäßig nachließen. Smithies lachte. »Ja, also, mein wichtigster Aufsatz wurde veröffentlicht, als ich 60 war«, sagte er. Eine Analyse aus dem Jahr 2016, in der die Karrieren von 10.000 Forschern untersucht wurden, ergab, dass es keine Standardbeziehung zwischen Erfahrung und Veröffentlichungen gibt.[405] Die einflussreichste Veröffentlichung eines Wissenschaftlers konnte genauso gut seine erste, seine zweite, seine zehnte oder seine letzte sein. (Forscher neigen allerdings zu einer größeren Produktivität in ihren jüngeren Jahren.)

Als ich Smithies gegenüber erwähnte, dass seine Erinnerung an die Wäschestärke ein Beispiel für laterales Denken unter Einsatz altbewährter Standardtechnologie sei, fügte er hinzu, dass er im Jahr 1990 gemeinsam mit Edwin Southern den Gairdner Award, ein Wissenschaftspreis in der medizinischen Forschung, gewonnen habe. Auch Southern hatte eine Kindheitserinnerung auf eine Problemstellung übertragen, die auf den ersten Blick überhaupt keinen Zusammenhang zu seiner Erinnerung aufwies. »Er hatte sich an die Methode des Cyclostyle-Kopierverfahrens erinnert«, sagte Smithies. Dabei handelte es sich um einen alten Vervielfältigungsapparat, der mit Matrizen arbeitete, hergestellt aus satiniertem Papier und einem Schablonensystem. Aus dieser Erinnerung heraus entwickelte er das sogenannte Southern-Blot-Hybridisierungsverfahren – kurz Southern Blot – für den Nachweis spezifischer DNA-Moleküle. Gunpei Yokoi hätte seine Freude daran gehabt. Und dennoch war das nichts im Vergleich zu der altbewährten Standardtechnologie, die Tu Youyou anwendete, die 2015 die erste (und bisher einzige) chinesische Staatsbürgerin war, der der Nobelpreis in Pharmakologie verliehen wurde, und die erste chinesische Frau in irgendeiner Nobelpreiskategorie.

Tu ist bekannt als »die Professorin der drei *keins*«: Sie ist kein Mitglied der Chinesischen Akademie der Wissenschaften, sie hat keine Forschungserfahrung außerhalb von China, und sie besitzt keinen Postgraduierten-Abschluss. Vor Tu hatten andere Wissenschaftler Berichten zufolge auf der Suche nach einem Heilmittel für Malaria 240.000 Komponenten getestet.[406] Tu interessierte sich sowohl für moderne Medizin als auch für Geschichte und wurde von einem Hinweis in einem Rezept für ein Heilmittel inspiriert, das aus der subtropischen Heilpflanze Einjähriger Beifuß gewonnen wird. Das Rezept stammte von einem chinesischen Alchimisten aus dem 4. Jahrhundert.[407] Sehr viel älter kann eine Technologie kaum sein. Sie experimentierte (zunächst an sich selbst) mit dem Beifußextrakt Artemisinin, das heute als eine der wichtigsten heilmedizinischen Entdeckungen gilt. Eine Studie über den Rückgang von Malaria in Afrika schrieb 146 *Millionen* vermiedene Erkrankungsfälle Artemisinin-basierten Therapien zwischen 2000 und 2015 zu.[408] Tu hatte mit vielfältigen Nachteilen zu kämpfen, aber sie verfügte über den Vorteil, eine Außenseiterin zu sein, was es ihr erleichterte, an Orten nach einer Lösung zu suchen, die anderen nicht einfallen würden. Das war die Art von Vorteil, nach denen Smithies samstagvormittags suchte.

Im Verlauf seiner Karriere schrieb Smithies 150 Notizbücher voll, die er alle aufbewahrte. »Das war auch an einem Samstag«, wiederholte er des Öfteren, während er mir wichtige Seiten in diesen Büchern zeigte. Auf meine Bemerkung über die vielen produktiven Samstage antwortete er: »Nun, es gab Leute, die sagten, ›Warum hast du überhaupt an anderen Tagen gearbeitet?‹.«

Die großen Durchbrüche waren natürlich Ausnahmen. Bei einem der Samstagvormittagsexperimente löste sich versehentlich ein wichtiges Teil der Ausrüstung auf. Bei einem anderen kontaminierte Smithies seine Schuhe mit einer übelriechenden Chemikalie. Er dachte, er hätte sie genügend ausgelüftet, bis er hörte, wie eine ältere Dame eine andere fragte, ob sie auch den Verwesungsgeruch wahrnehme. Smithies konnte nach seinen eigenen Worten der Versuchung nicht widerstehen, »mit irgendwas« herumzuexperimentieren – eine Gewohnheit, die auch seinen Kollegen auffiel. Anstatt defekte Geräte und Ausrüstungsgegenstände einfach zu entsorgen, stellten sie sie ihm hin und klebten einen Zettel daran, auf dem stand: NBGBOKFO: »No bloody good, but OK for Oliver.«[409*]

* In etwa: »Untauglich, aber Oliver kann etwas damit anfangen.«

Eine begeisterungsfähige, fast sogar kindlich verspielte Ader ist ein wiederkehrendes Thema in der Forschung über kreative Denker. Andre Geim, Physiker an der Universität von Manchester, führt (ohne Bezug zu Smithies) »Freitagabendexperimente« durch. Es war an einem Freitagabend, als er mit der Arbeit begann, die zu seinem Ig-Nobelpreis* von 2000 wurde. Dieser Anti-Nobelpreis wird für Leistungen vergeben, die auf den ersten Blick trivial oder sogar lachhaft erscheinen. Das Maskottchen ist ein Bild der berühmten Plastik »Der Denker« des Bildhauers Auguste Rodin, allerdings ist »Der Stinker« von seinem Podest gefallen und liegt auf dem Rücken. Die Gewinner des Ig-Nobelpreises werden stets zuerst gefragt, ob sie bereit sind, ihn anzunehmen, damit sie sich überlegen können, ob das ihrer Reputation schaden könnte. Geim gewann ihn, indem er einen Frosch mithilfe von starken Magneten in der Luft schweben ließ. (Frösche und das Wasser, das sie enthalten, sind diamagnetisch beziehungsweise nichtmagnetisch.)

Es erübrigt sich die Erwähnung, dass Freitagabendexperimente nicht finanziert werden und zumeist zu keiner zielgerichteten praktischen Anwendungsmöglichkeit führen. Nach dem schwebenden Frosch erfand Geim jedoch ein biomimetisches Adhäsiv, das von der Haftkraft der Geckofüße inspiriert war und dementsprechend »Gecko Tape« getauft wurde. Und dann war da noch das Freitagabendexperiment, das damit begann, mithilfe von Tesafilm dünne Schichten Graphit, aus dem Bleistiftminen hergestellt werden, abzuziehen.[410] Dieses Low-Tech-Experiment kulminierte im Jahr 2010 im Nobelpreis für Physik, den Geim zusammen mit seinem Kollegen Konstantin Novoselov für die Herstellung von Graphen erhielt, einem Stoff, der 100.000 Mal dünner ist als ein menschliches Haar und 200 Mal stärker als Stahl.[411] Graphen ist flexibel, transparenter als Glas und ein hervorragender elektrischer Leiter. Seidenspinnen, die mit Graphen gefüttert wurden, haben Seide gesponnen, die um ein Vielfaches fester ist als das in kugelsicheren Westen verwendete Material Kevlar.[412] Graphen ist eine Kohlen-

* Angelehnt an das englische Wort »ignoble« = unwürdig, schändlich. Damit sollen Leistungen geehrt werden, die »Menschen zum Lachen, aber auch ins Grübeln bringen.« (A.d.Ü)

stoffmodifikation, und zwar eine einatomige Kohlenstofflage mit zweidimensionaler Struktur und einer Dicke von 0,3 Nanometern[413]; eine solche Struktur galt bis dahin als unmöglich. Als Geim und Novoselov ihre Arbeit bei einer der prestigeträchtigsten Fachzeitschriften der Welt zur Veröffentlichung einreichten, sagte einer der Gutachter, das sei unmöglich, und ein anderer urteilte, sie biete »keinen ausreichenden wissenschaftlichen Fortschritt«.[414]

Die Kunsthistorikerin Sarah Lewis studiert kreative Leistung und beschreibt Geims Geisteshaltung als repräsentativ für sogenannte »bewusste Amateure«. Der Begriff »Amateur« habe ursprünglich gar keine abwertende Bedeutung, erklärte sie; er stamme von dem lateinischen *amator* ab und bezeichne eine Person, die eine Sache aus Liebhaberei betreibe. »Ein Paradox der Innovation und Meisterschaft besteht darin, dass Durchbrüche oft erzielt werden, nachdem man eine bestimmte Richtung eingeschlagen hat, dann aber abschweift und so tut, als habe man gerade erst begonnen«, schrieb Lewis.[415] Als Geim (zwei Jahre, bevor er den Nobelpreis erhielt) gebeten wurde, seinen Forschungsstil für einen wissenschaftlichen Newsletter zu beschreiben, sagte er Folgendes: »Er ist eher unüblich, muss ich sagen. Ich steige nicht tief in ein Thema ein, sondern schürfe an vielen Oberflächen. Seit meiner Promotion habe ich mich ungefähr alle fünf Jahre mit einem anderen Thema beschäftigt … Ich möchte nicht von der Wiege bis zur Bahre dieselben Dinge studieren. Manchmal sage ich im Scherz, dass ich nicht forsche, sondern suche.«[416] Von den geraden Gleisen des Lebens abzuweichen, wie Geim es ausdrückt, sei »sicher nicht … psychologisch«, habe aber Vorteile, einerseits für die Motivation und andererseits, weil man »Dinge hinterfragt, die Menschen, die sich beruflich mit dem Thema befassen, niemals in Frage stellen würden«.[417] Seine Freitagabendexperimente sind wie Smithies Samstagvormittagsexperimente – ihre großräumigen Erkundungen bilden ein Gegengewicht zur Standardpraxis, die von Montag bis Freitag herrscht. Sie verkörpern, was der mit dem Nobelpreis ausgezeichnete Genetiker und Biophysiker Max Delbrück als »das Prinzip der begrenzten Schludrigkeit« bezeichnete.[418] Man müsse aufpassen, dass man nicht zu sehr aufpasse, warnte Delbrück, sonst würde man unbewusst die eigenen Forschungsanstrengungen einschränken.

Geim war Novoselovs Doktorvater. Er betreute ihn, nachdem einer seiner Kollegen ihm berichtet hatte, Novoselov scheine in einem anderen Labor »sein Leben zu verschwenden«. Als Novoselov seine Zusammenarbeit mit Geim begann, fand er eine ähnliche Ausrüstung vor, wie in seinem bisherigen Labor, »interessant war jedoch die Flexibilität und die Möglichkeit, sich selbst auf verschiedenen Gebieten auszutesten«.[419] Ein in der Fachzeitschrift veröffentlichtes Porträt seiner Person enthielt die Unterüberschriften »in die Breite gehen« und »dünn verteilen«, was wirklich negativ geklungen und den Anschein erweckt hätte, als sei er nur mäßig qualifiziert, wenn in diesem Artikel nicht auch gestanden hätte, dass er mit 36 Jahren der jüngste Nobelpreisträger in Physik seit 40 Jahren war.

Wie Van Gogh oder Frances Hesselbein oder unzählige junge Athleten wirkte auch Novoselov von außen wahrscheinlich wie jemand, der spät in die Gänge gekommen ist, bis plötzlich klar wurde, dass er alles andere als ein Spätzünder war. Er hatte Glück, weil er einen Arbeitsplatz fand, an dem das weiträumige Denken als Wettbewerbsvorteil gilt, und nicht als ein Übel, das im Namen der Effizienz unbedingt ausgemerzt werden muss.

Diese Art Schutz vor dem Kult des frühen Startvorteils wird immer seltener. Da wir uns an irgendeinem Punkt alle bis zu einem gewissen Grad in ein Fachgebiet vertiefen, wirkt das Streben nach einer möglichst frühen Spezialisierung auf den ersten Blick logisch. Glücklicherweise gibt es Pioniere, die daran arbeiten, dem Kult des frühen Startvorteils etwas entgegenzusetzen. Sie wollen alles – weiträumiges Denken, aber auch die Weisheit profunder Erfahrung, breite konzeptionelle Kompetenzen, wissenschaftliche Argumentationsfähigkeit und die kreative Macht der gegenseitigen interdisziplinären Befruchtung. Sie wollen den Trend zur frühen Hyperspezialisierung umkehren, und das selbst auf Gebieten, die Synonyme für eine Hyperspezialisierung sind. Ihren Worten zufolge hängt die Zukunft bahnbrechender Entdeckungen von der Öffnung des Horizonts ab.

Schon nach wenigen Minuten Gespräch mit Arturo Casadevall weiß man, dass er ein begeisterungsfähiger Optimist ist. Einer der großartigsten Tage seines Lebens war der, an dem die Gravitationswellen entdeckt wurden, dabei ist das gar nicht sein Fachgebiet. »Vor einer Milliarde Jahren kollidierten zwei schwarze Löcher im Weltall, und seitdem reisen diese Gravitationswellen durch die Raumzeit«, erzählte er mit weit geöffneten Augen[420]. »Nach dem Urknall gab es auf der Erde nur *einzellige Lebewesen*. Der Menschheit ist es gelungen, zwei Interferometer zu entwickeln, um es zu messen. Das ist eine sensationelle Leistung.« Casadevall promovierte außerdem in Medizin und Philosophie und gilt als herausragende Kapazität auf seinen Fachgebieten Mikrobiologie und Immunologie. Er hat sich mit AIDS und Anthrax beschäftigt und wichtige Aspekte der Wirkungsweise von Pilzerkrankungen erhellt. Mit seinem h-Index – er misst, wie viel ein Wissenschaftler veröffentlicht und wie oft er in anderen wissenschaftlichen Beiträgen zitiert wird – hat er vor kurzem Albert Einstein übertroffen.* Seine Kollegen nahmen es daher ernst, als er 2015 an der Johns Hopkins Bloomberg School of Public Health den Vorsitz für Molekularbiologie und Immunologie übernahm und warnte, die wissenschaftliche Forschung befände sich in einer Krise.

In einem Vortrag, den er vor seinen neuen Kollegen hielt, erklärte Casadevall, das Tempo des Fortschritts habe sich verlangsamt, während sich die Rate der Widerrufe und Rücknahmen in der wissenschaftlichen Literatur beschleunigt habe, die im Verhältnis zur Veröffentlichung neuer Studien in der Überzahl seien. »Wenn sich dieser Trend ungebremst fortsetzt«, sagte er, »wird in wenigen Jahren die gesamte Literatur widerrufen worden sein.«[421] Das klang zwar nach wissenschaftlichem Galgenhumor, der allerdings auf Daten gründete. Ein Teil des Problems, so Casadevall, sei, dass junge Wissenschaftler gedrängt würden, sich zu spezialisieren, bevor sie gelernt hätten, eigenständig zu denken. Am Ende seien sie nicht in der Lage, selbst gute Arbeit zu leisten und schlechte (oder betrügerische) Arbeit anderer zu erkennen.

---

* Wissenschaftler publizieren heute mehr als früher, daher ist der Vergleich nicht hundertprozentig zutreffend, macht Casadevall aber immer noch zu einer Ausnahmeerscheinung.

Casadevall war von einem bequemen Posten am Albert Einstein College of Medicine von New York City zur Hopkins gewechselt, weil er die Gelegenheit erhielt, den Prototyp eines wissenschaftlichen Graduiertenstudiums und letztendlich *aller* Studiengänge nach seinen Vorstellungen zu entwickeln.

Entgegen dem vorherrschenden Trend entspezialisieren Casadevall und Gundula Bosch, Professorin für Biologie und Bildung, das Studium, und das auch für Studenten, die planen, hoch spezialisierte Fachexperten zu werden. Das Programm, das auch als R3-Initiative bekannt ist (*Rigor, Responsibility, Reproducibility* – (wissenschaftliche) Strenge, Verantwortung, Reproduzierbarkeit), beginnt mit interdisziplinärem Unterricht, zu dem Philosophie, Geschichte, Logik, Ethik, Statistik, Kommunikation und Führung gehören. Ein Kurs mit dem Titel »Woher wissen wir, was wahr ist?« untersucht Typen an Beweisen im Verlauf der Geschichte und über zahlreiche Disziplinen hinweg. In dem Kurs »Anatomie der wissenschaftlichen Irrtümer« werden die Studenten zu Detektiven, die in realen Forschungsprojekten nach Anzeichen für unethisches Verhalten oder schlechte Methoden suchen, aber auch lernen, wie Irrtümer und Zufälle zu wegweisenden Entdeckungen geführt haben.

Als Casadevall bei einem Professoren-Panel im Jahr 2016 seine Vision einer breiten Ausbildung vorstellte, wandte ein Panel-Teilnehmer und Herausgeber des *New England Journal of Medicine* (eine hoch angesehene medizinische Fachzeitschrift, die allerdings des Öfteren von der Rücknahme von Artikeln betroffen ist) ein, es sei absurd, den bereits übervollen Lehrplan für Ärzte und Wissenschaftler zeitlich und inhaltlich weiter zu überfrachten.[422] »Ich würde vorschlagen, die Länge des Studiums beizubehalten und das übrige didaktische Material zu straffen«, erwiderte Casadevall. »Brauchen wir wirklich all diese Kurse mit hoch spezialisiertem Wissen, das oft eine riesige Menge an hochspezifischen, unzugänglichen Details liefert, die schon in wenigen Wochen komplett vergessen sind? Vor allem heute, da Sie alle Informationen mit dem Smartphone abrufen können. Die Menschen laufen mit all dem Wissen über die Menschheit auf ihrem Telefon herum, wissen aber nicht, wie sie es zusammenführen können. Wir schulen unsere Studenten weder in eigenständigem Denken noch in wissenschaftlicher Argumentation.«

Oftmals sind Ärzte und Wissenschaftler nicht einmal in der elementaren zugrundeliegenden Logik ihrer eigenen Instrumente geschult. Im Jahr 2013 präsentierte eine Gruppe von Ärzten und Wissenschaftlern einer Testgruppe aus Ärzten und Medizinstudenten der Universitäten Harvard und Boston eine Art Problem, wie es in der Medizin ständig vorkommt:

> Wenn ein Test zur Feststellung einer Erkrankung mit einer Prävalenz von 1/1000 eine falsch positive Rate von 5 Prozent aufweist, wie hoch ist dann die Chance, dass eine Person, die positiv getestet wurde, tatsächlich an dieser Krankheit leidet, unter der Annahme, dass Sie nichts über die Symptome oder Anzeichen für eine Erkrankung dieser Person wissen?[423]

Die korrekte Antwort lautet 2 Prozent (1,96 Prozent, um genau zu sein). Nur ein Viertel der Ärzte und Medizinstudenten gab die richtige Antwort. Die häufigste Antwort war 95 Prozent. Dabei sollte diese Fragestellung ein ganz einfaches Problem für Ärzte sein, für die diagnostische Tests zum täglichen Brot gehören: Aus einer Stichprobe von 10.000 Personen sind 10 Prozent erkrankt und testen positiv. 5 Prozent oder 500 Personen erhalten ein falsch positives Testergebnis. Von den insgesamt 510 Personen mit einem positiven Testergebnis sind nur 10 Personen oder 1,96 Prozent tatsächlich krank. Dieses Problem ist nicht intuitiv, aber es ist auch nicht schwer. Jeder Medizinstudent und jeder Arzt besitzen die numerische Fähigkeit, es zu lösen. Wie James Flynn beobachtete, als er College-Studenten auf grundlegende wissenschaftliche Argumentationsfähigkeit testete, wird ihnen das nicht beigebracht, auch wenn sie dazu perfekt in der Lage wären.

> »Ich würde behaupten, dass wir zumindest in der Medizin und den Fundamentalwissenschaften, in denen wir die Menschen mit Fakten aus Kursen vollstopfen, lediglich einen gewissen Wissenshintergrund und die Instru-

mente zum abstrakten Denken brauchen«, sagte mir Casadevall. Derzeit »ist alles falsch konfiguriert«.

Er verglich das gegenwärtige System mit den Gilden und Zünften aus dem Mittelalter. »Das Gilden- und Zunftsystem in Europa entstand im Mittelalter, als Handwerker und Kaufleute ihre speziellen Fertigkeiten und Gewerbe erhalten und schützen wollten«, schrieb er mit einem Kollegen. »Zwar brachten diese Institutionen oft hoch qualifizierte und spezialisierte Individuen hervor, die ihr Gewerbe durch viele Lehrjahre perfektionierten, aber sie leisteten auch dem Konservativismus Vorschub und erstickten die Innovation.« Sowohl die Ausbildung als auch die beruflichen Anreize sind auf eine beschleunigte Spezialisierung ausgerichtet, mit der Folge, dass intellektuelle Inselgruppen entstehen.

Es gibt immer mehr Fachkonferenzen, auf die nur Wissenschaftler eingeladen werden, die an einem einzigen spezifischen Mikroorganismus arbeiten. Unterdessen wurde das umfassende Verständnis der körperlichen Reaktion auf eine Papierschnittwunde erschwert, weil Hyperspezialisten in Hämatologie und Immunologie auf isolierte Mosaiksteinchen des Gesamtbilds fokussierten, obwohl die Immunreaktion ein integriertes System ist.[424]

»Sie können Ihre gesamte Karriere mit einem einzigen Zelltyp verbringen, und wahrscheinlich wird Ihre Forschungsstelle dann sogar mithilfe von staatlichen Forschungszuschüssen weitergeführt«[425], sagte mir Casadevall. »Es gibt nicht einmal Druck zur Integration. Wenn Sie einen Beitrag zur Beantragung von Fördermitteln über die Integration von B-Lymphozyten mit Makrophagen [eine grundlegende Interaktion des Immunsystems]* schreiben, gibt es womöglich niemanden, der Ihren Beitrag prüfen kann. Wenn der Beitrag zu den Makrophagen-Spezialisten geht, werden diese sagen, ›Ich verstehe davon nichts. Warum B-Lymphozyten?‹ Das System sorgt dafür, dass jeder seine Scheuklappen

* Wenn Bakterien in eine Schnittwunde eindringen, setzen die B-Lymphozyten Antikörper frei, die sich an die Bakterien heften und diese in Richtung Makrophagen – auch Fresszellen genannt – bewegen, die die Bakterien zerstören.

aufbehält und in seinem eigenen schmalen Graben bleibt. Im Wesentlichen verlaufen all diese Gräben parallel. Es ist sehr selten, dass jemand sich die Mühe macht, einen Blick in die benachbarten Gräben zu werfen, um zu sehen, was die Kollegen machen. Dabei gibt es zwischen den verschiedenen Gräben oft Zusammenhänge.*

Wenn man einige spezifische Bedingungen auswechselt, passt das System aus parallel verlaufenden Gräben auf zahlreiche Industrien. Während der Recherchen zu diesem Buch erfuhr ein Beamter der US-Börsenaufsicht SEC, dass ich ein Buch über Spezialisierung schrieb und kontaktierte mich, um mir mitzuteilen, dass die Spezialisierung eine kritische Rolle in der globalen Finanzkrise von 2008 gespielt hatte. »Die Versicherungsaufsicht regulierte den Versicherungsmarkt, die Bankenaufsicht regulierte den Bankenmarkt, die Wertpapieraufsicht regulierte den Wertpapiermarkt und die Verbraucherschutzbehörde regelt den Verbraucherschutz«, sagte er, »die Kreditvergabe berührt aber alle diese Märkte. Wir haben Produkte spezialisiert und die Regulierung spezialisiert, und nun ist die Frage, ›Wer hat eigentlich den Gesamtüberblick?‹ Der spezialisierungsorientierte Regulierungsansatz hat die systemischen Probleme außer Acht gelassen.«

Im Jahr 2015 zeigte Casadevall, dass die Finanzierung der biomedizinischen Forschung über den jüngsten 35-Jahres-Zeitraum exponentiell angestiegen ist, während sich die Zahl der großen Entdeckungen rückläufig entwickelt hat.[426] Die Lebenserwartung in den Ländern, die in der biomedizinischen Forschung führend sind, wie dem Vereinigten Königreich oder den Vereinigten Staaten, entwickelt sich nach Jahren des Anstiegs inzwischen rückläufig.[427] Während die Menschheit die Grippe mit einem umständlich hergestellten Impfstoff aus den 1940er-Jahren bekämpft, fallen jedes Jahr Hunderttausende von Menschen weltweit der Grippe zum Opfer. Casadevalls Mutter ist 93 Jahre und

* In der Tat wird bisweilen auf die interdisziplinäre Forschung herabgesehen, weil sie keine Hyperspezialisierung signalisiert. Die Wissenschaftlerinnen Diana Rhoten und Stephanie Pfirman schrieben in *Inside Higher Ed*, Frauen schienen eher der interdisziplinären Forschung zuzuneigen, aber man habe sie aufgefordert, junge Frauen nicht zur interdisziplinären Forschung anzuhalten, »weil sie sonst niemals ernst genommen werden«.

nimmt fünf Medikamente ein, die es bereits gab, als er in den 1980er-Jahren sein praktisches Jahr als Arzt absolvierte. »Zwei davon sind älter als ich«, sagte er, und zwei andere kaum jünger. »Ich kann nicht glauben, dass wir es nicht besser machen können.« Er hielt einen Moment inne, neigte seinen Kopf zur Seite und beugte sich dann vor. »Wenn Sie einen interdisziplinären Förderantrag schreiben, geht er an Leute, die hoch spezialisiert in A oder B sind, und wenn Sie Glück haben, sind sie vielleicht in der Lage, die Verbindungen an den Schnittstellen zwischen A und B zu erkennen«, sagte er. »Alle sind sich einig, dass an der Schnittstelle große Fortschritte gemacht werden, aber wer verteidigt sie eigentlich?«

Die Schnittstelle zwischen verschiedenen Spezialgebieten und den Urhebern wichtiger Entdeckungen mit vollkommen unterschiedlichem fachlichem Hintergrund wurde untersucht, und sie ist es wert, verteidigt zu werden.

Als Forscher der Universitäten Northwestern und Stanford die Netzwerke analysierten, die kreative Erfolge fördern, stießen sie auf ein, wie sie es nannten, »universelles Setup«.[428] Ob sie wirtschaftswissenschaftliche oder ökologische Forschungsgruppen betrachteten, oder Gemeinschaftsproduktionen von Broadway-Musicals, immer waren die Grenzen zwischen den Teams erfolgreicher Ökosysteme durchlässig.

In beruflichen Netzwerken mit erfolgreichen Mitgliedern bewegten sich diese mühelos zwischen den verschiedenen Teams hin und her, überwanden disziplinäre Grenzen und fanden dabei neue Kooperationspartner. Die Netzwerke aus weniger erfolgreichen Teams bestanden aus kleinen, isolierten Clustern, in denen dieselben Leute immer wieder kooperierten, ohne dass neue Verknüpfungen hergestellt wurden. Das mag effizient und bequem sein, aber offensichtlich entfaltet es keine kreative Dynamik. »Das gesamte Netzwerk sieht anders aus, wenn man ein erfolgreiches Team mit einem weniger erfolgreichen Team vergleicht«, so Luís A. Nunes Amaral, Physiker an der Universität Northwestern, der sich mit Netzwerken befasst.[429] Amaral bezieht sich nicht auf den Vergleich individueller Teams, sondern auf größere Ökosysteme, die die Bildung erfolgreicher Teams begünstigen.

Der kommerzielle Erfolg des Broadways in einer bestimmten Ära, ob sie herausragend oder von zahlreichen Flops geprägt war, hatte weniger mit den Auftritten berühmter Stars zu tun, sondern eher mit der Frage, ob die Beteiligten auf und hinter der Bühne auf lebendige und kreative Weise miteinander kooperiert hatten.[430] In den 1920er-Jahren gab es Dutzende von Aufführungen mit Cole Porter, Irving Berlin, George Gershwin, Rodgers und Hammerstein (damals noch nicht in Kooperation), aber auch eine außergewöhnlich hohe Misserfolgsquote von 90 Prozent bei neuen Darbietungen. Es war ein Zeitalter der Stagnation, in der die immergleichen Teams in immergleicher Zusammensetzung zusammenarbeiteten und nichts Neues ausprobiert und keine neuen Leute ins Boot geholt wurden.

Mit neuen Kooperationspartnern können Erschaffer »Ideen, die auf einem Gebiet zum Standardrepertoire gehören, auf ein anderes Gebiet übertragen, auf dem sie als bahnbrechende Neuerung gefeiert werden«, sagte der Soziologe Brian Uzzi, der mit Amaral kooperierte. Die menschliche Kreativität, so seine Worte, ist im Wesentlichen »ein Import-Export-Geschäft von Ideen«.[431]

Uzzi dokumentierte diese Art des Ideenaustauschs, der in den 1970er-Jahren in der Physik und den Sozialwissenschaften seinen Anfang nahm, also noch vor dem Internet: Die Mitglieder erfolgreicherer Teams waren tendenziell weit verstreut, geografisch, aber auch inhaltlich. Wie sich herausstellte, war die Erfolgswahrscheinlichkeit von Teams, deren Mitglieder aus unterschiedlichen Institutionen stammten, höher als bei anderen Teams. Auch Teams, deren Mitglieder in unterschiedlichen Ländern ansässig waren, hatten einen Vorteil.

Im Einklang mit dem »Import-Export-Modell« steht auch der Umstand, dass Wissenschaftler, die im Ausland gearbeitet haben – egal ob sie dortgeblieben oder zurückgekehrt sind –, eher einen bedeutenden wissenschaftlichen Beitrag leisten, als diejenigen, die keine Auslandserfahrung haben. Die Ökonomen, die diesen Trend dokumentierten, vermuteten, ein Grund könne der »Arbitrage-Gewinn« sein, also die Gelegenheit, ein etabliertes Konzept von einem Markt auf einen anderen zu übertragen, auf dem es einen Neuigkeitswert hat.[432*] Das erinnert an Oliver Smithies Rat, neue Kompetenzen auf ein altbekanntes Problem anzuwenden, oder altbewährte Kompetenzen an einem neuen Problem auszutesten. Die atypische Kombination typischer Konzepte – zum Beispiel Hiphop, Broadway-Musical und eine historische amerikanische Biografie – ist kein strategischer Zufallstreffer des Showbusiness.

Uzzi und ein Team analysierten 18 Millionen Aufsätze aus unterschiedlichsten wissenschaftlichen Fachgebieten, um zu sehen, ob die atypische Wissenskombination eine Bedeutung hatte. Falls ein Aufsatz aus anderen Forschungsgebieten zitierte, die, wenn überhaupt, nur selten in Zusammenhang gebracht wurden, dann wurde das als Anwendung einer atypischen Wissenskombination gewertet. Die meisten Aufsätze verließen sich ausschließlich auf die konventionelle Kombination von vorhandenem Wissen. Das heißt, die Autoren zitierten Beiträge aus anderen Fachzeitschriften, die oft auch in den Quellenangaben anderer Studien genannt wurden. Die meistzitierten Aufsätze, die im Verlauf der folgenden Dekade von einer sehr großen Zahl an Wissenschaftlern genannt wurden, wiesen umfangreiche konventionelle Wissenskombinationen auf, aber auch einige ungewöhnliche Kombinationen.[434]

Ein anderes internationales Team analysierte mehr als eine halbe Million Forschungsbeiträge und klassifizierte sie als »neuartig«, wenn darin aus zwei weiteren Fachzeitschriften zitiert wurde, die *noch nie* in einem Atemzug zusammen genannt worden waren. Nur jeder zehnte Beitrag enthielt überhaupt eine neue Kombination, und nur jeder zwanzigste enthielt vielfältige neue Kombinationen.[435] Das Team verfolgte den langfristigen Einfluss der Forschungsaufsätze. Dabei stellten sie fest, dass die Aufsätze, die neue Wissenskombinationen enthielten, eher in nachrangigen Fachzeitschriften veröffentlicht und zunächst ignoriert wurden. Es dauerte länger, bis sie in die Wahrnehmung der wissenschaftlichen Gemeinde vordrangen. Nach ungefähr drei Jahren

* Als der Kreativforscher Dean Keith Simonton die Geschichte der Innovation in Japan studierte, das über Strecken sehr abgeschottet und dann wieder sehr weltoffen war, stellte er fest, dass sich die kreativen Schübe auf so unterschiedlichen Gebieten wie Romanliteratur, Dichtkunst, Keramik und Medizin immer im Anschluss an Immigrationswellen ereigneten.[434]

hatten die Beiträge mit neuen Wissenskombinationen die konventionellen Beiträge schließlich überholt und wurden immer öfter von anderen Wissenschaftlern zitiert. 15 Jahre nach ihrer Veröffentlichung stieg die Wahrscheinlichkeit, dass Studien, die zahlreiche neue Wissenskombinationen enthielten, zu den 1 Prozent der meistzitierten Aufsätze gehörten, exponentiell an.

Um es noch einmal zusammenzufassen: Arbeiten, die Brücken zwischen scheinbar zusammenhanglosen Wissensversatzstücken schlagen, erhalten tendenziell weniger Fördermittel, erscheinen weniger häufig in angesehenen Fachzeitschriften und werden nach ihrer Publikation zunächst eher ignoriert. Langfristig entwickeln sie sich jedoch oft zu wichtigen Referenzwerken in der Bibliothek des menschlichen Wissens.[436]

Casadevall ist ein hervorragendes Beispiel für einen breiten Wissenshorizont. In einem einzigen Gespräch mit ihm kommt die Sprache auf höchst unterschiedliche Themen: *Anna Karenina*, *The Federalist Papers**, die Tatsache, dass Isaac Newton und Gottfried Leibniz Philosophen und Wissenschaftler waren, die Frage, warum das Römische Reich nicht innovativer war und eine Bemerkung über Mentoring in Form einer Beschreibung des Mentor, einer Gestalt aus der griechischen Mythologie, in Homers *Odyssee*. »Ich bemühe mich«, grinste er. »Ich rate meinen Leuten immer, viel zu lesen, auch Alltägliches, das nichts mit ihrem Fachgebiet zu tun hat. Die meisten sagen mir dann, ›Für andere Lektüre als Fachlektüre habe ich keine Zeit.‹ Und ich sage dann, ›Oh doch, Sie haben die Zeit. Das ist nämlich sehr wichtig. Damit erweitern Sie Ihren Horizont, und vielleicht kommt irgendwann der Moment, in dem Sie Verknüpfungen herstellen können‹.«

Eines von Casadevalls Projekten entstand aus einem Nachrichtenartikel über einen Roboter, der an die nukleare Unglücksstelle in Tschernobyl gesandt wurde, die auch 30 Jahre nach dem Zwischenfall noch hoch kontaminiert ist. In dem Artikel wurde zufällig erwähnt, dass der

* Eine Reihe von Artikeln der Gründerväter der Vereinigten Staaten, die 1787/88 in verschiedenen New Yorker Zeitungen veröffentlicht wurden und bei der Bevölkerung darum werben sollten, der noch nicht ratifizierten neuen Verfassung zuzustimmen. (A.d.Ü.)

Roboter mit einer Art schwarzem Schimmel zurückkam, so wie man ihn an vergammelten Duschvorhängen findet und der sich auf dem verlassenen Atomreaktor ausgebreitet hatte. »Warum schwarzer Schimmel?«, fragte Casadevall. »Und dann führte eins zum anderen.« Er und seine Kollegen machten eine bemerkenswerte Entdeckung, nämlich dass sich der Schimmel mithilfe der Strahlung immer weiter ausbreitete – nicht mithilfe von radioaktiven Substanzen, sondern der Strahlung selbst.[437]

Casadevall hebt gern Erfahrungen hervor, die er außerhalb des Labors gesammelt hat, und verdeutlicht, wie sie ihn zu der Person gemacht haben, die er heute ist. Seine Familie floh aus Kuba, als er elf Jahre alt war, und kam in Queens an. Mit 16 hatte er seine erste Arbeitsstelle bei McDonald's, wo er vier Jahre blieb. Sie steht immer noch in seinem Lebenslauf und er sprach auch bei seinem Bewerbungsgespräch für Johns Hopkins darüber. »Das war eine ganz hervorragende Erfahrung«, sagte er mir. »Ich habe dort viel gelernt.« Zum Beispiel, wie man mit Druck umgeht. Auch sein jüngerer Bruder arbeitete bei McDonald's und wurde bei einem Überfall vorübergehend als Geisel genommen. »Er stand zwei Tage im Zeugenstand, wo sich die Anwälte über seinen Akzent lustig machten«, erinnerte sich Casadevall. »Als er rauskam, wollte er unbedingt Jura studieren. Heute ist er ein erfolgreicher Prozessanwalt.« Nach seiner Zeit bei McDonald's arbeitete Casadevall als Bankangestellter. (»Die Bank wurde auch überfallen!«) Sein Vater wollte, dass er einen praktischen Beruf ergriff, der ihm eine solide Grundlage bieten würde, daher hängt in seinem Büro auch das Diplom in Schädlingsbekämpfung eines Community Colleges. Es hängt übrigens neben einem Zertifikat über seine Aufnahme in die angesehene National Academy of Medicine.

Casadevall genießt auf seinem Fachgebiet ein großes Renommée. Er hat keine Probleme, Forschungsgelder zu beschaffen und hilft oft auch anderen, Fördermittel zu bekommen. Wenn der Status quo der Spezialisierung anhält, ist er eindeutig ein Gewinner. Und dennoch hält er seinen Versuch, diesen Status quo zu erschüttern, für das wichtigste Unterfangen seines Lebens. Je weiter sich die Grundlagenforschung zugunsten der Effizienz von einer weiträumigen Exploration entfernt, so glaubt er, desto geringer die Chance, dass sie in der Lage sein wird, die größten Herausforderungen der Menschheit zu meistern.

Inmitten eines Schachexperiments mit seinen Töchtern rief Lászlo Pólgar aus, »die Probleme Krebs und AIDS« seien viel leichter zu lösen, wenn sein System der engen Spezialisierung und der effizienten Ausbildung nicht nur im Schach, sondern im allgemeinen Bildungs- und Schulsystem angewendet würde. Casadevall, der sich mit der Geschichte der Innovation beschäftigt und sich inmitten seiner beruflichen Entwicklung als Arzt und Wissenschaftler befand, als HIV/AIDS epidemische Ausmaße annahm, widersprach Pólgars Überzeugung vehement. »Während meines Medizinstudiums lernte ich, dass es keine menschlichen Erkrankungen gibt, die von Retroviren ausgelöst werden, und dass diese eine Kuriosität waren, die in einigen Tumoren bei Tieren vorkämen. Im Jahr 1981 tauchte plötzlich eine neue Krankheit auf, über die niemand etwas wusste. Im Jahr 1984 stellte sich heraus, dass sie von einem Retrovirus mit der Bezeichnung HIV übertragen wurde. Die erste Therapie wurde 1987 eingeführt. Im Jahr 1996 war die Therapie so effektiv, dass niemand mehr an HIV sterben musste. Wie ist es dazu gekommen? Lag das daran, dass alle Pharmakonzerne plötzlich Pillen hergestellt haben? Nein. Wenn man genau zurückblickt und die Sache analysiert, war es so, dass die Gesellschaft schon vor dieser Zeit einen Teil ihres hart verdienten Geldes auf das Studium einer Kuriosität mit der Bezeichnung Retrovirus verwendet hatte. Dabei handelte es sich einfach um eine Kuriosität, die nur bei Tieren vorkam. Als dann festgestellt wurde, dass HIV ein Retrovirus war, wusste man bereits, dass man durch Inaktivierung der HIV-Protease [ein Enzym] verhindern kann, dass sich das Virus weiter im Körper ausbreitet. Als die Krankheit bei Menschen auftauchte, verfügte die Gesellschaft bereits über ein umfangreiches Wissen aus den Investitionen in eine Kuriosität, für die es zum damaligen Zeitpunkt keine praktische Anwendungsmöglichkeit gab. Würde man die gesamten Forschungsgelder eines Landes in die Erforschung von Alzheimer investieren, könnte es gut sein, dass man keine Lösung findet. Die Lösung könnte aber zum Beispiel in der Fehlfaltung eines Proteins in einer Gurke liegen. Wie wollen Sie aber einen Antrag auf Forschungsgelder mit einer Abhandlung über Gurken begründen? Und wer soll das lesen und beurteilen? Wenn jemand Interesse an der Proteinfaltung in einer Gurke hat und das eine gute wissenschaftliche Problemstellung ist, dann lassen Sie ihn machen. Lassen Sie ihn die Gurke auseinandernehmen.«

Casadevall geht es darum, dass das Innovations-Ökosystem ganz bewusst einen breiten Forschungsansatz und Ineffizienz bewahren sollte – ein Kampf gegen Windmühlenflügel.

Im Jahr 2006, als ich mir die ersten Sporen im Journalismus verdiente, saß ich in einer Anhörung über die Vergabe von Forschungsgeldern des Unterausschusses für Wissenschaft und Raumfahrt des US-Senats unter Vorsitz der Senatorin von Texas, Kay Bailey Hutchison. Hutchison blätterte per Daumenkino durch einen Stapel wissenschaftlicher Forschungsanträge und las die Titel laut vor. Wenn ein Titel nicht unmittelbar im Zusammenhang mit einer neuen kommerziell nutzbaren Technologie stand, wischte sie ihn vom Stapel und fragte die Anwesenden, wie solche Projekte dem Land genau dabei helfen sollten, sich im Wettbewerb gegen Indien und China zu behaupten. Unter den Disziplinen, die Hutchison als Ablenkungen von echter technologischer Innovation einstufte, befanden sich die Biologie, Geologie, Wirtschaftswissenschaften und die Archäologie.[438] Man kann nur darüber spekulieren, wie sie die Arbeit von Louis Pasteur (der als Künstler begann) über Hühner mit Cholera bewertet hätte, die bekanntermaßen zur Entdeckung von im Labor entwickelten Impfstoffen führte. Oder Einsteins fantastische Idee, zu untersuchen, ob die Zeit je nach Intensität der Erdanziehungskraft langsamer oder schneller vergeht – Teil einer Theorie, die für einige ziemlich nützliche Technologien, wie zum Beispiel Mobiltelefone, von grundlegender Bedeutung sind, denn Mobiltelefone nutzen globale Positionierungssatelliten mit gravitationsangepassten Uhren, die sich mit den Uhren auf der Erde synchronisieren.

Im Jahr 1945 verfasste der ehemalige Dekan des Massachusetts Institute of Technology (MIT), Vannevar Bush, der im Zweiten Weltkrieg die US-Militärwissenschaften überwachte – einschließlich der Massenproduktion von Penizillin und des Manhattan Projects – auf Bitte von

Präsident Franklin Roosevelt einen Bericht, in dem er eine erfolgreiche Innovationskultur erklärte. Der Bericht trug die Überschrift »Wissenschaft, das unendliche Grenzland« (»Science, the Endless Frontier«) und führte zur Gründung der Stiftung National Science Foundation, die drei Generationen äußerst erfolgreicher wissenschaftlicher Entdeckungen, vom Doppler-Radar und Glasfaser bis zu Webbrowsern und Magnetresonanztomographie, förderte. »Breiter wissenschaftlicher Fortschritt ist das Ergebnis der freien Entfaltung freier Intellekte, die an Themen ihrer eigenen Wahl arbeiten, und zwar so, wie es ihnen ihre Neugier auf die Erforschung des Unbekannten vorschreibt«, schrieb Bush.

In jüngster Zeit kann man fast alljährlich, nämlich immer, wenn der Nobelpreis vergeben wird, ein kurioses Phänomen beobachten. Der frisch gekürte Preisträger erklärt, sein Durchbruch hätte aktuell nicht erzielt werden können. Im Jahr 2016 schloss der japanische Biologe Yoshinori Ohsumi seinen Vortrag anlässlich der Preisverleihung mit den ominösen Worten: »Wirklich originelle Entdeckungen in der Wissenschaft werden oft von unvorhersehbaren und unvorhergesehenen kleinen Erkenntnissen ausgelöst … von Wissenschaftlern wird heute zunehmend verlangt, Beweise für eine sofortige greifbare Anwendung ihrer Entdeckung zu liefern.«[439] Damit schließt sich der Kreis der fieberhaften Fixierung auf eine frühe Spezialisierung: Die Forscher sollen bei der Beschäftigung mit hoch spezialisierten Fragen hypereffizient sein und möglichst schon sagen können, was sie finden werden, bevor sie überhaupt angefangen haben, danach zu suchen.

Wie Casadevall weiß Ohsumi, dass konkrete Anwendungen das Endziel sind; die Frage ist, wie man am besten dorthin kommt. An Institutionen, die eng auf Anwendungen fokussieren, herrscht kein Mangel. Einige wurden in diesem Buch genannt. Warum soll die gesamte Forschung auf diese Weise spezialisiert werden? Die »freie Entfaltung« des Intellekts kling grauenhaft ineffizient, so wie das freie Spiel von Nachwuchsfußballspielern, die stattdessen auch spezifische technische Fertigkeiten trainieren könnten. Wenn man sich allerdings die Zeit nimmt, um zu betrachten, wie herausragende Leistungen zustande kommen, oder wie die jungen Nachwuchsspieler der deutschen Fußballmannschaft, die 2014 die Weltmeisterschaft gewann, entwickelt wurden, wird man feststellen, dass das Training »dieser Spieler weniger strukturierte Übungen enthielt .... und dafür einen größeren Anteil an spielerischen Aktivitäten«.[440]

In seinem Kern ist die Hyperspezialisierung ein gut gemeinter Antrieb zur Effizienzsteigerung – der effizienteste Weg zur Entwicklung einer sportlichen Fähigkeit, zur Montage eines Produkts, zum Erlernen eines Instruments oder zum Umgang mit einer neuen Technologie. Aber auch die Ineffektivität sollte kultiviert werden. Die Weisheit einer laserfokussierten, effizienten Entwicklungsmethode im Sinne Pólgars ist auf eng umrissene lernfreundliche Umgebungen beschränkt.

»Wenn man die Grenzen ausdehnen will, muss man einfach viel ausprobieren. Das muss ineffizient sein«, sagte Casadevall. »Was es gar nicht mehr gibt, ist, dass man sich die Zeit nimmt, sich auszutauschen und verschiedene Ideen zusammenzuführen. Die Leute holen sich Mittagessen und nehmen es mit ins Büro. Sie haben das Gefühl, ein gemeinsames Mittagessen sei Zeitverschwendung, dabei ist das oft die beste Zeit, um Ideen in die Runde zu werfen und miteinander zu verknüpfen.«

Als der Ingenieur Bill Gore DuPont verließ, um das Unternehmen zu gründen, das Gore-Tex erfand, organisierte er es gemäß seiner Beobachtung, dass Unternehmen ihre wichtigste und einflussreichste kreative Arbeit in einer Krise leisten, weil das eine Situation ist, in der die übliche Silomentalität aufgehoben ist. »In Fahrgemeinschaften findet echte Kommunikation statt«, sagte er einst. Außerdem hat er dafür gesorgt, dass »Experimentierzeit« zum integralen Bestandteil der Unternehmenskultur wurde.[441]

FAZIT

Erweitern Sie Ihren Horizont

Als ich begann, öffentlich über Daten zu sprechen, die darauf hindeuteten, dass sich angehende Hochleistungssportler üblicherweise nicht schon im Kindesalter spezialisiert haben, ließen sich die Reaktionen (insbesondere der Eltern) zuverlässig in zwei Kategorien einordnen: (1) Ungläubigkeit; das kann nicht sein, und (2) »Aha. In einem Satz: Was raten Sie dann?« Wie lassen sich der Wunsch nach breitgefächerten Erfahrungen und der notwendigerweise langen Experimentierphase in einem einzigen Satz ausdrücken, wenn man wie Van Gogh, Andre Geim oder Frances Hesselbein an seinem ganz individuellen Bestimmungsort ankommen möchte? Genau wie die gewundenen und verschlungenen Pfade dieser Individuen war meine Erforschung der Breite und Tiefe – des Generalistentums und der fokussierten Spezialisierung – alles andere als effizient, und was als Suche nach einer Empfehlung begann, die sich in einen Satz packen lässt, endete mit diesem Buch.

Erzählt man den Medien rückblickend die Geschichten über Innovation und Selbstentdeckung, könnte man den Eindruck gewinnen, es handele sich um gerade, zielgerichtete Wege von A nach B – so wie die typischen Schilderungen der Karriere von Spitzensportlern auf den ersten Blick stringent und zielgerichtet erscheinen. Wenn man diese Wege jedoch eingehender oder über den Verlauf größerer Zeiträume betrachtet, wirken sie schon nicht mehr so zielgerichtet. Die populäre Vorstellung über Tiger Woods Weg zum Erfolg lässt die Bedeutung beruflicher Umwege und Schleifen, des breiten Erfahrungshorizonts und der Experimente verblassen. Natürlich ist eine scheinbar zielgerichtete Karriere attraktiv, weil sie von Anfang an systematisch, zielstrebig und hocheffizient wirkt. Und was lässt sich an einem frühen Startvorteil aussetzen? Ausprobieren und Experimentieren folgen dagegen keinem geradlinigen Pfad. Dennoch machen es viele, und es hat große Vorteile. Allerdings erfordert es eine hohe Frusttoleranz; Durchbrüche werden oft erst nach zahllosen Fehlversuchen erzielt.

Der Kreativitätsforscher Dean Keith Simonton hat gezeigt, dass die Chancen auf einen sensationellen Erfolg umso größer sind, je produktiver ein herausragender Erfinder ist und je mehr Fehlversuche er unternimmt.[442] Thomas Edison hielt mehr als 1000 Patente, von denen die meisten vollkommen unbedeutend waren; viele weitere Patentanträge wurden abgelehnt. Seine Misserfolge waren zahlreich, seine Erfolge – die Glühbirne für den Massenmarkt, der Phonograph, ein Vorläufer des Filmprojektors – waren überwältigend. Zwischen König Lear und Macbeth schrieb Shakespeare auch noch *Timon von Athen*. Der Bildhauerin Rachel Whiteread gelang eine Meisterleistung ähnlich Geims Ig-Nobelpreis, dem satirischen »Anti-Nobelpreis«: Sie war die erste Frau der Welt, die den Turner Prize – eine britische Auszeichnung für die beste künstlerische Arbeit des Jahres – und gleichzeitig den »Anti-Turner-Prize« als schlechteste britische Künstlerin erhielt. Beide Preise gewann sie im *selben* Jahr.[443] Bei meinen Recherchen über die Geschichte der Videospiele erfuhr ich, dass ein gewisser Howard Scott Warshaw, einst Designer von Atari Videospielen und heute Psychotherapeut, eine extrem eingeschränkte Technologie auf äußert einfallsreiche Weise nutzte, um das Scifi-Game *Die Rache der Yars* zu kreieren. Anfang der 1980er-Jahre, als Atari das wachstumsstärkste Unternehmen in der Geschichte der USA wurde, war dieses Spiel ein Bestseller für die Spielkonsole Atari 2600. Im selben Jahr, in dem Warshaw eine Adaptation des Films *E.T.* designte, experimentierte er mit eingeschränkter Technologie. Dieses Mal floppte das Spiel; es war sogar ein solcher Reinfall, dass es zum größten kommerziellen Misserfolg in der Geschichte der Videospiele und für den abrupten Untergang von Atari Inc. verantwortlich gemacht wurde.*

So verläuft ein ungeordneter Experimentierpfad. Originelle Erfinder sind oft ungeheuer produktiv, unter ihren Entwicklungen gibt es aber auch viele gescheiterte Erfindungen. Allerdings gelingen ihnen auch sensationelle Erfolge. Das soll nicht heißen, dass echte Durchbrüche reine Glückssache sind, sondern, dass sie sehr schwierig und nicht beständig zu erzielen sind. Dinge auszuprobieren, an die sich bisher niemand herangewagt hat, ist ein lernunfreundliches Problem. Wenn man sich auf unbekanntes Terrain begibt, gibt es weder etablierte Vorgehensweisen noch ein perfektes Feedbacksystem, an das man sich halten kann. Das ist ein wenig wie Börseninvestitionen: Wer mit Aktien langfristig Geld verdienen will, braucht einen langen Atem und muss viele zwischenzeitliche Kurseinbrüche tolerieren. Alph Bingham, Gründer von InnoCentive, sagte mir: »Sensationelle Erfolge und große Irrtümer sehen zunächst ziemlich ähnlich aus.«

Ich wollte der Frage nachgehen, wie man die Macht einer breiten, vielfältigen Erfahrung und der interdisziplinären Exploration in Systemen erfassen und kultivieren kann, die von Menschen verlangen, dass sie sich auf ein Fachgebiet festlegen und auf diesem Gebiet zu Hyperspezialisten werden, bevor sie die Chance haben, sich selbst kennenzulernen und ihre Fähigkeiten und Neigungen auszutesten.

Zu Beginn dieses Buches habe ich über Spitzensportler und Musiker gesprochen, weil sie praktisch Synonyme für eine frühe Spezialisierung sind. Unter den Athleten, die tatsächlich zu Spitzensportlern aufsteigen, sind breitgefächerte Erfahrungen in jungen Jahren und eine späte Spezialisierung jedoch die Norm. Musiker entwickeln sich über unglaublich vielfältige Wege zu Spitzenmusikern. Eine sehr frühe Hyperspezi-

* *E. T.* war ein derart legendärer Flop, dass das Gerücht aufkam, Atari habe Millionen Kopien dieses Spiels in einer Deponie in New Mexiko vergraben, woraufhin die Legende von dem »Großen Videobegräbnis von 1983« (Great Video Game Burial of 1983) entstand. Im Jahr 2014 wurde auf dieser Deponie im Rahmen eines Dokumentarfilms gegraben, und tatsächlich fand man dort Kopien des Videospiels *E. T.*, allerdings definitiv keine Millionen.

alisierung ist für die Entwicklung der musikalischen Fertigkeiten oft gar nicht nötig, und bei den stärker improvisationsgeprägten Genres ist sie sogar ausgesprochen selten. Allerdings, und das gilt auch für den Sport, haben viele Erwachsene ein großes finanzielles Interesse daran, die frühe Hyperspezialisierung zu einer unabdingbaren Voraussetzung für den späteren Erfolg zu stilisieren. Swjatoslaw Richter war einer der herausragendsten Pianisten des 20. Jahrhunderts. Formalen Klavierunterricht nahm er erst mit 22 Jahren.[444] Steve Nash ist ein Kanadier von eher normaler Körpergröße, der erst mit 13 Jahren einen Basketball bekam, und dennoch wurde er zwei Mal als wertvollster Spieler der Saison der National Basketball Association ausgezeichnet.[445] Während ich dieses Manuskript verfasse, höre ich ein Geigenkonzert einer Violinistin, die erst mit 18 Jahren begann. Natürlich sagte man ihr, sie solle sich keine Hoffnungen machen, da sie sowieso schon zu alt sei. Inzwischen unterrichtet sie selbst erwachsene Anfänger. Das geordnete Spezialisierungsnarrativ passt sich nicht einmal in diese relativ lernfreundlichen Umgebungen ein, von denen es höchst erfolgreich vermarktet wird.

Wenn ich Ihnen also in einem Satz einen Rat geben soll: Haben Sie niemals das Gefühl, Sie würden anderen hinterherhinken. Zwei römischen Geschichtsschreibern zufolge brach Julius Cäsar als junger Mann in Spanien beim Anblick einer Statue von Alexander dem Großen in Tränen aus. »In meinem Alter hatte er bereits zahlreiche Nationen erobert, und ich habe bisher nichts Denkwürdiges zuwege gebracht«, soll er ausgerufen haben.[446] Schon bald war diese Sorge nur noch eine ferne Erinnerung, und Cäsar war der Herrscher über die Römische Republik, die er in eine Diktatur verwandelte, bevor er von seinen eigenen Gefolgsleuten ermordet wurde. Man kann durchaus sagen, dass er wie die meisten jungen Athleten mit einer Serie von Glanznummern den Höhepunkt seiner Karriere sehr früh erreichte. Vergleichen Sie sich mit der Person, die Sie gestern waren, nicht mit jüngeren Menschen, die Sie nicht sind. Jeder macht in seinem eigenen Tempo Fortschritte; lassen Sie sich also von niemandem das Gefühl geben, Sie würden hinterherhinken. Wahrscheinlich wissen Sie gar nicht genau, in welche Richtung Sie zielen. Dann hat es auch keinen Wert, das Gefühl zu haben, als würde man hinter anderen zurückbleiben. Wie Herminia Ibarra für die proaktive Suche nach Match-Qualität empfiehlt, sollten Sie stattdessen damit beginnen, Experimente zu planen – vielleicht Ihre persönliche Version der Freitagabend- oder Samstagvormittagsexperimente.

Gehen Sie bei Ihrer persönlichen Reise und Ihren Projekten vor, wie Michelangelo an einen Marmorblock heranging: bereit zu lernen und sich auf dem Weg immer wieder an die Gegebenheiten anzupassen und sogar ein gesetztes Ziel zu verwerfen und einen vollständigen Richtungswechsel vorzunehmen, sollte sich das als nötig erweisen. Die Forschung über Erfinder auf Gebieten, die von technologischen Innovationen bis zu Comic-Heften reichen, zeigen, dass eine Gruppe aus vielen unterschiedlichen Spezialisten die Beiträge von Menschen mit einem breiten Horizont und breitgefächerter Erfahrung nicht vollständig ersetzen kann. Selbst wenn Sie einen bestimmten Arbeitsbereich verlassen oder sogar ein ganzes Gebiet aufgeben, ist diese Erfahrung niemals verschwendet.

Und schließlich sollten Sie daran denken, dass an einer Spezialisierung nichts inhärent falsch ist. Wir alle spezialisieren uns zu irgendeinem Zeitpunkt und bis zu einem gewissen Grad. Mein erstes Interesse an diesem Thema wurde von der Lektüre viraler Artikel und der Verfolgung von Konferenzvorträgen geweckt, in denen eine frühe Hyperspezialisierung als eine Art kluge Lebensstrategie gepriesen wurde – ein Erfolgsrezept, mit dem man sich Zeitverschwendung durch »nicht zielführende« Erfahrungen und Experimente ersparen kann.

Ich hoffe, dass ich neue Ideen zu dieser Diskussion beitragen konnte, weil die Forschung in unzähligen Bereichen darauf hindeutet, dass weiträumiges Denken und persönliche Experimente Quellen der Macht sind, wohingegen sogenannte frühe Startvorteile überbewertet werden. Wie Oliver Wendell Holmes, Rechtswissenschaftler und Richter am Obersten Gerichtshof der Vereinigten Staaten vor einem Jahrhundert über den freien Ideenaustausch schrieb: »Das ist ein Experiment, so wie das ganze Leben ein Experiment ist.«[447]

Danksagung

Ich betrachte das Schreiben von Büchern als eine Art 800-Meter-Lauf – eine Qual auf der Mitte der Wegstrecke, aber wenn man sich richtig anstrengt, kann man schon bald zurückblicken und sagen: »Das war doch gar nicht *so* schlimm.« Das war es natürlich doch, aber man könnte es durchaus wiederholen.

Während ich an diesem Buch arbeitete, geschahen eine Menge toller Dinge. Zum Beispiel lernte ich viel. Und an einem Tag, als mir schon richtig der Kopf schwirrte, landeten auf meinem Fensterbrett ein Kardinal, ein Blauhäher und ein Pirol – alle drei sind namensgebende Vögel von Baseballteams der Major League.* Das passiert normalerweise nie.

Zunächst möchte ich dem gesamten Team von Riverhead und insbesondere meiner Lektorin Courtney Young meinen Dank aussprechen. Als wir uns damals auf dieses gemeinsame Buchprojekt einigten, schüchterte mich Courtney zunächst etwas ein; sie sagte so etwas wie »Wenn ich Sie nicht kennen würde, würde ich mir Sorgen machen.« [Schluck]. Anschließend verhielt sie sich wie ein herausragender Trainer, der einen Sportler zu Höchstleistungen bringt: Sie ließ mich einfach machen, und als ich zwei Jahre später mit einem viel zu langen Manuskript auftauchte, schaltete sie in einen anderen Gang und erfüllte meinen Wunsch nach schnellem und häufigem Feedback, wäh-

* St. Louis Cardinals (USA), Toronto Blue Jays (Kanada) und Baltimore Orioles (USA). (A.d.Ü.)

rend ich das Manuskript überarbeitete und straffte. Als der Moment der Wahrheit gekommen war, gab sie mir Feedback, wodurch eine lernunfreundliche Umgebung ein wenig lernfreundlicher wurde (»Ja, es gefällt mir; es klingt nicht mehr so stark nach einem magischen Sinnspruch.« – Courtneys Feedback auf das, was womöglich ein etwas gestelzter Stil gewesen wäre.) Passenderweise verfügt sie über einen breiten Horizont; sie wäre um ein Haar Ingenieurin geworden.

Vielen Dank an meinen Agenten Chris Parris-Lamb, der als 235. den New York City Marathon beendete, was wichtig ist, aber nicht so wichtig wie seine ermunternde Mission, die, soweit ich es beurteilen kann, darin besteht, Autoren dabei zu helfen, sich ihre Freiheit zu verdienen. Um eine Analogie zum Sport herzustellen: Meine Strategie für die Zusammenarbeit mit einem Agenten war, den bestmöglichen Athleten zu gewinnen und mich dann nicht mehr einzumischen.

Danke an alle, die sich an dem mühseligen Prozess der Faktenüberprüfung beteiligt haben, insbesondere aber an Emily Krieger und Drew Bailey und die Interviewpartner für ihre Zeit (gelegentlich wieder … und immer wieder), was mir die Möglichkeit gab, sie erneut mit Fragen zu nerven, die sie mir bereits beantwortet hatten. Danke auch an Masaharu Kawamata und Tyler Walker für ihre Hilfe bei den Übersetzungen aus dem Japanischen.

Weiterhin geht mein Dank an Malcolm Gladwell. Unser erstes Treffen fand anlässlich einer Debatte auf der MIT Sloan Sports Analytics Conference statt, die unter dem Motto stand, »10.000 Stunden versus Sportgen« (»10,000 hours vs. The Sports Gene«). Sie finden sie auf YouTube. Daraus wurde eine großartige Diskussion, und ich glaube, wir haben beide neue Denkanstöße mit nach Hause genommen. Am nächsten Tag und noch ein weiteres Mal lud er mich zu einem Intervall-Training ein, und wir sprachen (nur während des Aufwärmens) über das ganze »Roger versus Tiger«-Konzept. Unser Gespräch war irgendwo in meinem Hinterkopf abgespeichert und trat erneut in den Vordergrund, als ich mit den Gelehrten der Tillman Foundation sprach. Ich weiß nicht, ob ich mich ohne dieses Gespräch eingehender mit dem Thema beschäftigt hätte. Der Psychologe Howard Gruber schrieb: »Ideen gehen nicht verloren; sie werden reaktiviert, wenn der richtige Zeitpunkt gekommen ist.«

Dieses Buch war die größte organisatorische Herausforderung, mit der ich bisher konfrontiert war. Oftmals fühlte ich mich überwältigt von der Aufgabe, herauszufinden, woher ich Informationen erhalten könnte, welche ich ins Buch aufnehmen sollte, und an welcher Stelle. Dabei fiel mir immer wieder das folgende Zitat ein: »Das ist ein wenig so, als würde man mit einem Gorilla ringen. Man hört nicht auf, wenn man müde ist; man hört auf, wenn der Gorilla müde ist.« Ich bin stolz auf meine fortgesetzten Anstrengungen, und ich danke meinen Freunden und meiner Familie, die mich unterstützt und es akzeptiert haben, dass meine Antwort auf so viele Fragen »hoffentlich nächstes Jahr« lautete. Glaubt mir, es ist nicht so, dass ich an den Dingen, die ich gerne mache, nicht teilnehmen wollte. Es ist nur so – wie jeder Westerosi (*Game of Thrones*) weiß –, dass mein Hausmotto lautete: »Wenn mein Buch fertig ist.«

Diese Unterstützer waren: mein Bruder Daniel (dessen enthusiastische Reaktion auf meine weitschweifigen Ausführungen über die Ideen in Kapitel 4 mich davon überzeugten, darüber zu schreiben), meine Schwester Charna (sie hat womöglich alle Exemplare meines letzten Buches gekauft), meine Eltern Mark und Eve, die immer warteten, bis ich etwas wirklich Absurdes getan hatte, bevor sie eingriffen, anstatt es mir von vornherein zu verbieten. Das machte meine Jugend zu einer lebendigen Probierphase. Danke an »Prince Andrei« – du wirst wissen, dass du gemeint bist, wenn du es liest – und an meine Nichte Sigalit Koufax (ja, die Koufax) Epstein-Pawar und ihren Vater Ameya und an Andrea und John für ihre moralische und kalorienreiche Unterstützung sowie die Familien Weiss und Green. Ein spezieller Dank geht an Liz O'Herrin und Mike Christman dafür, dass sie den Kontakt zur Tillman Foundation hergestellt haben; an Steve Mesler für den Kontakt zu den Classroom Champions; an meinen verstorbenen Freund Kevin Richards, ohne den ich wahrscheinlich kein Wissenschaftsjournalist geworden wäre, und an meinen Freund Harry Mbang, der immer für einen mitternächtlichen Ausflug zu einer bestimmten Buchhandlung bereitsteht. Danke an die gesamte Familie Chalkbeat – schwimmt weiter.

Einen speziellen Dank auch an Toru Okada, Alice, Natasha Rostova, Katurian K. Katurian, Petter und Mona Kummel, Nate River, Gbessa, Benno von Archimboldi, Tony Webster, Sonnys Bruder, Tony Loneman, das Trio Tommy, Doc und Maurice, Braiden Chaney, Stephen Florida und viele weitere, die darauf bestehen, mich das Schreiben zu lehren. Ich hoffe, dass diejenigen, die ich möglicherweise zu erwähnen vergaß, mir verzeihen werden.

Ich fühle mich ein wenig wie Inigo Montoya, nachdem er endlich Rache genommen hat. Was jetzt?? Aber was diese Frage betrifft, bin ich millionenfach begeisterter und furchtloser als ich es vor den Recherchen für dieses Buch gewesen wäre. In meinem letzten Buch schloss ich die Danksagung mit einer Bemerkung über Elizabeth: »Sollte ich jemals ein weiteres Buch schreiben, bin ich sicher, dass es ebenfalls ihr gewidmet sein wird.« (Auch wenn sie bei ihrer eigenen Buchwidmung zwischen mir und John Dewey schwankte.) Am Ende meines zweiten Buches kann ich mit Gewissheit sagen: Sollte ich je ein weiteres Buch schreiben, werde ich ihr auch das widmen.

Über den Autor

David Epstein verfügt über einen Master-Abschluss in Umweltwissenschaften und Journalismus. Er arbeitete als investigativer Reporter für *ProPublica* und als leitender Autor für *Sports Illustrated*. Darüber hinaus ist er Autor des *New York Times*-Bestsellers *The Sports Gene*.

Literaturverzeichnis

EINFÜHRUNG

[1] P. Azoulay et al., »Age and High-Growth Entrepreneurship«, *NBER Working Paper* Nr. 24489 (2018).

[2] J. Baker et al., »Sport-Specific Practice and the Development of Expert Decision-Making in Team Ball Sports«, *Journal of Applied Sport Psychology* 15, Nr. 1 (2003).

[3] J. Benedict und A. Keteyian, Tiger Woods (New York: Simon & Schuster, 2018).

[4] S. Black et al., »Pediatric Sports Specialization in Elite Ice Hockey Players«, *Sports Health: A Multidisciplinary Approach* (Online-Vorab-Publikation, 2018).

[5] M. W. Bridge und M. R. Toms, »The Specialising or Sampling Debate«, *Journal of Sports Sciences* 31, Nr. 1 (2013).

[6] P. S. Buckley et al., »Early Single-Sport Specialization«, *Orthopaedic Journal of Sports Medicine* 5, Nr. 7 (2017).

[7] R. Carlson, »The Socialization of Elite Tennis Players in Sweden: An Analysis of the Players' Backgrounds and Development«, *Sociology of Sport Journal* 5 (1988).

[8] M. Coker, »Startup Advice for Entrepreneurs from Y Combinator«, *VentureBeat*, 26. März 2007.

[9] J. P. Difiori et al., »Debunking Early Single Sports Specialization and Reshapingthe Youth Sport Experience: An NBA Perspective«, *British Journal of Sports Medicine* 51, Nr. 3 (2017).

[10] K. A. Ericsson, R. T. Krampe und C. Tesch-Romer, »The Role of Deliberate Practice in the Acquisition of Expert Performance«, *Psychological Review* 100, Nr. 3 (1993).

[11] A. Gawande, The Checklist Manifesto (New York: Metropolitan Books, 2010).

[12] J. Gulbin et al., »A Look Through the Rear View Mirror: Developmental Experiences and Insights of High Performance Athletes«, *Talent Development and Excellence* 2, Nr. 2 (2010).

[13] J. Gulbin et al., »Patterns of Performance Development in Elite Athletes«, *European Journal of Sport Science* 13, Nr. 6 (2013).

[14] A. Gullich, »International Medallists' and Nonmedallists'Developmental Sport Activities— A Matched-Pairs Analysis«, *Journal of Sports Sciences* 35, Nr. 23 (2017).

[15] A. Gullich et al., »Sport Activities Differentiating Match-Play Improvement in Elite Youth Footballers—A 2-Year Longitudinal Study«, *Journal of Sports Sciences* 35, Nr. 3 (2017).

[16] G. M. Hill, »Youth Sport Participation of Professional Baseball Players«, *Sociology of Sport Journal* 10 (1993).

[17] M. Hornig et al., »Practice in the Development of German Top-Level Professional Football Players«, *European Journal of Sport Science* 16, Nr. 1 (2016).

[18] A. B. Jena et al., »Mortality and Treatment Patterns Among Patients Hospitalized with Acute Cardiovascular Conditions During Dates of National Cardiology Meetings«, *JAMA Internal Medicine* 175, Nr. 2 (2015).

[19] F. G. Mendes et al., »Retrospective Analysis of Accumulated Structured Practice: A Bayesian Multilevel Analysis of Elite Brazilian Volleyball Players«, *High Ability Studies* (Online-Vorab-Publikation, 2018).

[20] K. Moesch et al., »Late Specialization: The Key to Success in Centimeters, Grams, or Seconds (CGS) Sports«, *Scandinavian Journal of Medicine and Science in Sports* 21, Nr. 6 (2011).

[21] K. Moesch et al., »Making It to the Top in Team Sports: Start Later, Intensify, and Be Determined!«, *Talent Development and Excellence* 5, Nr. 2 (2013).

[22] R.F. Redberg, »Cardiac Patient Outcomes during National Cardiology Meetings«, *JAMA Internal Medicine* 175, Nr.2 (2015).

[23] O. Slot, The Talent Lab (London: Ebury Press, 2017).

[24] G. Smith, »The Chosen One«, *Sports Illustrated*, 23. Dezember 1996.

[25] R. Stauffer, TheRoger Federer Story: Quest for Perfection (Chicago: New Chapter Press, 2007 [E-Book]).

[26] G. Tett, The Silo Effect: The Peril of Expertise Fand the Promise of Breaking Down Barriers (New York: Simon & Schuster, 2015 [E-Book]).

[27] J. L. Wertheim, Strokes of Genius (New York: Houghton Mifflin Harcourt, 2009 [E-Book]).

[28] E. Woods (mit P. McDaniel, Vorwort von Tiger Woods), Training a Tiger: Raising a Winner in Golf and Life (New York: Harper Paperbacks, 1997).

KAPITEL 1: DER KULT UM DEN STARTVORTEIL

[1] C. Argyris, »Teaching Smart People How to Learn«, *Harvard Business Review*.

[2] Y. Aviram (Regisseur), The Polgar Variant (Israel: Lama Films, 2014).

[3] D. Butler, »When Google Got Flu Wrong«, *Nature* 494 (2013).

[4] G. Campitelli and F. Gobet, »The Role of Practice in Chess: A Longitudinal Study«, *Learning and Individual Differences* 18, Nr. 4 (2007).

[5] W. G. Chase und H. A. Simon, Chase und Simons Chunking-Theorie: »Perception in Chess«, *Cognitive Psychology* 4 (1973)

[6] C. J. Connolly, »Transition Expertise: Cognitive Factors and Developmental Processes That Contribute to Repeated Successful Career Transitions Amongst Elite Athletes, Musicians and Business People" (Dissertation, Brunel University, 2011).

[7] T. Cowen, Average is Over (New York: Dutton, 2013).

[8] E. Dane, »Reconsidering the Trade-Off Between Expertise and Flexibility«, *Academy of Management Review* 35, Nr. 4 (2010).

[9] A. D. de Groot, Thought and Choice in Chess (Amsterdam: Amsterdam University Press, 2008).

[10] K. A. Ericsson and Jacqui Smith, Toward a General Theory of Expertise, Hrsg. (Cambridge: Cambridge University Press, 1991).

[11] P. J. Feltovich et al., Expertise in Context (Cambridge, MA: AAAI Press/MIT Press, 1997).

[12] C. Flora, »The Grandmaster Experiment«, *Psychology Today*, July 2005, Online-Ausgabe.

[13] D. H. Freedman, »A Reality Check for IBM's AI Ambitions«, *MIT Technology Review*, 27. Juni 2017.

[14] J. Ginsberg et al., »Detecting Influenza Epidemics Using Search Engine Query Data«, *Nature* 457 (2009).

[15] F. Gobet und G. Campitelli,"The Role of Domain-Specific Practice, Handedness, and Starting Age in Chess«, *Developmental Psychology* 43 (2007).

[16] D. Hambrick et al., The Science of Expertise. (New York: Routledge, 2017 [E-Book]).

[17] W. Hartston, »A Man with a Talent for Creating Genius«, *Independent,* 12. Januar 1993.

[18] B. Hermelin et al., »Intelligence and Musical Improvisation«, *Psychological Medicine* 19 (1989).

[19] R. Hogarth, Educating Intuition (Chicago: University of Chicago Press, 2001).

[20] J. Horgan, »Claude Shannon: Tinkerer, Prankster, and Father of Information Theory«, *IEEE Spectrum* 29, Nr. 4 (1992).

[21] D. Kahneman und G. Klein, »Conditions for Intuitive Expertise: A Failure to Disagree«, *American Psychologist* 64, Nr. 6 (2009).

[22] D. Kahneman, Thinking, Fast and Slow (New York: Farrar, Straus & Giroux, 2011).

[23] G. Kasparov und M. Greengards, Deep Thinking (New York: PublicAffairs, 2017).

[24] D. Lazer et al., »The Parable of Google Flu: Traps in Big Data Analysis«, *Science* 343 (2014).

[25] G. Marcus, »Deep Learning: A Critical Appraisal«,arXiv: 1801.00631; »In Defense of Skepticism About Deep Learning«, Medium, 14. Januar 2018; »Innateness, AlphaZero, and Artificial Intelligence".

[26] P. E. Meehl, Clinical Versus Statistical Prediction (Minneapolis: University of Minnesota Press, 1954).

[27] L. K. Miller, Musical Savants (Hove, East Sussex: Psychology Press, 1989).

[28] L. Myers, »Trained to Be a Genius, Girl, 16, Wallops Chess Champ Spassky for $110,000«, *Chicago Tribune*, 18. Februar 1993.

[29] A. Ockelford, »Another Exceptional Musical Memory«, in *Music and the Mind,* Hrsg. I. Deliege, and J. W. Davidson (Oxford: Oxford University Press, 2011).

[30] N. O'Connor und B. Hermelin,"Visual and Graphic Abilities of the Idiot-Savant Artist«, Psychological Medicine 17 (1987).

[31] *People staff*, »Nurtured to Be Geniuses, Hungary's Polgar Sisters Put Winning Moves on Chess Masters«, *People*, 4. Mai 1987.

[32] S. Pólgar mit P. Truong, Breaking Through: How the Polgar Sisters Changed the Game of Chess (London: Everyman Chess, 2005).

[33] S. Pólgar und P. Truong, Chess Tactics for Champions, (New York: Random House Puzzles & Games, 2006).

[34] S. Ramon y Cajal, Precepts and Counsels on Scientific Investigation (Mountain View, CA: Pacific Press Publishing Association, 1951).

[35] R. Root-Bernstein et al., »Correlations Between Avocations, Scientific Style, Work Habits, and Professional Impact of Scientists«, *Creativity Research Journal* 8, Nr. 2 (1995).

[36] R. Root-Bernstein et al., »Arts Foster Scientific Success: Avocations of Nobel, National Academy, Royal Society and Sigma Xi Members«, *Journal of Psychology of Science and Technology* 1, Nr. 2 (2008).

[37] A. Rothenberg, A Flight from Wonder: An Investigation of Scientific Creativity (Oxford: Oxford University Press, 2015).

[38] B. Schwartz, »Reinforcement-Induced Behavioral Stereotypy: How Not to Teach People to Discover Rules«, *Journal of Experimental Psychology*: General 111, Nr. 1 (1982).

[39] J. Shanteau, »Competence in Experts: The Role of Task Characteristics«, *Organizational Behavior and Human Decision Processes* 53 (1992).

[40] D. K. Simonton, The Wiley Handbook of Genius (Malden, MA: John Wiley & Sons, 2014).

[41] D. Silver et al., »Mastering Chess und Shogi by Self-Play with a General Reinforcement Learning Algorithm«, arXiv (2017).

[42] J. Soni and R. Goodman, A Mind at Play (New York: Simon & Schuster, 2017).

[43] R. J. Sternberg, Advances in the Psychology of Human Intelligence, Bd. 5 (New York: Psychology Press, 1989).

[44] L. Thomas, The Youngest Science (New York: Penguin, 1995).

[45] Treffert, Islands of Genius (London: Jessica Kingsley Publishers), 2012.

[46] P. Voosen, »Bringing Up Genius: Is Every Healthy Child a Potential Prodigy?«, Chronicle of Higher Education, 8. November 2015, Online-Ausgabe.

[47] E. Winner, Gifted Children: Myths and Realities (New York: BasicBooks, 1996).

KAPITEL 2: WIE DIE BÖSARTIGE WELT ENTSTAND.

[1] J. R. Abel und R. Deitz, »Agglomeration and Job Matching among College Graduates.« Regional Science and Urban Economics 51 (2015).

[2] S. Arbesman, Overcomplicated (New York: Portfolio, 2017).

[3] B. Caplan, The Case Against Education (Princeton, NJ: Princeton University Press, 2018).

[4] W. Chang et al., »Developing Expert Political Judgment«, *Judgment and Decision Making* 11, Nr. 5 (2016).

[5] M. Cole and S. Scribner, Culture and Thought (New York: John Wiley & Sons, 1974).

[6] I. J. Deary, Intelligence: A Very Short Introduction (Oxford: Oxford University Press, 2001).

[7] R. F. Dillon und R. R. Schmeck, Individual Differences in Cognition, Bd. 1, (New York: Academic Press, 1983).

[8] E. Dutton et al., »The Negative Flynn Effect«, *Intelligence* 59 (2016).

[9] J. R. Flynn, »The Mean IQ of Americans: Massive Gains 1932 to 1978«, *Psychological Bulletin* 95, Nr. 1 (1984).

[10] J. R. Flynn, »Massive IQ Gains in 14 Nations«, *Psychological Bulletin* 101, Nr. 2 (1987).

[11] J. R. Flynn, What Is Intelligence? (Cambridge: Cambridge University Press, 2009).

[12] J. R. Flynn, How to Improve Your Mind (Malden, MA: Wiley-Blackwell, 2012).

[13] J. R. Flynn, Does Your Family Make You Smarter? (Cambridge: Cambridge University Press, 2016).

[14] M. C. Fox und A. L. Mitchum, »A Knowledge-Based Theory of Rising Scores on ' Culture-Free' Tests«, *Journal of Experimental Psychology* 142, Nr. 3 (2013).

[15] U. Frith, Autism: Explaining the Enigma (Malden, MA: Wiley-Blackwell, 2003).

[16] D. F. Halpern, »Teaching Critical Thinking for Transfer Across Domains«, *American Psychologist* 53, Nr. 4 (1998).

[17] E. D. Homskaya, Alexander Romanovich Luria: A Scientific Biography (New York: Springer, 2001).

[18] A. Inkeles and D. H. Smith, Becoming Modern: Individual Change in Six Developing Countries (Cambridge, MA: Harvard University Press, 1974).

[19] R. P. Larrick et al., »Teaching the Use of Cost-Benefit Reasoning in Everyday Life«, *Psychological Science* 1, Nr. 6 (1990).

[20] R. P. Larrick et al., »Who Uses the Cost-Benefit Rules of Choice?«, *Organizational Behavior and Human Decision Processes* 56 (1993).

[21] D. R. Lehman et al., »The Effects of Graduate Training on Reasoning«, *American Psychologist* 43, Nr. 6 (1988).

[22] A.R. Luria, M. Cole, et al. Cognitive Development: Its Cultural and Social Foundations (Cambridge, MA: Harvard University Press, 1976).

[23] J. B. Michel et al., »Quantitative Analysis of Culture Using Millions of Digitized Books«, *Science* 331 (2011).

[24] O. Must et al., »Predicting the Flynn Effect Through Word Abstractness: Results from the National Intelligence Tests Support Flynn's Explanation«, *Intelligence* 57 (2016).

[25] U. Neisser, The Rising Curve, (Washington, DC: American Psychological Association, 1998).

[26] M. Nijhuis, »How to Call B.S. on Big Data: A Practical Guide«, *The New Yorker*, 3. Juni 2017, Online-Ausgabe.

[27] S. Pinker, The Better Angels of our Nature (New York: Penguin, 2011).

[28] S. Scribner, »Developmental Aspects of Categorized Recall in a West African Society«, *Cognitive Psychology* 6 (1974).

[29] R. J. Sternberg und S. B. Kaufman, Hrsg., The Cambridge Handbook of Intelligence (Cambridge: Cambridge University Press, 2011).

[30] A. J. Toynbee, A Study of History, Bd. 12, Reconsiderations (Oxford: Oxford University Press, 1964).

[31] R. D. Tuddenham, »Soldier Intelligence in World Wars I and II«, *American Psychologist* 3, Nr. 2 (1948).

[32] J. M. Wing, »Computational Thinking«, *Communications of the ACM* 49, Nr. 3 (2006).

KAPITEL 3: WENN WENIGER DESSELBEN MEHR IST

[1] D. Arnold. »Venetian Motets and Their Singers«, *Musical Times* 119 (1978).

[2] E. Arnold und J. Baldauf-Berdes, Maddalena Lombardini Sirmen (Lanham, MD: Scarecrow Press, 2002).

[3] Baldauf-Berdes, Women Musicians of Venice (Oxford: Oxford University Press, 1996).

[4] J. L. Baldauf-Berdes, »Anna Maria della Pieta: The Woman Musician of Venice Personified«, in Cecilia Reclaimed, Hrsg. S. C. Cook and J. S. Tsou (Urbana: University of Illinois Press, 1994).

[5] P. F. Berliner, Thinking in Jazz (Chicago: University of Chicago Press, 1994).

[6] G. J. Buelow, Hrsg., The Late Baroque Era (Basingstoke: Macmillan, 1993).

[7] J. L. Collier, »The Making of Jazz: A comprehensive History.« (Houghton Mifflin Harcourt, 1978)

[8] J. S. Dacey, »Discriminating Characteristics of the Families of Highly Creative Adolescents«, *Journal of Creative Behavior* 23, Nr. 4 (1989).

[9] C. Delaunay, Django Reinhardt (New York: Da Capo, 1961)

[10] M. Dregni, Django: The Life and Music of a Gypsy Legend (Oxford: Oxford University Press, 2004 [Kindle E-Book]).

[11] L. Flanagan, Moonlight in Vermont: The Official Biography of Johnny Smith (Anaheim Hills, CA: Centerstream, 2015).

[12] P. Gorner, »Cecchini's Guitar Truly Classical«, *Chicago Tribune*, 13. Juli 1968.

[13] *Guitar Player* (November 1976)

[14] F. M. Hall, It's About Time: The Dave Brubeck Story. (Fayetteville: University of Arkansas Press, 1996).

[15] »How to Raise a Creative Child. Step One: Back Off«, *New York Times*, 30. Januar 2016.

[16] A. Ivaldi, »Routes to Adolescent Musical Expertise«, in: *Music and the Mind*, Hrsg. Deliege und Davidson.

[17] C. Kalb, »Who Is a Genius?«, *National Geographic*, Mai 2017.

[18] D. E. Kaley, »The Church of the Pieta« (Venedig: International Fund for Monuments, 1980).

[19] J. Kerman und G. Tomlinson, Listen (Brief Fourth Edition). (Boston: Bedford/St. Martin's, 2000).

[20] R. Lane, »How to Choose a Musical Instrument for My Child«, Upperbeachesmusic.com, 5. Januar 2017.

[21] G. E. McPherson et al., »Playing an Instrument«, in The Child as Musician, Hrsg. G. E. McPherson (Oxford: Oxford University Press, 2006)

[22] A. Midgette, »Concerto on the Fly: Can Classical Musicians Learn to Improvise«, *Washington Post*, 15. Juni 2012, Online-Ausgabe.

[23] Lady Anna Riggs Miller, Letters from Italy Describing the Manners, Customs, Antiquities, Paintings, etc. of that Country in the Years MDCCLXX and MDCCLXXI, Bd. 2 (Gedruckt für E. und C. Dilly, 1777).

[24] S. A. O'Neill, »Developing a Young Musician's Growth Mindset«, in Music and the Mind, Hrsg. I. Deliege und J. W. Davidson (Oxford: Oxford University Press, 2011).

[25] Hester L. Piozzi, Autobiography, Letters and Literary Remains of Mrs. Piozzi (Thrale) (Tredition Classics, 2012 [Kindle E-Book]).

[26] A. Pugh, Women in Music (Cambridge: Cambridge University Press, 1991).

[27] M. Pincherle, »Vivaldi and the ›Ospitali‹ of Venice«, *Musical Quarterly* 24, Nr. 3 (1938).

[28] R. Rolland, A Musical Tour Through the Land of the Past (New York: Henry Holt, 1922).

[29] P. A. Scholes, Hrsg., Dr. Burney's Musical Tours in Europe, Bd. 1, An Eighteenth-Century Musical Tour in France and Italy (Oxford: Oxford University Press, 1959).

[30] E. Selfridge-Field, Pallade Veneta: Writings on Music in Venetian Society, 1650–1750 (Venice: Fondazione Levi, 1985).

[31] E. Selfridge-Field, »Music at the Pieta Before Vivaldi«, Early Music 14, Nr. 3 (1986).

[32] J. A. Sloboda und M. J. A. Howe, »Biographical Precursors of Musical Excellence«, *Psychology of Music* 19 (1991).

[33] J. A. Sloboda et al., »The Role of Practice in the Development of Performing Musicians«, *British Journal of Psychology* 87 (1996).

[34] M. Steinberg, »Yo-Yo Ma on Intonation, Practice, and the Role of Music in Our Lives«, Strings, 17. September 2015, Online-Ausgabe.

[35] J. Spitzer und N. Zaslaw, The Birth of the Orchestra (Oxford: Oxford University Press, 2004).

[36] S. Suzuki, Nurtured by Love, übers. v. W. Suzuki (Alfred Music, 1993 [Kindle E-Book]).

[37] T. Teachout, Duke: A Life of Duke Ellington (New York: Gotham Books, 2013).

[38] R. Thackray, »Music Education in Eighteenth Century Italy«, reprint from *Studies in Music* 9 (1975).

[39] M. White, Antonio Vivaldi: A Life in Documents (mit CD-ROM) (Florenz: Olschki, 2013).

KAPITEL 4: KURZFRISTIGES VERSUS NACHHALTIGES LERNEN

[1] H. P. Bahrick and E. Phelps, »Retention of Spanish Vocabulary over 8 Years«, *Journal of Experimental Psychology: Learning, Memory, and Cognition* 13, Nr. 2 (1987).

[2] D. Bailey et al., »Persistence and Fadeout in Impacts of Child and Adolescent Interventions«, *Journal of Research on Educational Effectiveness* 10, Nr. 1 (2017).

[3] M. Bangert et al., »When Less of the Same Is More: Benefits of Variability of Practice in Pianists« *Proceedings of the International Symposium on Performance Science* (2013).

[4] M. S. Birnbaum et al., »Why Interleaving Enhances Inductive Learning«, *Memory and Cognition* 41 (2013).

[5] R. A. Bjork, »Institutional Impediments to Effective Training«, in Learning, Remembering, Believing: Enhancing Human Performance, Hrsg. D. Druckman und R. A. Bjork (Washington, DC: National Academies Press, 1994).

[6] M. Braga et al., »Evaluating Students' Evaluations of Professors«, *Economics of Education Review* 41 (2014).

[7] S. E. Carrell und J. E. West, »Does Professor Quality Matter?«, *Journal of Political Economy* 118, Nr. 3 (2010).

[8] N. J. Cepeda et al., »Spacing Effects in Learning«, *Psychological Science* 19, Nr. 11 (2008).

[9] M. T. H. Chi et al., »Categorization and Representation of Physics Problems by Experts and Novices«, *Cognitive Science* 5, Nr. 2 (1981).

[10] C. M. Clark und R. A. Bjork, »When and Why Introducing Difficulties and Errors Can Enhance Instruction«, in Applying the Science of Learning in Education, Hrsg. V. A. Benassi et al. (Society for the Teaching of Psychology, 2014 [E-Book]).

[11] D. Coyle, The Talent Code (New York: Bantam, 2009).

[12] G. Duncan und R. J. Murnane, Restoring Opportunity (Cambridge, MA: Harvard Education Press, 2014 [Kindle E-Book]).

[13] T. S. Eich et al., »The Hypercorrection Effect in Younger and Older Adults«, Neuropsychology, Development and Cognition. Section B, Aging, *Neuropsychology and Cognition* 20, Nr. 5 (2013).

[14] J. Hiebert et al., »Teaching Mathematics in Seven Countries«, *National Center for Education Statistics*, 2003.

[15] C. L. Holladay und M.A. Quinones, »Practice Variability and Transfer of Training«, *Journal of Applied Psychology* 88, Nr. 6 (2003).

[16] L. L. Jacoby und W. H. Bartz, »Rehearsal and Transfer to LTM«, *Journal of Verbal Learning and Verbal Behavior* 11 (1972) 5.

[17] N. Kornell and J. Metcalfe, »The Effects of Memory Retrieval, Errors and Feedback on Learning«, in: *Applying Science of Learning in Education*, V.A. Benassi et al., Hrsg. (Society for the Teaching of Psychology, 2014).

[18] N. Kornell und H. S. Terrace, »The Generation Effect in Monkeys«, *Psychological Science* 18, Nr. 8 (2007).

[19] N. Kornell und R. A. Bjork, »Learning Concepts and Categories: Is Spacing the ›Enemy of Induction‹?«, *Psychological Science* 19, Nr. 6 (2008).

[20] N. Kornell et al., »Retrieval Attempts Enhance Learning, but Retrieval Success (Versus Failure) Does Not Matter«, *Journal of Experimental Psychology: Learning, Memory, and Cognition* 41, Nr. 1 (2015).

[21] E.R.A. Kuehnert et al. »Bansho: Visually Sequencing Mathematical Ideas«, *Teaching Children Mathematics* 24, Nr. 6 (2018).

[22] J. Metcalfe and N. Kornell, »Principles of Cognitive Science in Education«, *Psychonomic Bulletin and Review* 14, Nr. 2 (2007).

[23] J. Metcalfe et al., »Neural Correlates of People's Hypercorrection of Their False Beliefs«, *Journal of Cognitive Neuroscience* 24, Nr. 7 (2012).

[24] S. G. Paris, »Reinterpreting the Development of Reading Skills«, *Reading Research Quarterly* 40, Nr. 2 (2005).

[25] H. Pashler et al., »Organizing Instruction and Study to Improve Student Learning«, *National Center for Education Research*, 2007.

[26] C. Rampell, »Actually, Public Education is Getting Better, Not Worse«, *Washington Post*, 18. September 2014.

[27] L. E. Richland et al., »Teaching the Conceptual Structure of Mathematics«, *Educational Psychology* 47, Nr. 3 (2012).

[28] D. Rohrer und K. Taylor, »The Shuffling of Mathematics Problems Improves Learning«, *Instructional Science* 35 (2007).

[29] J. F. Voss et al., »Individual Differences in the Solving of Social Science Problems«, in: Individual Differences in Cognition, Bd. 1, Hrsg. R. F. Dillon und R. R. Schmeck (New York: Academic Press, 1983).

KAPITEL 5: GEDANKLICHES NEULAND

[1] S. Brocklehurst, »Going off the Rails«, BBC Scotland, 30. Mai 2014, Online-Ausgabe.

[2] C. Burger, »Personalized Recommendations at Netflix«, Tastehit.com, 23. Februar 2016.

[3] A. Caswell, »Lectures on Astronomy«, Smithsonian Lectures on Astronomy, 1858 (Sammlung des British Museum).

[4] M. T. H. Chi et al., »Categorization and Representation of Physics Problems by Experts and Novices«, Cognitive Science 5, Nr. 2 (1981).

[5] F. Dubin und D. Lovallo, »The Use and Misuse of Analogies in Business«, (Sydney: University of Sydney, 2008).

[6] K. Dunbar, »How Scientists Really Reason«, in The Nature of Insight, Hrsg. R. J. Sternberg und J. E. Davidson (Cambridge, MA: MIT Press, 1995).

[7] K. Dunbar, »What Scientific Thinking Reveals About the Nature of Cognition«, in Designing for Science, Hrsg. K. Crowley et al. (Mahwah, NJ: Lawrence Erlbaum Associates, 2001).

[8] B. Flyvbjerg et al., »What Causes Cost Overrun in Transport Infrastructure Projects?« *Transport Reviews* 24, Nr. 1 (2004).

[9] B. Flyvbjerg, »Curbing Optimism Bias and Strategic Misrepresentation in Planning«, *European Planning Studies* 16, Nr. 1 (2008).

[10] D. Gentner et al., »Analogy and Creativity in the Works of Johannes Kepler«, in Creative Thought: An Investigation of Conceptual Structures and Processes, Hrsg. T. B. Ward et al. (Washington, DC: American Psychological Association, 1997).

[11] D. Gentner et al., »Analogical Reasoning and Conceptual Change: A Case Study of Johannes Kepler«, *Journal of the Learning Sciences* 6, Nr. 1 (1997).

[12] D. Gentner und A. B. Markman, »Structure Mapping in Analogy and Similarity«, *American Psychologist* 52, Nr. 1 (1997)

[13] D. Gentner, »Analogy in Scientific Discovery: The Case of Johannes Kepler«, in: Model-Based Reasoning: Science, Technology, Values, Hrsg. L. Magnani N. J. Nersessian (New York: Kluwer Academic/Plenum Publishers, 2002).

[14] M. L. Gick und K. J. Holyoak, »Analogical Problem Solving«, *Cognitive Psychology* 12 (1980).

[15] M. L. Gick und K. J. Holyoak, »Schema Induction and Analogical Transfer«, *Cognitive Psychology* 15 (1983).

[16] T. Gilovich, »Seeing the Past in the Present: The Effect of Associations to Familiar Events on Judgments and Decisions«, *Journal of Personality and Social Psychology* 40, Nr. 5 (1981).

[17] J. Gleick, Isaac Newton (New York: Vintage, 2007).

[18] D. Gray, »A Gallery of Metaphors«, *Harvard Business Review*, September 2003.

[19] D. Kahneman and D. Lovallo, »Timid Choices and Bold Forecasts«, *Management Science* 39, Nr. 1 (1993).

[20] D. Kahneman, Thinking, Fast and Slow (New York: Farrar, Straus & Giroux, 2011).

[21] A. Koestler, The Sleepwalkers: A History of Man's Changing Vision of the Universe (New York: Penguin Classics, 2017).

[22] D. Lovallo, C. Clarke und C. Camerer, »Robust Analogizing and the Outside View«, *Strategic Management Journal* 33, Nr. 5 (2012).

[23] A. A. Martinez, »Giordano Bruno and the Heresy of Many Worlds«, *Annals of Science* 73, Nr. 4 (2016).

[24] M. J. Mauboussin, Think Twice: Harnessing the Power of Counterintuition (Boston: Harvard Business Review Press, 2009).

[25] E. McMullin, »The Origins of the Field Concept in Physics«, *Physics in Perspective* 4, Nr. 1 (2002).

[26] N. Morvillo, Science and Religion: Understanding the Issues (Malden, MA: Wiley-Blackwell, 2010).

[27] B. M. Rottman et al., »Causal Systems Categories: Differences in Novice and Expert Categorization of Causal Phenomena«, *Cognitive Science* 36 (2012).

[28] A. Tversky und D. J. Koehler, »Support Theory«, Psychological Review 101, Nr. 4 (1994).

[29] T. Vanderbilt, »The Science Behind the Netflix Algorithms That Decide What You'll Watch Next«, Wired.com, 7. August 2013.

[30] L. Van Boven und N. Epley, »The Unpacking Effect in Evaluative Judgments: When the Whole Is Less Than the Sum of Its Parts«, *Journal of Experimental Social Psychology* 39 (2003).

[31] B. Vickers, »Analogy Versus Identity«, in: Occult and Scientific Mentalities in the Renaissance, Hrsg. B. Vickers (Cambridge: Cambridge University Press, 1984).

KAPITEL 6: DAS PROBLEM MIT DEM STEHVERMÖGEN

[1] G. Cheadle (Brig. Gen. USAF [Ret.]), »Retention of USMA Graduates on Active Duty«, White Paper für die USMA Association of Graduates, 2004.

[2] S. Cohen, »Sasha Cohen: An Olympian's Guide to Retiring at 25«, *New York Times*, 24. Februar 2018.

[3] N. Denekamp et al., The Vincent van Gogh Atlas (New Haven, CT: Yale University Press und das Van Gogh Museum, 2016).

[4] A. L. Duckworth et al., »Grit: Perseverance and Passion for Long-Term Goals«, *Journal of Personality and Social Psychology* 92, Nr. 6 (2007).

[5] A. L. Duckworth, Grit: The Power of Passion and Perseverance (New York: Scribner, 2016).

[6] A. L. Duckworth, »Don't Grade Schools on Grit«, *New York Times*, 26. März 2016.

[7] D. Engber, »Is ›Grit‹ Really the Key to Success?«, *Slate*, 8. Mai 2016.

[8] Gallup's *State of the Global Workplace* report, 2017.

[9] S. Godin, The Dip: A Little Book That Teaches You When to Quit (and When to Stick) (New York: Portfolio, 2007 [Kindle E-Book]).

[10] The Great Masters (London: Quantum Publishing, 2003).

[11] J. Hulsker, The Complete Van Gogh (New York: Harrison House/H. N. Abrams, 1984).

[12] C. K. Jackson, »Match Quality, Worker Productivity, and Worker Mobility: Direct Evidence from Teachers«, *Review of Economics and Statistics* 95, Nr. 4 (2013).

[13] D. Lederman, »When to Specialize?«, *Inside Higher Ed*, 25. November 2009.

[14] S. D. Levitt, »Heads or Tails: The Impact of a Coin Toss on Major Life Decisions and Subsequent Happiness«, *NBER Working Paper* Nr. 22487 (2016).

[15] O. Malamud, »Discovering One's Talent: Learning from Academic Specialization«, *Industrial and Labor Relations* 64, Nr. 2 (2011).

[16] O. Malamud, »Breadth Versus Depth: The Timing of Specialization in Higher Education«, *Labour* 24, Nr. 4 (2010).

[17] R. A. Miller, »Job Matching and Occupational Choice«, *Journal of Political Economy* 92, Nr. 6 (1984).

[18] S. Naifeh und G. White Smith, Van Gogh: The Life (New York: Random House, 2011).

[19] *Our World in Data* (ourworldindata.org).

[20] M. Randall, »New Cadets March Back from ›Beast Barracks‹ at West Point«, *Times Herald-Record*, 8. August 2016.

[21] J. K. Rowling, Text ihrer Rede, »The Fringe Benefits of Failure, and the Importance of Imagination«, *Harvard Gazette*, 5. Juni 2008, Online-Ausgabe.

[22] T. W. Schultz, »Resources for Higher Education«, *Journal of Political Economy* 76, Nr. 3 (1968).

[23] A. Tilghman, »At West Point, Millennial Cadets Say Rigid Military Career Tracks Are Outdated«, *Military Times*, 26. März 2016.

[24] D. Vergun, »Army Helping Cadets Match Talent to Branch Selection«, *Army News Service*, 21. März 2017.

[25] C. Wardynski et al., »Towards a U.S. Army Officer Corps Strategy for Success: Retaining Talent«, *Strategic Studies Institute*, 2010.

[26] E. Zola, Germinal, übers. v. R. N. MacKenzie (Indianapolis: Hackett Publishing, 2011).

KAPITEL 7: DER FLIRT MIT DEN EIGENEN VERSCHIEDENEN PERSÖNLICHKEITEN

[1] J. A. Byrne, »Profiting from the Nonprofits«, *Business Week*, 26. März 1990.

[2] P. Capell, »Taking the Painless Path to a New Career«, *Wall Street Journal Europe*, 2. Januar 2002.

[3] C. Darwin, The Autobiography of Charles Darwin, Darwin-online.org.uk

[4] M. B. Donnellan, »Personality Stability and Change«, in Noba Textbook Series: Psychology, Hrsg. R. Biswas-Diener und E. Diener (Champaign, IL: DEF Publishers, 2018), nobaproject.com.

[5] E. Edersheim, »The Woman Drucker Said Was the Best CEO in America«, *Management Matters Network*, 27. April 2017.

[6] H. Finster, Stranger from Another World (New York: Abbeville Press, 1989).

[7] Gallup's *State of the Global Workplace* report, 2017.

[8] *Good Morning America*, 26. April 2016.

[9] P. Graham, »What You'll Wish You'd Known«, www.paulgraham.com/hs.html.

[10] Hesselbein, My Life in Leadership (San Francisco: Jossey-Bass, 2011)

[11] H. Ibarra, Working Identity (Boston: Harvard Business Review Press, 2003; Revised ed., 2004).

[12] P. Knight, Shoe Dog (New York: Scribner, 2016).

[13] Michelangelo, The Complete Poems of Michelangelo, übers. v. J. F. Nims (Chicago: University of Chicago Press, 1998).

[14] W. Mischel, The Marshmallow Test (New York: Little, Brown, 2014 [Kindle E-Book]).

[15] H. Murakami, »The Art of Fiction No. 182«. The Paris Review, 170 (2004).

[16] H. Murakami, »The Moment I Became a Novelist«, Literary Hub, 25. Juni 2015.

[17] A. Myers und B. Carey, »Maryam Mirzakhani, Stanford Mathematician and Fields Medal Winner, Dies«, *Stanford News*, 15. Juli 2007.

[18] J. Quoidbach, D. T. Gilbert und T. D. Wilson, »The End of History Illusion«, *Science* 339, Nr. 6115 (2013).

[19] B.W. Roberts et al., »Patterns of Mean-Level Change in Personality Traits Across the Life Course«, *Psychological Bulletin* 132, Nr. 1 (2006).

[20] B. W. Roberts und D. Mroczek, »Personality Trait Change in Adulthood«, *Current Directions in Psychological Science* 17, Nr. 1 (2009).

[21] T. Rose, The End of Average: How We Succeed in a World That Values Sameness (New York: HarperOne, 2016 [Kindle E-Book]).

[22] Y. Shoda et al., eds., Persons in Context: Building a Science of the Individual (New York: Guilford Press, 2007 [Kindle E-Book]).

[23] T. W. Watts et al., »Revisiting the Marshmallow Test«, *Psychological Science* 29, Nr. 7 (2018).

[24] W. Wallace, »Michelangelo: Separating Theory and Practice«, in Imitation, Representation and Printing in the Italian Renaissance, Hrsg. R. Eriksen und M. Malmanger (Pisa and Rome: Fabrizio Serra Editore, 2009).

[25] C. Wellington, »A new beginning«, Chrissiewellington.org, 12. März 2012.

KAPITEL 8: DER AUSSENSEITER-VORTEIL

[1] N. Appert, »L'art de conserver, pendant plusieurs années, toutes les substances animales et végétales« (Jeanne Laffitte, 1999).

[2] G. Bonne et al., »Mutations in the Gene Encoding, Lamin A/C Cause Autosomal Dominant Emery-Dreifuss Muscular Dystrophy«, *Nature Genetics* 21, Nr. 3 (1999).

[3] K. J. Boudreau et al., »Looking Across and Looking Beyond the Knowledge Frontier«, *Management Science* 62, Nr. 10 (2016).

[4] C. Dean, »If You Have a Problem, Ask Everyone«, *New York Times*, 22. Juli 2008.

[5] Deymeer et al., »Emery-Dreifuss Muscular Dystrophy with Unusual Features«, *Muscle and Nerve* 16 (1993).

[6] S. Joni, »Stop Relying on Experts for Innovation: A Conversation with Karim Lakhani«, *Forbes*, 23. Oktober 2013, Online-Ausgabe.

[7] Kaggle Team, »Profiling Top Kagglers: Bestfitting, Currently #1 in the World«, No Free Hunch (offizieller Kaggle-Blog), 7. Mai 2018.

[8] K. R. Lakhani, »InnoCentive.com (A)«, HBS Nr. 9-608-170, Harvard Business School Publishing, 2009. Siehe auch: S. Page, The Difference (Princeton, NJ: Princeton University Press, 2008).

[9] K. R. Lakhani et al., »Open Innovation and Organizational Boundaries«, in A. Grandori, ed., Handbook of Economic Organization (Cheltenham: Edward Elgar, 2013).

[10] L. Moise Interview mit K. Lakhani, »5 Questions with Dr. Karim Lakhani«, *InnoCentive Innovation Blog*, 25. Juli 2008.

[11] J. H. Collins, The Story of Canned Foods (New York: E. P. Dutton, 1924).

[12] »Selected Innovation Prizes and Rewards Programs«, *Knowledge Ecology International, KEI Research Note*, 2008.

[13] Standage, An Edible History of Humanity.

[14] D. R. Swanson, »Migraine and Magnesium: Eleven Neglected Connections«, Perspectives in Biology and Medicine 31, Nr. 4 (1988).

[15] D. R. Swanson, »On the Fragmentation of Knowledge, the Connection Explosion, and Assembling Other People's Ideas«, *Bulletin of the American Society for Information Science and Technology* 27, Nr. 3 (2005).

[16] J. Travis, »Science by the Masses«, *Science* 319, Nr. 5871 (2008).

KAPITEL 9: LATERALES DENKEN UNTER EINSATZ ALTBEWÄHRTER TECHNOLOGIEN

[1] R. Ahmed et al., »Morpho Butterfly-Inspired Optical Diffraction, Diffusion, and Bio-chemical Sensing«, *RSC Advances* 8 (2018).

[2] W. F. Boh, R. Evaristo und A. Ouderkirk, »Balancing Breadth and Depth of Expertise for Innovation: A 3M Story«, *Research Policy* 43 (2013).

[3] E. de Bono, Lateral Thinking: Creativity Step by Step (New York: HarperCollins, 2010).

[4] C. Christensen und S. C. Anthony, »What Should Sony Do Next?«, *Forbes*, 1. August 2007, Online-Ausgabe.

[5] F. Dyson, »Bird and Frogs«, *Notices of the American Mathematical Society* 56, Nr. 2 (2009).

[6] B. Edwards, »Happy 20th b-day, Game Boy«, *Ars Technica*, 21. April 2009.

[7] R. H. Frank, Luxury Fever (New York: The Free Press, 1999), Kap. 3.

[8] G. D. Glenn und R. L. Poole, The Opera Houses of Iowa (Ames: Iowa State University Press, 1993).

[9] F. Gorges mit I. Yamazaki, The History of Nintendo, Bd. 1, 1889– 1980 (Triel-sur-Seine: Pix'N Love, 2010).

[10] F. Gorges mit I. Yamazaki, The History of Nintendo, Bd. 2, 1980– 1991 (Triel-sur-Seine: Pix'N Love, 2012).

[11] A. Griffin, R. L. Price und B. Vojak, Serial Innovators: How Individuals Create and Deliver Breakthrough Innovations in Mature Firms (Stanford, CA: Stanford Business Books, 2012 [Kindle E-Book]).

[12] H. E. Gruber, Darwin on Man: A Psychological Study of Scientific Creativity (Chicago: University of Chicago Press, 1981).

[13] H. E. Gruber, »The Evolving Systems Approach to Creative Work«, *Creativity Research Journal* 1, Nr.1 (1988).

[14] IGN-Mitarbeiter, »Okada on the Game Boy Advance«, IGN.com, 13. September 2000.

[15] B. Jaruzelski et al., »Proven Paths to Innovation Success«, *Strategy+ Business*, Winter 2014, Vorabdruck der Ausgabe 77.

[16] M. Kodama, Knowledge Integration Dynamics (Singapur: World Scientific).

[17] A. Kurmann et al., »Impact of Team Familiarity in the Operating Room on Surgical Complications«, *World Journal of Surgery* 38, Nr. 12 (2014).

[18] R. Mead, »All About the Hamiltons«, *The New Yorker*, 9. Februar 2015.

[19] M. Maruthappu et al., »The Influence of Volume and Experience on Individual Surgical Performance: A Systematic Review«, *Annals of Surgery* 261, Nr. 4 (2015)

[20] M. Maruthappu, »The Impact of Team Familiarity and Surgical Experience on Operative Efficiency«, *Journal of the Royal Society of Medicine* 109, Nr. 4 (2016).

[21] E. Melero und N. Palomeras, »The Renaissance Man Is Not Dead! The Role of Generalists in Teams of Inventors«, Research Policy 44 (2015).

[22] Ouderkirk, Vortrag bei TEDxHHL, 14. Oktober 2016.

[23] J. Parish, Game Boy World 1989 (Norfolk, VA: CreateSpace, 2016).

[24] D. Pink, Drive (New York: Riverhead, 2011).

[25] »A Review of Flightcrew-Involved Major Accidents of U.S. Air Carriers, 1978 Through 1990«, *National Transportation Safety Board*, Safety Study NTSB/SS-94/01, 1994.

[26] N. R. Sahni et al., »Surgeon Specialization and Operative Mortality in the United States: Retrospective Analysis«, BMJ 354 (2016).

[27] D. Sheff, Game Over: How Nintendo Conquered the World (New York: Vintage, 2011).

[28] shmuplations.com (Übersetzung), »Console Gaming Then and Now: A Fascinating 1997 Interview with Nintendo's Legendary Gunpei Yokoi«, techspot.com, 10. Juli 2015.

[29] D. K. Simonton, Origins of Genius (Oxford: Oxford University Press, 1999).

[30] A. Taylor und H. R. Greve, »Superman or the Fantastic Four? Knowledge Combination and Experience in Innovative Teams«, *Academy of Management Journal* 49, Nr. 4 (2006).

[31] C. L. Tilley, the Innocent: Fredric Wertham and the Falsifications That Helped Condemn Comics«, *Information and Culture* 47, Nr. 4 (2012).

[32] T. Veak, »Exploring Darwin's Correspondence«, *Archives of Natural History* 30, Nr. 1 (2003).

[33] E. Voskuil, Before Mario: The Fantastic Toys from the Video Game Giant's Early Days (Chatillon: Omake Books, 2014).

[34] M. F. Weber et al., »Giant Birefringent Optics in Multilayer Polymer Mirrors«, Science 287 (2000): 2451–56; und R. F. Service, »Mirror Film Is the Fairest of Them All«, *Science* 287 (2000).

[35] https://www.gamepro.de/artikel/die-queen-liebt-wii-koenigin-zockt-wii-sports,1304154.html

KAPITEL 10: PROFUNDES FACHWISSEN KANN TÄUSCHEN

[1] J. Baron et al., »Reflective Thought and Actively Open-Minded Thinking«, in Individual Differences in Judgment and Decision Making, Hrsg. M. E. Toplak und J. A. Weller (New York: Routledge, 2017 [Kindle E-Book]).

[2] J. Browne, Charles Darwin: A Biography, Bd. 1, Voyaging (New York: Alfred A. Knopf, 1995).

[3] W. Chang et al., »Developing Expert Political Judgment: The Impact of Training and Practice on Judgmental Accuracy in Geopolitical Forecasting Tournaments«, *Judgment and Decision Making* 11, Nr. 5 (2016).

[4] C. Darwin, The Autobiography of Charles Darwin.

[5] H. Dukas und B. Hoffmann Hrsg., Albert Einstein, The Human Side: Glimpses from His Archives (Princeton, NJ: Princeton University Press, 1979).

[6] P. R. Ehrlich, Eco-Catastrophe! (San Francisco: City Lights Books, 1969).

[7] P. R. Ehrlich und A. H. Ehrlich, The Population Explosion (New York: Simon & Schuster, 1990).

[8] J. A. Frimer et al., »Liberals and Conservatives Are Similarly Motivated to Avoid Exposure to One Another's Opinions«, *Journal of Experimental Social Psychology* 72 (2017).

[9] G. Gigerenzer, Risk Savvy (New York: Penguin, 2014).

[10] H. E. Gruber, Darwin on Man: A Psychological Study of Scientific Creativity.

[11] D. Kahan et al., »Motivated Numeracy and Enlightened Self-Government«, *Behavioural Public Policy* 1, Nr. 1 (2017).

[12] D. M. Kahan et al., »Science Curiosity and Political Information Processing«, *Advances in Political Psychology* 38, Nr. 51 (2017).

[13] K. Kiel et al., »Luck or Skill? An Examination of the Ehrlich-Simon Bet«, *Ecological Economics* 69, Nr. 7 (2010).

[14] G. Mackie, »Einstein's Folly,« *The Conversation*, 29. November 2015.

[15] G. S. Morson und M. Schapiro, Cents and Sensibility (Princeton, NJ: Princeton University Press, 2017 [E-Book]).

[16] Online Privacy Foundation, »Irrational Thinking and the EU Referendum Result« (2016).

[17] Our World in Data, gegründet von Max Roser, Ökonom an der Universität Oxford. Die Kalorienzufuhr pro Person und Tag findet sich zum Beispiel unter https:/slides.our worldindata.org/hunger-and-food-provision/#/kcalcapitaday-by-world-regions-mg-png.

[18] P. Sabin, Das Buch The Bet (New Haven, CT: Yale University Press, 2013).

[19] C. P. Snow, The Physicists, (London: Little, Brown and Co., 1981).

[20] C. R. Sunstein, »The Battle of Two Hedgehogs«, *New York Review of Books*, 5. Dezember 2013.

[21] P. E. Tetlock, in: Expert Political Judgment: How Good Is It? How Can We Know? (Princeton, NJ: Princeton University Press, 2005).

[22] P. E. Tetlock et al., »Bringing Probability Judgments into Policy Debates via Forecasting Tournaments«, *Science* 355 (2017).

[23] Vereinte Nationen, Hauptabteilung Wirtschaftliche und Soziale Angelegenheiten, Bevölkerungsabteilung, »World Population Prospects: The 2017 Revision, Key Findings and Advance Tables«, Working Paper Nr. ESA/P/WP/248.

KAPITEL 11: WIE MAN LERNT, AUF VERTRAUTE INSTRUMENTE ZU VERZICHTEN

[1] E.M. Anicich et al., »Hierarchical Cultural Values Predict Success and Mortality in High-Stakes Teams«, *Proceedings of the National Academy of Sciences of the United States of America* 112, Nr. 5 (2015).

[2] R. P. Boisjoly et al. »Roger Boisjoly and the Challenger Disaster«, *Journal of Business Ethics* 8, Nr. 4 (1989).

[3] K. S. Cameron und S. J. Freeman, »Cultural Congruence, Strength, and Type: Relationships to Effectiveness«, *Research in Organizational Change and Development* 5 (1991).

[4] K. S. Cameron und R. E. Quinn, Diagnosing and Changing Organizational Culture, 3. Auflage (San Francisco: Jossey-Bass, 2011).

[5] Columbia Accident Investigation Board, »History as Cause: Columbia and Challenger«, in: *Columbia Accident Investigation Board Report*, Bd. 1, August 2003.

[6] S. J. Dick, Hrsg., NASA's First 50 Years (Washington, DC: NASA, 2011 [E-Book]). Von Brauns wöchentliche Aufzeichnungen sind ebenfalls archiviert unter https://history.msfc.nasa.gov/vonbraun/vb_weekly_notes.html.

[7] M. Dunn, »Remaking NASA one step at a time«, *Associated Press*, 12. Oktober 2003.

[8] D. Epstein, »When Evidence Says No, But Doctors Say Yes«, *ProPublica*, 22. Februar 2017.

[9] C. Grupen, Introduction to Radiation Protection (Berlin: Springer, 2010), 90. Shafers vollständige Originalbotschaft ist abrufbar unter https://yarchive.net/air/perfect_safety.html.

[10] »Hearings of the Presidential Commission on the Space Shuttle Challenger Accident«, Transkript, Bd. 4, 25. Februar 1986.

[11] A. B. Jena et al., »Mortality and Treatment Patterns among Patients Hospitalized with Acute Cardiovascular Conditions during Dates of National Cardiology Meetings«, *JAMA Internal Medicine* 175, Nr. 2 (2015).

[12] A. B. Jena et al., »Acute Myocardial Infarction during Dates of National Interventional Cardiology Meetings«, Journal of the American Heart Association 7, Nr. 6 (2018).

[13] M. Kohut, »Interview with Bryan O'Connor«, *NASA's ASK (Academy Sharing Knowledge) Magazin*, Ausgabe 45 (Januar 2012).

[14] G. Kranz, Failure Is Not an Option (New York: Simon & Schuster, 2000).

[15] R. Launius, »Comments on a Very Effective Communications System: Marshall Space Flight Center's Monday Notes«, Roger Launius's Blog, 28. Februar 2011.

[16] F. Lighthall, »Launching the Space Shuttle Challenger: Disciplinary Deficiencies in the Analysis of Engineering Data«, *IEEE Transactions on Engineering Management* 38, Nr. 1 (1991)

[17] G. A. Lin et al., »Cardiologists' Use of Percutaneous Coronary Interventions for Stable Coronary Artery Disease«, *Archives of Internal Medicine* 167, Nr. 15 (2007).

[18] J. M. Logsdon, »Was the Space Shuttle a Mistake?«, *MIT Technology Review*, 6. Juli 2011.

[19] A. McDonald, Truth, Lies, and O-Rings (Gainesville: University Press of Florida, 2009).

[20] NASA-Fallstudie, »The Gravity Probe B Launch Decisions«, NASA, Academy of Program/Project and Engineering Leadership.

[21] J. Orasanu und L. Martin, »Errors in Aviation Decision Making«, Proceedings of the HESSD '98 (Workshop on Human Error, Safety and System Development) (1998).

[22] J. Orasanu et al., »Errors in Aviation Decision Making«, *Fourth Conference on Naturalistic Decision Making*, 1998.

[23] J. Overduin, »The Experimental Verdict on Spacetime from Gravity Probe B«, in Vesselin Petkov, Hrsg., Space, Time, and Spacetime (Berlin: Springer, 2010).

[24] S. V. Patil et al., »Accountability Systems and Group Norms: Balancing the Risks of Mindless Conformity and Reckless Deviation«, *Journal of Behavioral Decision Making* 30 (2017).

[25] R. F. Redberg, »Cardiac Patient Outcomes during National Cardiology Meetings«, *JAMA Internal Medicine* 175, Nr. 2 (2015).

[26] T. Reichhardt, »Unstoppable Force«, *Nature* 426 (2003).

[27] R. C. Rothermel, »Mann Gulch Fire: A Race That Couldn't Be Won«, Department of Agriculture, Forest Service, Intermountain Research Station, General Technical Report INT-299, Mai 1993.

[28] R. Sihvonen et al., »Arthroscopic Partial Meniscectomy Versus Sham Surgery for a Degenerative Meniscal Tear«, New England Journal of Medicine 369 (2013).

[29] K. Stergiopoulos und D. L. Brown, »Initial Coronary Stent Implantation With Medical Therapy vs Medical Therapy Alone for Stable Coronary Artery Disease: Meta-analysis of Randomized Controlled Trials«, *Archives of Internal Medicine* 172, Nr. 4 (2012).

[30] USDA, USDI und USDC, South Canyon Fire Investigation (Report of the South Canyon Fire Accident Investigation Team), U.S. Government Printing Office, Region 8, Report 573-183, 1994.

[31] D. Vaughan, The Challenger Launch Decision: Risky Technology, Culture, and Deviance at NASA (Chicago: University of Chicago Press, 1996).

[32] K. E. Weick, »The Collapse of Sensemaking in Organizations: Gulch Disaster«, *Administrative Science Quarterly* 38, Nr. 4 (1993).

[33] K. E. Weick, »Drop Your Tools: An Allegory for Organizational Studies«, *Administrative Science Quarterly* 41, Nr. 2 (1996).

[34] K. E. Weick, »Drop Your Tools: On Reconfiguring Management Education«, *Journal of Management Education* 31, Nr. 1 (2007).

[35] K. E. Weick, »Tool Retention and Fatalities in Wildland Fire Settings«, in Linking Expertise and Naturalistic Decision Making, Hrsg. E. Salas und G. A. Klein (New York: Psychology Press, 2001 [Kindle E-Book]).

[36] R. Wright et al., Hrsg., NASA at 50: Interviews with NASA's Senior Leadership (Washington, DC: NASA, 2012).

KAPITEL 12: BEWUSSTE AMATEURE

[1] Bhatt et al., »The Effect of Malaria Control on Plasmodium falciparum in Africa Between 2000 and 2015«, *Nature* 526 (2015).

[2] K. J. Boudreau et al., »Looking Across and Looking Beyond the Knowledge Frontier: Intellectual Distance, Novelty, and Resource Allocation in Science«, *Management Science* 62, Nr. 10 (2016).

[3] A. Bowen and A. Casadevall, »Increasing Disparities Between Resource Inputs and Outcome, as Measured by Certain Health Deliverables, in Biomedical Research«, *Proceedings of the National Academy of Sciences of the USA* 112, Nr. 36 (2015).

[4] A. Casadevall, »Crisis in Biomedical Sciences: Time for Reform?«, Johns Hopkins Bloomberg School of Public Health Dean's Lecture Series, 21. Februar 2017, www.youtube.com/watch?v=05Sk-3u90Jo.

[5] A. Casadevall und F. C. Fang, »Specialized Science«, *Infection and Immunity* 82, Nr. 4 (2014).

[6] A. Clauset et al., »Data-Driven Predictions in the Science of Science«, *Science* 355 (2017).

[7] J. Colapinto, »Material Question«, The New Yorker, Dezember 2014, Online-Ausgabe.

[8] E. Dadachova et al., »Ionizing Radiation Changes the Electronic Properties of Melanin and Enhances the Growth of Melanized Fungi«, PLoS ONE 2, Nr. 5 (2007).

[9] M. Delbrück, Interview mit Carolyn Harding im Jahr 1978, California Institute of Technology Oral History Project, 1979.

[10] »Dream Teams Thrive on Mix of Old and New Blood«, Northwestern Now, 3. Mai 2005.

[11] D. Epstein, »Senatorial Peer Review«, *Inside Hig*her Ed, 3. Mai 2006;

[12] D. Epstein, »Science Bill Advances«, *Inside Hig*her Ed, 19. Mai 2006.

[13] F. C. Fang et al., »Misconduct Accounts for the Majority of Retracted Scientific Publications«, *Proceedings of the National Academy of Sciences of the USA* 109, Nr. 42 (2012): 17028–33.

[14] C. Franzoni et al., »The Mover's Advantage: The Superior Performance of Migrant Scientists«, *Economic Letters* 122, Nr. 1 (2014): 89– 93.

[15] J. Gifford, 100 Great Business Leaders (Singapore: Marshall Cavendish Business, 2013).

[16] R. Guimera et al., »Team Assembly Mechanisms Determine Collaboration Network Structure and Team Performance«, *Science* 308 (2005).

[17] J. Y. Ho und A. S. Hendi, »Recent Trends in Life Expectancy Across High Income Countries«, *BMJ* (2018), 362.

[18] M. Hornig et al., »Practice and Play in the Development of German Top-Level Professional Football Players«, *European Journal of Sport Science* 16, Nr. 1 (2016).

[19] C. Lee et al., »Measurement of the Elastic Properties and Intrinsic Strength of Monolayer Graphene«, *Science* 321 (2008).

[20] E. Lepore et al., »Spider Silk Reinforced by Graphene or Carbon Nanotubes«, 2D Materials 4, Nr. 3 (2017).

[21] Sarah Lewis, The Rise: Creativity, the Gift of Failure, and the Search for Mastery (New York: Simon & Schuster, 2014).

[22] A. K. Manrai et al., »Medicine's Uncomfortable Relationship with Math«, *JAMA Internal Medicine* 174, Nr. 6 (2014).

[23] P. McKenna, »Nobel Prize Goes to Modest Woman Who Beat Malaria for China«, *New Scientist*, 9. November 2011, Online-Ausgabe.

[24] E. Pain, »Sharing a Nobel Prize at 36«, *Science*, Online-Ausgabe. career profiles, 25. Februar 2011.

[25] A. M. Petersen, »Multiscale Impact of Researcher Mobility«, *Journal of the Royal Society Interface* 15, Nr. 146 (2018): 20180580.

[26] D. K. Simonton, »Foreign Influence and National Achievement: The Impact of Open Milieus on Japanese Civilization«, *Journal of Personality and Social Psychology* 72, Nr. 1 (1997).

[27] Y. Tu, »The Discovery of Artemisinin (Qinghaosu) and Gifts from Chinese Medicine«, *Nature Medicine* 17, Nr. 10 (2011).

[28] »U. Manchester's Andre Geim: Sticking with Graphene — For Now«, *ScienceWatch* Newsletter-Interview, August 2008.

[29] B. Uzzi, »Teaming Up to Drive Scientific Discovery«, TEDxNorthwesternU, Juni 2012.

[30] B. Uzzi et al., »Atypical Combinations and Scientific Impact«, *Science* 342 (2013).

[31] B. Uzzi and J. Spiro, »Collaboration and Creativity«, *American Journal of Sociology* 111, Nr. 2 (2005).

[32] J. Wang et al., »Bias Against Novelty in Science«, *Research Policy* 46, Nr. 8 (2017).

[33] G. Watts, »Obituary: Oliver Smithies«, *Lancet* 389 (2017).

[34] »Why High-Profile Journals Have More Retractions«, *Nature*, Online-Ausgabe., 17. September 2014.

[35] https://www.golem.de/news/gravitationswellen-forscher-weisen-uralte-kollision-schwarzerloecher-nach-1812-138057.html

FAZIT: ERWEITERN SIE IHREN HORIZONT

[1] Abrams v. United States, 250 U.S. 616 (1919) (Holmes' Minderheitsvotum).

[2] S. B. Kaufman and C. Gregoire, Wired to Create (New York: Perigee, 2015).

[3] W. Moskalew et al., Svetik: A Family Memoir of Sviatoslav Richter (London: Toccata Press, 2015).

[4] »My Amazing Journey — Steve Nash«, NBA.com, 2007– 08 Season Preview.

[5] W. Osgerby, »Young British Artists«, in ART: The Whole Story, Hrsg. S. Farthing (London: Thames & Hudson, 2010).

[6] C. Pelling, Plutarch and History (Swansea: Classical Press of Wales, 2002).

[7] D. K. Simonton, »Popularity, Content, and Context in 37 Shakespeare Plays«, *Poetics* 15 (1986).

Quellenverzeichnis

EINFÜHRUNG

1 G. Smith, »The Chosen One«, *Sports Illustrated*, 23. Dezember 1996. (Earl Woods fügte in sein nachfolgend genanntes Buch ein Foto von dieser Szene ein.)

2 Die Hauptquelle zu Tigers Kindheit in diesem Abschnitt ist: E. Woods (mit P. McDaniel, Vorwort von Tiger Woods), Training a Tiger: Raising a Winner in Golf and Life (New York: Harper Paperbacks, 1997).

3 https://www.youtube.com/watch?v=6XupL9h0DOc

4 J. Benedict und A. Keteyian, *Tiger Woods* (New York: Simon & Schuster, 2018).

5 Smith, »The Chosen One.«

6 R. Jacob, »Ace of Grace«, *Financial Times*, 13. Januar 2006, Online-Ausgabe

7 R. Stauffer, *The Roger Federer Story: Quest for Perfection* (Chicago: New Chapter Press, 2007 [Kindle E-Book]).

8 J. L. Wertheim, *Strokes of Genius* (New York: Houghton Mifflin Harcourt, 2009 [Kindle E-Book]).

9 Stauffer, *The Roger Federer Story*.

10 K. A. Ericsson, R. T. Krampe und C. Tesch-Romer, »The Role of Deliberate Practice in the Acquisition of Expert Performance«, *Psychological Review* 100, Nr. 3 (1993): 363–406.

11 A. Gawande, *The Checklist Manifesto* (New York: Metropolitan Books, 2010).

12 M. Syed, Bounce. *The myth of talent and the power of practice*. (Fourth Estate, 2011).

13 Für eine ausgezeichnete Übersicht, wie Großbritannien seine Talent-Pipeline verändert hat, siehe: O. Slot, *The Talent Lab* (London: Ebury Press, 2017).

14 Beispiele über Studien, einschließlich derjenigen, die in der Einleitung zitiert wurden, aus verschiedenen Sportarten und Ländern, die den Trend zu Experimentierphasen und einer verzögerten Spezialisierung dokumentieren, sind unter anderem folgende (die Daten für die Grafiken über die Übungsstunden sind aus dem ersten der nachfolgend genannten Beiträge entnommen: K. Moesch et al., »Late Specialization: The Key to Success in Centimeters, Grams, or Seconds (CGS) Sports«, *Scandinavian Journal of Medicine and Science in Sports* 21, Nr. 6 (2011): e282–90; K. Moesch et al., »Making It to the Top in Team Sports: Start Later, Intensify, and Be Determined!«, *Talent Development and Excellence* 5, Nr. 2 (2013):

85–100; M. Hornig et al., »Practice in the Development of German Top-Level Professional Football Players«, *European Journal of Sport Science* 16, Nr. 1 (2016): 96–105 (Online-Vorab-Publikation, 2014); A. Gullich et al., »Sport Activities Differentiating Match- Play Improvement in Elite Youth Footballers — A 2-Year Longitudinal Study«, *Journal of Sports Sciences* 35, Nr. 3 (2017): 207–15 (epub ahead of print, 2016); A. Gullich, »International Medallists' and Nonmedallists' Developmental Sport Activities — A Matched- Pairs Analysis,« *Journal of Sports Sciences* 35, Nr. 23 (2017): 2281– 88; J. Gulbin et al., »Patterns of Performance Development in Elite Athletes,« *European Journal of Sport Science* 13, Nr. 6 (2013): 605–14; J. Gulbin et al., »A Look Through the Rear View Mirror: Developmental Experiences and Insights of High Performance Athletes«, *Talent Development and Excellence* 2, Nr. 2 (2010): 149–64; M. W. Bridge und M. R. Toms, »The Specialising or Sampling Debate«, *Journal of Sports Sciences* 31, Nr. 1 (2013): 87–96; P. S. Buckley et al., »Early Single-Sport Specialization,« *Orthopaedic Journal of Sports Medicine* 5, Nr. 7 (2017): 2325967117703944; J. P. Difiori et al., »Debunking Early Single Sports Specialization and Reshaping the Youth Sport Experience: An NBA Perspective«, *British Journal of Sports Medicine* 51, Nr. 3 (2017): 142–43; J. Baker et al., »Sport- Specific Practice and the Development of Expert Decision-Making in Team Ball Sports«, *Journal of Applied Sport Psychology* 15, Nr. 1 (2003): 12–25; R. Carlson, »The Socialization of Elite Tennis Players in Sweden: An Analysis of the Players' Backgrounds and Development«, *Sociology of Sport Journal* 5 (1988): 241–56; G. M. Hill, »Youth Sport Participation of Professional Baseball Players,« *Sociology of Sport Journal* 10 (1993): 107–14.; F. G. Mendes et al., »Retrospective Analysis of Accumulated Structured Practice: A Bayesian Multilevel Analysis of Elite Brazilian Volleyball Players«, *High Ability Studies* (Online-Vorab-Publikation, 2018); S. Black et al., »Pediatric Sports Specialization in Elite Ice Hockey Players«, *Sports Health: A Multidisciplinary Approach* (Online-Vorab-Publikation, 2018). (Frankreich, Fußballweltmeister von 2018, stellte seine Nachwuchsentwicklung schon vor Jahrzehnten um und legt seitdem den Schwerpunkt auf unstrukturiertes Training, statt auf formale Turniere, um auch Spätentwicklern eine Chance zu geben. Ein französischer Spitzenfußballer spielt vielleicht nur halb so viele formale Fußballturniere wie ein amerikanischer Nachwuchsspieler. Wenn französische Kinder im nationalen Nachwuchsprogramm an formalen Spielen teilnehmen, müssen ihre Trainer den größten Teil des Turniers schweigen, damit die jungen Nachwuchsspieler nicht am Gängelband laufen. »Es gibt keine Fernbedienung für die Spieler … lasst sie einfach spielen«, wie Ludovic Debru, der an der Gestaltung des Nachwuchsförderprogramms beteiligt war, beim Project Play Summit 2018 des Aspen Institute, einer jährlichen Zusammenkunft von führenden Köpfen aus den Bereichen Jugend, Sport und Gesundheit, sagte.)

15 J. Brewer, »Ester Ledecka Is the Greatest Olympian at the Games, Even If She Doesn't Know It«, *Washington Post*, 24. Februar 2018, Online-Ausgabe.

16 J. Drenna, »Vasyl Lomachenko: ›All Fighters Think About Their Legacy. I'm No Different‹«, *Guardian*, 16. April 2018, Online-Ausgabe.

17 M. Coker, »Startup Advice for Entrepreneurs from Y Combinator«, VentureBeat, 26. März 2007.

18 G. Tett, *The Silo Effect: The Peril of Expertise and the Promise of Breaking Down Barriers* (New York: Simon & Schuster, 2015 [Kindle E-Book]).

19 A. B. Jena et al., »Mortality and Treatment Patterns Among Patients Hospitalized with Acute Cardiovascular Conditions During Dates of National Cardiology Meetings«, *JAMA Internal Medicine* 175, Nr. 2 (2015): 237– 44. Siehe auch: R.F. Redberg, »Cardiac Patient Outcomes during National Cardiology Meetings«, *JAMA Internal Medicine* 175, Nr. 2 (2015): 245.

KAPITEL 1: DER KULT UM DEN FRÜHEN STARTVORTEIL

20 Das Leben der Pólgar-Schwestern wurde in einer Reihe von Büchern und Artikeln beschrieben. Neben einem Interview mit Szusza Pólgar waren die hilfreichsten Quellen für die De-

tails in diesem Kapitel folgende: Y. Aviram (Regisseur), *The Polgar Variant* (Israel: Lama Films, 2014); S. Pólgar mit P. Truong, *Breaking Through: How the Polgar Sisters Changed the Game of Chess* (London: Everyman Chess, 2005); C. Flora, »The Grandmaster Experiment,« *Psychology Today*, July 2005, Online-Ausgabe.; P. Voosen, »Bringing Up Genius: Is Every Healthy Child a Potential Prodigy?«, *Chronicle of Higher Education*, 8. November 2015, Online-Ausgabe.; C. Forbes, *The Polgar Sisters* (New York: Henry Holt, 1992).

21 Pólgar mit Truong, *Breaking Through*.

22 *People* staff, »Nurtured to Be Geniuses, Hungary's Polgar Sisters Put Winning Moves on Chess Masters«, *People*, 4. Mai 1987.

23 L. Myers, »Trained to Be a Genius, Girl, 16, Wallops Chess Champ Spassky for $110,000«, *Chicago Tribune*, 18. Februar 1993.

24 Aviram, *The Polgar Variant*.

25 W. Hartston, »A Man with a Talent for Creating Genius«, *Independent*, 12. Januar 1993.

26 https://www.scoop.it/topic/scpugsi/p/4099581527/2018/07/21/laszlo-polgar-pdf-printer

27 Geoff Colvin, »*Talent is overrated: What really separates World-Class Performers from Eveybody Else* (Portfolio, 2010)

28 »Daniel Kahneman— Biographical,« Nobelprize .org, Nobel Media AB 2014. Ich hatte das Vergnügen, im Dezember 2015 mit Kahnemann bei einem Mittagessen über sein Leben und seine Arbeit sprechen zu können. Weitere Einzelheiten finden sich in seinem Buch *Thinking, Fast and Slow* (New York: Farrar, Straus & Giroux, 2011).

29 Das immer noch relevante Buch, das Kahnemann beeindruckt hat, ist: Paul E. Meehl, *Clinical Versus Statistical Prediction* (Minneapolis: University of Minnesota Press, 1954). Meehl war der Zündfunke zahlreicher Studien, die zeigten, dass Experten mit zunehmender Erfahrung oft ein größeres Selbstvertrauen gewinnen, aber nicht mehr Kompetenz. Eine herausragende Begutachtung einiger dieser Studien ist: C. F. Camerer und E. J. Johnson, »The Process-Performance Paradox in Expert Judgment: How Can Experts Know So Much and Predict So Badly?«, in *Toward a General Theory of Expertise*, Hrsg. K. A. Ericsson and Jacqui Smith (Cambridge: Cambridge University Press, 1991).

30 D. Kahneman und G. Klein, »Conditions for Intuitive Expertise: A Failure to Disagree«, *American Psychologist* 64, Nr. 6 (2009): 515– 26.

31 Robin Hogarth's fantastisches Buch über Lernumgebungen *Educating Intuition* (Chicago: University of Chicago Press, 2001).

32 Die Sendung hieß »My Brilliant Brain.«

33 L. Thomas, *The Youngest Science* (New York: Penguin, 1995), 22.

34 Kasparow zitierte die Titelseite der Ausgabe der *Newsweek* vom 5. Mai 1997, mit der Überschrift, »The Brain's Last Stand.«

35 Kasparow und seine rechte Hand Mig Greengard waren so freundlich, meine Fragen zu beantworten. Weiterführende Informationen stammen aus einem Vortrag, den Kasparow am 5. Juni 2017 an der Universität Georgetown hielt, und aus Kasparows und Greengards Buch *Deep Thinking* (New York: PublicAffairs, 2017).

36 S. Pólgar und P. Truong, *Chess Tactics for Champions*, (New York: Random House Puzzles & Games, 2006), x.

37 Kasparow und Greengard, *Deep Thinking*.

38 Für eine herausragende Diskussion über die Partnerschaft zwischen Mensch und Computer siehe: T. Cowen, *Average is Over* (New York: Dutton, 2013).

39 Hernandez war so freundlich, mir mehrmals Frage und Antwort zu stehen, mir die Nuancen des Freestyle-Schachs zu erklären und mir Unterlagen über Turniere zur Verfügung zu stellen. Seinen Schätzungen zufolge würde Williams Elo-Zahl ungefähr 1800 betragen

40 A. D. de Groot, *Thought and Choice in Chess* (Amsterdam: Amsterdam University Press, 2008).

41 Chase und Simons Chunking-Theorie: W. G. Chase und H. A. Simon, »Perception in Chess«, *Cognitive Psychology* 4 (1973): 55–81.

42 http://snitkof.com/cg156/chunkingtheory.php

43 F. Gobet und G. Campitelli,"The Role of Domain-Specific Practice, Handedness, and Starting Age in Chess«, *Developmental Psychology* 43 (2007): 159–72. Für die unterschiedlichen individuellen Fortschrittsraten siehe: G. Campitelli and F. Gobet, »The Role of Practice in Chess: A Longitudinal Study«, *Learning and Individual Differences* 18, Nr. 4 (2007): 446–58.

44 Treffert zeigte mir Videos aus seiner Unterlagensammlung über Savanten. Sein Buch *Islands of Genius* (London: Jessica Kingsley Publishers, 2012) ist ein großartiger Bericht über seine Forschungsarbeit.

45 A. Ockelford, »Another Exceptional Musical Memory«, in *Music and the Mind*, Hrsg. I. Deliege, and J. W. Davidson (Oxford: Oxford University Press, 2011). Weitere Quellen über Savanten und atonale Musik: L. K. Miller, *Musical Savants* (Hove, East Sussex: Psychology Press, 1989); B. Hermelin et al., »Intelligence and Musical Improvisation«, *Psychological Medicine* 19 (1989): 447–57.

46 N. O'Connor und B. Hermelin,"Visual and Graphic Abilities of the Idiot-Savant Artist«, *Psychological Medicine* 17 (1987): 79–90. (Treffert hat dazu beigetragen, den Begriff »Idiot-Savant« [»Fachidiot«] durch »Savant-Syndrom« zu ersetzen.) Siehe auch: E. Winner, *Gifted Children: Myths and Realities* (New York: BasicBooks, 1996), Kap. 5.

47 D. Silver et al., »Mastering Chess und Shogi by Self-Play with a General Reinforcement Learning Algorithm«, *arXiv* (2017): 1712.01815.

48 Abgesehen von einem Interview mit Gary Marcus verwendete ich das Video seines Vortrags vom 7. Juni 2017 beim AI for Good Global Summit in Genf und mehrere seiner Aufsätze und Beiträge: "Deep Learning: A Critical Appraisal«, *arXiv:* 1801.00631; »In Defense of Skepticism About Deep Learning«, Medium, 14. Januar 2018; »Innateness, AlphaZero, and Artificial Intelligence«, *arXiv:* 1801.05667.

49 Für eine ausgewogene Beurteilung der Probleme des Watson-Computers im Gesundheitswesen — von einem Kritiker, der den Watson als »Witz« bezeichnete, bis zu anderen, die die Auffassung vertraten, er erfülle zwar nicht die hochgesteckten Erwartungen, biete aber durchaus Wert – siehe: D. H. Freedman, »A Reality Check for IBM's AI Ambitions«, *MIT Technology Review*, 27. Juni 2017, Online-Ausgabe.

50 Der Onkologe ist Dr. Vinay Prasad. Er sagte mir das in einem Interview und postete es auch auf Twitter.

51 J. Ginsberg et al., »Detecting Influenza Epidemics Using Search Engine Query Data«, *Nature* 457 (2009): 1012– 14.

52 D. Butler, »When Google Got Flu Wrong«, *Nature* 494 (2013): 155– 56; D. Lazer et al., »The Parable of Google Flu: Traps in Big Data Analysis«, *Science* 343 (2014): 1203– 5 und google.org/flutrends/about/about

53 C. Argyris, »Teaching Smart People How to Learn«, *Harvard Business Review*, Mai – Juni 1991.

54 B. Schwartz, »Reinforcement-Induced Behavioral Stereotypy: How Not to Teach People to Discover Rules«, *Journal of Experimental Psychology: General* 111, Nr. 1 (1982): 23–59.

55 E. Winner, »Child Prodigies and Adult Genius: A Weak Link«, in *The Wiley Handbook of Genius*, Hrsg. D. K. Simonton (Malden, MA: John Wiley & Sons, 2014).

56 Eine nützliche Quelle neben Kahneman und Kleins »kontroversem Kollaborations-Papier« und Hogarths *Educating Intuition* ist: J. Shanteau, »Competence in Experts: The Role of Task Characteristics«, Organizational Behavior and Human Decision Processes 53 (1992): 252–62.

57 Kahnemann, *Thinking, Fast and Slow.*

58 P. A. Frensch und R. J. Sternberg, »Expertise and Intelligent Thinking: When Is It Worse Know Better?« in *Advances in the Psychology of Human Intelligence*, Bd. 5, Hrsg. R. J. Sternberg (New York: Psychology Press, 1989).

59 E. Dane, »Reconsidering the Trade-Off Between Expertise and Flexibility«, *Academy of Management Review* 35, Nr. 4 (2010): 579– 603. Für eine allgemeine Diskussion über die Flexibilität und Inflexibilität von Experten siehe: P. J. Feltovich et al., »Issues of Expert Flexibility in Contexts Characterized by Complexity and Change«, in *Expertise in Context*, Hrsg. P. J. Feltovich et al. (Cambridge, MA: AAAI Press/ MIT Press, 1997); und F. Gobet, *Understanding Expertise* (Basingstoke: Palgrave Macmillan, 2016).

60 R. Root-Bernstein et al., »Arts Foster Scientific Success: Avocations of Nobel, National Academy, Royal Society and Sigma Xi Members«, *Journal of Psychology of Science and Technology* 1, Nr. 2 (2008): 51– 63; R. Root- Bernstein et al., »Correlations Between Avocations, Scientific Style, Work Habits, and Professional Impact of Scientists«, *Creativity Research Journal* 8, Nr. 2 (1995): 115– 37.

61 S. Ramon y Cajal, *Precepts and Counsels on Scientific Investigation* (Mountain View, CA: Pacific Press Publishing Association, 1951).

62 A. Rothenberg, *A Flight from Wonder: An Investigation of Scientific Creativity* (Oxford: Oxford University Press, 2015).

63 D. K. Simonton, »Creativity and Expertise: Creators Are Not Equivalent to Domain-Specific Experts!«, in *The Science of Expertise*, Hrsg. D. Hambrick et al. (New York: Routledge, 2017 [Kindle E-Book]).

64 Steve Jobs' Antrittsrede in Stanford im Jahr 2005: https:// news.stanford.edu/2005/06/14/jobs-061505.

65 J. Horgan, »Claude Shannon: Tinkerer, Prankster, and Father of Information Theory«, *IEEE Spectrum* 29, Nr. 4 (1992): 72–75. Für eine vertiefende Lektüre über Shannon siehe: J. Soni and R. Goodman, *A Mind at Play* (New York: Simon & Schuster, 2017).

66 C. J. Connolly, »Transition Expertise: Cognitive Factors and Developmental Processes That Contribute to Repeated Successful Career Transitions Amongst Elite Athletes, Musicians and Business People« (Dissertation, Brunel University, 2011).

KAPITEL 2: WIE DIE LERNUNFREUNDLICHE WELT ENTSTAND

67 R. D. Tuddenham, »Soldier Intelligence in World Wars I and II,« *American Psychologist* 3, Nr. 2 (1948): 54–56.

68 J. R. Flynn, *Does Your Family Make You Smarter?* (Cambridge: Cambridge University Press, 2016), 85.

69 J. R. Flynn, *What Is Intelligence?* (Cambridge: Cambridge University Press, 2009).

70 Ebenda.

71 J. R. Flynn, »The Mean IQ of Americans: Massive Gains 1932 to 1978«, *Psychological Bulletin* 95, Nr. 1 (1984): 29–51; J. R. Flynn, »Massive IQ Gains in 14 Nations«, *Psychological Bulletin* 101, Nr. 2 (1987): 171–91. Eine hervorragende Einführung in den Flynn-Effekt und die Resonanz darauf bietet: I. J. Deary, *Intelligence: A Very Short Introduction* (Oxford: Oxford University Press, 2001).

72 Neben meinen Gesprächen mit Flynn waren auch seine Bücher sehr hilfreich, vor allem die 100 Seiten Anhang seines Werkes *Are We Getting Smarter?* (Cambridge: Cambridge University Press, 2012).

73 M. C. Fox und A. L. Mitchum, »A Knowledge-Based Theory of Rising Scores on ›Culture-Free‹ Tests«, *Journal of Experimental Psychology* 142, Nr. 3 (2013): 979–1000.

74 O. Must et al., »Predicting the Flynn Effect Through Word Abstractness: Results from the National Intelligence Tests Support Flynn's Explanation«, *Intelligence* 57 (2016): 7–14. Ich sah diese Ergebnisse erstmalig in Sankt Petersburg auf der Jahrestagung der Internationalen

Gesellschaft für Intelligenzforschung (International Society for Intelligence Research, ISIR). Die Gesellschaft hatte mich eingeladen, die jährliche Constance-Holden-Gedenkrede zu halten. Vier Versuche später, ein Visum zu erhalten, traf ich in Sankt Petersburg ein. Auf der Tagung wurde lebhaft diskutiert, darunter auch über den Flynn-Effekt. Sie war eine hervorragende Quelle für umfangreiche Hintergrundinformationen.

75 J. R. Flynn, *What Is Intelligence?*

76 E. Dutton et al., »The Negative Flynn Effect«, *Intelligence* 59 (2016): 163– 69. Siehe Flynns *Are We Getting Smarter?*, zum Beispiel zu den Trends im Sudan.

77 Lurias faszinierendes Buch ist die wichtigste Quelle für diesen Abschnitt gewesen: *Cognitive Development: Its Cultural and Social Foundations* (Cambridge, MA: Harvard University Press, 1976).

78 E. D. Homskaya, *Alexander Romanovich Luria: A Scientific Biography* (New York: Springer, 2001).

79 Ebenda.

80 Ebenda.

81 Ebenda.

82 Ebenda.

83 Flynn's *Does Your Family Make You Smarter?* sowie Kap. 22 aus R. J. Sternberg und S. B. Kaufman, Hrsg., *The Cambridge Handbook of Intelligence* (Cambridge: Cambridge University Press, 2011).

84 Eine eingehende Beschreibung des Phänomens in einem anderen Kontext findet sich in den Abschnitten über »schwache zentrale Kohärenz« in U. Frith, *Autism: Explaining the Enigma* (Malden, MA: Wiley- Blackwell, 2003).

85 S. Scribner, »Developmental Aspects of Categorized Recall in a West African Society«, *Cognitive Psychology* 6 (1974): 475–94. Für weitere Informationen über Studien, die Lurias Erkenntnisse ausweiten, siehe: M. Cole and S. Scribner, *Culture and Thought* (New York: John Wiley & Sons, 1974).

86 Suche nach »percent« mit Google Books Ngram Viewer. Siehe auch: J. B. Michel et al., »Quantitative Analysis of Culture Using Millions of Digitized Books«, *Science* 331 (2011): 176–82.

87 Flynn, *Does Your Family Make You Smarter?*

88 S. Arbesman, *Overcomplicated* (New York: Portfolio, 2017), 158–60.

89 C. Schooler, »Environmental Complexity and the Flynn Effect«, in *The Rising Curve*, Hrsg. U. Neisser (Washington, DC: American Psychological Association, 1998). Siehe auch: A. Inkeles and D. H. Smith, *Becoming Modern: Individual Change in Six Developing Countries* (Cambridge, MA: Harvard University Press, 1974).

90 S. Pinker, *The Better Angels of our Nature* (New York: Penguin, 2011).

91 Flynn, *Are We Getting Smarter?*

92 Ibn Khaldun, »Die Muqaddima: Betrachtungen zur Weltgeschichte« (C.H.Beck, 2011)

93 https://www.nzz.ch/wir_werden_alle_schlauer-1.677108

94 LURIJA, A.R.: Reduktionismus in der Psychologie. In: Zeier, H. (Hrsg.): Psychologie des 20. Jahrhunderts. Lernen und Verhalten Bd. 1: Lerntheorien. Weinheim (Beltz) 1984, 606-614 (a).

95 Flynn, *How to Improve Your Mind* (Malden, MA: Wiley-Blackwell, 2012). Flynn überließ mir freundlicherweise den Test und den Antwortschlüssel.

96 R. P. Larrick et al., »Teaching the Use of Cost-Benefit Reasoning in Everyday Life«, *Psychological Science* 1, Nr. 6 (1990): 362–70; R. P. Larrick et al., »Who Uses the Cost- Benefit Rules of Choice?«, *Organizational Behavior and Human Decision Processes* 56 (1993): 331– 47. (Hogarths Zitat in der Fußnote stammt aus seinem Buch *Educating Intuition*, S. 222).

97 J. F. Voss et al., »Individual Differences in the Solving of Social Science Problems«, in *Individual Differences in Cognition*, Bd. 1, Hrsg. R. F. Dillon und R. R. Schmeck (New York: Academic Press, 1983); D. R. Lehman et al., »The Effects of Graduate Training on Reasoning«, *American Psychologist* 43, Nr. 6 (1988): 431–43.

98 »The College Core Curriculum«, University of Chicago, https://college.uchicago.edu/academics/college-core-curriculum.

99 M. Nijhuis, »How to Call B.S. on Big Data: A Practical Guide«, *The New Yorker*, 3. Juni 2017, Online-Ausgabe.

100 J. M. Wing, »Computational Thinking«, *Communications of the ACM* 49, Nr. 3 (2006): 33–35.

101 B. Caplan, *The Case Against Education* (Princeton, NJ: Princeton University Press, 2018), 233–35.

102 J. R. Abel und R. Deitz, »Agglomeration and Job Matching among College Graduates.« *Regional Science and Urban Economics* 51 (2015): 14–24.

103 A. J. Toynbee, *A Study of History*, Bd. 12, *Reconsiderations* (Oxford: Oxford University Press, 1964), 42.

104 Video des Center for Evidence-Based Medicine, »Doug Altman — Scandal of Poor Medical Research«, https://www.youtube.com/watch?v=ZwDNPldQO1Q.

105 Neben den oben zitierten Studien von Larrick und Lehman siehe: D. F. Halpern, »Teaching Critical Thinking for Transfer Across Domains«, *American Psychologist* 53, Nr. 4 (1998): 449– 55; W. Chang et al., »Developing Expert Political Judgment«, *Judgment and Decision Making* 11, Nr. 5 (2016): 509–26.

106 »Case Studies: Bullshit in the Wild«, Calling Bullshit, https://callingbullshit.org/case_studies.html.

KAPITEL 3: WENN WENIGER DESSELBEN MEHR IST

107 Dieses Kapitel enthält ausgiebige Zitate, die aber zwangsläufig gekürzt werden mussten. Die Erklärung: Die umfangreichsten Recherchen über das Leben und die Musik in den *ospedali* wurde von Jane L. Baldauf-Bernes durchgeführt. Ein Teil ihrer Arbeit findet sich in ihren Büchern, wie zum Beispiel *Women Musicians of Venice* (Oxford: Oxford University Press, 1996), das sie gerade noch fertigstellen konnte, bevor sie ihrem Krebsleiden erlag. Zu diesem Zeitpunkt befand sie sich noch mitten in der Recherche. Wie ich erfuhr, hatte sie ihre Rechercheunterlagen der Bibliothek David M. Rubenstein Rare Book and Manuscript Library der Duke Universität vermacht. Dank der Bibliothek und ihren Mitarbeitern bekam ich Zugang zu 48 Kisten ihrer Rechercheunterlagen, die von Übersetzungen von Originaldokumenten und Fotos von antiken Musikinstrumenten über Namenslisten mit Musikern und Korrespondenz mit anderen Historikern reichten. Die Fülle des Materials bezeugte ihre große Leidenschaft für dieses Thema. Einige Details aus diesem Kapitel, die aus ihren Recherchen stammen, werden meines Wissens hier zum ersten Mal veröffentlicht. Ich hoffe nur, dass sie sich darüber freuen würde, dass ein interessierter Autor sie verwendet. Ich möchte dieses Kapitel daher Jane L. Baldauf-Bernes widmen.

108 J. Kerman und G. Tomlinson, *Listen (Brief Fourth Edition)*. (Boston: Bedford/ St. Martin's, 2000), Kapitel 7 und 9. (Vivaldi als »unumstrittener Meister« stammt von S. 117.)

109 Dies stammt von den Seiten 118-38 der modernen Veröffentlichung einer zeitgenössischen Schilderung, die eine wichtige Quelle über die europäische Musik des 18. Jahrhunderts darstellte: P. A. Scholes, Hrsg., *Dr. Burney's Musical Tours in Europe*, Bd. 1, *An Eighteenth- Century Musical Tour in France and Italy* (Oxford: Oxford University Press, 1959).

110 E. Selfridge-Field, »Music at the Pieta Before Vivaldi«, *Early Music* 14, Nr. 3 (1986): 373–86; R. Thackray, »Music Education in Eighteenth Century Italy«, reprint from *Studies in Music* 9 (1975): 1–7.

111 E. Arnold und J. Baldauf-Berdes, *Maddalena Lombardini Sirmen* (Lanham, MD: Scarecrow Press, 2002).

112 J. Spitzer und N. Zaslaw, *The Birth of the Orchestra* (Oxford: Oxford University Press, 2004), 175. Auch: Scholes, Hrsg., *Burney's Musical Tours in Europe*, Bd. 1, 137.

113 A. Pugh, *Women in Music* (Cambridge: Cambridge University Press, 1991).

114 Hester L. Piozzi, *Autobiography, Letters and Literary Remains of Mrs. Piozzi (Thrale)* (Tredition Classics, 2012 [Kindle E-Book]).

115 Ebenda.

116 Arnold und Baldauf-Berdes, *Maddalena Lombardini Sirmen.*

117 Colis Texte erschienen 1687 in *Pallade Veneta*, einer (größtenteils in Vergessenheit geratenen) Zeitschrift, die Kommentare in Briefform abdruckte. Die beste Quelle über diese Zeitschrift ist folgende: E. Selfridge-Field, *Pallade Veneta: Writings on Music in Venetian Society, 1650–1750* (Venice: Fondazione Levi, 1985).

118 J. L. Baldauf-Berdes, »Anna Maria della Pieta: The Woman Musician of Venice Personified«, in *Cecilia Reclaimed*, Hrsg. S. C. Cook and J. S. Tsou (Urbana: University of Illinois Press, 1994).

119 Dies stammt aus einer weiteren bemerkenswerten Quelle, einem Buch mit gescannten Originaldokumenten, die von dem Briten Micky White, einem ehemaligen Sportfotografen und Vivaldi-Enthusiasten zusammengestellt wurden, der nach Venedig zog und es sich zur Aufgabe machte, die unerschöpflichen Archive der Pietà zu erforschen: M. White, *Antonio Vivaldi: A Life in Documents* (mit CD-ROM) (Florenz: Olschki, 2013), 87

120 Baldauf-Berdes, »Anna Maria della Pieta.«

121 Rousseau war ein musikalischer Autodidakt. Seine Zitate stammen aus seiner berühmten Autobiographie *The Confessions.*

122 Das anonyme Gedicht (circa 1740) wurde von Baldauf-Berdes und M. Civera übersetzt; aus R. Giazotto, *Vivaldi* (Turin: ERI, 1973).

123 Lady Anna Riggs Miller, *Letters from Italy Describing the Manners, Customs, Antiquities, Paintings, etc. of that Country in the Years MDCCLXX and MDCCLXXI*, Bd. 2 (Gedruckt für E. und C. Dilly, 1777), 360– 61.

124 D. E. Kaley, »The Church of the Pieta« (Venedig: International Fund for Monuments, 1980).

125 Aus einer der zahlreichen Namenslisten mit Musikern und Instrumenten, die Baldauf-Bernes im Rahmen ihrer Archivrecherchen zusammengestellt hatte. Die vorliegende stammt aus Kiste 1 der 48 Kisten der Baldauf-Bernes-Sammlung der Universitätsbibliothek Duke´s Rubinstein Library.

126 Baldauf-Berdes, *Women Musicians of Venice* (Oxford: Oxford University Press, 1996).

127 Scholes, Hrsg., *Burney's Musical Tours in Europe*, Bd. 1.

128 Arnold und Baldauf-Berdes, *Maddalena Lombardini Sirmen.*

129 Pelegrina, eine der zahlreichen Waisen auf der Liste der Pietà, wird von Micky White in einem Film des britischen Fernsehsenders BBC Four mit dem Titel *Vivaldi's Women* meisterhaft porträtiert.

130 R. Rolland, *A Musical Tour Through the Land of the Past* (New York: Henry Holt, 1922).

131 M. Pincherle, »Vivaldi and the ›Ospitali‹ of Venice«, *Musical Quarterly* 24, Nr. 3 (1938): 300–312.

132 D. Arnold. »Venetian Motets and Their Singers«, *Musical Times* 119 (1978): 319–21. (Die Komposition, auf die sich Arnold bezieht, ist *Exultate, jubilate*. Der Autor verwendet sie hier als repräsentatives Musikstück für Mozarts sakrale Kompositionen.)

133 Arnold und Baldauf-Berdes, *Maddalena Lombardini Sirmen.*

134 In einem Forschungsantrag für die Gladys Krieble Delmas Foundation im Jahr 1989, schildert Baldauf-Berdes diese und andere Darstellungen der *figlie* als in Vergessenheit geraten. Die Serie, die sie veröffentlichen wollte, gehört unglücklicherweise zu den Arbeiten, die sie nicht mehr vollenden konnte.

135 Baldauf-Berdes, »Anna Maria della Pieta.«

136 G. J. Buelow, Hrsg., *The Late Baroque Era* (Basingstoke: Macmillan, 1993).

137 R. Lane, »How to Choose a Musical Instrument for My Child«, Upperbeachesmusic.com, 5. Januar 2017.

138 M. Steinberg, »Yo-Yo Ma on Intonation, Practice, and the Role of Music in Our Lives«, *Strings*, 17. September 2015, Online-Ausgabe.

139 J. A. Sloboda et al., »The Role of Practice in the Development of Performing Musicians«, *British Journal of Psychology* 87 (1996): 287–309. Siehe auch: G. E. McPherson et al., »Playing an Instrument«, in *The Child as Musician*, Hrsg. G. E. McPherson (Oxford: Oxford University Press, 2006) (»Wie sich herausstellte, hatten einige der erfolgreichsten jungen Lernenden zahlreiche unterschiedliche Musikinstrumente ausprobiert«); und J. A. Sloboda und M. J. A. Howe, »Biographical Precursors of Musical Excellence«, *Psychology of Music* 19 (1991): 3– 21 (»Die überdurchschnittlichen Kinder übten wesentlich weniger als die durchschnittlich begabten Kinder auf ihrem ersten gewählten Instrument; auf ihrem dritten Instrument übten sie jedoch wesentlich intensiver als die durchschnittlich begabten Kinder«).

140 S. A. O'Neill, »Developing a Young Musician's Growth Mindset«, in *Music and the Mind*, Hrsg. I. Deliege und J. W. Davidson (Oxford: Oxford University Press, 2011).

141 Sloboda und Howe, »Biographical Precursors of Musical Excellence.«

142 A. Ivaldi, »Routes to Adolescent Musical Expertise«, in *Music and the Mind*, Hrsg. Deliege und Davidson.

143 P. Gorner, »Cecchini's Guitar Truly Classical«, *Chicago Tribune*, 13. Juli 1968. (Studs Terkel interviewte Cecchini am Tag vor dem Auftritt. Dieses fantastische Audio-Interview über Musik ist abrufbar unter: http://jackcecchini.com/Interviews.html).

144 T. Teachout, *Duke: A Life of Duke Ellington* (New York: Gotham Books, 2013).

145 Kerman und Tomlinson, *Listen*, 394.

146 L. Flanagan, *Moonlight in Vermont: The Official Biography of Johnny Smith* (Anaheim Hills, CA: Centerstream, 2015).

147 F. M. Hall, *It's About Time: The Dave Brubeck Story*. (Fayetteville: University of Arkansas Press, 1996).

148 M. Dregni, *Django: The Life and Music of a Gypsy Legend* (Oxford: Oxford University Press, 2004 [Kindle E-Book]). Zwei weitere Quellen boten überaus wichtige Details über Djangos Leben: C. Delaunay, Django Reinhardt (New York: Da Capo, 1961) (Auf der Buchrückseite bezeichnet James Lincoln Collier, Autor von *The Making of Jazz*, Django als »zweifellos wichtigsten Gitarristen«); sowie eine Sonderausgabe über Django der Zeitschrift *Guitar Player* (November 1976), die sich legendären Musikern widmet und die Zeit mit ihnen schildert.

149 Das 5-CD-Set »Django Reinhardt — Musette to Maestro 1928–1937: The Early Work of a Guitar Genius« (JSP Records, 2010) enthält Aufnahmen des jungen Reinhardt vor und nach seiner Verletzung.

150 Jacob McMurray, Senior-Kurator von Seattles Museum of Pop Culture, bestätigte dies anhand der Dauerausstellung des Museums.

151 James Lincoln Collier, »The Making of Jazz: A comprehensive History.« (Houghton Mifflin Harcourt, 1978)

152 »Django Reinhardt Clip Performing Live (1945)«, YouTube, www.youtube.com/watch?v=aZ308aOOX04. (Das Datum des YouTube-Videos stimmt nicht. Der Clip stammt aus dem Kurzfilm »Jazz ›Hot‹« von 1938.)

153 (und weitere Zitate von Berliner): P. F. Berliner, *Thinking in Jazz* (Chicago: University of Chicago Press, 1994).

154 C. Kalb, »Who Is a Genius?«, *National Geographic*, Mai 2017.

155 *Guitar Player*, November 1976.

156 Dregni, *Django*.

157 A. Midgette, »Concerto on the Fly: Can Classical Musicians Learn to Improvise«, *Washington Post*, 15. Juni 2012, Online-Ausgabe.

158 S. Suzuki, *Nurtured by Love*, übers. v. W. Suzuki (Alfred Music, 1993 [Kindle E-Book]).

159 J. S. Dacey, »Discriminating Characteristics of the Families of Highly Creative Adolescents«, *Journal of Creative Behavior* 23, Nr. 4 (1989): 263– 71. (Grant verwies auf die Studie in: »How to Raise a Creative Child. Step One: Back Off«, *New York Times*, 30. Januar 2016.)

KAPITEL 4: KURZFRISTIGES VERSUS NACHHALTIGES LERNEN

160 Ebenda.

161 Die Unterrichtsszene entstammt einem Video, dem Transkript und der Analyse der Studie Trends in International Mathematics and Science Study (TIMSS). Dieses spezielle Video trägt den Titel »M-US2 Writing Variable Expressions.«

162 Die Lehrerin versprach sich an dieser Stelle und sagte »2.« Zum besseren Verständnis wurde dieser Versprecher korrigiert.

163 J. Hiebert et al., »Teaching Mathematics in Seven Countries«, National Center for Education Statistics, 2003, Kap. 5.

164 E.R.A. Kuehnert et al. »Bansho: Visually Sequencing Mathematical Ideas«, *Teaching Children Mathematics* 24, Nr. 6 (2018): 362–69.

165 L. E. Richland et al., »Teaching the Conceptual Structure of Mathematics«, *Educational Psychology* 47, Nr. 3 (2012): 189–203.

166 R. A. Bjork, »Institutional Impediments to Effective Training«, in *Learning, Remembering, Believing: Enhancing Human Performance*, Hrsg. D. Druckman und R. A. Bjork (Washington, DC: National Academies Press, 1994), 295–306.

167 N. Kornell and J. Metcalfe, »The Effects of Memory Retrieval, Errors and Feedback on Learning«, in *Applying Science of Learning in Education*, V.A. Benassi et al., Hrsg. (Society for the Teaching of Psychology, 2014); J. Metcalfe and N. Kornell, »Principles of Cognitive Science in Education«, *Psychonomic Bulletin and Review* 14, Nr. 2 (2007): 225–29.

168 T. S. Eich et al., »The Hypercorrection Effect in Younger and Older Adults«, *Neuropsychology, Development and Cognition. Section B, Aging, Neuropsychology and Cognition* 20, Nr. 5 (2013): 511–21; J. Metcalfe et al., »Neural Correlates of People's Hypercorrection of Their False Beliefs«, *Journal of Cognitive Neuroscience* 24, Nr. 7 (2012): 1571–83.

169 N. Kornell und H. S. Terrace, »The Generation Effect in Monkeys«, *Psychological Science* 18, Nr. 8 (2007): 682–85.

170 N. Kornell et al., »Retrieval Attempts Enhance Learning, but Retrieval Success (Versus Failure) Does Not Matter«, *Journal of Experimental Psychology: Learning, Memory, and Cognition* 41, Nr. 1 (2015): 283–94.

171 H. P. Bahrick and E. Phelps, »Retention of Spanish Vocabulary over 8 Years«, *Journal of Experimental Psychology: Learning, Memory, and Cognition* 13, Nr. 2 (1987): 344–49.

172 L. L. Jacoby und W. H. Bartz, »Rehearsal and Transfer to LTM«, *Journal of Verbal Learning and Verbal Behavior* 11 (1972): 561–65.

173 N. J. Cepeda et al., »Spacing Effects in Learning«, *Psychological Science* 19, Nr. 11 (2008): 1095–1102.

174 H. Pashler et al., »Organizing Instruction and Study to Improve Student Learning«, National Center for Education Research, 2007.

175 S. E. Carrell und J. E. West, »Does Professor Quality Matter?«, *Journal of Political Economy* 118, Nr. 3 (2010): 409–32.

176 Ebenda.

177 M. Braga et al., »Evaluating Students' Evaluations of Professors«, *Economics of Education Review* 41 (2014): 71–88.

178 C. M. Clark und R. A. Bjork, »When and Why Introducing Difficulties and Errors Can Enhance Instruction«, in *Applying the Science of Learning in Education*, Hrsg. V. A. Benassi et al. (Society for the Teaching of Psychology, 2014 [E-Book]).

179 C. Rampell, »Actually, Public Education is Getting Better, Not Worse«, *Washington Post*, 18. September 2014.

180 G. Duncan und R. J. Murnane, *Restoring Opportunity* (Cambridge, MA: Harvard Education Press, 2014 [Kindle E-Book]).

181 D. Rohrer und K. Taylor, »The Shuffling of Mathematics Problems Improves Learning«, *Instructional Science* 35 (2007): 481–98.

182 M. S. Birnbaum et al., »Why Interleaving Enhances Inductive Learning«, *Memory and Cognition* 41 (2013): 392–402.

183 C. L. Holladay und M.A. Quinones, »Practice Variability and Transfer of Training«, *Journal of Applied Psychology* 88, Nr. 6 (2003): 1094–1103.

184 N. Kornell und R. A. Bjork, »Learning Concepts and Categories: Is Spacing the ›Enemy of Induction‹?«, *Psychological Science* 19, Nr. 6 (2008): 585–92.

185 M. Bangert et al., »When Less of the Same Is More: Benefits of Variability of Practice in Pianists« *Proceedings of the International Symposium on Performance Science* (2013): 117–22.

186 Bjork machte diese Anregung in Daniel Coyles *The Talent Code* (New York: Bantam, 2009).

187 Siehe zum Beispiel: M.T.H. Chi et al., »Categorization and Representation of Physics Problems by Experts and Novices«, *Cognitive Science* 5, Nr. 2 (1981): 121–52; und J. F. Voss et al., »Individual Differences in the Solving of Social Science Problems«, in *Individual Differences in Cognition*, Bd. 1, Hrsg. R. F. Dillon und R. R. Schmeck (New York: Academic Press, 1983).

188 D. Bailey et al., »Persistence and Fadeout in Impacts of Child and Adolescent Interventions«, *Journal of Research on Educational Effectiveness* 10, Nr. 1 (2017): 7–39.

189 S. G. Paris, »Reinterpreting the Development of Reading Skills,« *Reading Research Quarterly* 40, Nr. 2 (2005): 184–202.

KAPITEL 5: GEDANKLICHES NEULAND

190 A. A. Martinez, »Giordano Bruno and the Heresy of Many Worlds«, *Annals of Science* 73, Nr. 4 (2016): 345–74.

191 Zu den Quellen, die einen hervorragenden Hintergrund zu der Weltsicht bieten, die Kepler erbte, sowie seine transformativen Analogien, gehören: D. Gentner et al., »Analogical Reasoning and Conceptual Change: A Case Study of Johannes Kepler«, *Journal of the Learning Sciences* 6, Nr. 1 (1997): 3–40; D. Gentner, »Analogy in Scientific Discovery: The Case of Johannes Kepler«, in *Model-Based Reasoning: Science, Technology, Values*, Hrsg. L. Magnani and N. J. Nersessian (New York: Kluwer Academic/ Plenum Publishers, 2002), 21–39; D. Gentner et al., »Analogy and Creativity in the Works of Johannes Kepler«, in *Creative Thought: An Investigation of Conceptual Structures and Processes*, Hrsg. T. B. Ward et al. (Washington, DC: American Psychological Association, 1997).

192 D. Gentner und A. B. Markman, »Structure Mapping in Analogy and Similarity«, *American Psychologist* 52, Nr. 1 (1997): 45–56. Kepler las außerdem eine neue Veröffentlichung über Magnetismus: A. Caswell, »Lectures on Astronomy«, *Smithsonian Lectures on Astronomy*, 1858 (Sammlung des British Museum).

193 J. Gleick, *Isaac Newton* (New York: Vintage, 2007).

194 A. Koestler, *The Sleepwalkers: A History of Man's Changing Vision of the Universe* (New York: Penguin Classics, 2017).

195 B. Vickers, »Analogy Versus Identity«, in: *Occult and Scientific Mentalities in the Renaissance*, Hrsg. B. Vickers (Cambridge: Cambridge University Press, 1984).

196 Gentner et al., »Analogy and Creativity in the Works of Johannes Kepler«; E. McMullin, »The Origins of the Field Concept in Physics«, *Physics in Perspective* 4, Nr. 1 (2002): 13–39.

197 M. L. Gick und K. J. Holyoak, »Analogical Problem Solving«, Cognitive Psychology 12 (1980): 306–55.

198 M. L. Gick und K. J. Holyoak, »Schema Induction and Analogical Transfer«, *Cognitive Psychology* 15 (1983): 1–38.

199 T. Gilovich, »Seeing the Past in the Present: The Effect of Associations to Familiar Events on Judgments and Decisions«, *Journal of Personality and Social Psychology* 40, Nr. 5 (1981): 797–808.

200 Kahnemans Story befindet sich in seinem Buch *Thinking, Fast and Slow* (New York: Farrar, Straus & Giroux, 2011). Sie findet sich auch in folgendem Werk, ergänzt durch Hintergrundinformation über die innen- und die außenzentrierte Sicht D. Kahneman and D. Lovallo, »Timid Choices and Bold Forecasts«, *Management Science* 39, Nr. 1 (1993): 17–31.

201 D. Lovallo, C. Clarke und C. Camerer, »Robust Analogizing and the Outside View«, *Strategic Management Journal* 33, Nr. 5 (2012): 496–512.

202 M. J. Mauboussin, *Think Twice: Harnessing the Power of Counterintuition* (Boston: Harvard Business Review Press, 2009).

203 L. Van Boven und N. Epley, »The Unpacking Effect in Evaluative Judgments: When the Whole Is Less Than the Sum of Its Parts«, *Journal of Experimental Social Psychology* 39 (2003): 263–69.

204 A. Tversky und D. J. Koehler, »Support Theory«, *Psychological Review* 101, Nr. 4 (1994): 547–67.

205 B. Flyvbjerg et al., »What Causes Cost Overrun in Transport Infrastructure Projects?« *Transport Reviews* 24, Nr. 1 (2004): 3–18.

206 B. Flyvbjerg, »Curbing Optimism Bias and Strategic Misrepresentation in Planning«, *European Planning Studies* 16, Nr. 1 (2008): 3–21. Die Summe von 1 Milliarde Pfund Sterling stammt aus: S. Brocklehurst, »Going off the Rails«, *BBC Scotland*, 30. Mai 2014, Online-Ausgabe.

207 Lovallo, Clarke und Camerer, »Robust Analogizing and the Outside View«.

208 T. Vanderbilt, »The Science Behind the Netflix Algorithms That Decide What You'll Watch Next«, Wired.com, 7. August 2013; und C. Burger, »Personalized Recommendations at Netflix«, Tastehit .com, 23. Februar 2016.

209 F. Dubin und D. Lovallo, »The Use and Misuse of Analogies in Business«, (Sydney: University of Sydney, 2008).

210 Eine kurze Abhandlung über den Antrieb für BCGs Wissensdatenbank ist: D. Gray, »A Gallery of Metaphors«, *Harvard Business Review*, September 2003.

211 B. M. Rottman et al., »Causal Systems Categories: Differences in Novice and Expert Categorization of Causal Phenomena«, *Cognitive Science* 36 (2012): 919– 32.

212 M. T. H. Chi et al., »Categorization and Representation of Physics Problems by Experts and Novices«, *Cognitive Science* 5, Nr. 2 (1981): 121– 52.

213 Koestler, *The Sleepwalkers*.

214 N. Morvillo, *Science and Religion: Understanding the Issues* (Malden, MA: Wiley-Blackwell, 2010).

215 Koestler, *The Sleepwalkers*.

216 Eine hervorragende Hintergrundquelle über Dunbars Arbeit ist: K. Dunbar, »What Scientific Thinking Reveals About the Nature of Cognition«, in *Designing for Science*, Hrsg. K. Crowley et al. (Mahwah, NJ: Lawrence Erlbaum Associates, 2001).

217 K. Dunbar, »How Scientists Really Reason«, in *The Nature of Insight*, Hrsg. R. J. Sternberg und J. E. Davidson (Cambridge, MA: MIT Press, 1995), 365– 95.

KAPITEL 6: DAS PROBLEM MIT DEM STEHVERMÖGEN

218 Die Details über Van Goghs Leben stammen aus mehreren Hauptquellen, darunter übersetzte Briefe aus Van Goghs Korrespondenz. Mehr als 900 Briefe (alle, die erhalten geblieben sind) sind abrufbar unter vangoghletters.org, mit freundlicher Genehmigung des Van Gogh Museum und des Huygens Institute for the History of the Netherlands. Ohne eine weitere fantastische Quelle hätte ich nicht gewusst, welche Briefe ich lesen soll: Steven Naifeh und Gregory White Smith, *Van Gogh: The Life* (New York: Random House, 2011). Naifeh und Smith haben die außerordentliche Anstrengung unternommen, eine Datenbank über die Quellen zusammenzustellen: vangoghbiography.com/ notes.php. Sie erwies sich als äußerst nützlich. Zwei weitere schriftliche Quellen, die ebenfalls hilfreich waren: N. Denekamp et al., *The Vincent van Gogh Atlas* (New Haven, CT: Yale University Press und das Van Gogh Museum, 2016); sowie J. Hulsker, *The Complete Van Gogh* (New York: Harrison House/ H. N. Abrams, 1984). Und schließlich zwei Ausstellungen: »Van Gogh's Bedrooms« im Art Institute of Chicago (2016) sowie die Sammlungen über Impressionismus und Post-Impressionismus in der Eremitage in Sankt Petersburg.

219 Van Goghs Brief an seinen Bruder Theo, Juni 1884.

220 Van Goghs Brief an seinen Bruder Theo, September 1877.

221 Naifeh and Smith, *Van Gogh: The Life*.

222 Emile Zola, *Germinal*, übers. v. R. N. MacKenzie (Indianapolis: Hackett Publishing, 2011).

223 Van Goghs Brief an seinen Bruder Theo, Juni 1880.

224 Van Goghs Brief an seinen Bruder Theo, August 1880.

225 Naifeh und Smith, *Van Gogh: The Life*.

226 Van Goghs Brief an seinen Bruder Theo, März 1882 (übers. v. Johanna van Gogh-Bonger).

227 Naifeh und Smith, *Van Gogh: The Life*.

228 Van Goghs Brief an seinen Bruder Theo, August 1882. Das Bild, das Van Gogh an jenem Tag malte, trug den Titel *Strand von Scheveningen bei stürmischem Wetter*. Es wurde 2002 aus dem Van Gogh Museum gestohlen, konnte aber mehr als ein Jahrzehnt später wiederbeschafft werden.

229 Diese Rezension von G.- Albert Aurier trug den Titel »*Les isolés:* Vincent van Gogh«.

230 Die genaue Lebenserwartung beträgt 39,84 Jahre und stammt aus der Online-Publikation *Our World in Data* (ourworldindata.org).

231 *The Great Masters* (London: Quantum Publishing, 2003).

232 J. K. Rowling, Text ihrer Rede, »The Fringe Benefits of Failure, and the Importance of Imagination«, *Harvard Gazette*, 5. Juni 2008, Online-Ausgabe.

233 T. W. Schultz, »Resources for Higher Education«, *Journal of Political Economy* 76, Nr. 3 (1968): 327–47.

234 O. Malamud, »Discovering One's Talent: Learning from Academic Specialization«, *Industrial and Labor Relations* 64, Nr. 2 (2011): 375– 405.

235 O. Malamud, »Breadth Versus Depth: The Timing of Specialization in Higher Education«, *Labour* 24, Nr. 4 (2010): 359– 90.

236 D. Lederman, »When to Specialize?«, *Inside Higher Ed*, 25. November 2009.

237 Malamud, »Discovering One's Talent«.

238 S. D. Levitt, »Heads or Tails: The Impact of a Coin Toss on Major Life Decisions and Subsequent Happiness«, NBER Working Paper Nr. 22487 (2016).

239 Levitt in der Radiosendung »The Upside of Quitting« des Senders *Freakonomics Radio* vom 30. September 2011.

240 C. K. Jackson, »Match Quality, Worker Productivity, and Worker Mobility: Direct Evidence from Teachers«, *Review of Economics and Statistics* 95, Nr. 4 (2013): 1096– 1116.

241 A. L. Duckworth et al., »Grit: Perseverance and Passion for Long-Term Goals«, *Journal of Personality and Social Psychology* 92, Nr. 6 (2007): 1087– 1101. (Die neu eingetretene Jahrgang bestand aus 1223 Kadetten. Duckworth befragte also fast alle.) Tabelle 3 bietet einen guten Überblick über die Varianz in den Ergebnissen der Tests von West Point, dem Buchstabierwettbewerb Scripps National Spelling Bee, dem Notendurchschnitt der Studenten von Elite-Universitäten und der Erwachsenenbildung. Außerdem liefert Duckworth in dem folgenden Buch eine sehr verständliche Darstellung ihrer Arbeit: *Grit: The Power of Passion and Perseverance* (New York: Scribner, 2016).

242 Ein scharfsinniger Beitrag über Stehvermögen und das Punktesystem Whole Candidate Score ist: D. Engber, »Is ›Grit‹ Really the Key to Success?«, *Slate*, 8. Mai 2016.

243 A. Duckworth, »Don't Grade Schools on Grit«, *New York Times*, 26. März 2016.

244 Duckworth et al., »Grit: Perseverance and Passion for Long-Term Goals«.

245 M. Randall, »New Cadets March Back from ›Beast Barracks‹ at West Point«, *Times Herald-Record*, 8. August 2016.

246 R. A. Miller, »Job Matching and Occupational Choice«, *Journal of Political Economy* 92, Nr. 6 (1984): 1086– 1120.

247 S. Godin, *The Dip: A Little Book That Teaches You When to Quit (and When to Stick)* (New York: Portfolio, 2007 [Kindle E-Book]).

248 G. Cheadle (Brig. Gen. USAF [Ret.]), »Retention of USMA Graduates on Active Duty«, White Paper für die USMA Association of Graduates, 2004.

249 Diese Schrift gehört zu einer sechsteiligen Reihe über die Entwicklung und Bindung von Offizieren: C. Wardynski et al., »Towards a U.S. Army Officer Corps Strategy for Success: Retaining Talent«, Strategic Studies Institute, 2010.

250 Ebenda.

251 A. Tilghman, »At West Point, Millennial Cadets Say Rigid Military Career Tracks Are Outdated«, *Military Times*, 26. März 2016.

252 D. Vergun, »Army Helping Cadets Match Talent to Branch Selection«, *Army News Service*, 21. März 2017.

253 Unter folgender Adresse können Sie Ihren Grit Score mit dem Ergebnis anderer Erwachsener vergleichen: https://angeladuckworth.com/grit-scale/.

254 S. Cohen, »Sasha Cohen: An Olympian's Guide to Retiring at 25«, *New York Times*, 24. Februar 2018.

255 Gallup's *State of the Global Workplace* report, 2017.

KAPITEL 7: DER FLIRT MIT DEN EIGENEN VERSCHIEDENEN PERSÖNLICHKEITEN

256 Die Informationen über Hesselbeins Leben stammen aus zahlreichen Interviews mit ihr, ihren eigenen Büchern und der Bestätigung durch Dritte, die sie kennen. Ihr Buch *My Life in Leadership* (San Francisco: Jossey-Bass, 2011) erwies sich als besonders ergiebige Quelle. Aus diesem Buch stammt auch das Zitat über die »Ärztin, Rechtsanwältin, Fliegerin oder Pilotin eines Heißluftballons«.

257 Gallup's State of the Global Workplace report, 2017.

258 E. Edersheim, »The Woman Drucker Said Was the Best CEO in America,« *Management Matters Network*, 27. April 2017.

259 J. A. Byrne, »Profiting from the Nonprofits«, *Business Week*, 26. März 1990.

260 Als Präsident Bill Clinton Hesselbein die Medaille verlieh, bat er sie auf humorige Art, »nach vorne« zu kommen, da sie hierarchisch geprägte Worte wie »oben« und »unten« verabscheue.

261 *Good Morning America*, 26. April 2016.

262 Phil Knight, *Shoe Dog* (New York: Scribner, 2016).

263 Diese und weitere Details über Darwins Leben finden sich in *The Autobiography of Charles Darwin*. Eine kostenfreie Ausgabe mit Anmerkungen kann unter Darwin-online.org.uk. abgerufen werden.

264 Dazu gibt es reichlich Informationen, zum Beispiel die Einladung von Professor J. S. Henslow (ausgesprochen in einem Brief vom 24. August 1831), die unter folgender Adresse öffentlich einsehbar ist: University of Cambridge's Darwin Correspondence Project (www.darwinproject.ac.uk).

265 Lebenslauf unter www.michaelcrichton.com.

266 *The Autobiography of Charles Darwin.*

267 J. Quoidbach, D. T. Gilbert und T. D. Wilson, »The End of History Illusion«, *Science* 339, Nr. 6115 (2013): 96–98.

268 B.W. Roberts et al., »Patterns of Mean-Level Change in Personality Traits Across the Life Course«, *Psychological Bulletin* 132, Nr. 1 (2006): 1-25. Siehe auch: B. W. Roberts und D. Mroczek, »Personality Trait Change in Adulthood«, *Current Directions in Psychological Science* 17, Nr. 1 (2009): 31–35. Eine gute (und kostenlose) Abhandlung über die Persönlichkeitsforschung, die sich an ein breites Publikum richtet, ist M. B. Donnellan, »Personality Stability and Change«, in *Noba Textbook Series: Psychology*, Hrsg. R. Biswas-Diener und E. Diener (Champaign, IL: DEF Publishers, 2018), nobaproject.com.

269 W. Mischel, *The Marshmallow Test* (New York: Little, Brown, 2014 [Kindle E-Book]).

270 Shoda nutzte die Gelegenheit, als er für seine Forschungsarbeit ausgezeichnet wurde, um diesen Punkt noch einmal zu betonen. Am 2. Juni 2015 hieß es in einer Pressemitteilung der Universität von Washington anlässlich der Auszeichnung: »Shoda, der sich sehr geehrt fühlt, drückte zugleich seine Sorge über die Medienberichte aus, die im Verlauf der Jahre über diese Studie veröffentlicht wurden, sowie die irrige Vorstellung, Eltern könnten den allgemeinen Lebenserfolg ihrer Kinder vorhersagen, indem sie diesen Test zu Hause wiederholen.« Er fügte hinzu, »die Beziehungen, die wir feststellen, sind alles andere als perfekt. Und sie bieten viel Raum für Veränderung«.

271 Y. Shoda et al., eds., *Persons in Context: Building a Science of the Individual* (New York: Guilford Press, 2007 [Kindle E-Book]).

272 T. Rose, *The End of Average: How We Succeed in a World That Values Sameness* (New York: HarperOne, 2016 [Kindle E-Book]).

273 T. W. Watts et al., »Revisiting the Marshmallow Test«, *Psychological Science* 29, Nr. 7 (2018): 1159–77.

274 H. Ibarra, *Working Identity* (Boston: Harvard Business Review Press, 2003).

275 P. Capell, »Taking the Painless Path to a New Career«, *Wall Street Journal Europe*, 2. Januar 2002.

276 Vgl Herminia Ibarra, Working Identiy: Uncoventional Strategies for Reinventing Your Career (Harvard Business Review Press; Auflage: Revised ed., 2004).

277 »What You'll Wish You'd Known«, www.paulgraham.com/ hs.html.

278 W. Wallace, »Michelangelo: Separating Theory and Practice«, in *Imitation, Representation and Printing in the Italian Renaissance*, Hrsg. R. Eriksen und M. Malmanger (Pisa and Rome: Fabrizio Serra Editore, 2009).

279 *The Complete Poems of Michelangelo*, übers. v. J. F. Nims (Chicago: University of Chicago Press, 1998): Gedicht 5 (Gemälde); S. 8 (zur Hälfte unvollendet).

280 »Haruki Murakami, The Art of Fiction No. 182.« *The Paris Review*, 170 (2004).

281 H. Murakami, »The Moment I Became a Novelist«, *Literary Hub*, 25. Juni 2015.

282 Lebenslauf unter patrickrothfuss.com.

283 Interview mit Maryam Mirzakhani, *Guardian*, 12. August 2014, nachgedruckt mit Genehmigung des Clay Mathematics Institute.

284 A. Myers und B. Carey, »Maryam Mirzakhani, Stanford Mathematician and Fields Medal Winner, Dies«, *Stanford News*, 15. Juli 2007.

285 »A new beginning«, Chrissiewellington.org, 12. März 2012.

286 H. Finster, wie er T. Patterson erzählte in: *Howard Finster: Stranger from Another World* (New York: Abbeville Press, 1989).

KAPITEL 8: DER AUSSENSEITER-VORTEIL

287 K. R. Lakhani, »InnoCentive.com (A)«, HBS Nr. 9- 608-170, Harvard Business School Publishing, 2009. Siehe auch: S. Page, *The Difference* (Princeton, NJ: Princeton University Press, 2008).

288 »zitiert Standage in seinem Buch An Edible History of Humanity einen römischen Militärhistoriker aus dem 4. Jahrhundert.« (Original S. 173, letzter Absatz, 2./3. Zeile)

289 »Selected Innovation Prizes and Rewards Programs«, Knowledge Ecology International, KEI Research Note, 2008: 1.

290 Appert, Nicolas, »L‹art de conserver, pendant plusieurs années, toutes les substances animales et végétales« (Jeanne Laffitte, 1999)

291 J. H. Collins, *The Story of Canned Foods* (New York: E. P. Dutton, 1924).

292 Standage, *An Edible History of Humanity*.

293 Cragin's presentation at *Collaborative Innovation: Public Sector Prizes*, 12. Juni 2012, Washington, D.C., The Case Foundation und The Joyce Foundation.

294 J. Travis, »Science by the Masses«, *Science* 319, Nr. 5871 (2008): 1750–52.

295 C. Dean, »If You Have a Problem, Ask Everyone«, *New York Times*, 22. Juli 2008. Siehe auch: L. Moise Interview mit K. Lakhani, »5 Questions with Dr. Karim Lakhani«, *InnoCentive Innovation Blog*, 25. Juli 2008.

296 K. R. Lakhani et al., »Open Innovation and Organizational Boundaries«, in A. Grandori, ed., *Handbook of Economic Organization* (Cheltenham: Edward Elgar, 2013).

297 S. Joni, »Stop Relying on Experts for Innovation: A Conversation with Karim Lakhani«, *Forbes*, 23. Oktober 2013, Online-Ausgabe.

298 Kaggle Team, »Profiling Top Kagglers: Bestfitting, Currently #1 in the World«, No Free Hunch (offiziellere Kaggle-Blog), 7. Mai 2018.

299 Kopie des Memos des PR-Büros der University of Chicago (Nr. 62-583) vom 17. Dezember 1962.

300 D. R. Swanson, »On the Fragmentation of Knowledge, the Connection Explosion, and Assembling Other People's Ideas«, *Bulletin of the American Society for Information Science and Technology* 27, Nr. 3 (2005): 12–14.

301 K. J. Boudreau et al., »Looking Across and Looking Beyond the Knowledge Frontier«, *Management Science* 62, Nr. 10 (2016): 2765–83.

302 D. R. Swanson, »Migraine and Magnesium: Eleven Neglected Connections«, *Perspectives in Biology and Medicine* 31, Nr. 4 (1988): 526–57.

303 L. Moise Interview mit K. Lakhani, »5 Questions with Dr. Karim Lakhani«.

304 Bei dem Aufsatz handelte es sich um Deymeer et al., »Emery-Dreifuss Muscular Dystrophy with Unusual Features«, *Muscle and Nerve* 16 (1993): 1359–65.

305 Das italienische Forscherteam veröffentlichte bald darauf seine Ergebnisse (und dankte Jill): G. Bonne et al., »Mutations in the Gene Encoding, Lamin A/C Cause Autosomal Dominant Emery-Dreifuss Muscular Dystrophy«, *Nature Genetics* 21, Nr. 3 (1999): 285–88.

KAPITEL 9: LATERALES DENKEN UNTER EINSATZ ALTBEWÄHRTER TECHNOLOGIEN

306 Mehrere Quellen über die Geschichte von Nintendo waren von besonderer Bedeutung: F. Gorges mit I. Yamazaki, *The History of Nintendo*, Bd. 1, *1889–1980* (Triel-sur-Seine: Pix'N Love, 2010). F. Gorges mit I. Yamazaki, *The History of Nintendo*, Bd. 2, *1980–1991* (Triel-sur-Seine: Pix'N Love, 2012); E. Voskuil, *Before Mario: The Fantastic Toys from the Video Game Giant's Early Days* (Chatillon: Omake Books, 2014); J. Parish, *Game Boy World 1989* (Norfolk, VA: CreateSpace, 2016); D. Sheff, *Game Over: How Nintendo Conquered the World* (New York: Vintage, 2011).

307 Zur Quellenangabe zu Yokois Zitaten siehe die Fußnote auf S. 176.

308 Gorges mit Yamazaki, *The History of Nintendo*, Bd. 2, 1980–1991.

309 E. de Bono, *Lateral Thinking: Creativity Step by Step* (New York: HarperCollins, 2010).

310 Yokois oft schlichte Patente sind eine Schatztruhe der Geschichte der Erfindungen. Dieses Patent (U.S. Nr. 4398804) und weitere kann man mit Google Patents finden.

311 B. Edwards, »Happy 20th b-day, Game Boy«, *Ars Technica*, 21. April 2009.

312 shmuplations.com (Übersetzung), »Console Gaming Then and Now: A Fascinating 1997 Interview with Nintendo's Legendary Gunpei Yokoi«, techspot.com, 10. Juli 2015.

313 Eine exzellente Beschreibung findet sich in D. Pink, *Drive* (New York: Riverhead, 2011).

314 Satoru Okadas Vorwort in *Before Mario*.

315 IGN-Mitarbeiter, »Okada on the Game Boy Advance«, IGN.com, 13. September 2000.

316 M. Kodama, *Knowledge Integration Dynamics* (Singapur: World Scientific): 211.

317 C. Christensen und S. C. Anthony, »What Should Sony Do Next?«, *Forbes*, 1. August 2007, Online-Ausgabe.

318 https://www.gamepro.de/artikel/die-queen-liebt-wii-koenigin-zockt-wii-sports,1304154.html

319 F. Dyson, »Bird and Frogs«, *Notices of the American Mathematical Society* 56, Nr. 2 (2009): 212–23. (Dyson ist vielleicht ein »Frosch«, was die Mathematik betrifft, aber er kann auch hervorragend schreiben.)

320 M. F. Weber et al., »Giant Birefringent Optics in Multilayer Polymer Mirrors«, *Science* 287 (2000): 2451–56; und R. F. Service, »Mirror Film Is the Fairest of Them All«, *Science* 287 (2000): 2387–89.

321 R. Ahmed et al., »Morpho Butterfly-Inspired Optical Diffraction, Diffusion, and Bio-chemical Sensing«, *RSC Advances* 8 (2018): 27111–18.

322 Ouderkirks Vortrag bei TEDxHHL, 14. Oktober 2016.

323 W. F. Boh, R. Evaristo und A. Ouderkirk, »Balancing Breadth and Depth of Expertise for Innovation: A 3M Story«, *Research Policy* 43 (2013): 349– 66.

324 Ouderkirks Vortrag bei TEDxHHL, October 14, 2016.

325 G. D. Glenn und R. L. Poole, *The Opera Houses of Iowa* (Ames: Iowa State University Press, 1993). Eine breitere Diskussion dieses Phänomens findet sich in R. H. Frank, *Luxury Fever* (New York: The Free Press, 1999), Kap. 3.

326 B. Jaruzelski et al., »Proven Paths to Innovation Success«, *Strategy+Business*, Winter 2014, Vorabdruck der Ausgabe 77.

327 E. Melero und N. Palomeras, »The *Renaissance Man* Is Not Dead! The Role of Generalists in Teams of Inventors«, *Research Policy* 44 (2015): 154– 67.

328 A. Taylor und H. R. Greve, »Superman or the Fantastic Four? Knowledge Combination and Experience in Innovative Teams«, *Academy of Management Journal* 49, Nr. 4 (2006): 723–40.

329 C. L. Tilley, the Innocent: Fredric Wertham and the Falsifications That Helped Condemn Comics«, *Information and Culture* 47, Nr. 4 (2012): 383–413.

330 M. Maruthappu et al., »The Influence of Volume and Experience on Individual Surgical Performance: A Systematic Review«, *Annals of Surgery* 261, Nr. 4 (2015): 642–47; N. R. Sahni et al., »Surgeon Specialization and Operative Mortality in the United States: Retrospective Analysis«, *BMJ* 354 (2016): i3571; A. Kurmann et al., »Impact of Team Familiarity in the Operating Room on Surgical Complications«, *World Journal of Surgery* 38, Nr. 12 (2014): 3047–52; M. Maruthappu, »The Impact of Team Familiarity and Surgical Experience on Operative Efficiency«, *Journal of the Royal Society of Medicine* 109, Nr. 4 (2016): 147–53.

331 »A Review of Flightcrew-Involved Major Accidents of U.S. Air Carriers, 1978 Through 1990«, National Transportation Safety Board, Safety Study NTSB/ SS-94/01, 1994.

332 A. Griffin, R. L. Price und B. Vojak, *Serial Innovators: How Individuals Create and Deliver Breakthrough Innovations in Mature Firms* (Stanford, CA: Stanford Business Books, 2012 [Kindle E-Book]).

333 D. K. Simonton, *Origins of Genius* (Oxford: Oxford University Press, 1999).

334 H. E. Gruber, *Darwin on Man: A Psychological Study of Scientific Creativity* (Chicago: University of Chicago Press, 1981).

335 T. Veak, »Exploring Darwin's Correspondence«, *Archives of Natural History* 30, Nr. 1 (2003): 118–38.

336 H. E. Gruber, »The Evolving Systems Approach to Creative Work«, *Creativity Research Journal* 1, Nr.1 (1988): 27–51.

337 R. Mead, »All About the Hamiltons«, *The New Yorker*, 9. Februar 2015.

KAPITEL 10: PROFUNDES FACHWISSEN KANN TÄUSCHEN

338 Das Buch *The Bet* (New Haven, CT: Yale University Press, 2013) von Paul Sabin, Professor für Geschichte in Yale, liefert faszinierende Analysen und Hintergrundinformationen. Eine kürzere Version dieser Analyse ist C. R. Sunstein, »The Battle of Two Hedgehogs«, *New York Review of Books*, 5. Dezember 2013.

339 P. Ehrlich, *Eco-Catastrophe!* (San Francisco: City Lights Books, 1969).

340 G. S. Morson und M. Schapiro, *Cents and Sensibility* (Princeton, NJ: Princeton University Press, 2017 [E-Book]).

341 Diese und die weiteren Statistiken in diesem Absatz (Anteil an unterernährten Menschen, Anteil an Hungertoten, Geburtenraten, Verlauf der Bevölkerungsentwicklung) stammen aus der hervorragenden Online-Publikation *Our World in Data*, gegründet von Max Roser, Ökonom an der Universität Oxford. Die Kalorienzufuhr pro Person und Tag findet sich zum Beispiel unter https:/slides.our worldindata.org/hunger-and-food-provision/#/kcalcapitaday-by-world-regions-mg-png.

342 Vereinte Nationen, Hauptabteilung Wirtschaftliche und Soziale Angelegenheiten, Bevölkerungsabteilung, »World Population Prospects: The 2017 Revision, Key Findings and Advance Tables«, Working Paper Nr. ESA/P/WP/248.

343 P. R. Ehrlich und A. H. Ehrlich, *The Population Explosion* (New York: Simon & Schuster, 1990).

344 K. Kiel et al., »Luck or Skill? An Examination of the Ehrlich- Simon Bet«, *Ecological Economics* 69, Nr. 7 (2010): 1365– 67.

345 Die Ergebnisse seiner Arbeit präsentiert Tetlock in großer (und witziger) Ausführlichkeit in: *Expert Political Judgment: How Good Is It? How Can We Know?* (Princeton, NJ: Princeton University Press, 2005).

346 Tetlock, *Expert Political Judgment.*

347 P. E. Tetlock et al., »Bringing Probability Judgments into Policy Debates via Forecasting Tournaments«, *Science* 355 (2017): 481–83.

348 G. Gigerenzer, *Risk Savvy* (New York: Penguin, 2014).

349 P. R. Ehrlich und A. H. Ehrlich, The Population Explosion (New York: Simon & Schuster, 1990).

350 J. Baron et al., »Reflective Thought and Actively Open-Minded Thinking«, in *Individual Differences in Judgment and Decision Making*, Hrsg. M. E. Toplak und J. A. Weller (New York: Routledge, 2017 [Kindle E-Book]).

351 J. A. Frimer et al., »Liberals and Conservatives Are Similarly Motivated to Avoid Exposure to One Another's Opinions,« *Journal of Experimental Social Psychology* 72 (2017): 1–12.

352 Online Privacy Foundation, »Irrational Thinking and the EU Referendum Result« (2016).

353 D. Kahan et al., »Motivated Numeracy and Enlightened Self-Government«, *Behavioural Public Policy* 1, Nr. 1 (2017): 54-86.

354 D. M. Kahan et al., »Science Curiosity and Political Information Processing«, *Advances in Political Psychology* 38, Nr. 51 (2017): 179–99.

355 Baron et al., »Reflective Thought and Actively Open-Minded Thinking«.

356 H. E. Gruber, *Darwin on Man: A Psychological Study of Scientific Creativity*, 127.

357 *The Autobiography of Charles Darwin.*

358 J. Browne, *Charles Darwin: A Biography*, Bd. 1, Voyaging (New York: Alfred A. Knopf, 1995), 186.

359 Einer der zahlreichen Verweise auf Einsteins »Igel-Verhalten« findet sich in Morson and Schapiro, *Cents and Sensibility.*

360 G. Mackie, »Einstein's Folly,« *The Conversation*, 29. November 2015.

361 C. P. Snow, The Physicists, (London: Little, Brown and Co., 1981). Einstein bringt seine Idee auch zum Ausdruck in: H. Dukas und B. Hoffmann Hrsg., *Albert Einstein, The Human Side: Glimpses from His Archives* (Princeton, NJ: Princeton University Press, 1979), 68.

362 W. Chang et al., »Developing Expert Political Judgment: The Impact of Training and Practice on Judgmental Accuracy in Geopolitical Forecasting Tournaments«, *Judgment and Decision Making* 11, Nr. 5 (2016): 509–26.

KAPITEL 11: WIE MAN LERNT, AUF VERTRAUTE INSTRUMENTE ZU VERZICHTEN

363 Professor Max Bazerman erlaubte mir freundlicherweise, die Carter-Racing-Fallstudie an der Harvard Business School an zwei Tagen im Oktober 2016 mitzuerleben. (Die Fallstudie wurde 1986 von Jack W. Brittain und Sim B. Sitkin entwickelt.)

364 F. Lighthall, »Launching the Space Shuttle Challenger: Disciplinary Deficiencies in the Analysis of Engineering Data«, *IEEE Transactions on Engineering Management* 38, Nr. 1 (1991): 63–74. Boisjoly's Zitat »alles andere als ein gutes Zeichen« stammt aus den Transkripten der Anhörung vom 25. Februar 1986 vor dem Untersuchungsausschuss.

365 R. P. Boisjoly et al. »Roger Boisjoly and the Challenger Disaster«, *Journal of Business Ethics* 8, Nr. 4 (1989): 217– 230. Boisjoly's Zitat »alles andere als ein gutes Zeichen« stammt aus den Transkripten der Anhörung vom 25. Februar 1986 vor dem Untersuchungsausschuss.

366 J. M. Logsdon, »Was the Space Shuttle a Mistake?«, *MIT Technology Review*, 6. Juli 2011.

367 Transkripte der Anhörungen vor dem Untersuchungsausschuss, aus denen die Informationen und Zitate in diesem Kapitel stammen, finden sich unter https://history.nasa.gov/rogersrep/

genindex.htm. Auch Allan McDonald liefert in *Truth, Lies, and O-Rings* (Gainesville: University Press of Florida, 2009) eine faszinierende Schilderung der Untersuchungen und der Wiederaufnahme der Space-Shuttle-Flüge.

368 Aus Diane Vaughans Buch, das eine faszinierende Exploration der »Normalisierung von Abweichungen« in der Entscheidungsfindung enthält: *The Challenger Launch Decision: Risky Technology, Culture, and Deviance at NASA* (Chicago: University of Chicago Press, 1996).

369 Eine Reihe von Hintergrund-Interviews mit aktuellen und ehemaligen NASA-Managern und -ingenieuren – insbesondere während eines Besuchs des Johnson Space Center der NASA im Jahr 2017 — lieferten hilfreichen Kontext. Das NASA-eigene Portal APPEL Knowledge Services war äußerst nützlich. Es eine unglaublich Informationsfundgrube, die mit dem umfangreichen »Lessons Learned System« der Organisation verknüpft ist.

370 K. E. Weick, »The Collapse of Sensemaking in Organizations: Gulch Disaster«, *Administrative Science Quarterly* 38, Nr. 4 (1993): 52.; K. E. Weick, »Drop Your Tools: An Allegory for Organizational Studies«, *Administrative Science Quarterly* 41, Nr. 2 (1996): 301–13; K. E. Weick, »Drop Your Tools: On Reconfiguring Management Education«, *Journal of Management Education* 31, Nr. 1 (2007): 5–16.

371 R. C. Rothermel, »Mann Gulch Fire: A Race That Couldn't Be Won«, Department of Agriculture, Forest Service, Intermountain Research Station, General Technical Report INT-299, Mai 1993.

372 K. E. Weick, »Tool Retention and Fatalities in Wildland Fire Settings«, in *Linking Expertise and Naturalistic Decision Making*, Hrsg. E. Salas und G. A. Klein (New York: Psychology Press, 2001 [Kindle E-Book]).

373 USDA, USDI und USDC, *South Canyon Fire Investigation* (Report of the South Canyon Fire Accident Investigation Team), U.S. Government Printing Office, Region 8, Report 573-183, 1994.

374 Weick, »Tool Retention and Fatalities in Wildland Fire Settings«.

375 Weick, »Drop Your Tools: An Allegory for Organizational Studies«.

376 Eine Reihe von Hintergrund-Interviews mit aktuellen und ehemaligen NASA-Managern und -ingenieuren – insbesondere während eines Besuchs des Johnson Space Center der NASA im Jahr 2017 — lieferten hilfreichen Kontext. Das NASA-eigene Portal APPEL Knowledge Services war äußerst nützlich. Es eine unglaublich Informationsfundgrube, die mit dem umfangreichen »Lessons Learned System« der Organisation verknüpft ist.

377 J. Orasanu und L. Martin, »Errors in Aviation Decision Making«, *Proceedings of the HESSD '98* (Workshop on Human Error, Safety and System Development) (1998): 100–107; J. Orasanu et al., »Errors in Aviation Decision Making«, Fourth Conference on Naturalistic Decision Making, 1998.

378 Weick, »Tool Retention and Fatalities in Wildland Fire Settings«.

379 M. Kohut, »Interview with Bryan O'Connor«, NASA's *ASK* (*Academy Sharing Knowledge*) Magazin, Ausgabe 45 (Januar 2012).

380 Transkript, »Hearings of the Presidential Commission on the Space Shuttle Challenger Accident«, Bd. 4, 25. Februar 1986.

381 Mehrere Mitglieder des 48. Rettungsgeschwaders lieferten äußerst wertvolle Hintergrundinformationen und Bestätigung der Fakten.

382 C. Grupen, *Introduction to Radiation Protection* (Berlin: Springer, 2010), 90. Shafers vollständige Originalbotschaft ist abrufbar unter https://yarchive.net/air/perfect_safety.html.

383 K. S. Cameron und S. J. Freeman, »Cultural Congruence, Strength, and Type: Relationships to Effectiveness«, *Research in Organizational Change and Development* 5 (1991): 23–58.

384 K. S. Cameron und R. E. Quinn, *Diagnosing and Changing Organizational Culture*, 3. Auflage (San Francisco: Jossey-Bass, 2011).

385 S. V. Patil et al., »Accountability Systems and Group Norms: Balancing the Risks of Mindless Conformity and Reckless Deviation«, *Journal of Behavioral Decision Making* 30 (2017): 282–303.

386 Original: Balancing the Risks of Mindless Conformity and Reckless Deviation. (A.d.Ü.)

387 G. Kranz, *Failure Is Not an Option* (New York: Simon & Schuster, 2000). Siehe auch: M. Dunn,"Remaking NASA one step at a time«, Associated Press, 12. Oktober 2003.

388 S. J. Dick, Hrsg., *NASA's First 50 Years* (Washington, DC: NASA, 2011 [E-Book]). Von Brauns wöchentliche Aufzeichnungen sind ebenfalls archiviert unter https://history.msfc.nasa.gov/vonbraun/vb_weekly_notes.html.

389 R. Launius, »Comments on a Very Effective Communications System: Marshall Space Flight Center's Monday Notes«, *Roger Launius's Blog*, 28. Februar 2011.

390 Columbia Accident Investigation Board, »History as Cause: *Columbia* and *Challenger*«, in *Columbia Accident Investigation Board Report*, Bd. 1, August 2003.

391 Die Universität Stanford unterhält ein Archiv mit reichhaltigen Informationen über GP-B (sowohl technische als auch für das breite Publikum) unter einstein.stanford.edu. Eine eingehende wissenschaftliche Abhandlung findet sich in einer Sonderausgabe über GP-B der Fachzeitschrift *Classical and Quantum Gravity* (Bd. 32, Nr. 22 [November 2015]).

392 T. Reichhardt, »Unstoppable Force«, *Nature* 426 (2003): 380–81.

393 NASA-Fallstudie, »The Gravity Probe B Launch Decisions«, NASA, Academy of Program/Project and Engineering Leadership.

394 Geveden also discusses healthy tension in R. Wright et al., Hrsg., *NASA at 50: Interviews with NASA's Senior Leadership* (Washington, DC: NASA, 2012).

395 J. Overduin, »The Experimental Verdict on Spacetime from Gravity Probe B«, in Vesselin Petkov, Hrsg., *Space, Time, and Spacetime* (Berlin: Springer, 2010).

396 E.M. Anicich et al., »Hierarchical Cultural Values Predict Success and Mortality in High-Stakes Teams«, *Proceedings of the National Academy of Sciences of the United States of America* 112, Nr. 5 (2015): 1338–43.

397 Dieser Begriff wurde von dem Kardiologen Eric Topol geprägt. (Einem Patienten, der einen Herzinfarkt erleidet, kann ein Stent allerdings das Leben retten.)

398 K. Stergiopoulos und D. L. Brown, »Initial Coronary Stent Implantation With Medical Therapy vs Medical Therapy Alone for Stable Coronary Artery Disease: Meta-analysis of Randomized Controlled Trials«, *Archives of Internal Medicine* 172, Nr. 4 (2012): 312–19.

399 G. A. Lin et al., »Cardiologists' Use of Percutaneous Coronary Interventions for Stable Coronary Artery Disease«, Archives of Internal Medicine 167, Nr. 15 (2007): 1604– 09.

400 A. B. Jena et al., »Mortality and Treatment Patterns among Patients Hospitalized with Acute Cardiovascular Conditions during Dates of National Cardiology Meetings«, *JAMA Internal Medicine* 175, Nr. 2 (2015): 237–44. Siehe auch: A. B. Jena et al., »Acute Myocardial Infarction during Dates of National Interventional Cardiology Meetings«, *Journal of the American Heart Association* 7, Nr. 6 (2018): e008230.

401 R. F. Redberg, »Cardiac Patient Outcomes during National Cardiology Meetings«, *JAMA Internal Medicine* 175, Nr. 2 (2015): 245.

402 http://medvz.at/de/unfallchirurgie-patienteninfo/knie-patienteninfo/meniskusriss/

403 R. Sihvonen et al., »Arthroscopic Partial Meniscectomy Versus Sham Surgery for a Degenerative Meniscal Tear«, *New England Journal of Medicine* 369 (2013): 2515–24. Hyperlinks zu mehreren weiteren Studien mit unterstützenden Ergebnissen finden sich in: D. Epstein, »When Evidence Says No, But Doctors Say Yes«, *ProPublica*, 22. Februar 2017.

KAPITEL 12: BEWUSSTE AMATEURE

404 In seiner öffentlich zugänglichen Nobelpreisrede »Turning Pages« vom 7. Dezember 2007 sprach Smithies über seine Arbeit und seine Aufzeichnungen. Die Universität von North Carolina unterhält ein außerordentliches Online-Archiv mit digitalen Ausgaben von Smithies Notizbüchern aus mehr als 60 Jahren sowie Audioaufnahmen, in denen Smithies diese höchstpersönlich kommentiert. (Smithies sagte mir, man solle stets ein Notizbuch führen, auch samstags.) Das Archiv war eine hervorragende Quelle für die Vorbereitung auf unser Interview. Es befindet sich unter folgender Adresse: smithies.lib.unc.edu/notebooks.

405 A. Clauset et al., »Data-Driven Predictions in the Science of Science«, *Science* 355 (2017): 477–80.

406 P. McKenna, »Nobel Prize Goes to Modest Woman Who Beat Malaria for China«, *New Scientist*, 9. November 2011, Online-Ausgabe.

407 Der Alchemist und Kräutermediziner Ge Hong schrieb im 4. Jahrhundert während der Jin-Dynastie *A Handbook of Prescriptions for Emergencies*. In ihrer Rede anlässlich der Verleihung des Nobelpreises liefert Tu Hintergrundinformationen: »Artemisinin— A Gift from Traditional Chinese Medicine to the World« (7. Dezember 2015). Ein Foto einer Ausgabe dieses Handbuchs aus dem 16. Jahrhundert findet sich in: Y. Tu, »The Discovery of Artemisinin (Qinghaosu) and Gifts from Chinese Medicine«, *Nature Medicine* 17, Nr. 10 (2011): 1217–20.

408 Bhatt et al., »The Effect of Malaria Control on *Plasmodium falciparum* in Africa Between 2000 and 2015«, *Nature* 526 (2015): 207–11.

409 G. Watts, »Obituary: Oliver Smithies«, *Lancet* 389 (2017): 1004.

410 Geim beschreibt die Entdeckung sehr ausführlich in seiner Nobelpreisrede mit dem treffenden Titel »Der Zufallsweg zu Graphen« (»Random Walk to Graphene«) vom 8. Dezember 2010. Zu den ausgezeichnet formulierten Unterüberschriften gehören unter anderem »Zombie Management«, »Lieber falsch als langweilig« (»Better to Be Wrong Than Boring«) und »Die Legende vom Klebeband«(»Legend of Scotch Tape«).

411 C. Lee et al., »Measurement of the Elastic Properties and Intrinsic Strength of Monolayer Graphene«, *Science* 321 (2008): 385–8.

412 E. Lepore et al., »Spider Silk Reinforced by Graphene or Carbon Nanotubes«, *2D Materials* 4, Nr. 3 (2017): 031013.

413 entspricht einem Hunderttausendstel eines menschlichen Kopfhaars (Quelle: https://www.nanopartikel.info/nanoinfo/materialien/graphen/materialinfo-graphen) (A.d.Ü.)

414 J. Colapinto, »Material Question«, *The New Yorker*, Dezember 2014, Online-Ausgabe.

415 Sarah Lewis' faszinierendes Buch über Kreativität: *The Rise: Creativity, the Gift of Failure, and the Search for Mastery* (New York: Simon & Schuster, 2014).

416 »U. Manchester's Andre Geim: Sticking with Graphene — For Now«, *ScienceWatch* Newsletter-Interview, August 2008.

417 Lewis, *The Rise*.

418 Max Delbrücks Interview mit Carolyn Harding im Jahr 1978, California Institute of Technology Oral History Project, 1979.

419 E. Pain, »Sharing a Nobel Prize at 36«, *Science*, Online-Ausgabe. career profiles, 25. Februar 2011.

420 https://www.golem.de/news/gravitationswellen-forscher-weisen-uralte-kollision-schwarzer-loecher-nach-1812-138057.html

421 A. Casadevall, »Crisis in Biomedical Sciences: Time for Reform?«, Johns Hopkins Bloomberg School of Public Health Dean's Lecture Series, 21. Februar 2017, www.youtube.com/watch?v=05Sk-3u90Jo. Siehe auch: F. C. Fang et al., »Misconduct Accounts for the Majori-

ty of Retracted Scientific Publications«, *Proceedings of the National Academy of Sciences of the USA* 109, Nr. 42 (2012): 17028–33.

422 »Why High-Profile Journals Have More Retractions«, *Nature*, Online-Ausgabe., 17. September 2014.

423 A. K. Manrai et al., »Medicine's Uncomfortable Relationship with Math«, *JAMA Internal Medicine* 174, Nr. 6 (2014): 991–93.

424 A. Casadevall und F. C. Fang, »Specialized Science«, *Infection and Immunity* 82, Nr. 4 (2014): 1355–60.

425 Ebenda.

426 A. Bowen and A. Casadevall, "Increasing Disparities Between Resource Inputs and Outcome, as Measured by Certain Health Deliverables, in Biomedical Research«, *Proceedings of the National Academy of Sciences of the USA* 112, Nr. 36 (2015): 11335–40.

427 J. Y. Ho und A. S. Hendi, »Recent Trends in Life Expectancy Across High Income Countries«, *BMJ* (2018), 362:k2562.

428 R. Guimera et al., »Team Assembly Mechanisms Determine Collaboration Network Structure and Team Performance«, *Science* 308 (2005): 697–702.

429 »Dream Teams Thrive on Mix of Old and New Blood«, *Northwestern Now*, 3. Mai 2005.

430 B. Uzzi and J. Spiro, »Collaboration and Creativity«, *American Journal of Sociology* 111, Nr. 2 (2005): 447– 504.

431 »Teaming Up to Drive Scientific Discovery«, Brian Uzzi at TEDxNorthwesternU, Juni 2012.

432 C. Franzoni et al., »The Mover's Advantage: The Superior Performance of Migrant Scientists«, *Economic Letters* 122, Nr. 1 (2014): 89–93; siehe auch: A. M. Petersen, »Multiscale Impact of Researcher Mobility«, *Journal of the Royal Society Interface* 15, Nr. 146 (2018): 20180580.

433 B. Uzzi et al., »Atypical Combinations and Scientific Impact«, *Science* 342 (2013): 468–72.

434 J. Wang et al., »Bias Against Novelty in Science«, *Research Policy* 46, Nr. 8 (2017): 1416–36.

435 D. K. Simonton, »Foreign Influence and National Achievement: The Impact of Open Milieus on Japanese Civilization«, *Journal of Personality and Social Psychology* 72, Nr. 1 (1997): 86–94.

436 K. J. Boudreau et al., »Looking Across and Looking Beyond the Knowledge Frontier: Intellectual Distance, Novelty, and Resource Allocation in Science«, *Management Science* 62, Nr. 10 (2016): 2765–83.

437 E. Dadachova et al., »Ionizing Radiation Changes the Electronic Properties of Melanin and Enhances the Growth of Melanized Fungi«, *PLoS ONE* 2, Nr. 5 (2007): e457.

438 Zum Beispiel: D. Epstein, »Senatorial Peer Review«, *Inside Higher Ed*, 3. Mai 2006; und: D. Epstein, »Science Bill Advances«, *Inside Higher Ed*, 19. Mai 2006. Interessanterweise vertrat John Sununu, Senator von New Hampshire (und promovierter Ingenieur), der normalerweise ein streitbarer Sparfuchs ist, bei diesen Anhörungen die gegenteilige Meinung von Hutchison und plädierte für die Finanzierung von Grundlagenforschung ohne klare Anwendungsmöglichkeiten. »Wenn ein Forschungsvorhaben wirtschaftliche Nutzen in Aussicht stellt, sollte man keine staatlichen Gelder zur Verfügung stellen«, sagte er. »Dafür gibt es Venture-Capital-Gesellschaften.«

439 Clauset et al., »Data-Driven Predictions in the Science of Science«.

440 M. Hornig et al., »Practice and Play in the Development of German Top-Level Professional Football Players«, *European Journal of Sport Science* 16, Nr. 1 (2016): 96–105.

441 J. Gifford, *100 Great Business Leaders* (Singapore: Marshall Cavendish Business, 2013).

FAZIT: ERWEITERN SIE IHREN HORIZONT

442 Kapitel 10 des folgenden Buches enthält eine hervorragende Besprechung seiner Untersuchungen (einschließlich Edisons Patente): S. B. Kaufman and C. Gregoire, *Wired to Create* (New York: Perigee, 2015). Eine interessante Analyse von Shakespeares Dramen basierend auf »Popularitätsauswertungen« ist D. K. Simonton, »Popularity, Content, and Context in 37 Shakespeare Plays«, *Poetics* 15 (1986): 493–510.

443 W. Osgerby, »Young British Artists«, in *ART: The Whole Story*, Hrsg. S. Farthing (London: Thames & Hudson, 2010).

444 W. Moskalew et al., *Svetik: A Family Memoir of Sviatoslav Richter* (London: Toccata Press, 2015).

445 »My Amazing Journey — Steve Nash«, NBA.com, 2007– 08 Season Preview.

446 C. Pelling, *Plutarch and History* (Swansea: Classical Press of Wales, 2002).

447 Abrams v. United States, 250 U.S. 616 (1919) (Holmes´ Minderheitsvotum).

Index